L'ESSENCE DU PLAISIR

Un essai pour définir la récompense artificielle

Sciences et Société

fondée par Alain Fuchs et Dominique Desjeux
et dirigée par Bruno Péquignot

Dernières parutions

Michel CARAËL, Philippe VAN DE PERRE, Etienne KARITA, Avec la collaboration de Philippe LEPAGE, *L'épidémie de sida occultée en Afrique centrale pendant la décennie 1980. L'évidence scientifique à l'épreuve de la politique*, 2020.

Aurélie CHONE, Isabel IRIBARREN, Marie PELE, Catherine REPUSSARD, Cédric SUEUR, *Les études animales sont-elles bonnes à penser ? Repenser les sciences, reconfigurer les disciplines*, 2020.

Aurélie CHONE, Isabel IRIBARREN, Marie PELE, Catherine REPUSSARD, Cédric SUEUR, *Repenser la relation homme-animal Généalogie et perspectives*, 2020.

Patrick TRAUBE, *Le monde à l'envers, Un autre regard sur le monde et sur nous-mêmes*, 2020.

Nicolas TANTI-HARDOUIN, *La reproduction sociale de la santé. Inégalités de santé : responsabilité individuelle ou destinée sociale ?*, 2019.

Jean-Luc MATHIEU, *Prévention : quels enjeux de Santé publique ! Analyse de politiques publiques*, 2018.

Jacques JAFFELIN, *Théorie de l'information générale ou la « quatrième vexation »*, 2018.

Claudine PÉREZ-DIAZ, *Sciences et action publique : un mariage fécond. L'exemple de l'alcool au volant*, 2017.

Philippe SALIGNAC, Les espaces du travail, *Prévention et santé au travail,* 2017

Gérard ALLAN, *Points de vue thermodynamiques sur notre quotidien, Société et thermodynamique*, 2016.

Xavier MOREAU, *Vieillissement et vulnérabilité, Comment rendre moins difficile le retour de la vulnérabilité*, 2016.

Aurélien Fossé-Kitsakis

L'ESSENCE DU PLAISIR

Un essai pour définir la récompense artificielle

L'Harmattan

5-7, rue de l'Ecole-Polytechnique, 75005 Paris

www.harmattan.fr

ISBN : 978-2-343-19461-5
EAN : 9782343194615

À ma grand-mère,
Lucienne Édith Fossé.

Toujours je m'efforcerai d'atteindre les cimes
Pour qu'un peu plus la distance entre nous s'abîme...

SOMMAIRE

« L'homme est né pour le plaisir : il le sent, il n'en faut point d'autre preuve.
Il suit donc sa raison en se donnant au plaisir.
Mais bien souvent il sent la passion dans son cœur sans savoir par où elle a commencé. »

Blaise Pascal, in « Discours sur les passions de l'amour ».

INTRODUCTION

Par l'appui de sciences aussi diverses que la systémique – science des systèmes –, la thermodynamique – étude des échanges de matière et d'énergie entre les systèmes –, ou la cybernétique – étude des échanges d'informations entre les systèmes, du contrôle systémique –, nous posons qu'un système, à savoir un ensemble organisé d'entités, peut être capable d'autorégulation, c'est-à-dire du maintien ou de transformations spontanées de sa constitution interne selon des forces qui lui sont propres.

Cette autorégulation se doit à sa corrélation avec le phénomène de rétroaction négative, le réglage de cette régulation étant fondé sur une action-retour inhibitrice en réponse à la variation fortuite d'une grandeur d'intérêt. Un des modèles le plus simple reste la solution-tampon en chimie : dans une certaine limitation, le pH de celle-ci demeure, malgré l'adjonction de produits acides ou basiques.

Ceci établit donc une autonomie de ce système, pour l'heure encore virtuel, puisqu'il se montre apte à gérer seul ses fonctionnalités, en tout ou en partie, mais ne signifie pas pour autant qu'il soit indépendant de son environnement – c'est-à-dire l'univers excepté lui-même –, dans la mesure où cette autonomie n'est possible que grâce à toutes les interactions du système d'étude avec ceux qui l'entourent, dit autrement, il est le fruit de ses conditions d'existence.

On en vient donc aux structures dissipatives et aux travaux d'Ilya Prigogine, pour lesquelles matière et énergie doivent d'abord être puisées de l'extérieur avant de permettre la tenue de mécanismes d'autorégulation. De la sorte, le champ d'investigations se restreint au vivant et à la biologie, les êtres ainsi concernés devant d'abord gagner eau et nutriments afin de contenir ensuite les variations excessives de paramètres vitaux, par exemple : température, pression sanguine, saturation sanguine en oxygène, natrémie, glycémie, volémie, et cætera – pour le modèle animal.

Ainsi est garantie une constance relative du milieu intérieur entre deux bornes, le manque d'un côté et l'excès de l'autre, l'intervalle étant compatible avec la vie. Il ne reste plus qu'à nommer sous le terme de besoin l'état de manque se traduisant par la distance à cette consigne, le manque à combler, et la satisfaction de la suppression de ce manque.

À ce titre, les travaux de Claude Bernanrd, puis de Walter Bradford Cannon, amenèrent à la définition de l'homéostasie comme tendance des organismes vivants à atteindre et protéger cette constance. Cette aptitude les autorise à évoluer dans des milieux relativement variables, donc variés, tout en entretenant, pour ce qui est du milieu interne, des limites imposées par la biochimie du vivant.

Chez les animaux, les processus biologiques chargés de réguler ces paramètres sont constitués selon l'axe suivant :

a) Les senseurs, grâce auxquels la valeur du paramètre est estimée ;
b) Les afférences, transportant cette information depuis ces derniers jusqu'au centre intégrateur ;
c) Le centre intégrateur, comparant cette valeur avec celle posée comme consigne ; si l'écart entre la mesure et la consigne est trop important, le centre intégrateur déclenche des réactions appropriées via des efférences ;
d) Les efférences, transportant une telle information depuis le centre intégrateur jusqu'aux mécanismes effecteurs ;
e) Les effecteurs, dont l'activation redresse la valeur d'intérêt et réduit autant que faire se peut son écartement d'avec la consigne.

Or à cet égard, il est dans notre avantage de faire la part entre la régulation et le contrôle : la grandeur est régulée, mais par l'action indirecte d'effecteurs dont le fonctionnement affecte par ricochets cette dernière, et dont la sommation aboutit à en modérer la valeur.

Comme il est besoin ici d'une illustration, une des plus éclairantes nous paraît être celle du thermostat d'une pièce : le paramètre à réguler est donc la température de l'air, soit le degré d'agitation Brownienne des particules qui le composent, ainsi que la physique se représente la chaleur ; or, voici que l'on veut augmenter cette température, on serait alors bien incapable d'agir directement sur ces molécules pour en accroître l'animation, l'on va plutôt indirectement opérer sur elles par la modulation de contrôleurs, tels que l'ouverture de volets dévoilant la lumière du jour – radiation –, la mise en marche d'un radiateur – conduction –, l'ouverture d'une porte pour l'apport d'air plus chaud – convection –, et cætera. Finalement : la température est indirectement régulée par le contrôle de différents mécanismes aptes à procéder sur elle, volets, radiateurs, porte, et ainsi de suite. Le mécanisme de contrôle est, dès lors, l'ensemble de l'axe senseur-afférence-intégrateur-efférence-effecteur, puisque l'aboutissement de cette longue chaîne réactionnelle est la régulation de la valeur contrôlée.

Mais l'on préfigure déjà bien que cette autonomie est bornée : pour chaque variable, chaque processus régulateur, il doit être une limite au-delà et une autre en-deçà de laquelle l'autorégulation n'est plus aussi efficiente ; de conditions ainsi limitantes, on dira qu'elles sont inadaptées, au contraire de celles qui ne font point dévier les grandeurs hors de cet empan favorable, et qui se trouvent par conséquent être adaptées. On conçoit en effet sans problème qu'il se fait des conditions de température, de pression, d'accélération, de toxicité, de stress, ayant pour chacune un terme dont le dépassement ne permet plus la marche optimale des fonctions organiques.

Toutefois, dans le monde animal, nous nous sommes bornés à la discussion de réactions homéostatiques se limitant à la sollicitation du système nerveux autonome pour atteindre à leur finalité ; en somme, la volonté de l'individu n'était pas requise pour ce travail, quoi que sa conscience pût aisément en percevoir le fruit.

Or, nous ne restons bien évidement pas sans ignorer qu'il y a, à côté de ces processus-réflexes, d'autres réactions impliquées dans la préservation de l'homéostasie, et faisant cette fois-ci intervenir une réponse comportementale pour sa réalisation, et qu'à ce moment est requise la stimulation de la musculature striée squelettique sous l'effet du vouloir – la pulsion.

De la sorte, et comme chacun sait, l'équilibre homéostatique n'est pas atteint sans l'ingestion de nutriments appropriés, sans l'excrétion de déchets ou encore sans la mise en état de sommeil durant un temps déterminé, et aucune de ces actions ne peut avoir lieu avec le seul concours système nerveux végétatif. Au lieu de cela, puisque la réponse à ces besoins-ci est un comportement spécifique, d'autres structures nerveuses, dont le néocortex et les noyaux gris centraux, entrent en jeu.

Qui plus est, et bien que l'image qui frappât d'abord l'esprit lorsque l'on parle d'homéostasie soit la collection des régulations physiologiques ci-évoquées, rien ne fait empêchement à ce que le concept soit étendu à tout l'organisme, puis du corps à l'esprit, en ce que la vie psychique, affective, pulsionnelle, intellectuelle et sociale est, de même que ce qui a trait au soma, soumise à un principe d'autorégulation et d'homéostasie. Cela se voit déjà dans la recherche de certaines compagnies plutôt que d'autres, l'évitement d'activités particulières, et cætera.

Hâtons-nous de porter la remarque que ces deux modalités, « volontaires » et « involontaires », opèrent souvent en coordination l'une avec l'autre. Ainsi, dans la régulation de la température corporelle, sont coalisées des réponses autonomes – modification du débit sanguin cutané, de l'anabolisme, de la fréquence cardiaque, … – et des réponses comportementales – recherche ou évitement de sources chaudes, port de vêtements adéquats, …

Mais, alors que ce qui advient par les réponses végétatives est déterminé par des réactions purement biophysiques et biochimiques, il nous manque à caractériser le moyen par lequel le comportement « volontaire » est orienté dans une direction plutôt qu'une autre pour la satisfaction des besoins, ou comment la volonté est guidée devers une réponse tout aussi adaptée que celles qui sont autonomes.

Le physiologiste Michel Cabanac et ses collaborateurs ont, à ce titre, proposé que cela soit par l'entremise de la sensation de plaisir, celui-ci étant envisagé comme le signal psychique assurant tout à la fois l'initiation et la terminaison du comportement menant à la satisfaction – lorsque la source du plaisir est tarie.

Plus précisément encore, le plaisir motiverait la mise en branle de l'appareil musculaire de la façon la plus appropriée entre toutes celles qui lui sont possibles, en élisant l'opération de modification environnementale ou l'adaptation corporelle capable de mener à la satisfaction. Par suite, lorsqu'un tel comportement a si bien duré que cette satisfaction est totale, il en résulte un changement dans la qualité de la perception hédonique, un épuisement du plaisir induisant tout aussi spontanément la cessation dudit comportement, qui jusqu'ici s'était montré favorable, mais dont la continuation au-delà de l'assouvissement le rendrait nuisible, à tel point qu'il devient maintenant déplaisir. Ce passage du plaisir au déplaisir, dans le guidage vers les comportements adaptés à la satisfaction, a été appelé « alliesthésie » par ces auteurs. Il suffit ensuite de déduire que si le plaisir signale l'utilité biologique – la protection de l'homéostasie –, son opposé, le déplaisir, est lui le sémaphore du danger à l'encontre de la stabilité recherchée.

Cette hypothèse du « plaisir utile », bien que non inédite, et au demeurant assez intuitive, est étayée dans « La quête du plaisir », de Michel Cabanac, sur une série d'expériences dans les domaines de la thermorégulation, de la gustation, et même de la microéconomie.
Ainsi, d'une main préalablement froidie sera perçu du plaisir lorsqu'elle se trouve plongée dans une eau chaude, tandis qu'une main déjà échaudée ne dispensera que déplaisir dans la même eau ; à jeun, la consommation d'une solution glucosée est fort plaisante, ainsi cette première impression s'amenuise au fur et à mesure que le volume ingéré augmente, jusqu'à devenir franchement désagréable ; le sujet sain est capable d'endurer, jusqu'à une certaine limite, inconfort et déplaisirs, contre une grandissante promesse d'argent. Tous ces résultats expérimentaux, à la lisière entre physiologie et psychologie, tendent à supporter le postulat que le plaisir signe bien l'utile biologique et le déplaisir ce qui éloigne de la pondération homéostatique.

Et voici qu'avec ce qui suit notre travail trouve sa première pierre de posée : une série d'observations tout à fait courantes vient violemment s'opposer à ce prime postulat.
En effet, il est bon nombre d'occasions de la vie des Hommes où un comportement clairement plaisant a comme répercussion, avec toute la reconnaissance scientifique, une dégradation de la constitution organique – à la longue. Certaines de ces occasions sont même à portée de regard : les mauvaises conduites alimentaires, les toxicomanies, parmi lesquelles on classe le tabagisme, ainsi que généralement toute sorte d'accoutumance : alcool, jeu, écrans, ou encore les conduites délinquantes. On comprend déjà que l'addiction est, comme le décrit Cabanac, une « pathologie de l'alliesthésie », puisque celle-ci, loin d'assumer son rôle, n'est plus à même d'empêcher un excès.

Si l'on se saisit de ce paradoxe depuis son autre extrémité, la notoriété médicale nous rappelle que des maux aussi fréquents que le diabète ou l'hypertension artérielle souventefois ont pour origine étiologie respective la surconsommation de sucres ou de sel de table. Voilà quelques exemples d'inaptitudes des processus régulateurs à parvenir à l'équilibre poursuivi.

Alors, surgit l'aporie : ce plaisir, que nous tenions pour responsable de l'abonnissement des compartiments internes, se fait tantôt, à côté de cela, l'agent de sa plus ou moins grande dégradation. La raison ne nous laisse alors que deux voies possibles : ou bien le postulat du plaisir utile est erroné, et le plaisir n'a pas à voir avec la régulation homéostatique, ou alors cela est bien vérifiable, mais seulement dans certaines *conditions*, qu'il nous reviendrait de percer à jour.

Du reste, Michel Cabanac aborde bien ces évidentes contradictions dans son ouvrage, mais aucun de ses commentaires n'est tourné vers la démarcation de telles conditions, alors que le présent travail en fera son objet.

Par le fait, suite à l'examen attentif de trois séquences de cas pris en illustration par l'auteur lui-même : les additifs alimentaires, la toxicomanie et les conduites pénibles, nous sommes parvenus à proposer une hypothèse jetant quelque lueur sur cesdites conditions de validité du plaisir utile.

Celle-ci déclare d'abord que *les Hommes, par la triple conjonction de leurs qualités intellectuelles, de leur capacité de préhension, et enfin par le fait culturel qui les caractérise, ont peu à peu modifié leur environnement et établi des conditions de vie nouvelles au sein desquelles la règle du plaisir signe d'utilité n'est plus aussi valable qu'elle a pu l'être antérieurement à l'action conjuguée de ces facteurs.*

On risque toutefois de rétorquer à ceci qu'une telle vue, en plus de se montrer gratuite, est frappée d'incomplétude théorique, car alors, sous quelle influence peut-on modifier son milieu d'existence à le rendre moins propice à la satisfaction ?

Notre investigation nous souffle encore que *dans le genre humain est retrouvée une tendance à la maîtrise hédonique, c'est-à-dire à la volonté de se faire, par la cognition, le décideur de l'alternance plaisir/déplaisir caractérisant l'alliesthésie, par le moyen consistant à faire confusion aux mécanismes de contrôle des processus régulateurs : l'on prétend effectivement que par ce bais, l'intelligence humaine se substitue à la spontanéité pulsionnelle dans l'autorégulation, et qu'elle parvient à cette fin en trompant lesdits mécanismes de contrôle.*

Ce serait donc, d'après nos résultats bibliographiques, sous l'autorité ce cette disposition que cette conversion progressive a eu lieu : la maîtrise hédonique.

Nous préciserons ensuite que cette confusion est rendue possible par une modification qualitative et/ou quantitative dans les conditions de vie, de sorte que les mécanismes ataviques de l'alliesthésie se voient réduits dans leur capacité de discrimination.

Nous venons en effet de faire le constat que l'autorégulation était pourvue d'extremums dans sa visée du maintien homéostatique ; notre postulat est que l'alliesthésie n'opère efficacement qu'auprès de modalités que les mécanismes de régukation peuvent reconnaître ; or, en agissant volontairement sur ces paramètres de qualité et de quantité, et en excédant par cela cette capacité de reconnaissance, *le plaisir devient produit pour lui-même, et se trouve donc partiellement découplé de sa significativité biologique*.

Enfin, concluons ce résumé par remarquer qu'il existe une contrepartie à cet effet de confusion des sens : il s'agit de l'apparition, proche ou lointaine, d'un ou de plusieurs effets délétères, marqués dans nos quelques exemples par le développement de pathologies – diabète, maladies cardio-vasculaires, dégénérescence, et autres ; cela se fait semble-t-il par la difficulté à atteindre, dans ces nouvelles conditions, l'équilibre homéostatique.

En outre, cette conversion de cadre de vie doit être trop rapide, rapport aux capacités d'adaptation de l'espèce, ce qui transparaît également dans l'apparition de l'effet délétère.

Une telle tendance, ainsi que sa concrétisation, est baptisée « *récompense artificielle* » ; « artificielle » étant donné l'écart entre l'information réelle et l'information perçue, ainsi que nous aurons bientôt l'occasion de le décrire, et « récompense » car cette perception « artificielle » en revient toujours à un plaisir – cette terminologie a, du reste, été reprise à Wadley et Martin (*artificial reward*) suite à leurs travaux (« The origine of agriculture : a biological perspective and a new hypothesis », 2000).

Que l'Homme accroisse, chaque fois que cela se peut, la sensation de plaisir, réduise, chaque fois que celle-ci advient, l'irruption du déplaisir, particulièrement grâce à une action spécifique consistant à tromper la mesure des mécanismes de contrôle au prix d'un *symptôme préjudiciable* ; plus largement, que les conduites humaines sont grandement dirigées par ce penchant, voici la thèse de ce livre, et son fil conducteur n'en sera que l'établissement et le soutien.

Le chemin de pensée qui sera celui des pages suivantes partira donc, en les développant, des bases théoriques préalablement exposées, jusqu'à l'établissement de notre problématique – le paradoxe du plaisir –, puis l'étude de cas, et finalement l'élaboration de l'hypothèse de la récompense artificielle. Plus tard encore, nous ferons la tentative d'appliquer cette dernière à d'autres situation de la vie que celles à partir desquelles elle a été extraite.

Un pas suivant sera franchi avec une enquête sur quelques mythes cosmogoniques, qui, comme cela nous est apparu, renferment en imagerie tout le problème de la récompense artificielle, ce qui ne nous surprend point puisque, bien que revêtant un caractère inconscient, celui-ci doit avoir laissé trace dans les plus anciennes productions humaines si ce trait est aussi primitif que nous le présupposons.

En tout dernier lieu, il ne nous restera plus qu'à nous imaginer notre hypothèse validée ; en quoi serait-elle alors exploitable pour celui qui veut comprendre un peu plus la détermination des comportements de l'Homme ? Nous essaierons par conséquent de tirer quelques implications théoriques de la récompense artificielle, notamment dans le domaine de la psychologie, mais également selon le point de vue de la physiologie et même de la physique.

Pour l'heure, nous prions le lecteur de bien vouloir nous suivre et écouter nos arguments, mais encore avant cela, et bien que nous lorgnerons souvent du côté de la philosophie, vieille sœur de la science, enquêtons sur quelques considérations prérequises ayant trait à cette dernière, quant à notre démarche scientifique.

Section A.

Fondement théorique et terminologique

AVERTISSEMENT

Cette section a pour but de poser les bases théoriques qui nous serviront de soubassement dans la suite de notre étude, de même que de définir les termes-clefs sur lesquels elle repose. Nonobstant, le lecteur avisé en physique et en physiologie n'y trouvera certainement pas quelque chose de nouveau, il peut donc se reporter directement à la section B, où commence l'établissement de notre problématique puis de notre hypothèse de travail.

I.
CONSIDÉRATIONS LIMINAIRES SUR LA DÉMARCHE SCIENTIFIQUE

Quiconque entreprend la tâche de décrire le réel sera disposé à élaborer un ensemble cohérent de théories, appelé paradigme, dont on attendra de lui qu'il se fonde jusqu'au parfait mariage avec ce réel. Alors seulement ce chercheur aura atteint son but. Pour ce faire, on s'attend à ce qu'il s'emploie à utiliser et entretenir un raisonnement fidèle, qu'il a jugé comme suffisamment fiable pour l'élire comme outil de sa recherche.

Pourrions-nous donc avoir une idée de son raisonnement, ou tout du moins ce dont il ne saurait se passer ?

Il semble nécessaire, tout d'abord, d'être en mesure de percevoir ce réel – fût-ce indirectement – faute de quoi notre aventurier ne saurait être capable de connaître son objet d'étude – et donc de l'étudier –, et par ailleurs s'il s'en venait à ce que son savoir ne fût constitué que d'une partie seulement de cette réalité, on devrait par définition abandonner l'idée de le dépeindre dans sa totalité.

Cependant, nous aurions à gagner à considérer de plus près ce concept de perception, dans la mesure où il soulève nécessairement une interrogation particulière. Il s'agit de savoir quel est le moyen de cette perception et dans quelle mesure il est influencé par la nature de celui qui perçoit et de l'objet perçu.

Si nous considérons que le sujet observant et le phénomène observé sont indépendants l'un de l'autre – la constitution du premier n'influençant pas celle du phénomène et réciproquement –, dès lors nous n'avons pas à nous soucier d'une quelconque incidence de cette nature.

Mais si à présent nous estimons que ce sujet, de par sa composition, modifie le phénomène dont il se fait le témoin, et ce de quelque façon que ce soit, en ce que si ce sujet avait été autre, ce même phénomène l'aurait été aussi, dans ce cas, nous aurions la crainte que ce que l'on tente d'examiner se dérobe à nous, que ce que je considère risque de ne pas être discerné pareillement par un de mes semblables alors même que notre conscience est focalisée sur une substance identique.

Et comment alors, si l'on admet que de l'état actuel de ma structure va dépendre la qualité de la perception, comment, disons-nous, pourrait-on établir une loi qui serait partout attestable ? Une telle loi serait-elle même susceptible d'exister ?

Le piège suivant nous guette donc. Toujours les scientifiques ont eu à cœur de donner le jour à des principes qu'ils veulent les plus ubiquitaires, les plus incluants possibles, et rien ne paraît les combler plus que d'en faire voir la portée universelle et la constance. Ainsi serions-nous soumis de même que tous les autres corps à un panel de lois, nées comme l'univers, s'appliquant en tous points de celui-ci, et mourant probablement dans son sillage. C'est à partir de ces lois absolues que s'en édifieraient tous ces éléments constitutifs, du plus simple au plus complexe, elles sont comme de l'information inscrite au sein de la matière et qui la rendent capable d'adopter un comportement spécifique, dans des *conditions* qui procèdent de l'interaction des grandeurs en présence.

Là sont alors des plus grandes préoccupations du scientifique : soit il s'enquiert à être le découvreur de celles qui ont engendré tel ou tel phénomène, soit, fort de son récent savoir, il s'efforce de les réunir derechef pour que soit donnée naissance à la même manifestation, et dont l'émergence ainsi induite confirme la compréhension apportée sur cette dernière.

D'autres au contraire se font les défenseurs d'un relativisme immanent, plus particulièrement pour ce qui ressort des choses culturelles, sociales ou linguistiques. Les témoignages psychiques qui résultent de notre interaction avec notre environnement sont, selon eux, emprunts d'un détour inhérent à notre culture – et à toutes les extensions de ce mot : comme notre situation sociale ou bien notre langue.

Premièrement, en ce qui concerne le relativisme culturel et social au sens large, il nous paraît de toute évidence que tous les peuples de la terre ne vivent pas selon les mêmes réglementations, bien au contraire, la culture d'un peuple est ce qui en autorise la circonscription, ce qui lui est propre. Ces règlementations s'expriment donc sous tous les aspects que celles-ci peuvent revêtir : culture religieuse, affective, alimentaire, et cetera.

Toutefois, partant de cette constatation, il n'y a pas matière à fragiliser nos intentions. Car l'une des premières tâches qui incombera à celui qui formule le souhait de décrire son environnement au sens le plus vaste, celui-là devra aussi avoir une *connaissance* approfondie de ses propres us, et se verra encore plus avantagé s'il en connaît d'autres, même si pour ceux-ci son approche n'est que mentale.

Cette intégration à la sphère consciente des valeurs apportées à un être par la culture sienne sera pour lui un bagage qu'il ne saurait ignorer et dont il ne pourrait se passer, et c'est à partir de cette conscience-là qu'il aura acquis un degré de réserve supérieur à celui des autres Hommes, grâce auquel il se montrera apte à distinguer et considérer les aspects de son intellect et de son affect qui ont de la sorte été biaisés ; il devra enfin se hâter d'en prendre la mesure dans son travail de chercheur, dans l'édification de ses hypothèses aussi bien que dans l'interprétation de ses conclusions.

Deuxièmement, il en procède semblablement pour l'influence de l'idiome sur la vision du monde, de l'espace, du temps et de la causalité. Il s'agit de ce que les linguistes États-uniens Sapir et Whorf ont examiné au travers de l'effet qui porte leurs noms, mais tout cela se conçoit encore si ce même sujet a acquis un recul sur sa propre langue, s'il a su apercevoir derrière elle, ou d'autres encore, les invariants du langage humain et les processus linguistiques qui en découlent – se reporter à l'hypothèse de la grammaire universelle.

L'évaluation exacte de la portée et de la profondeur avec laquelle notre langue maternelle fait incidence sur notre découpage du réel compte donc peu, dès lors que nous avons reconnu la possibilité d'une telle empreinte. Il importe donc moins de préciser si la langue a été sculptée par le réel, ou bien si c'est celui-ci qui se voit configurer par elle.

Remarquons par exemple la structure temporelle des langues romanes, pour lesquelles la conjugaison des verbes s'élabore autour d'un axe ternaire passé-présent-futur, alors que pour les langues germaniques, l'opposition est binaire : passé contre non-passé. Il pourra être pris en considération un tel parti, il pourra tout aussi bien être admis que ce choix langagier oriente le type de représentation de celui qui en est le dépositaire, alors la connaissance ès langues humaines se trouve non seulement être un savoir supplémentaire, mais également l'opportunité par laquelle la pensée s'élargit et s'amplifie, voire s'affranchit de ces primes limitations, en comptant tout l'intérêt que peut revêtir la diversité de surface telle qu'elle se montre dans les langues.

Mais ce relativisme collectif n'épuise pourtant pas nos doutes. Nos sens mêmes ne seraient pas de fidèles auxiliaires dans notre représentation du monde, ils sont restreints quant aux informations qu'ils sont en mesure de nous procurer : l'oreille humaine n'est pas en capacité de recueillir des sons dont la fréquence vibratoire excède les vingt kilohertz, de même que notre œil se fait incompétent à réagir à des ondes lumineuses de longueur d'onde inférieure à quatre cents nanomètres environ.

Pis encore, parfois même vont-ils jusqu'à me désinformer, me portant à croire qu'il y a ici ce que d'autres ne voient pas, à ouïr là où pour autrui ne règne que le plus profond silence ; en somme, ils peuvent occasionnellement me bercer d'illusions, de mirages ou d'hallucinations.

Comment puis-je alors m'enorgueillir de vouloir comprendre ce monde si le mien est déjà empli d'incertitudes, courre le danger d'être nourri de leurres et de sensations chimériques ?

Enfin, il m'est encore asséné que ma psyché, plutôt que de se faire une terre familière, est une contrée dont une infime parcelle seulement m'est connue, sa plus grande part étant maintenue loin de mon domaine de connaissance, qu'elle demeure inconsciente à moi et m'enclos sur un îlot de conscience pour lequel j'aurai le plus grand discernement en ne lui attribuant pas la totalité de mon esprit.

Ma démarche scientifique a-t-elle seulement encore un sens ?

Eh bien, précisément, nous pensons que oui, et plus encore que tous les faits qui pourraient nous être discutés pour leur fragilité ne sont, d'abord, que des objets de science eux-mêmes, et ensuite grâce auxquels nous tirerons de nouveaux enseignements.

De quelle autorité ainsi gratifier les marques qui sont le produit de notre contact avec notre milieu ? Que choisir entre la méfiance absolue, le scepticisme rigoureux et la créance totale ?
Nous savons d'ores et déjà que nos sens sont restreints par l'ordonnancement du matériel biologique, qui, par la mise en marche de leurs propriétés physiques et chimiques, sont les leviers grâce auxquels des informations peuvent être obtenues de l'extérieur et transmises au centre intégrateur. L'ignorance relative dans laquelle nous plongent ces bornages s'en trouve réduite si on les considère avec soin, et plus encore si ce savoir est mis à profit pour édifier des machines dont l'usage en permet l'excès. De ce souhait sont nées nombre de technologies visant ce but.

Eh bien, nous pensons à cet endroit que le caractère *subjectif* de la perception ne compte point comme menace, mais bien que ce qui importe est la *réponse* que cette perception engendrera. Qu'importe donc que moi ou mon semblable distinguions un stimulus de façon différente, ce qui en définitive va renseigner le savant dans sa compréhension des mécanismes du réel est bien la réaction que nous allons offrir à ce qui nous est donné de recevoir.

Poursuivons par ici : la convergence devers le problème de la réaction réclame à l'esprit que les stimulations externes et internes qui atteignent à la substance nerveuse soient interprétées en fonction de la structuration de celle-ci, contemporaine à une telle stimulation, et quand la même excitation solliciterait un centre intégrateur ordonné différemment, la résultante de cette interférence aussi se ferait autre.
Disons alors que nous pouvons nous rassurer quant à ce point de vue, tant évident est-il que la réaction observable suite à une stimulation sera différente selon la constitution de ceux qui en sont les patients, la réaction aura en fait été élaborée d'après la prise en considération des *besoins* immédiats de l'individu et se fera la meilleure des réponses possibles eu égard à l'interaction stimulus-besoin qui est ainsi en place.

Voyons : si nous nous intéressons à l'exemple trivial d'un nanti et d'un affamé se retrouvant devant une table richement garnie de mets les plus fins et les plus appréciables, le prime ne ressentira qu'indifférence, voire dégoût, puisqu'il a couvert sa satiété, tandis que son compagnon moins fortuné, avant même que d'avoir à sa bouche porté les premiers morceaux de nourriture, se verra déjà gratifié d'un *plaisir* de satisfaction incomparable. C'est donc bien leur *état de besoin* respectif qui va déclencher chez le famélique la réponse justifiée de prise alimentaire, et le dédain de l'assouvi.

Devons-nous en déduire que les mêmes plats sont repoussants pour l'un et succulents pour l'autre ? Oui, sans doute, mais nous hâter de préciser que *ce besoin est tout à fait variable avec le temps*, plus spécialement avec la course de l'appareil biologique.

En somme, *le résultat de l'interaction entre un organisme et un stimulus venant frapper les sens de ce dernier est doublement dépendant de la nature de ce stimulus et de la constitution de l'organisme à cet instant.*
Cette situation ordinaire nous amène à conjecturer que les sensations puis les réactions qui résultent de notre insertion avec, plus largement, l'environnement, *sont les garantes de la satisfaction des besoins.*

Cela se présente en réalité avec le plus grand intérêt que *les besoins soit le traducteur par lequel est capté l'environnement* et que celui-ci soit employé pour annuler ces mêmes besoins, autrement dit les satisfaire. Or ce satisfaire ne saurait être exécuté de n'importe laquelle des façons.

Il y a, à ce chapitre, une série d'expérimentations, dites de Young, qui retiennent notre attention.

D'abord, une première partie de l'épreuve consiste, dans une chambre convenablement isolée, à focaliser un faisceau d'électrons vers une plaque opaque pourvue d'une fente dont la taille est de l'ordre de grandeur de la longueur d'onde dudit faisceau, ce qui, en vertu de la loi de diffraction, a pour conséquence de faire se comporter la fine ouverture comme une source secondaire de particules, et les électrons de se disperser en arc de cercle à partir de celle-ci, alors qu'ils se comportaient en onde rectiligne avant leur passage à travers.
Puis on munit la plaque d'une seconde fente, identique à la première et suffisamment proche d'elle ; cette fois-ci, on peut observer sur l'écran disposé sur le trajet des électrons une alternance de raies – là où les corpuscules ont frappé – séparées par des bandes sombres – là où de telles rencontres n'ont pas eu lieu. Ici de même, le résultat expérimental se comprend avec aisance si l'on considère l'aspect ondulatoire des électrons qui, passant par deux interstices se conduisant chacun comme source secondaire, ce n'est plus alors un mais deux trains semi-circulaires d'électrons qui sont générés et qui, se chevauchant, entraînent la rencontre de deux vagues soit en phase – plage claire sur l'écran –, soit en opposition de phase – plage sombre.
Mais notre intérêt est surtout retenu par la troisième manœuvre ; celle au cours de laquelle on souhaite être en mesure de déterminer et d'évaluer le trafic des particules via lesdites fentes ; pour cela, des dispositifs de mesure du flux électronique sont placés au niveau de celles-ci. Alors, point de bandes sur l'écran, plutôt des marques ponctuelles et éparses aux endroits où les électrons sont entrés en collision avec la surface sensible de réception.

Tout porte à croire que dans cet essai dernier, et contrairement à ce qui a pu être constaté pour les deux précédents, les électrons se sont comportés non pas comme une onde, mais bien comme des particules, puisqu'on n'observe plus de stries caractéristiques qui ne pouvaient que résulter d'une interaction de phase de nature ondulatoire, là où les points d'impact se comprennent comme le résultat d'une nature particulaire.

Les auteurs ont, pour expliquer ceci, proposé que la condition selon laquelle était observé par un quelconque moyen ce flux serait responsable de l'issue de l'expérience.

Notre progression nous est donc rendue plus difficile si nous faisons l'économie de la définition de l'*observation*. Qu'appelle-t-on ainsi ? Ce serait, d'après ce que nous venons de supposer, soumettre à nos sens une partie de notre environnement et en recueillir les réactions, et s'il était question d'êtres de conscience, ce serait aussi décrire les émotions qui se joignent à elle.
Pour s'exprimer plus généralement, observer c'est enregistrer les perturbations produites par un élément, tels ces électrons informant le détecteur de leur passage. Une fois de plus ici, nous n'aspirons point à établir la raison qui serait une interprétation valable de ces phénomènes, nous espérons également que le lecteur ne sera pas déçu d'une telle esquive ; pour qu'un pareil dommage nous soit évité, on rappelle que nous n'avons pas de velléités de physiciens, mais qu'au lieu de cela, nous sommes plutôt en quête des fondements, de quelques particularités de la science, de ce qui fait sa spécificité, sa force et ses limites parmi les autres activités supérieures dont fait preuve l'âme humaine.

Et à cet égard, nous voici tout particulièrement intéressé de remarquer que pour cette expérience d'un flux d'électrons focalisé sur des fentes de faible largeur, *la modification des conditions dans lesquelles l'expérience est réalisée* – avec ou sans observation directe – *influence largement le résultat final*, étant considéré que l'adjonction d'un appareil de mesure est un changement significatif, et visiblement suffisant, du *cadre environnemental* à l'intérieur duquel les électrons se meuvent. Les causes physiques cachées là-derrière nous importent peu.

Ces tests, empruntés au monde la physique des particules, mettent en évidence *la forte dépendance du comportement des éléments mis en jeu relativement à la constitution du contexte environnemental.*
Voici qu'à d'autres échelles et d'autres niveaux d'organisation, comme en biologie, cette dépendance aux conditions devrait demeurer quant aux réactions d'un organisme, et nous serons par conséquent vigilants à cela.

Agrandissons encore notre représentation du relativisme : nous proposons déjà, pour les systèmes vivants, que *cette relativité réactionnelle fonde son intérêt et son usage dans la propension d'un système à percevoir son environnement selon son état de besoin,* en considérant celui-ci comme un ensemble de ressources potentielles pour leur contentement, ou au contraire pour la préservation contre ce qui le menace, bref, afin de préserver à son équilibration et de favoriser son fonctionnement et sa structuration.

En quelque sorte, un système animé de vie examinerait le monde à travers le prisme de ses besoins propres, dans le but de déterminer avec la plus grande acuité lesquels des éléments de ce monde vont se monter à même de répondre à ses tendances internes.

De cette hypothèse, nous devons déduire que si un ensemble de systèmes était agité de besoins similaires, voire identiques si possible, alors ils auraient aussi en commun d'avoir un recouvrement global d'une nature proche, voire équivalente. De tels systèmes seraient de plus d'essence commune, puisque leurs besoins sont communs, et auraient à faire le partage de leurs ressources avec leurs semblables.

Voilà alors l'usage des sens : faire entre bien des conditions la meilleure *élection* de celles qui constitueront une réponse appropriée, donc une satisfaction, et c'est à cela que pour ces mêmes bonnes raisons, d'autres entités arborant des exigences d'autre sorte ne se ferait pas d'un environnement semblable la même représentation – il nous faudra d'ailleurs beaucoup plus tard revenir là-dessus.

Mais alors, même si je ne tiens plus grief à mes organes sensoriels d'être limités dans leurs aptitudes perceptrices, en considérant que ces limitations n'en sont que dans une compréhension du monde qui excède le labeur qui leur est exigé pour la satisfaction, et pour lesquels ils ont vraisemblablement été élaborés, si je puis en outre me faire affranchi de ces réductions par la confection d'instruments en état de me renseigner sur des grandeurs physiques dont la connaissance m'était avant cela interdite, malgré tout cela, il demeure une plainte adressée aux instances perceptrices : comment interpréter leur inclination à me *tromper*, à me faire percevoir ce qui m'apparaît en-dehors de toute réalité vraisemblable ?

À cette question, il doit être répondu qu'ici également ce qui peut être illusoire ou hallucinatoire n'est point une méprise des organes sensoriels, une quelconque imperfection de leur constitution, plutôt que cela, nous pressentons que ces notifications sont elles aussi en lien avec un besoin, *qu'elles s'offrent comme illustration des conditions de satisfaction manquant à ce dernier* – celui qui aperçoit au loin une oasis en plein désert ne fait que satisfaire illusoirement son besoin de boire.

Peut-être se rejoignent ici réalité et illusion, et la frontière est bien menue si l'on est prêt à croire que les sensations qui sont miennes ont un *sens*, un sens en lien étroit avec l'état de besoin organique grâce auquel de telles sensations peuvent éprouvées.

Ainsi, depuis les manifestations hallucinatoires propres à certaines pathologies, aux illusions d'optique et mirages, tout ceci serait, avec la même force que les perceptions considérées comme normales, au service d'un fonctionnement euphonique.

Voilà en dernière instance notre interprétation du relativisme, lequel révèle sa substance dès lors que *l'on définit et nomme les conditions environnementales comme l'ensemble des interactions qu'un système entretient avec d'autres*, plus précisément ceux avec lesquelles il lui est nécessaire d'entrer en contact pour l'assouvissement de ses besoins, et in fine assurer son rôle dans la composition complexe ainsi formée.

Ici commence alors le relativisme ; en peu de mots, nous dirions : *la perception du monde extérieur est relative à un état interne – l'ensemble des besoins – et à un état externe – le cadre – mais toutes ces stratégies n'ont pour finalité que de servir les besoins* et, plus encore, les *fonctions* qui elles sont déterminées intrinsèquement et, semble-t-il, non modifiables immédiatement, portant ainsi le sceau de l'absolu.
Ce qui est relatif est alors ce cadre, lequel fait invariablement osciller son contenu avec le temps, ce qui est absolu est le besoin, mais pensons bien que dans un cadre fixé, des lois formelles sont établies si bien que l'observable devient ce qu'il est.

Parvenus à cet endroit de notre raisonnement sur le relativisme et l'absolutisme, nous sommes dans l'obligation de rappeler également, comme pour refermer un anneau ouvert un peu plus tôt, qu'en tant qu'observateurs humains, la perception que nous porterons sera également interprétée, déchiffrée au regard de nos propres besoins, de notre propre cadre, celui-là même où nous nous trouvons.

Nous souhaitons à présent nous résumer en disant que les *capacités* du système sont pour lui comme prédéfinies par sa nature, mais que pour en permettre la réalisation plénière, ce potentiel lui pose un certain nombre de besoins et en exige la satisfaction ; c'est pour ce faire que ce dernier est susceptible d'entrer en *interconnexion* avec d'autres et de réaliser des *échanges* auprès de ceux-là, contre quoi se voit accordé le développement de fonctions, elles-mêmes au service de l'ensemble.

Nous voici alors arrivés à élever une conclusion dont l'importance nous paraît cruciale : *l'observation que nous serons en mesure de faire à propos de l'état de structure ou de fonction d'un système dépend de la nature de son cadre environnemental*, et l'efficacité avec laquelle ledit système sera capable de déployer l'intégralité de ses facultés est donc étroitement lié à l'*adaptation* entre lui-même et ce cadre, nous signifions ici l'aptitude des conditions à se monter à même de satisfaction envers l'ensemble des demandes du système.

Et alors, ce sont précisément ces capacités, la « génétique » du système, qui se trouvent fixes en sorte que pour chacune d'entre elles il existe des *limites*hors desquelles elles ne se voient plus en état de se révéler pleinement, puis enfin d'autres bornes, plus lointaines encore, au-delà desquelles elles se trouvent le plus complètement empêchées.

Réflexion faite sur la perception et la réaction dans les systèmes vivants, voyons alors si nous aurions à faire part de quelque proposition nouvelle, plus particulièrement envers ceux qui font montre de réflexion.

D'abord, un premier principe : que ce n'est que par une *communication* que peut se dessiner le paradigme que nous voulions au départ : finalement, notre sage n'est pas un explorateur solitaire ; bien au contraire, de son contact, certes avec son environnement, surtout avec ses congénères dépendra la victoire de son entreprise.

En quoi consiste donc ce contact ? Nous proposons qu'elle repose sur un partage mutuel d'informations acquises par les différents expérimentateurs – lesquels ont chacun leur propre perception : d'une part pour en faciliter le gain, et d'autre part pour que la confirmation ou l'infirmation de résultats puisse naître de telles comparaisons.

Nous faisons donc appel ici à la *l'inductivisme*. La redondance de réactions similaires ou identiques à un même stimulus, décrites comme égales chez différents individus, nous semble une condition importante à l'établissement d'une *loi*.

En effet, si quelqu'un s'exerçait uniquement à l'aide des données que pouvaient lui fournir ses perceptions, il aurait remporté un succès mais se tiendrait encore fort éloigné de son ultime intention ; et ce ne serait que dans la confrontation de cette dialectique avec celle produite par d'autres observants que l'échange qui est ainsi mis en place serait à même de réduire la distance qui encore existait avec son objectif.

Il pourrait alors être énoncé que cette loi est bien valable, au sens où non seulement elle est constatable par des observateurs variés, mais également au sens où elle est reproductible.

Voici donc une deuxième étape majeure : la *reproductibilité*. Si, par le fruit de notre travail inductiviste, nous sommes parvenus à produire une de ces lois, qui ensemble font la mécanique du réel, alors nous serions en mesure de dire que les *effets* de cette loi pourraient être obtenus à l'identique de ceux mêmes qui nous ont amenés à la proposer comme vraie dès lors que par nous-mêmes nous réunissions à nouveau les conditions qui les ont faits éclore.

Autrement dit, les conditions qui ont suscité l'apparition d'un phénomène *spontanément*, c'est-à-dire sans l'intervention de l'expérimentateur, doivent aussi être à même d'en provoquer la réalisation si le contexte adéquat se trouvait réitéré par lui. Et nous aurions ainsi une raison supplémentaire de considérer notre hypothèse comme valable.

Troisième principe : grâce à la multiplication des observations et expérimentations, un chercheur et ses collaborateurs, et à mesure que se dessine leur paradigme, prendrons un soin particulier à soumettre à l'intelligence et à l'affect les liens logiques qui assemblent les concepts entre eux.

Effectivement, la *logique* permet de tester la solidité des rapports entre les éléments du système paradigmatique ; bien qu'elle repose sur les notions d'égalité, de cause à effet, qui ne sont peut-être qu'une conformation du fonctionnement de l'univers, il s'agit d'un aspect non négligeable de cette démarche.

Cette robustesse que nous souhaitons pour notre paradigme, nous la devons aussi à une structuration que nous nous appliquerons à lui allouer ; en quelque sorte, sa forme s'essayera d'être un tout judicieux, rigoureux et systématique tel qu'à l'instar d'un cercle clos sur lui-même, chacun de ses constituants s'en trouvent harmonieusement associés à ses adjacents, et répondant les uns aux nécessités théoriques des autres. Ainsi, on pourrait espérer que chaque loi soit justifiée par celles qui sont impliquées dans sa réalisation, et qu'elle-même en tienne d'autres envers lesquelles elle porte une responsabilité de raison.

En outre, l'étude des interconnexions des divers concepts les uns par rapport aux autres est, quatrièmement, apte à faire apparaître, via *le déductivisme*, de nouveaux concepts, qui à leur tour se verront élevé au rang d'hypothèse puis possiblement de nouvelle théorie.

Alors, pareil à un maçon qui brique après brique se fait l'artisan de sa demeure, nous aurons pu progresser dans la compréhension de notre univers – et donc de nous-mêmes.

Au sujet de la réfutabilité, quant au problème de la falsification chère à Popper : que l'on soit en mesure de conduire une ou des expériences pour estimer le caractère exact d'une hypothèse paraît raisonnable à la raison. Mais de fait, cela exclut du cercle de la science la mécanique de l'induction dans la mesure où la réitération d'observations identiques mais non testables se voit privée du statut de l'envergure scientifique. Peut-être un exemple supplémentaire que point d'hypothèses ou de théories ne suffisent pour embrasser seules le réel, mais seulement nous servent à progresser en lui.

Allier donc la récurrence de l'impression avec la rigueur de la doctrine qui s'y rattache ; voici ce que peut être une ligne de conduite.

En aparté, gardons par-devers nous que le recul du temps nous octroie une compréhension nouvelle des choses qu'auparavant nous avions de placées sous notre nez. C'est sans doute que, grâce à cette distance, les informations psychiques augmentent leurs associations avec tous les éléments déjà en place dans les différentes strates de l'esprit, multiplient leurs connexions, ce multipliant étendent leur réseau et s'enrichissent mutuellement.

En cessant çà notre incipit, nous n'aurions pas encore fourni un cadre assez satisfaisant pour nous enquérir de la tâche que nous aurions désignée comme nôtre.

Il est encore un aspect qui s'impose en conséquence des opinions dont nous avons discutées ci-avant.

Si finalement nous avions obtenus des résultats fructueux et acquis un savoir de par notre labeur, en définitive si nous avions dans sa totalité cerné un ou plusieurs aspects de notre réel, alors, en plus de reproduire ces aspects là où ils sont absents, nous serions en capacité de prévoir, ayant acquis à notre connaissance les conditions environnementales des corps sur lesquels notre attention est portée, l'instant et le lieu de leur prochaine incursion, de donner une *prévisibilité* sur ces événements, tel est notre cinquième principe.

Il est d'ailleurs intéressant de rappeler que l'apprentissage est construit autour d'observations et de déductions répétées, et que seulement dans un second temps, l'apprenant est amené à raisonner pour déduire les mécanismes se cachant derrière ces observations et itérations devenues prévisibles.

Nous reprendrions sans peine ceci en disant que la vision du monde que s'est

bâti quelqu'un au cours de son existence est justement un précipité de celle-ci, de sa culture, que l'accumulation des expériences mémorisées par lui l'on amené à une telle appréciation de son environnement, et, enfin, ce que nous voudrions ajouter, est que cette cosmovision traite justement des lois qui gouvernent ce monde, déduites de ces associations d'expériences vécues.
Alors, nous voyons ces lois comme universelles, applicables à tous les Hommes, et plus, nous attendons implicitement d'eux qu'ils nous confirment ces prévisions laborieusement acquises.

Or ce que nous prenons la peine de poser ici se montrera très probant un peu plus tard dans notre étude : le prévisible d'une issue, en particulier celle du plaisir, nous servira d'outil théorique dans la compréhension de certains événements.

Mais nous sommes au fait que notre argumentation, sur ce point, n'est que parcellaire, car il serait vraisemblable qu'un de nos lecteurs, prompt au débat, nous rétorque avec finesse ce qui suit :

- Ce que vous signifiez ici est que l'on serait apte à augurer de la survenue de faits dès lors que notre conscience du monde suffisamment élargie s'en trouverait...
- Certainement, et la question du *déterminisme* qui se fait donc jour est fort large ; néanmoins, il ne conviendrait pas à cette introduction de vouloir examiner le problème – encore moins d'y apporter une solution.

Ce que nous souhaiterions simplement aborder, c'est l'impact que pouvait avoir un déterminisme total sur notre travail descriptif : s'il se faisait que la réaction d'une quantité donnée de matière à un stimulus soit sûrement prédictible un instant aussi grand soit-il avant l'application de ce stimulus – plus l'application est distante dans le temps, plus il doit être difficile d'en prédire les conséquences –, cela ne gênerait nullement notre tâche puisqu'alors, au contraire, nous aurions de bonnes raisons de penser que nous avons découvert une loi concernant l'objet de notre examen.

Mais dans le cas où un jour nous serions amenés à considérer comme vrai qu'il n'est pas réalisable de présager toujours avec certitude de l'issue de la rencontre stimulus-entité, dans cette considération, nous serions forcés de reconnaître qu'il réside au sein des corps que nous soumettons à notre enquête des propriétés telles qu'il n'est possible de formuler à leur sujet qu'une *probabilité* concernant leur caractère réactionnel et que ces propriétés proviennent de l'essence de ces corps.

Certaines hypothèses ont été développées en ce sens en physique et d'après celles-ci, dans le principe d'incertitude d'Heisenberg par exemple, position et vitesse d'une particule ne pourraient être connues simultanément, et seraient donc soumises à un principe d'indétermination premier, par conséquent, même en présence d'un inventaire exhaustif des conditions, ces mesures ne se trouvent pas ensemble saisissables.
S'il lui est donc associé une probabilité parmi un ensemble de réalisations possibles, nous en déduirions qu'immanquablement il est une ou plusieurs

forces agissantes, que l'on a coutume de nommer un « hasard », et qui prennent part, dans une mesure à déterminer, à l'ensemble des phénomènes dont nous serions susceptibles de nous faire le témoin.

Or, que nous définissions le hasard comme une connexion entre deux chaînes de causalités indépendantes, et que l'on considérât que celui-ci, au moins dans une part que nous aurions à définir, fasse partie de l'essence de la matière, nous trouvons là aussi un épanchement pour notre raison : car a priori, que nous nous fassions complets déterministes ou bien que nous ne reconnaissions en lui qu'un aspect du réel, *toujours il y aura à conclure quant à laquelle des deux acceptions correspond le mieux la nature du hasard que l'observation et l'expérimentation avait porté à notre assiduité*.

Alors, quand bien même nous devrions reconnaître une telle inclination, nous ne verrions pourtant pas, pensons-le-nous, mis hors de portée notre souhait originel.

D'une part, il demeure faisable d'estimer la valeur de la probabilité d'apparition d'une réaction entre autres, mais d'autre part, et surtout, il n'est rien retiré à la validité d'une loi qui, par-delà les réactions circonscrites par elle, voit soumises ces dernières à l'intervention d'une imprévisibilité même ténue.

Par contre, nous aurons aussi à nous montrer prudents pour ne pas confondre ce hasard avec la survenue de notre inscience.

Imaginez que vous appliquiez un stimulant visuel à un animal et que vous en notiez le comportement résultant ; imaginez aussi que vous fassiez plusieurs fois cette expérience simple, mais que lors des répétitions vous obteniez des résultats différents ; vous en concluriez peut-être qu'elle ne peut être totalement prévue ; or, il ne pourrait être exclu que vous n'ayez pas pris en compte tous les facteurs environnementaux qui, intégrés ensemble par l'animal, vont produire telle ou telle réplique.

Et c'est donc par la continuation des procédures d'investigation que pourrait être levée cette indétermination qui au final ne fut qu'apparente, et par la prise en considération de facteurs jusqu'alors inconnus, que sera proposée une norme terminale ; il s'agit par exemple, de l'influence sur les résultats expérimentaux de l'état de satiété, de la saison, de la température, ou toute autre variable dont il aura été établi qu'elle influe sur l'aboutissement de l'épreuve.

Est-ce là la limite ultime ? Est-ce le retrait total de tout effet aléatoire et l'avancée incessante de la détermination qui marquent l'achèvement de l'entendement et le terme de notre instruction ? Quoique nous ne soyons pas en mesure de l'indiquer, comprenons plutôt l'intérêt de chacune des formes de prospection que nous avons présenté jusqu'alors dans notre parcours et l'atteinte de notre but.

Car là gît l'interrogation finale : quand sommes-nous en mesure de parler de *vérité* ? Les acquisitions empiriques obtenues par la répétition d'observations congruentes ou bien par la déduction de l'existence théorique

d'éléments ou encore la prévision, ne sauraient isolément être suffisantes pour cela ; mais elles se feront de précieuses sources de renseignements et d'indices pour l'édification d'hypothèses eu égard aux entités concernées. Par contre, prises ensemble, ces approches complémentaires nous offriront une base déjà solide et nous aurons fait par elle chemin d'un grand pas sur notre route.
Une hypothèse juste – en partie ou en totalité –, est comme un point de convergence, elle infléchit vers elle les essais et les erreurs.

Et si par l'ardeur des techniques dont nous disposons, nous parvenons à restituer les conditions favorables à l'annotation de manifestations physiques particulières que nous avons déduites, et que ces prérequis se font le creuset desdites manifestations ; si, sans en être l'artisan, nous sommes donnés de détecter ces réponses un laps de temps quelconque avant qu'elles n'émergeassent du contexte que nous avions deviné comme potentiellement opportun pour elles ; en somme, si nous nous faisons habiles à anticiper et repérer leurs occurrences, nous aurons sûrement franchi le dernier pas qui nous maintenait à distance de la véracité de nos conjectures ; oserions-nous le dire : nous aurions été le façonnier d'une neuve vérité.

Cependant, un point des plus importants serait le suivant : quelle est la place de ce nouveau savoir au regard de celui que nous avions auparavant fait nôtre et à quel besoin répond-t-il dans notre système conceptuel ?
De fait, ce système est forcément lacunaire – sinon nous n'entreprendrions pas cette démarche et n'éprouverions point un tel penchant –, et les connaissances qu'à la fois nous recueillons du réel ou supputons de lui devraient interagir avec nos précédentes conclusions de sorte qu'elles rendent plus large notre clairvoyance et plus acutes les relations rationnelles entre ses composants. Nous aurions ainsi comblé un manque, répondu à un *besoin conceptuel*, c'est-à-dire mieux compris les processus qui animent la matière et que nous voyons à l'œuvre dans les réactions physico-chimiques de la substance inerte comme de la substance vivante. Car la « physique », le « phusis » grec se rapporte bien à la « nature » ; décrire la physique est donc entendre la nature.

Cependant, certaines activités scientifiques font appel à des moyens d'étude dont l'office s'accomplit dans le monde concret, se livrant à des observations, des greffes ou des ablations ; d'autres au contraire font de l'abstraction leur terre de prédilection. Or, pas davantage chez les unes que chez les autres nous ne verrons plus de rectitude ou moins de précision, car toutes font in fine leur ces missions de la pensée auxquelles nous avons dans les lignes qui précèdent offert notre confiance : l'induction, la déduction, la reproductibilité, la logique et la prévision, ce qui également inclus la capacité de synthèse des informations et celle d'émettre des suppositions à la suite d'un tel exercice.

C'est ainsi que l'on est amené à penser qu'un unique individu n'est pas à lui seul détenteur de toute vérité, car si tel était le cas, cet état aurait débordé son propre être. L'important n'est donc point de découvrir *la* vérité, mais de faire un pas dans sa direction.

Alors qu'est-ce qui, en définitive, nous donne l'emportement vers l'explication des phénomènes dont nous nous faisons les témoins récurrents ? Sur ce, nous sommes de nouveau interrompus par un de nos allocutaires, qui reprend la parole pour nous répondre :

- Eh bien, probablement, le désir inné de comprendre le monde qui est le nôtre : par là d'exprimer à son propos des règles qui nous donnent l'occasion de vivre avec lui en meilleure entente, de s'en faire un bon défenseur et un améliorateur digne lorsque cela est nécessaire, et d'en tirer le plus grand profit pour la conservation, la satisfaction du soi et la préservation de son intégrité.

- Cela est sans doute bien vrai, mais en s'arrêtant là, on serait incomplet. Car il faudrait adjoindre à ceci que ces règles décrites par la science ne devraient pas s'appliquer à la seule conscience qui lui a donné le jour, ne pas être avérées ou vérifiables que pour elle ; non, bien au contraire, elles devront présenter le caractère le plus *universel*, elles auront à s'acquitter du devoir consistant à se représenter partout pareilles aux sens de ceux qui se trouvent dans de semblables circonstances et capables d'opiner à leur sujet.

- Pourquoi en attendre cela ? En quoi l'universalité se fait-elle un préalable indispensable à la vérité ? Et pourquoi donc ne suffirait-il point que je ne cherchasse une vérité que pour moi-même, car après tout je n'ai perception que par moi seul ?

- Il est vrai, encore une fois, mais cela ne peut nous suffire, car ce serait être oublieux d'une réflexion que nous avons déjà tenue et pour laquelle nous portons grande estime : il existe un certain nombre de critères d'un système grâce auxquels je suis en mesure de le *catégoriser* par rapport à d'autres ; ce sont ces paramètres qui, par exemple, me rendent à même de dire à quelle espèce un animal appartient, et ces critères doivent être partagés par tous les membres qui unis forment un groupe donné ; de là nous jugerons ces critères pertinents à une telle classification.

Si alors je me définis en tant qu'Homme, je devrais admettre que je partage avec tous les autres Hommes des marques communes qui sont celles qui font de moi un être humain, c'est que donc quelque part dans le système « Homme » se trouve une souvenance de ces aspects définitoires.

Peut-on avoir une idée assez consistante de ce à quoi touche ces critères et de cette souvenance ?

Il est certain que tous les développements précédents reposent sur un postulat qu'il subsiste partout dans les matériaux à propos desquels nous avons exprimé le vœu d'être plus informés, une mémoire, dont le support nous importe peu ici, une disposition mémorielle de ce genre que les entités de même espèce vont afficher, toutes choses étant égales par ailleurs, des propriétés identiques entre elles, faute de quoi aucune loi générale ne serait édictable à leur endroit.

En plus, à l'aide de la biologie, il est aisé de répondre que par la congruité des propriétés morphologiques et fonctionnelles, il est possible d'ordonnancer les

êtres entre eux, comme les corps purs simples de la chimie sont regroupés selon la classification périodique de Mendeleiev.
La taxonomie a, en effet, avec le savoir des époques respectives, fait usage de l'anatomie, celle-ci étant un facteur immédiatement accessible aux sens, par la suite, le développement de la microscopie et l'avènement de la biochimie permirent de rendre compte des opérations physico-chimiques à l'œuvre au sein du vivant, et en rendre plus précise encore la répartition.
Plus récemment encore vient la découverte des acides nucléiques et des structures associées, de la transcription et de la traduction de l'information génétique en structure protéique, de l'épissage alternatif, de l'épigénétisme, et cætera, et l'on émit alors l'hypothèse que l'acide désoxyribonucléique était le support de cette mémoire, que de lui découlait la nature morpho-fonctionnelle des êtres, bien qu'enfin l'on concédât à l'ADN une grande plasticité et reconnut le rôle prépondérant de l'interaction avec l'environnement dans ce large processus, traduit par une forte adaptabilité des êtres aux variations de leur milieu de vie.

Nous voici donc élevés à une conclusion sans laquelle tout le travail que nous sommes prêts à entreprendre gagne sa valeur : il existe un corpus de lois à propos des mécanismes qui animent la matière de notre univers sans qu'il existât de versions de ces vérités ; elles sont unes et universelles pour la catégorie d'intérêt ou bien elles ne sont pas, et impliquent qu'à leurs côtés se trouvent, en négatif, une infinité d'énoncés erronés qui en sont exclus. L'essence de ces lois ne repose donc point sur un quelconque point de vue personnel ou opinion subjectif, mais est établie et par conséquence surgit partout où cette information trouve des conditions semblables et propices à son entéléchie.
Soutenir le contraire, en plus de signifier que tout cela est vain et qu'il est inutile de l'entreprendre, sous-entendrait que ma conduite suit des principes qui me sont propres et remet de fait en cause ma place au sein de ce groupe.

Au passage, nous voyons combien il est important de pouvoir envisager par une expérience de pensée l'opposé d'un cas que nous présentons comme universel, donc unique. Suivant l'exemple banal selon lequel « tous les canards ont deux pattes », par cette exclusivité, cela induit que nous ne rencontrerons jamais un tel animal pourvu d'une seule patte ou de plus de deux. Pourtant, il doit m'être possible d'imaginer, de visualiser ce canard extravagant, donc ne répondant pas à mon hypothèse de base. Si l'on n'évoque pas le blanc, comment peut-on prétendre que tout est noir ?

Cependant, la régularité que nous tentons de maintenir à nos pensées nous enjoint à préciser immédiatement que nous n'entrons pas ici, avec de tels propos, en contradiction avec ceux que nous avons tenus un peu plus haut : nous avons dit, effectivement, que par-delà ces valeurs familières, des systèmes se montraient tout à fait capables de confectionner par eux-mêmes des caractères qui leurs sont particuliers, et qu'à ce titre, il pourrait être

demandé, au sujet de ce qu'il serait découvert sur eux, si on pouvait leur reconnaître une exclusivité à l'entité considérée.
Nous proposons, une fois de plus, que c'est la nature des processus auxquels se réfèrent les descriptions que nous dégageons qui consent à nous faire deviner si un caractère peut être considérer comme la propriété d'un système ou de quelques-uns d'entre eux, ou bien en être attribuable à leur quintessence même.
Or, nos intentions se focalisent sur la compréhensibilité des procès se rapportant à la biochimie et à la biophysique des organismes, ainsi que tous les phénomènes qui nous sont donnés de voir par les résultats de ces réactions, lesquelles suivent et obéissent à des principes qui ne peuvent être qu'avec une régularité exemplaire repérés chez tous les membres du groupe, dans la mesure où, non seulement ce sont ces principes qui font d'un ensemble d'individus un groupe, mais plus encore parce qu'ils touchent aux mécanismes les plus premiers de la constitution vivante et donc des plus anciens dans la genèse de ces organismes, ce qui implique un partage avec le plus grand nombre.

Bien plus, mais sans avoir preuve de cette assertion, et plutôt en lui reconnaissant la qualité de l'intuition, nous pressentons qu'à la manière de la cellule vivante qui porte en elle l'information de tout l'individu auquel elle prend part, en se contentant de n'utiliser qu'une partie de celle-ci, toute entité fonctionnelle se ferait gardienne de l'information à partir de laquelle elle fut élaborée, et fut élaboré l'assemblage auquel elle appartient.
Aussi avancerions-nous que chaque être porte en lui la connaissance de sa quiddité ; cependant, cette connaissance peut échapper au champ de la conscience et demeurer à l'individu inaccessible immédiatement ; mais plus encore, elle peut bien être modulée par l'action des autres êtres qui l'environnent, et l'environnement lui-même, et ce dans une plus ou moins grande mesure. Cette modulation se verra donc soutenir, clarifier, voire perfectionner cette réalisation spontanée, ou au contraire à la détourner, même à la contrecarrer de la façon la plus totale.

Pourtant, nous ne nous contenterons point de faire de notre possible pour ce qui est de la collecte des déclarations les plus justes et de la mise à découvert des rouages les plus secrets du monde, il est à accorder une faveur toute aussi grande à des énoncés qui se révéleront ou se sont révélés être incomplets ou totalement inexacts, et non pas seulement avec l'unique objectif d'en comprendre les méprises qui aboutirent à cela, mais surtout de façon à apprendre des dispositions qui ont empêché que se fassent nôtres sans ambages ni confusion la plus grande perspicacité sur notre sujet.
Autrement dit, il ne sera pas uniquement accommodé de séparer l'incontestable du moins véritable, sans prendre en considération les événements physiques, psychiques ou de quelque nature qu'ils fussent et qui ont par leur simple fait perturbé l'ouvrage d'une conscience néanmoins résolue à amoindrir sa méconnaissance du monde.

Car c'est bien en ces méprises que gisent les clefs les plus précieuses pour l'accomplissement de notre tâche ; ce sont bien elles dont résulte l'écueil, mais elles font tout aussi bien partie du fonctionnement – adéquat ou non – des systèmes distincts et nous serions par conséquent plus ignorants nous-mêmes si par sapience nous reconnaissons là une *erreur* en lieu et place d'une fidélité à la réalité en se privant avec mépris de l'instruction que ces perturbateurs à elle nous mettent à disposition.

Nous excluons en effet à ce chapitre de faire appel à l'imperfection de l'être, ou à la complication des démonstrations soumises à notre examen, et passer outre pour la poursuite de nos travaux ; au contraire nous y verrons plutôt une incomplétude de notre activité.

Tout ceci amène directement à l'*exception*. L'exception semble d'emblée être une infidélité aux règles imposées par la théorie, une dérogation à celle-ci alors même que cette irrégularité est partie prenante de son champ d'action. Cependant, ce résultat « exceptionnel » peut être dans tous les cas d'un grand bienfait à celui qui a recours à la démarche scientifique, puisqu'ensuite d'un ensemble de représentations alors justes et adéquates, il se voit autorisé par ce rallongement à établir s'il s'agissait d'une erreur réelle ou de la découverte d'une des limites de sa doctrine, soit en en ayant ainsi effleuré les confins, une autre plus avérée s'apprêtant ici à voir le jour, soit en étant à même de remarquer un écart au protocole expérimental ou à l'usage de la raison : telle est l'exception, ni donc erreur, ni imperfection de la théorie, mais toujours source de savoir nouveau et de complexification de celle-ci.

De même, le *paradoxe* n'est qu'apparent : si l'on considère les rouages du réel, deux roues conjointes ne peuvent tourner en sens opposé l'une de l'autre sans mettre l'ensemble en état de blocage.

Nous voyons en fait dans le paradoxe une incomplétude de notre science qui nous empêche de mettre dans l'équation toutes les données sensées d'un problème : on peut aussi dire que par ce manquement dans notre savoir, nous nous trouvons en incapacité de définir le cadre conceptuel au sein duquel le paradoxe n'existe plus et qui donne au système la levée, par exemple, de comportements paradoxaux, faisant tourner ses rouages dans le sens du plein fonctionnement.

C'est de cette façon que souvent nous avons affaire à deux écoles opposées sur une question donnée ; c'est que, lorsque nous sommes, avec intensité, portés à croire et à soutenir une idée, nous devons également admettre que quelque chose d'important par ce biais cherche à se frayer une voie, et quand le temps a fait son ouvrage, et qu'est advenu un savoir plus large et plus approfondi, nous ne voyons dans les deux rivales d'alors que les deux sœurs qui seulement aujourd'hui de leur alliance forment l'unité, chacune revendiquait en fait avec insistance sa part de véracité, mais portée trop loin et trop exclusivement, ce que son émule controverse bien au prix d'un excédant contraire. Ces deux forces tendent donc à établir un équilibre qu'une nouvelle hypothèse reconnaîtra en embrassant avec elle les anciens antagonistes.

Ce serait alors un étalon du progrès de travail théorique : une meilleure hypothèse permet de lever une contradiction.

Et bien que la concordance avec le réel soit le critère de référence pour l'adoption ou le rejet d'une hypothèse, dans l'éventualité où celle-ci fasse effectivement témoignage d'une telle concordance, nous ne nous en tiendrons pas là, mais en spécifierons les limites, afin d'apporter à notre érudition où s'épuise la *puissance explicative* de cette dernière, et surtout si elle est suffisante à modéliser l'ensemble des problèmes posés.

L'épistémologie met effectivement en évidence la succession temporelle de théories des sciences, chacune étant dépassée par sa suivante qui se montre en fait, dans une mesure suffisante, plus apte à modéliser et prévoir le réel, rendant ainsi caduc sa prédécesseuse, à la manière dont une chrysalide se libère de son exuvie au cours de sa mue. Bergson nomma ceci le « changement paradigmatique », l'enfantement d'une nouvelle théorie à l'agonie d'une autre, ce qui se laisserait encore mieux voir en considérant ce processus comme une évolution vers un état conceptuel d'une justesse supérieure, tout en englobant la précédente.

Jusqu'où donc pourra bien aller ce labeur ? Aboutira-t-il à l'instauration d'une cosmovision absolue, dont les principes et développements seraient unis avec tant d'application à la réalité qu'on n'en saurait trouver de plus vérifiable ?

Car n'est-ce pas aussi cela la science… créer sa propre vision du monde, non pas en dissension avec celui-ci, mais bien dans son accord et sa concordance ? N'est-ce pas aussi cela une cosmovision propre, que taillent les représentants de la science dans la pierre de leur matériel empirique et de leur raison ? Il peut même être poussé jusque-là cette intention, exposé par les mots de C.G. Jung : « *Toute conscience supérieure appelle une « weltanschauung »* (une conception du monde). *Toute conscience de raisons et d'intentions est déjà « weltanschauung » en germe. Tout accroissement de connaissance et d'expérience est un pas de plus vers son développement. Et en même temps qu'il crée une image du monde, l'homme qui pense se transforme lui-même.* » [1]

La cosmovision d'un être serait comme cela, le rejeton des informations qu'il a su authentifier grâce à sa liaison au monde. Certes nous sommes tentés de rattacher ceci à une *philosophie*, toutefois nous tenterons d'en garder une distinction consciencieuse : la philosophie est une source d'inspiration, la science est celle contre laquelle elle trouve sa justification.

Or nous avons à notre charge l'auscultation minutieuse de l'erreur, et plus singulièrement des *biais* qui en sont au commencement.

Débutons par ceux-là qui se rapportent à la structuration intellectuelle, et consiste en un vaste ensemble de conformations, à la fois conscientes et inconscientes, qui résulteraient d'une association de prédispositions innées, fruits de l'adaptation de l'espèce à son milieu, et de ce qui arriva à ces prédispositions au cours de la vie de l'individu, les facteurs acquis de son existence.

Les cas les plus fréquents peuvent concerner l'attention et la mémoire – comme l'effet de récence ou la négligence de la taille de l'échantillon – , le jugement – autocomplaisance, égocentrisme et préjugés, mais aussi l'effet de halo, pour lequel nous accordons une vigilance particulière –, le raisonnement – tels sont les biais de représentativité ou de confirmation d'hypothèse, la perception sélective ou l'effet rebond –, et des biais davantage liés à la personnalité du sujet – citons ici les biais culturels et linguistiques dont nous avons parlé, mais également le conformisme, le célèbre effet Barnum, l'effet Boomerang, et cætera.

Une fois de plus, toutes ces tendances seraient de taille à emporter nos velléités les plus ardentes et mettre à mal notre volonté initiale. Or, encore, nous portons l'argument que tout ceci est rapport aux besoins primordiaux des êtres.

- Ces tendances, au service du besoin, seraient-elles donc, en définitive, des obstacles à la compréhension du réel ?

- Non, car nous nous devons de relativiser l'idée d'erreur comme étant seulement un manquement fait à la réalité, comme une désobéissance à cette dernière, car par-delà il nous sera aussi demandé de comprendre la source de cette erreur, ce qui sera dans la possibilité de nous instruire davantage sur un réseau de réactions qui, jusqu'alors, s'était dérobé à notre conscience et, étant demeuré loin d'elle, nous avait empêché de cerner l'ensemble des systèmes associés et mis en œuvre dans la détermination d'un résultat : *alors l'erreur a autant de sens que l'exactitude*.

Il ne se trouveraient donc point d'éventualités qui ne soient des lieux de pratique de la raison si, comme nous en avions convenu au départ, notre but en est de comprendre, aux multiples sens de ce terme y compris celui de faire sien, les objets de notre perception.

Mais deux racines de méprises doivent particulièrement être sondées : d'abord la confusion entre causalité et corrélation, ensuite la terminologie.

Il paraît alors que le claveau sur lequel repose le raisonnement scientifique est celui de la *causalité*, l'intervention d'un facteur ou d'un ensemble de facteurs dans la formation d'un phénomène – événement perçu par les sens – que l'on nomme l'effet, qui à son tour se fera, potentiellement, cause au regard d'autres effets générés par lui. Cette conceptualisation nous semble donc bien pratique dans les services qu'elle nous rend en considération à notre but : éclairer les lois qui entraînent l'univers, car il peut être prédit que dans les mêmes conditions, des causes identiques engendreront de tout aussi identiques effets.

Finalement, nous sommes pressés par la causalité à poser et orienter une flèche du temps, à définir celui-ci comme un paramètre menant de la cause à l'effet par des transformations opérant du passé vers le futur sur les corps impliqués.

Toutefois, si nous prenons la peine d'aborder ce chapitre, c'est que nous voyons un point qui nous apparaît primordial : nous voulons ainsi parler

de la confusion qui serait prête à survenir entre cette même causalité et une *corrélation*.
La corrélation se définit, de façon générale, comme la variation simultanée de deux ou plusieurs variables si bien que la modification d'une seule d'entre elle en soit suffisante pour provoquer un changement de ses apparentées, sans toutefois voir dans la prime modification une *cause originelle*, mais bien plutôt dans l'origine de cette modification-là se situe la cause originelle.

Un exemple traditionnel est celui d'un état pour lequel on a pu reconnaître, à l'aide de traitements statistiques, que les épisodes criminels étaient liés par la proportionnalité au nombre d'églises que l'on trouvait dans les villes concernées : ne nous hâtons point pour autant de considérer la contingence d'édifices religieux en cause directe de la criminalité, nous entendrons de préférence que là où s'élèvent en plus grand nombre des lieux de culte, là aussi se trouve en proportion un effectif d'habitants plus élevé, considérant que numériquement le plus grand nombre d'individus est proportionnel aux méfaits qu'un territoire moins densément peuplé : la fréquence de sanctuaires ne saurait donc être reliée à la commission de crimes.

La randomisation est là secourable car elle permet de minimiser l'influence de variables autres sur les variables d'intérêt, ce qui est fort utile dans leur étude individuelle, ainsi que leur incidence sur le fonctionnement d'un système.
Cette mise à l'écart des paramètres indésirables est une des préoccupations majeures de la science, pour mieux comprendre ensuite comment elles marchent ensembles.
Empressons-nous tout de même de préciser que s'il se pouvait être démontré par nos raisonnements un lien de quelque ordre entre la densité d'églises et le fait délinquant, nous devrions alors revoir notre position et tendre à convenir du trait causal de la présence d'églises sur la violence et revaloriser en cause ce paramètre.

Pourquoi donc, viendra-t-on dire, un tel développement à propos d'une tournure de l'esprit qui semble si évidente à l'âme réfléchie ? Eh bien parce qu'elle apporte deux prolongements qui ont retenu toute notre vigilance.

D'abord, revenons à notre illustration précédente : quelle bien maigre avancée théorique que d'avoir concédé à la foule une plus grande véhémence qu'au petit nombre ! Pourtant il nous a semblé à cet égard bien pouvoir parler de cause au vue de la présence d'une relation mathématique unissant population et crime, mais c'est que vraisemblablement, il s'agit là d'une cause qui n'est point première, qui est elle-même effet d'une ou de plusieurs autres causes, supérieures à elle dans la *chaîne de causalité*, et auxquelles elle doit tout entière son apparition ; ainsi remontons-nous le long de cette chaîne que nous trouverions, à son extrémité supérieure, une cause que l'on qualifierait de *cause première*, cette dernière ne devant son dû à aucune autre cause placée au-dessus d'elle, elle est le produit le plus fondamental de la physique.

À défaut, nous considérerons donc comme *causes premières les lois de la physique*.

Mais nous tiendrons la suivante distinction : sur ces causes premières notre action est nulle, nous ne pouvons les modifier, tout au mieux les orienter dans le sens qui nous séduit ; nous nommerons alors, à côté de celles-ci, *causes suffisantes* d'autres plus basses sur l'échelle de la causalité, mais modifiables par nous. Les conditions environnementales apparaissent d'emblée comme des causes suffisantes.

Si nous prenons la peine d'exposer tout cela, c'est qu'il existe un risque, dès lors que *le chercheur, étant par définition lui aussi le théâtre de tensions et de désirances, s'en trouve, par ce biais émotionnel, malmené dans sa quête de compréhension*, et qu'inconsciemment, il soit porté à gratifier de sa confidence seulement les lois dont il est le découvreur et qui ne compromettent point la mise au jour de motions dont il ne saurait assumer le dévoilement. Cette tension interne porte le nom de *dissonance cognitive*.

Par exemple, il peut être tentant de ne voir vérité que chez un auteur voire un de ses livres. Un tel qui proclamerait cela serait sous le joug de son affect, il en fut simplement ému car l'on y parlait de lui, mais l'entièreté ne peut qu'échapper à l'être unique.
C'est alors ici qu'il recevra l'aide et le soutien de ses partenaires envers lesquels on peut nourrir le souhait qu'ils se feront non seulement capables de discerner chez leur collaborateur le méandre dont celui-ci est l'objet, et plus encore qu'ils suivront ce détour et le prendrons lui-même comme objet d'étude pour que grâce à cela, ils lui apportent assistance et, au-delà, s'en voient récompensés par une appréhension supplémentaire.

Ensuite, c'est que nous entrevoyons en nous la crainte d'un travers, semblable à ceux auxquels nous avons fait référence précédemment, celui qui consiste à *assigner la nature causale d'un fait justement à une de ses corrélations, et cela dans le dessein de maintenir loin de la conscience la teneur de la cause réelle*, dans la mesure où se fonde quelque part l'appréhension que cette prise de conscience se traduirait par une augmentation de la dissonance cognitive. Notre vigilance sera tout particulièrement maintenue en un éveil constant, pensant que nul ne peut se voir, a priori, comme affranchi d'une telle tendance, dont on rappelle qu'elle est elle-même au service de la plénitude psychique.

Un point de convergence entre ces deux derniers commentaires : ils sont, nous le pensons, tous deux liés aux besoins des systèmes. En effet, il nous sera commode, nous le verrons, de *prendre comme cause suffisante le besoin lui-même ainsi que sa satisfaction*.

Pourtant une voix encore s'élève :

- Le besoin n'est-il pas causé lui aussi par un élément qui le transcende ?
- Nous ne pouvons que répliquer par l'affirmative : mais nous sommes, nous autres, si peu armés pour prétendre étreindre ce qu'est ou ce que sont les

causes premières ! Nous ne le sommes à peine plus que l'Arkhè d'Aristote, le Noûs d'Anaxagore, ou l'Atoum des premiers Égyptiens, et, à vrai dire, seulement l'enquête dans la résolution de l'énigme métaphysique nous porte motivation et donne profit.

À ce sujet, peut-être peut-on reprocher à l'inductivisme de n'être qu'un pas vers la recherche de causes : il ne donne qu'une idée qui sera tenue pour juste tant que nous n'aurons rencontré de contrexemple à élever à l'encontre de la déclaration principale, mais il ne nous dit rien sur les mécanismes causateurs du fait observé puis induit. Du reste, il n'est pas reconnu non plus au déductivisme un tel mérite : par la déduction, nous nous voyons tout de même octroyé la possibilité de mettre en relation plusieurs observations et de les faire se féconder mutuellement sous le sceau de la logique, mais nous ne serons assurés que lorsqu'également nous aurons rendues solides nos prémisses et les liens qui les réunissent.

Il est peut-être peu d'embûches, en sciences, aussi trompeuses et sournoises, que celle de la terminologie. Entendons-nous sur les mots avant de nous entendre sur les choses…

Combien de fois, en effet, n'est-on entré en discorde avec un de nos pairs rien que parce que chacun d'entre nous avait désigné par un vocable différent ce qui, en fait, ressortait de la même réalité pour nous deux ?

Ainsi, alors que nous croyons ensemble que notre désaccord se fonde sur une dissension théorique, que l'un tient pour vrai ce que l'autre prend pour fautif, il n'en va régulièrement pas ainsi, et seulement après un long moment de polémique logomachique nous prenons fait – et cause ! – que seul le verbe nous avait séparé, qu'en fait nos appréciations s'orientent toutes deux dans des directions comparables, mais que simplement, en considération de notre scolastique et de nos habitudes de pensées, nous avons été poussés l'un et l'autre à l'accoutumance de certaines appellations dissemblables pour des représentations identiques.

Là de même, nous trouvons derechef le questionnement de la construction et de la figuration du réel dans l'appareil psychique, de l'imagerie résultante modelée par lui au fil du temps suite à l'accumulation des réceptions de stimulus internes et externes, ainsi que des réponses apportées à ces derniers, sachant que l'acabit langagier participe de cette figuration.

Nous appelons alors la même remarque générale que celle que nous avions invoquée plus tôt concernant la subjectivité : que c'est bien par l'échange que peut être levé le voile déposé à notre insu sur le choix des mots et, quant à convenir duquel sera finalement celui de la convenance commune pour telle affaire, nous ferons grand cas de l'*étymologie* de ceux-ci.

C'est alors aussi bien par la précision de l'expression que pour la cohérence idiomatique que nous prendrons le soin de définir les vocables portant en eux les notions fondamentales, ainsi en avons-nous procédé pour le « besoin » et le « contexte ».

Au final, il est dit que ces biais affectifs, cognitifs, ceux résultant de la confusion entre causalité et corrélation ou quelque amalgame entre vocables ne se trouvent souvent être que le visage de la dissonance cognitive des parties, de la tension psychique qui habite l'enquêteur.

De même nous venons de convoquer les biais ayant trait à des considérations purement rationnelles, de même nous considérons comme une incomplétude de ne point traiter d'une autre catégorie de déviations psychiques que sont les biais affectifs.

En effet, du début de nos cogitations, nous gardons encore un doute. Il nous faut être attentifs à l'usage du déductivisme. Il est facile, et du reste bien connu depuis longtemps, que cette dialectique peut être fallacieuse si par trop de légèreté nous nous laissons emporter à son emploi. Il faudra donc en être d'assez prudents utilisateurs, afin de s'éviter les fourvoiements dans le paralogisme ou l'égarement dans des sophismes malencontreux ; pour cela, notre application sera tout particulièrement portée sur la solidité de nos prémisses et la rigueur avec laquelle nous inférons d'elles un potentiel enseignement inédit.

Par ailleurs, nous serons tout aussi vigilants vis-à-vis de l'application indue que l'on serait amené à accorder à des principes dans le but d'échapper à la tension ; tel pourrait être le cas si, notamment, nous reconnaissions au relativisme une attribution plus élargie que celle qui lui reviendrait en justifiant de la sorte, au nom de la relativité des goûts, des opinions, du vivant lui-même, des comportements et des actes dont il pourrait être établi qu'ils contreviennent, en une façon qui leur est propre, à la vie même – cela revient à *désunir ce qui fonctionne de ce qui ne fonctionne point.*

Et voici que cette précieuse communication sera le sol privilégié de cette dissonance : lorsqu'à autrui nous disons vrai, nous pourrions nous attendre à sa reconnaissance d'une tâche ainsi épargnée et pourtant utile, nous avons comme expectation qu'il se mette lui aussi à tester nos allégations, qu'il nous corrige dans l'erreur et nous soutienne dans la vérité ; or nous devons reconnaître qu'il n'en va pas toujours ainsi.

Cela est parce que, tout simplement, nous n'avons pas su tenir compte de la sensibilité de cet autre, de ce qu'il lui est, en quelque sorte, possible d'entendre sans rien casser ni rien détruire ; par la qualité du lien qui nous unit à lui, nous n'avons su transmettre de la manière la plus convenable ce que nous avons voulu lui offrir. *Une vérité même un tant soit peu imposée comporte une part d'erreur*. L'on a toujours tort d'avoir tout seul raison.

Une fois de plus, nous devrons compter sur la qualité des échanges qui animent nos savants pour que dès lors les plus avisés y trouvassent derechef l'exercice de leur sagesse. C'est donc à cet endroit que l'intellect et l'affect, en tant que composantes de la personne, trouvent leur assemblage et leur intérêt respectifs : le premier portant, via l'interaction avec le réel, à émettre à son égard des hypothèses, puis à tester ces hypothèses grâce à un procédé expérimental, afin d'en extraire des conclusions logiques permettant de répondre, en partie ou en totalité, au problème de départ, avant l'émission de nouvelles hypothèses et la reprise du cycle expérimental ; le second, se manifestant par un ensemble d'émotions, et qui, avec une égale mesure à celle de la boussole guidant le marcheur dans la forêt, sera le guide par lequel le scientifique se verra conduit vers les chemins les plus appropriés de la pensée. Nous serions enclins à déclarer finalement que *par la science, la raison et l'émotion sont mises au service de la connaissance.*

Car n'oublions point : l'intelligence est émotionnelle, elle est donc par nécessité subjective car rattachée à l'histoire de la personne, et nous ne devons pas ici nous tromper en voulant étendre à des terres impropres l'*objectivité du scientifique*, laquelle n'a d'autre but que de refuser à des influences malvenues la perturbation de l'expérience ou de son interprétation.

Nous souhaiterions plutôt laisser place à l'afflux de l'affect dans la création, puisqu'ils en sont eux-mêmes la cépée. À trop craindre, en effet, le biais émotionnel, l'affect en est retiré de ce processus, et celui-ci se voit privé d'une de ses fonctions. Alors il devient nécessaire de trouver la mesure où la rigueur, jusqu'alors au service de la logique et de la cohérence, passe au secours de la fuite et de l'évitement de la tension.

C'est pour cela, et très généralement, que l'on s'attache à ce que *le biais induisant en erreur voit toujours à sa base un embarras d'ordre émotionnel,* une tension psychique, y compris lorsque celui-ci semble seulement méthodique ; la vie émotive alimente en effet et détermine, ainsi que nous l'apprécierons, celle de l'intellect.[1]

Ce n'est par conséquent que dans l'autonomie de penser que se réveille et se révèle la pensée complète et créatrice, quand elle a porté à sa propre connaissance qu'elle partageait une valeur égale avec ses semblables et qu'un rôle unique elle avait à jouer parmi eux. Une telle autonomie, une telle fonctionnalité, à vrai dire, n'est atteinte que lorsque les forces émotionnelles bloquées ont été libérées de leur geôle et que ce faisant, elles ont délivré leur hôte de leur charge ; qu'ainsi la raison ne se chargeant plus de leur frayer un chemin jusqu'au jour de la consciencité, elle a la liberté de s'exercer sur le monde pour tenter d'en comprendre les codes et se soumettre au service de leurs réalisations.

Bien plus, celui-là, nouvellement capable d'intégration et de mises en relations cohérentes, ainsi nanti de cette énergie affective, y trouvera le moyen de faire emploi de l'assistance de son intelligence dans l'entreprise de distinguer en elle ce qui émane d'une fidèle sapience de ce qui aurait usé du fard du discernement pour dissimuler les peurs et les angoisses de son âme.

C'est pourquoi, il doit être retiré autant que possible à la démarche de la science des restrictions dans l'émission d'hypothèses ou la construction de

1. Sur l'influence de la psyché dans les erreurs de la science, on (re)lira avec profit « L'éther, Dieu et le diable » de Wilhelm Reich. [2]

raisonnements ayant trait à l'existence d'éléments taboués, au risque de réduire la portée de son explication, au cas où derrière l'interdit se serait dissimulé une clef nécessaire – ce qui en fait doit inévitablement être le cas, sinon le tabou ne serait tout simplement pas. La présence du tabou est donc elle-même un objet de recherche quant à ses causes et à sa fonction.

Alors seulement, *son affect sera l'égide de son intellect* – et réciproquement, au sens où celui-ci le portera à la voie la plus courte le séparant de la justesse, sinon aux louvoiements opportuns par lesquels un savoir nécessaire lui sera donné : le second se manifeste par la pensée, le premier par l'*intuition*.

Questionnons-nous dès lors sur l'origine de cette intuition : d'où vient-elle et quelle est sa motivation ? On redouterait qu'en elle se glisse, à l'insu de notre discernement, des « motions de souhaits inconscients », celles-là même qui sont impulsées par les biais cognitifs ou émotionnels envers lesquels nous avons déjà haussé notre circonspection – mais aussi tout notre intérêt.

D'aucuns en effet préfèrent imputer la genèse de la préscience à un ensemble de processus mentaux subconscients, basés sur la mémoire, et inférant grâce à elle et les présentes circonstances, un ensemble d'indications référées à cette dernière.

Encore plus audacieuse sont les propositions d'après lesquelles nous autres serions, par ce canal, dans la possibilité de se voir rapprochés d'une immanence, selon un procès encore mal connu de nous.

Nous n'avons à nous effrayer, ni de la variété de ces approches, ni de l'ignorance effective qui est nôtre quant aux processus qui supportent de telles *inspirations*. Quoi qu'il en soit, nous ne lui retirerons en aucune occasion notre assurance dans l'avancement scientifique, car où qu'elle puisse bien nous mener, ce sera là, à n'en pas douter, en un *lieu attracteur* dont la connaissance a une importance pour notre cursus.

Car tout concept, parce qu'il fait principalement appel à la faculté de raisonner, est réduit à ce dont cette même raison est capable d'abstraction et de conceptualisation. Au contraire, *le réel ne saurait se laisser ramener à une idéation de caractère exclusivement intellectuel, qu'en plus de cela, il est émotion*, et toute tentative d'appréhension globale de celui-ci ne saurait être réalisable qu'avec un seul instrument de la psyché humaine.

Intuition, philosophie, sciences, ces distinctions de circonstances ne doivent pas exclure qu'il s'agit là d'un continuum global de l'esprit : nous voyons davantage la philosophie comme une de ses provinces où peut s'ébattre librement ce dernier, où l'intuition, souvent sous le déguisement de l'imagination, et la raison œuvrent de concert pour créer un système de pensées ; c'est en quelque sorte le creuset dans lequel, hors de l'épreuve sensible, et avant même celle-ci, s'édifient les matériaux auprès desquels nous puiserons la base de nos futures hypothèses. Il n'est demandé ici aucun instrument qu'un esprit libre, aucun savoir que celui d'un être conscient.

Ainsi émancipé, l'esprit s'éconduit sur des terres encore vierges, y fait germer çà et là fleurs et arbres ; ainsi éclora telle ou telle école, telle ou telle académie, chacune s'astreignant à proposer un système ordonné sur le monde en fonction de son histoire. Le jardin ainsi engendré ne connaîtra point de frontières ni d'émondage infécond, le jardinier prendra soin de tous ses végétaux pour qu'ils puissent faire grandir le courtil en éden, tous y apporteront leur saveur sucrée ou l'agrément suave de leur sapidité.

Née de l'émerveillement et regardant l'univers depuis tant de collines éparses, elle aura, la philosophie, donnée aux Hommes les outils que l'activité scientifique prendra ensuite le soin de tester, distinguant ce faisant le simple ornement arboricole de l'arborescence originale. Par exemple, le concept atomiste fut, sait-on-le bien, évoqué près de vingt-cinq siècles avant que des approfondissements auxquels profitèrent des avancées technologiques ne confirmèrent l'aspect particulaire de la matière. Ceci ne signifie point qu'il nous faille abandonner certaines pousses pour s'en contenter d'autres : qui sait si un jour, à force d'explorations infinitésimales, il ne nous sera pas donné d'entrevoir les corps comme des unités infiniment partitionables.

Donc, fort des activités de la science, la récolte sera répartie, agencée, en ce qui porte les traits de la véridicité et ce qui s'en éloigne et ainsi, le philosophe-scientifique, le savant en somme, plutôt que de se contenter du travail d'un seul de ses arbres remplira son panier du fruit de chacun d'entre eux ; il est à croire que chaque dogme, enfant de la philosophie, porte en lui une part de vérité et une autre s'en distanciant, et qu'il nous incombe de savoir laquelle et pourquoi cette dernière a emprunté des chemins qui l'écartait de l'exactitude. La philosophie est une fontaine d'inspiration, la science est celle contre laquelle cette dernière trouve sa justification.

Nous voici soudain d'avis que nous en avons assez dit sur la science et les démarches dont elle se réclame. Qu'avons-nous, en dernier lieu, bien pu apporter qui soit un tant soit peu original ? Fort peu, nous en convenons, les procédés d'inductivisme et de déductivisme restent depuis des temps reculés connus et reconnus comme fondement de l'acquisition de savoirs nouveaux ; les débats sur l'objectivisme et le subjectivisme hantent également depuis bien longtemps la philosophie des sciences.

En outre, maints reproches pourraient nous être adressés à notre égard : que de sujets n'avons-nous pas abordés en n'y consacrant que quelques lignes, les ayant frôlés si faiblement que leur approfondissement en fut empêché ; nous n'avons, en plus, donné ici qu'un nombre restreint d'illustrations pour notre discours et n'avons pas bien davantage fait référence à d'autres œuvres et d'autres auteurs. Que de griefs à notre encontre !

Définitivement, nous concédons que notre instruction sur tous ces horizons est sommaire, mais nous espérons malgré cela qu'elle se soit montrée convenable par l'application que nous avons marquée de leurs emplois et, au demeurant, nous n'avons fait appel à eux que dans la mesure où ils étaient avantageux pour notre dialectique.

Toutefois, nous avons l'espérance qu'en au moins une façon nous avons donné à voir sous un jour particulièrement judicieux le problème de la science et du scientifique, du substrat de celle-ci ainsi que des missions et des tourments de celui-là.
Et ce jour, c'est bien celui des nécessités et des systèmes.

Car sans nous en rendre vraiment compte, nous avons fait l'usage de termes, et donc de concepts, aussi variés que « nécessité » et « système », en jugeant certainement qu'ils correspondraient naturellement et avec grande acuité aux problèmes que nous débattrions. Cela aide donc à introduire les outils qui vont nous accompagner et nous porter assistance par la suite.

Les *nécessités* du système, voilà qui sera comme la clef de voûte de notre exposé, mais avant d'en arriver là, il nous revient de la définir. Par nécessité, nous entendons un état interne réclamant un ensemble d'événements extérieurs sans lesquels une *tendance* de ce même système ne peut être atteinte et trouver sa terminaison, une fonction ne peut être remplie ; la fonction étant à son tour définie comme l'intégralité des actions qui partagent un destin commun de maintenir un état distinctif du système que l'on peut nommer l'*équilibre*, ou bien encore les fonctions en marche peuvent-elles participer de l'*évolution* de ce système.

Dans le monde vivant, cette nécessité est alors concorde des processus physiologiques et psychologiques qui requièrent du monde certaines conditions ou actions précises pour qu'elles se voient effacées et qu'ainsi l'organisme acquiert un état de structuration produit par la totalité de ces processus.

Il nous manque maintenant seulement à défendre ce point de vue de la nécessité. Nous avouons avoir pour la nécessité une affinité particulièrement grande : comprendre les systèmes, *indépendamment de leur nature, mais via leurs nécessités*, c'est réunir sous le même étendard les conditions environnementales, les interactions du système avec les autres quelle qu'en soit l'échelle, et l'accès ou l'éloignement de l'équilibre. Nous avons donc l'avantage ici que sous les plis de la nécessité se trouvent rassemblés tous les mécanismes qui sont responsables de structurer et de faire évoluer le système.

Or il peut nous être reproché que, là encore, il s'agit d'un point de vue, une façon de voir unique bien que vaste, mais de la sorte limitée aussi.
Nous répondrons simplement que par la démarche scientifique, il en va ainsi, ces outils ne peuvent jamais enlacer d'un seul regard l'entièreté du réel, il doit au contraire le portionner de façon assez judicieuse pour que par la réunion de ces différentes portions, il lui soit devenu faisable d'avoir un large champ de vision et de progresser dans sa quête de réponses. Et plus encore, rappelons-le, il ne s'agit çà que d'outils dont la destinée est de nous rapprocher un peu plus d'une compréhension qui dépasse la seule intelligence, qui n'est pas accessible par elle seule, bien qu'avec le concours de son lent et pénible labeur.

À l'appui du choix de ces accessoires, nous devons également annoncer l'intention de notre étude : *nous allons œuvrer sur un paradigme par lequel sera facilitée l'étude des causes de désorganisation affectant les systèmes, en particulier les systèmes humains.*
Il se fait de cette manière que la structure du système, la distribution de ses éléments constitutifs – leur nature, position et vitesse respectives – sont la matrice qui supporte l'information que ce dernier renferme.
L'évolution spontanée du système peut bien ensuite tracer sa voie vers un état de désordre maximal ; par exemple, pour un système isolé, n'étant le siège d'aucune transaction de matière et d'énergie avec son environnement, et en vertu du deuxième principe de la thermodynamique, celui-ci s'achemine vers un équilibre d'entropie maximum ; ailleurs, les systèmes ouverts, comme dans le cas des structures dissipatives, dépensent une grande charge énergétique pour maintenir en place un ordonnancement qui sans cela succomberait à ce deuxième principe et avancerait vers un état de désordre le plus élevé – confer *infra* chapitre 2.

De là nous admettons pour ces structures dissipatives *la désorganisation comme un retard ou un empêchement qu'un système trouve sur le chemin de sa progression vers un état d'accroissement spontané de son organisation.*
Il n'y a pas, du reste, identité entre désordre et désorganisation : le premier représente la situation particulière d'une entropie maximale ; la seconde désigne un facteur ou un ensemble de facteurs provoquant l'ajournement des processus dont les actions et l'accumulation des actions haussent l'ordre du système et sa complication, c'est-à-dire réclamant pour son analyse un nombre considérable de paramètres.

Par conséquent, si l'on prend la structuration et le modelage de celle-ci comme support de l'information engrangée au fil du temps, cela revient à voir dans la désorganisation au moins un arrêt dans le gain d'information, voire une perte partielle de cette dernière aussi bien qu'un éloignement de l'équilibre visé et une suspension du déroulement de la complexification.

D'ores et déjà, nous précisons que se trouvent comprises dans cet embrassement toutes les occasions qui, dans l'espèce humaine, sont adjointes à la souffrance ou exprimées comme telles et vues comme un état douloureux dont la persistance et/ou la vivacité sont portés à un degré assez haut. Il est au reste souligné que la douleur est régulièrement mise en relation avec une détérioration de l'état du corps ou de l'esprit.
Ainsi, nous appuyons notre intérêt sur les désorganisations, les déstructurations des systèmes et plus encore sur les événements qui auraient une implication dans ces désorganisations, ainsi que l'origine de ces incidents. Et nous considérons que nous aurons mis au jour une *cause première de désorganisation* lorsque, en retirant celle-ci de l'environnement, elle emporte ladite désorganisation, sans aucune autre rémanence après elle.

Pour nous conformer à ces engagements, plutôt que de dire que nous avons choisi la systémique, nous devons déclarer qu'elle s'est imposée à nous tant elle se montre seyante pour notre recherche.

À l'analyse de la chaîne causale linéaire, la systémique apporte donc toutes les dimensions connectives, le système en étant le cœur, la nécessité le moteur, et tout autour s'étend comme les rayons d'une roue l'ensemble des interconnexions auxquelles il doit sa structure ainsi que ses fonctions.

C'est ainsi que la face de la « pensée complexe » [3] se profile devant nous. Car pour rendre compte de la totalité, de l'intrication dont le réel est l'expression, il ne nous sera point permis de délaisser une discipline au détriment d'une autre, ou de s'en délester sur l'accotement.

Croyons qu'il est probable que toutes les activités créatrices que l'Homme de culture tient en plus haute estime et contre lesquelles il apporte le plus grand respect, toutes et sans distinction, soient une velléité de faire sienne une part de la nature du réel et conséquemment de sa nature propre, bien que présentée sous des habits différents, et l'on aurait tort de ne s'aviser, dans les sentiers variés qu'elles ont emprunté, que des dissemblances de fond, au contraire nous ajoutons foi à la profonde unicité de leurs intentions : qui de la science, qui de la religion, qui de la philosophie, qui de l'art, bien qu'éparses soient leurs branches, leurs racines, elles, s'en viennent toutes du même germe.

Que veut découvrir l'Homme au travers de la science ? Qu'est-ce qui le pousse ainsi à une telle indiscrétion ? Nous formulons que cette compréhension se porte d'abord sur nous-mêmes avant que d'être transférée sur le monde.

Et nous ne devons point oublier que le chercheur, dans sa démarche la plus dévêtue, se sent poussé dans une telle voie parce qu'il sait, de façon incomplètement éclairée, qu'il doit *trouver* quelque chose, et ce quelque chose doit avoir trait à lui-même, et plus : avec une partie de lui-même qui lui échappe, pour un certain nombre de facteurs, mais dont l'importance est prégnante et, osons le dire, très certainement en lien avec la *prise de conscience d'un besoin* ; mais point besoin, justement, de justifier tout cela ici, bien d'autres opportunités, nous l'espérons, nous seront données de le faire.

Ce n'est qu'à partir de ce travail sur lui-même que le chercheur peut par la suite s'en ouvrir au monde et à l'universel ; toujours l'Homme propre est son premier sujet d'étude et aussi son tout premier sujet d'expérimentation… comme si l'accès à quelconque vérité ne se faisait qu'à travers le soi, qu'à travers le corps.

Nous épousons pour cela le pari d'une *transdisciplinarité* qui, guidée par la plaisance de la découverte, fera de l'esprit une cité ouverte aux sols féconds, non un étroit passage borné par l'unicité du sujet de travail ; les divers domaines de la connaissance, même par leur sondage incomplet, s'enrichissent mutuellement, au travers de leurs bénéfices dialogiques.

Henri Laborit et Edgar Morin ont ramené cette abstraction au textile dont les fibres sont tressées si finement les unes dans les autres : car comment se saisir d'une réalité complexe sans pensée elle-même complexe ? Même les oppositions, si courantes dans l'avancement des sciences, se fondent en une seule pièce lorsque la hardiesse de la pensée s'est suffisamment moulée à la réalité, perçant en cela leurs mérites respectifs, chaque formation n'ayant distingué en lui qu'une seule de ses factions.

Là gésirait peut-être notre suprême mesure, la plus vertueuse : celle de garder en souvenance que la théorie non seulement n'est pas définitive, mais aussi qu'elle n'est qu'un outil, limité tout à la fois dans ses moyens explicatifs et prédictifs, un outil pour avancer dont nous ne faisons usage que provisoirement pour essayer de parvenir à la connaissance de vérités sur ce monde.

Alors seulement, ces mêmes outils s'en verront périmés, comme les feuilles mortes tombant de l'arbre, et alors il n'y aura plus que contemplation et émerveillement.

Mais nous sommes d'avis que nous avons pour l'heure assez disserté sur les optiques particulières dont nous allons faire usage par la suite – la systémique d'une part et les nécessités qui agitent ces systèmes d'autre part –, nous avons enfin ajouté les pourquois d'un tel choix. Nous avons estimé que, malgré ce long discourir, il s'avérait fort important de diriger quelques cogitations sur le bagage qui sera le nôtre, quelle est sa significativité et quelles en sont les bordures.

Il est maintenant temps de rentrer dans le vif de notre questionnement et d'en dérouler les traitements pour faire route vers sa théorisation. Partons alors du plus général, de la systémique et des mécanismes de régulation qui s'appliquent aux systèmes, pour ensuite, par ces modèles congrus, descendre vers une compréhensibilité de la désorganisation observable dans les systèmes vivants.

Perpignan/Ax-les-Thermes,
juin 2015.

II.
SYSTÉMIQUE ET AUTORÉGULATION DANS LES SYSTÈMES

Dans la progression vers notre but de compréhension, nous avons proclamé, il y a peu, que la systémique était selon nous un angle d'attaque qui semblait tout particulièrement adéquat, et, brièvement, avons expliqué le pourquoi d'une telle option, laissant à l'usage le soin de confirmer nos pressentiments. À présent, nous allons tout de même, pour la clarté de l'exposé autant que pour la rigueur du raisonnement, poser les bases théoriques et terminologiques qui constitueront notre axiomatique.

La méthodologie scientifique semble toujours en revenir à un aller-retour entre la réalité, la pratique, et un mouvement purement intellectuel d'abstraction, lequel vise à y retrouver, au travers de formulations de l'esprit, une modélisation englobant les faits et observations du réel, les expliquant, les mettant en lien et les rendant prévisibles à l'entendement.
Nous sommes portés, nous aussi, à passer par un stade de conceptualisations idéelles servant cette résolution, et allons préciser pourquoi nous croyons que le plus approprié à cela est la science des systèmes, avant de faire usage de ces outils hautement théoriques, mis en place par d'autres dans des contextes fort différents du nôtre, pour tenter d'apporter un éclairage sur nos réflexions.

Il ne sera toutefois pas indispensable de recourir ici à des concepts approfondis de thermodynamique car nous ne souhaitons rien d'autre que de présenter le cadre théorique qui va nous être utile pour segmenter le réel, tenter d'en extraire ses lois, en vue de constituer un cadre propice à notre objet d'étude.

1) L'approche systémique

Nous avons adopté la conception générale selon laquelle *le réel, c'est-à-dire la somme des perceptions reçues par une structure sensible*, peut être modélisé comme *un ensemble de systèmes interagissant les uns avec les autres. Un système est donc à son tour concevable comme une collection d'éléments, joints ou disjoints, interférant eux aussi les uns avec les autres, au sein d'une entité définie par une frontière*, délimitant un dedans et un dehors – l'intérieur et l'extérieur du système –, laquelle peut être réelle ou virtuelle, mais dans tous les cas arbitraire, sa désignation relevant simplement de sa capacité à aider à la conceptualisation du problème et à la compréhension qui s'ensuit.

Une fois posées les bornes des systèmes, nous allons particulièrement porter intérêt aux échanges qui ont cours entre eux – représentés par des flux entrants et des flux sortants ; nous les répartirons *entre échanges de structure, d'énergie et d'information*, les deux premiers étant surtout l'objet d'étude de la thermodynamique, le dernier celui de la cybernétique.
Nous avons bien remarqué à quel point est plastique une telle représentation : selon l'échelle à laquelle nous faisons arrêt et posons les délimitations du système – atome, organelle, cellule, organisme, groupe, peuple, astre, galaxie… –, ses éléments internes sont devenus eux-mêmes des systèmes, ou bien le système précédemment analysé est relégué au cœur d'un autre plus englobant que lui, qui le contient et dont il sera maintenant question. Les constituants sont en fait sujets à l'examen tout autant que les systèmes dont ils sont eux-mêmes constitués, et ils sont alors considérés comme sous-systèmes.

Un système résultera donc, d'un côté, de la nature des corps qui l'instituent, ainsi que des réactions s'accomplissant entre ceux-ci, de l'autre, de sa frontière et des permutations qu'il est lui-même amené à subir ou effectuer à travers elle avec *son environnement, c'est-à-dire les systèmes qui l'entourent.* Il revient par conséquent à l'équivalence d'interpréter un système comme étant le fruit des commerces se concrétisant à travers lui, il est un point nodal d'interactions de flux de structure, d'énergie et d'information en même temps que sa résultante.
La structuration du système est donc triplement influencée par les échanges de structures, qui apportent un matériau, un substrat sur lequel s'étaye l'énergie, qui va modeler ces matériaux en s'éconduisant en eux, et l'information, le choix de ce modelage particulier parmi tant d'autres sous l'ascendance de l'environnement et des signaux que celui-ci renvoie au système ; sa structuration actuelle est donc la mémoire inscrite dans le présent de tous ces flux qui ont conduit à sa création et participent encore de son évolution. Son présent est l'issue de son passé.

On voit traditionnellement, via la triade structure, énergie, information, les trois aspects fondamentaux des fonctions que la matière peut occuper lors d'un échange entre deux systèmes, et que cela est en soit indépendant de sa nature. Une molécule de sucre par exemple est en état de fournir de l'énergie à une cellule, disons, musculaire, mais une information sur la glycémie à une cellule hépatique ; autrement, un photon perçu par l'œil ou la surface cutanée sera traité différemment, comme information d'une part, énergie d'autre part.

2) Fractalité

On remarquera dès lors qu'un système ayant un niveau d'organisation donné est en interaction avec ceux qui sont, dirions-nous, de la même espèce que lui, c'est-à-dire qui ont un niveau d'organisation similaire ou égal ; il est qui plus est en infra-action avec ceux qui sont de moindre organisation, dont une partie sont ses sous-systèmes propres, enfin, il est en supra-action avec les systèmes d'organisation supérieure.

Ainsi, appréciant un individu, qui sera souvent pris par nous comme le système-référence, celui-ci interagit avec ses semblables, les autres Hommes, et des infra-actions continuelles ont lieu avec des entités moins complexes qui ne sont point dans sa constitution – un fruit, une voiture –, ou qui sont constituants – ses différents organes et appareils –, et finalement il est inclus lui-même dans des organisations plus larges – familles, groupes, société – et rien ne nous retient de juger qu'il puisse faire négoce avec des structures plus complexes que lui encore.

3) Conditions initiales

Différencions maintenant les systèmes simples des systèmes complexes : l'évolution des premiers est accessible à la modélisation mathématique et nous pouvons prévoir celle-ci connaissant les *conditions dites initiales* ; chez les seconds, en revanche, l'accès à un état futur ne peut être déduit de calculs appliqués à ces mêmes conditions initiales, ils n'ont plus, en somme, le caractère de prévisibilité, étant donnée la complication des interrelations qui en leur sein ont lieu.

Cette modélisation nous sera particulièrement utile puisque nous concentrerons nos efforts sur la façon dont ces échanges entre les différents systèmes et niveaux systémiques sont réarrangés à dessein par l'Homme dans un but hédonique.

4) Les états attracteurs

Dès lors, adoptons l'éventualité qui nous présente un ensemble de systèmes se trouvant dans des conditions initiales et que l'on laisse interagir et procéder aux substitutions qui surviennent par la spontanéité de leur nature ; si ensuite nous accordons le temps qui est nécessaire à cela, nous aurons alors l'opportunité de constater que chaque système en arrive à se placer dans un état qui demeurera constant tant que de son entourage rien ne l'aura contraint à quitter celui-ci. Cet état que le système adopte au bout d'un temps suffisamment long et d'après des conditions initiales fixées, nous le nommons *état attracteur*, il durera aussi longtemps qu'aucune circonstance nouvelle ne viendra perturber le système, le poussant alors vers un autre point attracteur d'organisation via une série de transformations intermédiaires.

Ainsi, un système peut virtuellement adopter un certain nombre d'états attracteurs qui dépendent à la fois du caractère de ce dernier, des conditions initiales et de l'environnement, ainsi, c'est l'un de ces états-là qui sera librement préféré, jusqu'à une éventuelle modification ultérieure.

Les transitions entre les états d'équilibre sont donc des transformations rendues possibles grâce à un apport extérieur d'énergie, mais ces états de *transformation* ne durent pas et, sans autre opposition, sont dépassés au profit de l'état d'équilibre le plus propice.

5) Équilibres et transformations

Ce point attracteur est un *équilibre*, c'est-à-dire un état stable vers lequel un système tend en l'absence de perturbation, caractérisé par l'égalisation des forces opposées.

On peut considérer qu'arrivé à un état d'équilibre, le système est parvenu à une stabilité, il est *stable*, il serait requis, pour l'en éloigner, une quantité d'énergie relativement grande. Toutefois, tous les états d'équilibres dans lesquels un système peut se trouver ne font pas montre de la même permanence : certains seront abandonnés au prix d'un moindre dérangement, tandis que d'autres y seront plus résistants ; ceux pour lesquels il suffit d'une faible quantité d'énergie pour passer à un état d'organisation différent sont dits *métastables*.

La situation est facilement représentée par une bille déposée au fond d'un récipient : il serait nécessaire pour l'en sortir, d'une grande force – celle qui permettrait de soulever la bille jusqu'au haut du récipient et de l'en extraire ; au contraire, si cette même bille reposait sur le rebord du contenant, d'un côté elle tombe au dedans, de l'autre au dehors, il ne revient qu'à une faible énergie, une petite vibration par exemple, de déchoir la sphère de sa position – une bien plus faible que celle qui la sort du verre et la dépose sur la table. Le premier équilibre est stable, le second métastable.

Près de cela, nous devons distinguer l'équilibre statique, pour lequel la résultante des forces appliquées au système est nulle ; il est à prendre côte à côte avec l'*équilibre thermodynamique* dans lequel le système est non seulement en équilibre mécanique, mais aussi thermique, chimique et même radiatif, bref, il n'y a en conséquence aucun flux de structure et d'énergie.

Mais dans cet équilibre dynamique, le système est le siège de transformations réversibles, aussi opposées et se compensant l'une l'autre ; il y a donc dépense d'énergie pour maintenir l'équilibre dynamique, et si cette dépense en venait à cesser, le système évoluerait alors spontanément vers un équilibre thermodynamique, passif, partant d'un équilibre dynamique, actif, consommateur d'énergie.

L'exemple, en biologie, le plus éloquent, en est celui de la polarisation de la membrane plasmique des cellules ; le liquide extracellulaire est richement pourvu en ions sodium et chlore, pauvre en ions potassium, et très pauvre en protéines – lesquelles sont chargés négativement ; à l'inverse, le liquide intracellulaire comporte de fortes teneurs en ions potassiums et présente une concentration élevée de protéines mais est pauvre en ions calcium, sodium et chlore.

Cet équilibre est stable, nécessaire à la vie de la cellule, mais il est maintenu au prix d'une consommation active et ininterrompue d'énergie sous forme de molécules d'ATP, autrement, les ions sodium et chlore rentreraient passivement dans la cellule, tandis que les ions potassium en sortiraient, en passant au travers de la membrane plasmique, laquelle leur est semiperméable.

Cette répartition asymétrique des charges électriques de part et d'autre de la membrane plasmique induit donc par là même la polarité électrique de cette dernière.

Les états d'équilibre se comportent donc comme des points attracteurs, des degrés de moindre tension, vers lesquels un système donné, dans des conditions données, va tendre. Il suffit pour visualiser cela de se représenter un linge incomplètement tendu et qui, recouvrant un objet à la surface irrégulière, amène une balle tantôt dans telle cavité, tantôt dans tel sillon, évitant telle bosse, en fonction du point de départ de celle-ci, de la force qui lui est délivrée et de sa direction.

Examinons d'autres critères quant aux états d'équilibre. Mentionnons d'abord la *sensibilité*, comme le seuil à partir duquel le système réagit à un stimulus, à une modification environnementale.

Par la suite, la *résilience* caractérise la possibilité pour un système de rétablir tel quel l'état qui a précédé une perturbation après la cessation de cette dernière. La *résistance*, elle, se rapporte justement à l'aptitude à ne pas être affecté par un perturbateur d'intensité pourtant croissante. En physique, par exemple, la restitution, par un matériau comme l'acier, de l'énergie de déformation qu'il a reçue d'une force extérieure est sa capacité résiliente.

Ces concepts s'appliquent semblablement à un domaine aussi différent qu'est celui de la psychologie, mais la quintessence de la résilience, inchangée, n'est que transposée au système humain : fait donc preuve de résilience l'individu qui, par suite d'un traumatisme, se peut, grâce aux bénéfices conjugués de sa structuration passément acquise et de ses relations présentes, recouvrer tout ou partie de ses facultés. Ailleurs, la résistance de l'acier le met à l'épreuve de la déformation, et celle de l'Homme le protège des aléas de son existence.

Il se dessine enfin ici le modèle de la *tension* et de la *détente* : les équilibres représentent pour le système un état de moindre tension – et cela d'autant plus qu'un équilibre est stable –, et les transformations qui les séparent des états de tension plus élevée. Car nous voyons comme une loi fondamentale de la matière, quel que soit son degré d'organisation, que celle-ci se comporte toujours de manière à réduire la tension qui l'habite.

En somme : la détente est une congruence des forces, la tension leur opposition.

6) Entropie et néguentropie

Nous manque encore le concept d'ordonnancement, se déclinant en *ordre* et en *désordre*. Celui-ci prend place au travers d'une autre grandeur, dont l'importance n'est pas moindre, celle de l'*entropie*.

Soit l'ensemble des particules élémentaires qui composent le système, il existe un nombre d'arrangements possibles de ces particules entre elles, en passant d'un arrangement à l'autre par remplacement, ce nombre de possibles est noté Ω : Ludwig Bolzman, physicien Autrichien, énonça que l'entropie, notée S, était définie par : $S = K.\ln(\Omega)$, K étant une constante, la constante de Bolzman.

Cette formule détermine un effet statistique de répartition des éléments à l'intérieur du système et revient à dire que S est d'autant plus élevée que la probabilité de trouver un des constituants en un point et un instant donnés se rapproche d'une équiprobabilité, autrement dit, que la complexion du système est homogène.
S est par conséquent maximale lorsque tous les éléments primordiaux du système ont une probabilité identique d'être localisés en n'importe quel lieu de son volume, l'homogénéité étant totale ; au contraire, S sera de plus faible valeur que l'organisation interne sera *structurée*, ordonnée, donc que la probabilité qu'un élément occupe un point précis de l'espace sera supérieure à celle en un autre point, le système étant d'autant plus hétérogène quant à sa structuration.

L'entropie est donc souvent définie comme étant le « désordre » d'un système, au sens statistique du désordre, la néguentropie, l' « ordre » : une homogénéité parfaite est dès lors un désordre le plus élevé dans la mesure où il y a équiprobabilité de trouver une particule élémentaire du système au sein de celui-ci, et l'hétérogénéité, même partielle, se trouve être un cas de moindre désordre, donc de moindre entropie, car il est des régions du système où la même particule élémentaire a plus de chance d'être située que dans d'autres.

En outre, nous disons déjà que les effets de la brouille du système hédonique, tel que nous allons la décrire, s'apparentera à une réduction de la néguentropie biologique, un retour précoce devers un moindre état d'organisation.

7) Les structures dissipatives

Si nous résumons nos présentations dernières, nous trouvons que deux types d'équilibres sont possibles pour un système, un équilibre thermodynamique, sans flux avec l'entourage, ou bien un équilibre dynamique, requérant un gain d'énergie permanent depuis l'extérieur, afin de créer et conserver de l'ordre au sein du système. De telles structures, nous le savons, ont été qualifiées de *structures dissipatives* par Ilya Prigogine. En effet, en vertu du deuxième principe de la thermodynamqie, afin de conserver une entropie faible – un ordre grand –, un système est contraint de puiser de l'énergie dans son environnement, et pour diminuer plus encore cette entropie, celle de l'extérieur doit augmenter davantage que ne vient de se réduire celle du système, afin d'obtenir un bilan non nul.

La vie se démarque donc de la partie inanimée de la matière par ceci : elle est hautement organisée, sa néguentropie, son ordre, est grand ; quel qu'en soit l'échelon d'observation, elle affiche un degré élevé d'organisation, ses macromolécules, ses organites, ses cellules, ses différents appareils occupent une place bien précise dans l'architecture organique malgré la tendance thermodynamique qui les inciterait à se diriger vers un maximum entropique ; et lorsqu'une perturbation survient, maladie, lésion quelconque, rien n'est plus pressant pour le vivant que de rétablir l'agencement dont il avait été ainsi éloigné.

L'illustration de l'équilibre dynamique que nous avions utilisée avec les ions de part et d'autres de la membrane plasmique met également en avant les deux modalités par lesquels les échanges sont susceptibles de se produire, du point de vue de l'énergie : activement ou passivement.

Les ions devraient normalement affluer en fonction du gradient électrochimique et maximiser l'entropie du système-cellule et de son environnement, on en aboutirait à un équilibre thermodynamique ; or, grâce à une dépense continuelle d'énergie, il rerentre activement autant d'ions qu'il en était sorti, ce qui a pour effet de maintenir la polarité constante – sauf pour certaines cellules qui doivent, dans certaines circonstances physiologiques précises, faire varier leur potentiel électrique membranaire. Cet équilibre est donc consommateur d'énergie, dont une partie est dissipée sous forme de chaleur, contribuant à la température de l'organisme, nous sommes donc bien en présence d'une structure dissipative.

8) Échanges et voies de communication intersystémiques

À moins d'être isolé, un système échange structure, énergie et information avec l'environnement, nous l'avons dit.

Or l'intéressant est que l'*information* partage dans sa description un sens probabiliste avec l'entropie. Mais ce que nous entendons avant tout par information, dans son sens populaire, c'est la transmission d'un message, produit par un émetteur et recueilli par un récepteur, qu'il fût d'ailleurs ou non ciblé ; en plus, un message est toujours écrit dans un code, le langage, il est encodé par l'énonciateur et décodé par le destinataire qui capte cette information.

Aussi bien, dans son étymologie, « information » signifie « donner forme à », issu du latin « formare » pour « forme » (Trésor de la Langue Française), ce qui sous-entend que le récepteur, en captant l'information, va subir par elle une modification dans sa forme, dans son organisation ; voilà ce que l'acceptation la plus large offre à ce mot.

De fait, lorsqu'un système-récepteur est atteint par une information, celle-ci induit un changement interne chez celui-ci, que ce soit l'activation d'aires cérébrales – réflexion, mémoire – quand un stimulus visuel, auditif, olfactif, parvient au système nerveux, ou encore, le transfert de données informatiques depuis un support externe vers un ordinateur ; dans tous ces cas, l'agencement microscopique, voire macroscopique, des fractions structurelles du système vont voir leur agencement modifié plus ou moins durablement, il en résultera, en fait une *réaction* face à l'information et une *mémorisation* de celle-ci en la structure.

Mais dans une acceptation plus réduite mais contenue dans la précédente, voici que Claude Shannon, mathématicien et physicien États-unien, proposa ce qui suit : plus un événement est improbable, plus il est

informatif, plus il contient d'informations, *l'information est donc une improbabilité*.
En effet, un phénomène dont je peux estimer la probabilité de survenue à 1, autrement dit certain, et que j'ai le loisir de gagner à mon observation comme réalisé, celui-là ne m'apportera aucune information, tandis qu'un autre qui fut pour moi de la plus haute incertitude m'informera par sa simple effection qu'il est capable de se manifester dans ces conditions-ci.
Le fait de voir chuter au sol un objet est peu informant, tant cela est prévisible ; en revanche, le regarder se coller au plafond est bien plus avisant... une modification dans les conditions coutumières doit bien être avenue pour témoigner de cela !

Alors, souvenons-nous que nous avions entrevu l'entropie comme une homogénéité statistique, une égalisation totale dans la probabilité de localiser tel élément en tel endroit du système ; puis nous avions sans peine introduit son contraire, la néguentropie, qui, elle, décrit l'ordonnancement dans la structuration du système.
Dès lors, on ne peut méconnaître l'étroite relation qui s'établit entre la néguentropie et l'information : *davantage une structure aura un ordre grand, davantage sa néguentropie sera élevée et davantage son information en sera importante* ; l'hétérogénéité dans le système signera donc une faible entropie, mais une information d'autant plus riche.

9) Limite de l'information Shannoniene

Comme toute théorique, les équations de Bolzman et Shannon portent en elles-mêmes des limites dans leur capacité explicative. La plus immédiatement perceptible est celle de la sémantique ; en effet, ces deux mises en forme mathématiques sont confinées à un abord statistique mais qui semble exclure le sens dont pourtant peuvent se parer les transports d'énergie, de structure, et d'information, sens qui est sujet à varier d'un observateur à un autre, à varier aussi avec les conditions et le temps.

Prenons acte, pour nous éclairer, du pseudo-paradoxe de Gibbs : deux containers contiennent pour unique chargement un gaz parfait, à température et pression ambiante, le premier le gaz A et le second le gaz B ; une cloison sépare, au début de l'expérience, les deux espaces, puis on lève cette division et on laisse interagir les deux gaz et se former le mélange ; la maximisation de l'entropie et l'homogénéisation du composé au bout d'un certain temps aboutiraient à un équilibre entropique où le désordre statistique serait maximal : c'est une combinaison obtenue par l'agitation Brownienne.
Ceci vaut bien pour deux gaz différents, ou deux isotopes du même élément, mais si A et B furent en fait le même gaz, alors, avant même l'ouverture de la cloison, l'entropie en aurait déjà été à sa valeur la plus élevée !

Si effectivement nous calculons l'entropie finale en considérant $A = B$ ou bien $A \neq B$, le résultat sera évidemment différent ; que peut-il donc nous piéger ici ? Tout simplement, l'écart d'information entre les deux situations :

si j'effectue le calcul en estimant les deux gaz identiques, il me fait défaut la connaissance qu'en réalité il n'en était rien et que je devais tenir compte de ce que les compartiments dissimulaient deux isotopes d'un même gaz par exemple, ce qui finalement modifie l'issue du calcul, mon savoir relatif influe donc sur la valeur accordée à l'entropie.

Que conclure alors ? Y aurait-il plusieurs entropies pour une même situation ? Le plus sage et le moins risqué nous reste de poser que cette valeur dépend de ma *connaissance*, puisque le résultat du calcul dépend d'elle, laquelle change sans conteste mon rapport à la conclusion.

Il en va pareillement pour la question de l'information elle-même ; si l'équation Shannonnienne permet de la quantifier, de la circonscrire conceptuellement, elle ne se préoccupe pas du sens qu'elle peut abriter.

10) Bruit, destruction et complexification

Cependant, cette information peut être perturbée, et dans cette mesure, elle n'est pas transmise de façon totale, il y a une perte entre émetteur et récepteur, ainsi se décrit le *bruit* qui est moins une négation informative qu'une information vue comme inutile et donc perturbatrice. De façon générale, il peut être dit que le bruit réduit la qualité de l'information initiale entre l'émission et la réception du message.

Une simple conversation entre deux personnes discutant dans un environnement dérangé par des travaux par exemple, est compliquée par l'existence de ce bruit, les phrases seront mécomprises, nécessiteront une voix plus forte pour celui qui parle et une attention accrue pour celui qui écoute, sans compter les mots inintelligibles ; en somme, la transmission d'un message identique requerra une énergie supérieure au système émetteur-récepteur dû à la seule présence du bruit dans leur entourage.

De là naquirent deux théorisations mathématiques spécifiant deux situations bien divergentes : le théorème de la voie sans bruit d'une part, et le théorème de la voie avec bruit d'autre part ; le premier représentant une communication non affectée par du bruit, le second, un transfert déduit de la perte d'information imputable à l'influence d'un bruit.

Et voici que cet état de fait, assez intuitif, laisse supposer que ce bruit ne peut qu'être responsable d'une décroissance de l'information et jamais créateur de sens, que le cas le plus favorable n'est que celui où aucun bruit ne se mêle au contenu d'émission.

Or des avancées ont montré qu'il n'en était pas tout à fait ainsi, et que le bruit peut aussi être créateur d'information. Pour cerner comment un tel phénomène peut survenir, nous devons envisager un système, ainsi que l'ensemble des sous-systèmes qui le composent, transmettant de l'information à un observateur extérieur. Il existe, pour le fonctionnement idoine de cette entité, un certain nombre de voies de communication entre ces sous-systèmes, lesquelles s'échangent donc de l'information. Si cette information, dans ces voies, est véhiculée sans défaut, soit entre un sous-système A et un sous-système B, alors l'information de A égale l'information de B ; si au contraire l'information se trouve incomplètement communiquée, celle de A et de B diffère, on dit aussi que B a une indépendance relative envers A et réciproquement. Il est dès lors tout à fait autorisé de considérer qu'à ce moment, la quantité totale d'information du système est plus grande dans ce second cas que dans le premier, sa complexité se trouve supérieure puisque son hétérogénéité l'est elle-même.

Il se trouve, bien plutôt, un montant optimum de perturbation qui apporte une évolution à l'information globale sans pour autant que la désorganisation n'affaiblît le fonctionnement du système dans son extension et dans la durée. Il revient au même de déclarer que des effets régionalement négatifs coexistent simultanément à des effets généralement positifs au regard de l'information ; ainsi ce caractère ne contredit point le théorème de la voie avec bruit, il l'absorbe bien plutôt.

Nous avons, par contre, l'obligation d'indiquer qu'un tel mécanisme ne saurait être observé que chez des systèmes ayant un degré de complexité déjà élevé, dits hypercomplexes, sans quoi le moindre dérèglement avenant dans une voie de communication interne aurait des conséquences de par trop importantes vis-à-vis du fonctionnement intégral et porterait atteinte à celui-ci dans une mesure si grande que le système ne pourrait assurer la continuation de ses activités. Un bruit particulier ne peut alors augmenter la complexité d'un système particulier à un instant donné que si l'état d'organisation préalable est déjà assez complexe, comporte déjà de nombreuses voies d'échanges qui échapperont à la perturbation et la compenseront plus tard pour obtenir ces effets avantageux : on parlera alors de *complexité par le bruit*.

Résumons-nous : du degré de complexité d'un système combiné de l'intensité et de la nature d'un bruit va procéder une interaction qui aura comme implication que le bruit se fera déstructurant ou bien complexificateur, organisateur ou bien désorganisateur, constructeur ou bien destructeur. Ce système sera possiblement porté à un plus haut degré d'organisation, réduite son entropie et accrue sa néguentropie, donc rendue plus grande sa teneur en information.

À présent, nous voudrions livrer deux remarques d'importance pour la suite de notre prospection : premièrement, l'origine de ce bruit est considérée comme aléatoire et il est issu de l'environnement, il est un événement que celui-ci exerce au hasard sur un système, sans prévision ni intention décelables a priori ; secondement, les effets de ce bruit sur ledit système ne sont eux-mêmes pas prévisibles.

S'il est hypercomplexe, alors il faudrait au mieux disposer d'une connaissance d'un très grand nombre de paramètres sur lui, or la complexité se rapportant à notre déficience, celle-ci est forcément d'autant plus grande que le système est complexe, ainsi nous ne pourrions avec aisance prédire le résultat d'un bruit sur ce dernier ; la quantité d'information alors nécessaire étant fort importante, nous ne savons donc point à l'avance si la perturbation sera destructrice ou complexificatrice, tout au plus, pour un système simple régit par des interactions monofactorielles, les conséquences du bruit deviennent-elles présumables. Nous ignorons donc apparemment : le lieu et l'heure de la survenue d'un bruit, ainsi que la réaction et les répercussions de son interférence avec un système.

Tant et si bien que dans le cas infortuné où par l'intervention d'un bruit, un élément perturberait suffisamment les activités endogènes, alors il ne peut en aller autrement que, eu égard à certaines variables, des manques et des excès se fassent, lesquels seraient très probablement compensés jusqu'à ce que ne soit rétablie la situation d'équilibre.

11) Émergence et auto-organisation

Un aspect est resté inabordé jusqu'à présent : de quelle manière émergent et disparaissent les systèmes ? Pour synthétiser, disons que la matière, à ses différents niveaux organisationnels, fait montre d'une aptitude à l'auto-organisation, c'est-à-dire à la possibilité d'assembler des briques élémentaires pour les faire entrer dans une formation plus large, plus organisée, en les combinant selon des lois qui sont celles explorées par la physique et la chimie.

Ainsi, l'évolution du vivant peut-elle être retracée suivant un ensemble de perturbations, de bruits, imposés depuis l'extérieur sur des structures, et dont certains seront absorbés après une période de *crise*, puis dépassés au travers d'une nouvelle structure plus élaborée et donc plus apte encore que la précédente à répondre aux fluctuations de l'environnement, le perfectionnement si durement soutiré s'étant par là mémorisé au cœur de la structure apparue.

Alors, l'*émergence* se réfère à l'apparition de nouvelles architectures de matière à partir de matière de plus simple organisation, cela est dû généralement à la tendance à l'auto-organisation, à faire œuvrer ensemble des constituants élémentaires non pas sous l'influence de forces externes seules, mais également sous l'effet d'impulsions internes. L'émergence revient donc pour partie à l'interaction entre le système et son environnement, ainsi qu'aux éléments internes au système.

Cette émergence se dévoile encore ainsi : elle a lieu lorsqu'un système a subi une perturbation, une désorganisation, qu'il est dans un état de déséquilibre *chaotique*, et c'est donc proche lui que des propriétés absentes jusqu'alors se font jour, de l'équilibre ne naît point un phénomène émergent, car c'est la nécessité de réorganisation qui lui offre le terreau le plus fertile à son avènement et qu'une création peut apparaître.

L'émergence se distingue donc par l'apparition de propriétés inédites suite à la confrontation à un bruit issu de l'environnement et la réaction à celui-ci.

Il s'agit d'une succession de désorganisations rattrapées, compensées, mais ne ramenant pas seulement le système à son niveau d'élaboration antérieur à elles, le hissant à un de supérieur, capable de résister justement à ce même bruit s'il en venait à se présenter de nouveau. C'est en soi un mécanisme d'adaptation, de diversification des réponses possibles à l'environnement.

Pour ce qui est de la systémique, de la thermodynamique et de la complexité par le bruit, consulter pour en savoir plus les ouvrages d'Henri Atlan.

12) Fonctions et constitution

Nous accepterons alors, au moins provisoirement, que le bruit peut être une force agissante qui va pousser le système vers un autre équilibre via des bouleversements qui auront augmenté sa néguentropie, son ordre, sa complexité, sa résistance au bruit, en un mot, ses *fonctions*.

En plus cela, au terme « naturel », de sémantique vaste et donc sujet à controverse, nous préférerons celui de *constitutif* afin de référer à l'état d'un milieu, qu'il soit interne ou externe, ou à des mouvements descriptibles dans un cadre défini. Ce cadre est le cadre *constituant*.

13) L'autorégulation, pivot de la régulation systémique

Qu'arrive-t-il donc à un système, doté d'un minimum de complication, et parvenu en état d'équilibre ? Cet équilibre se pourrait être de plusieurs natures : stable, instable, métastable d'une part, statique ou dynamique d'autre part. Mais de ces considérations, nous dirions qu'elles restent extérieures, qu'elles sont vues du dehors et manquent à nous éclairer sur ce qui s'accomplit au-dedans.

Nous allons alors porter attention à la conception selon laquelle tout système en état d'équilibre s'autorégule, en tant que, d'une part, il réalise toutes les actions qui sont requises pour se conserver dans l'état de stabilité dans lequel il se trouve, et que d'autre part, tout agent extérieur qui tendrait à l'en distancer est combattu, éliminé, absorbé, dans des mesures qui caractérisent justement le système à résister à ces agents, donc sa résistance.

C'est justement alors que les capacités d'autorégulation sont dépassées, alors que le bruit surpasse la résistance du système, que l'équilibre est perdu et qu'il en devra atteindre un autre, ayant absorbé la perturbation. Nous précisons que ce phénomène est un attribut des systèmes dynamiques et suffisament complexes, car eux seuls sont dans l'aptitude à réagir par un dépens d'énergie pour la conservation d'un état donné.

Cette autorégulation concerne une constance relative des paramètres qui font la complexion de la structure.

14) Les variables d'état

Un système, en plus de la frontière qui le délimite et de la matière qu'elle borne, est avant tout défini par un ensemble de variables, regroupées sous le nom de *variables d'état* – tels sont typiquement la température, la pression, le volume, la quantité de matière, la masse... – auxquelles sont rattachées des fonctions d'état correspondantes décrivant la variation de ces

paramètres entre un état initial *i* et un état final *f*. L'équilibre est donc fondamentalement une situation pour laquelle l'ensemble des variables d'état sont constantes.
Un exemple simple d'autorégulation est donné par la loi d'action de masse, en chimie : soit une solution, particularisée par un pH fixe, à laquelle est mélangé un composé plus acide ou plus basique ; dans certaines limites de concentration cette action n'est pas en capacité de modifier durablement ce pH, si ce n'est sur l'instant, avant qu'il ne retrouve rapidement sa valeur antérieure.
Un autre exemple d'autorégulation élémentaire est celui de l'albédo : la glace et la neige sont des surfaces blanches, c'est-à-dire renvoyant presque toute l'énergie lumineuse qui les frappent, or si elles l'absorbaient, leur température s'accroîtrait et elles en fondraient, alors cette propriété physique leur accorde de demeurer sous cette forme malgré certaines variations de températures environnementales.

Pour aller plus loin, nous sommes dans l'obligation de compléter en déclarant que plus un système est organisé, néguentropique, plus il y aura de paramètres nécessaires à sa description, qui sont autant de microétats à réguler. Il sera alors nécessairement non-isolé – échanges d'énergie indispensables au maintien de sa structure –, et par ce fait dynamique, étant donnée la capture et la dissipation incessante de l'énergie ; ces systèmes particuliers, les structures dissipatives, concentreront alors notre intérêt.
Les montants des paramètres sont constamment, dans ces systèmes, modifiés de deux côtés : premièrement, par le fonctionnement interne du système lui-même – ce qui, par exemple, entraîne la diminution de la concentration en une molécule donnée, et qu'il sera nécessaire de restituer ; le second, par l'action de l'environnement – chute de la température, modification de pression, et cætera.

Le principe de l'autorégulation est donc de faire perdurer le système dans un état particulier, en réagissant aux fluctuations de ses variables d'état par l'annulation de ces variations et le retour incessant à l'état d'équilibre antérieur, qualifiable donc d'état stable attracteur.
L'autorégulation est par conséquent ce qui concourt à préserver le système toujours dans un état identique et stable, l'auto-organisation ce qui contribue à l'inclure dans un ensemble plus large et supérieur en fonction via, semble-t-il, la complexité par le bruit, l'amenant à quitter un état pour en explorer d'autres encore ignorés et d'organisation plus élevée.

15) Empan et valeur-consigne

Plongeons à présent dans le processus d'autorégulation, dans les mécanismes qu'il appelle. Le premier élément à entrer en jeu est l'état que le système tente de conserver ou de retrouver, nous avons dit de lui que c'était un état attracteur.

Si un système peut se ramener à un ensemble de variables d'état, *l'état attracteur est défini par rapport à celles-ci comme un ensemble de valeurs particulières de chacune de ces variables, ou, plus largement, comme un intervalle de valeurs pour chacune d'elles.*
Ces *empans* caractéristiques d'un état attracteur donné permettent au système une moindre tension, c'est-à-dire, une moindre opposition à son maintien structurel et à son activité fonctionnelle.
Alors, il apparaît que *ces fonctions ont pour tâche de gérer l'autorégulation.*

Il existe dans cet intervalle une valeur ponctuelle particulière, qui serait optimale, mais qui ne peut être entretenue étant donné les fluctuations ininterrompues des milieux intérieurs et extérieurs ; en tant qu'absolu, cette mesure est dénommée *valeur-consigne, ou optimum,* celle aux alentours de laquelle le système s'efforcera de faire osciller le paramètre.

Cet optimal, pour un paramètre donné, peut plus encore s'appréhender par une *quantité optimale* – de structures, d'énergies, d'informations –, en tant que flux entrant et/ou sortant, et via lequel sera réinstauré la consigne.
Or de cette quantité optimale, on est bien souvent éloigné, en ce que, pour ainsi dire, elle reste virtuelle, tant l'environnement est fluctuant, c'est pourquoi nous sommes en droit de dire qu'il se fait pour tout système une étendue de valeurs possibles, pour chacun des paramètres, que qualifions d'*adaptée*, et dans laquelle cette valeur se peut varier sans retirer au système la valeur de ses performances ; au-delà et en-deçà de celle-ci, dans des conditions alors que nous taxerons d'*inadaptées*, les aptitudes, procédant des fonctions, commencent à en être réduites, et d'autant davantage que nous creusons l'écart avec l'optimal et la stabilité.

Nous avons à distinguer dans ces variations celles qui sont attribuables au fonctionnement du système, à ses activités propres, la consommation de ressources internes et la production de déchets, de celles qui reviennent à un changement environnemental et de l'indispensable adaptation à celui-ci.
C'est pour cela que la consigne n'est pas donné une fois pour toute, mais qu'au contraire fluctue au cours de la chronologie, dans la mesure où tout ensemble milieu interne et externe sont versatiles et exigent en retour une adaptation de l'organisme : c'est le *servomécanisme.*
Ce servomécanisme se signale aussi, selon les conditions, par le *stockage* d'éléments d'intérêt, pour en faire usage postérieurement par consommation de l'accumulation réalisée. L'animal s'apprêtant à entrer en hibernation ingère une quantité de nourriture supérieure aux nécessités présentes, mais nécessaire par après au cours de sa dormance – nous y reviendrons.

Enfin, nous avons l'obligation d'être attentifs aux dimensions quand un témoignage d'autorégulation nous souhaitons mettre en avant. Comme dans toute démarche de pensée, le *recul* sera un allié précieux, et aussi bien dans l'espace que dans le temps nous aurons à agrandir celui-ci pour que notre champ d'embrassement ait à sa portée de contenir un phénomène autorégulateur resté insoupçonné tant que notre regard était braqué sur une échelle par trop grande.

16) Les processus régulateurs

Pour se maintenir autour de cet état d'attraction, des mécanismes de nature fort diversifiée sont mis en œuvre. L'on se doit donc d'introduire les mécanismes de régulation, lesquels, lors de leur activation, modifient l'espace interieur et/ou l'espace extérieur suffisamment pour faire varier la valeur d'un paramètre : nous disons donc bien que la valeur du paramètre en question a été régulée par des mécanismes alors dits de régulation.

Ce qu'il est important de signaler là, c'est que ces réactions de régulation n'agissent pas directement sur la valeur à corriger, mais indirectement sur celle-ci.

Prenons un exemple, celui très banal d'un thermostat, ajustant la température d'un bain-marie : ayant fixé cette dernière à une mesure donnée, le système aura la possibilité de jouer dessus grâce à un mécanisme de régulation interne unique qui est la résistance se trouvant immergée dans la cuve, celle-ci fait varier la température de l'eau mais dans un seul sens, celui de son échauffement, jamais de son refroidissement, ce sont des facteurs extérieurs qui vont avoir une semblable capacité, disons la froidure de la pièce ; de la sommation des effets de ces différents agents dérive la température de l'eau à un instant *t*. Grâce à un dispositif thermométrique, une variation négative au-dessous de la consigne entraîne la mise en route du chauffage par la résistance, et, via la conduction, de l'eau. Ici, la grandeur d'intérêt peut se représenter par l'agitation Brownienne des molécules ; alors tous les facteurs cités – le flux électrique dans la résistance, la température ambiante, ou bien encore une éventuelle radiation – exercent directement leurs influences sur ces micromouvements, desquels la grandeur « température » s'ensuit. Il s'agit donc bien, pour l'expérimentateur, d'une intervention indirecte sur celle-ci.

La valeur à réguler est alors le fruit de l'entrecroisement de plusieurs chaînes causales, appartenant toutes de ce fait à la catégorie des mécanismes de régulation.

Nous avons donc posé que : un système peut être modélisé par un ensemble de variables d'état ; pour chaque variable, il est un empan qui l'habilite à développer l'intégralité du potentiel que par sa complexion, il est en mesure de déployer, empan au sein duquel une valeur optimale, à un moment donné, est nommé valeur-consigne ; enfin, lorsque par suite du fonctionnement du système lui-même et par incidence de l'environnement, la valeur réelle s'éloigne de celle élue comme consigne, des mécanismes de régulation, ou *processus de régulation*, interviennent pour la réinstaurer, non pas en agissant immédiatement sur elle mais sur tous les paramètres qui, quelle qu'en soit la façon, portent influence dessus – dans notre illustration : la température de la résistance, de l'air ambiant, la luminosité, et cætera –, cette dernière est donc régulée de manière collatérale.

Cependant, voici qu'il nous fait encore défaut au moins deux éléments pour « boucler la boucle » de l'autorégulation.

17) Les mécanismes de contrôle

Le premier de ceux-ci, et qui se révélera d'une importance toute particulière pour la suite de notre étude, est le mécanisme allouant au système d'avoir connaissance de la valeur actuelle d'une variable – ce qui est rendu nécessaire afin de pouvoir la confronter à la consigne et éventuellement d'en minimiser l'écart. Nous admettons, sur prescription de l'observation et de l'expérience, qu'il existe donc des dispositifs effectuant des mesures en-dedans et d'autres en-dehors du système, et qui le renseignent permanemment sur l'état actuel des paramètres qui en font l'élaboration ; ces mécanismes sont dès lors regroupés sous l'appellation de *récepteurs*, car ils sont en charge de récupérer les valeurs paramétriques et en porter information au centre régulateur du système. Dans le cas de notre bain-marie, le thermomètre qui évalue constamment la température de l'eau est l'unique senseur de la machine.
La deuxième unité de cette voie de contrôle apparaît alors clairement : il en est ainsi du *centre intégrateur*, celui qui reçoit ses informations afférentes depuis les récepteurs, qui les compare aux valeurs-consignes et, troisièmement, en module d'autant, par activations et inactivations des *effecteurs* via des efférences, la régulation. Cet essieu amenant le récepteur à l'effecteur à travers l'intégrateur permet le *contrôle*, par confrontation à la consigne, d'une grandeur particulière.
Au niveau de l'organisme, les sens sont des capteurs influençant les muscles ou l'appareil glandulaire via le cerveau, mais cela est transposbal à tout échelon : un récepteur est un senseur pour la cellule, un organite ou le noyau pouvant réaliser l'intégration, et ainsi de suite.

En définitive, ces multiples voies sont dites *mécanismes de contrôle*, et l'ensemble des mécanismes de contrôle de même nature, se rapportant généralement à un même type de variable, forment un *processus régulateur* ; ils occuperont une place de premier plan dans notre approche.
Nous allons, effectivement, bientôt décrypter les activités anthropiques en termes de bruit, i.e. selon leur propension à *tromper* les mécanismes de régulation.

18) La rétroaction

Finalement, la dernière des considérations à joindre à notre tableau reste la rétroaction. Elle se définit comme une action retour d'un effet sur sa propre cause, et dépeint avec exactitude le comportement du système qui, au cours des nombreuses activités qui l'agitent, s'en voit écarté d'autant de ses consignes, et par là même y réagit dans la direction d'une suppression de cette marge.

Ceci est le cas d'une rétroaction négative, car deux situations doivent se distinguer, celle d'une rétroaction effectivement négative, et celle d'une rétroaction positive : la forme négative tend donc à ce que l'effet amenuise sa cause, voir la délite complètement ; tandis que son équivalent positif mène à l'accroissement incessant du défaut à la consigne.

Contentons-nous de dire qu'une rétroaction négative persistante entraîne une quasi-adéquation avec la consigne, donc la perduration du système dans un état invariable ; il en va différemment pour la rétroaction positive, puisque bien plutôt, elle pousse le système vers une réponse amplificatrice, qui, selon les conséquences sur la structuration ou la déstructuration ainsi induite, sera qualifiée de vicieuse ou de vertueuse, et ne connaîtra comme limite que, soit un mécanisme d'arrêt interne – un revirement d'une réponse positive à une réponse négative –, soit une fin retrouvée dans les propriétés de la physique elle-même.

Il doit être admis avec l'exigence de la logique, annexée aux enseignements de l'observation, que toute entité faisant montre d'une disposition à l'autorégulation réunit simultanément et en état de fonctionnement les quatre ensembles précédemment décrits : processus régulateurs, centre intégrateur, mécanismes de contrôle, rétrocontrôle négatif ; d'ores et déjà, rien ne semble exclure de la déduction rigoureuse que si un seul de ces mécanismes faut ou bien se trouve entamé dans ses fonctions opératives, et c'est le mécanisme global d'autorégulation qui en sera affecté.

Dans le bain-marie, le centre d'intégration est l'unité centrale collectant les données provenant de la sonde thermométrique, et ajustant l'activation de la résistance après contrôle avec la consigne. La rétroaction est ici bien négative quand, alors que l'eau se refroidit ou est refroidie, l'appareil réagit en la réchauffant.

Ainsi donc, *la valeur du paramètre est indirectement régulée par un contrôle sur divers éléments du système dont l'activité porte des effets médians envers la valeur d'intérêt. La régulation s'effectue indirectement par contrôle d'éléments influençant la variable à réguler selon une sommation spatiale et temporelle.*

Un motif supplémentaire d'intérêt pour les mécanismes de contrôle en est qu'ils sont ouverts sur le dehors : ils ont à leur charge de réceptionner des informations en provenance du monde extérieur pour la régulation et l'adaptation du système, d'autres sont tournés vers le dedans pour la collecte des données internes, ayant en cela une visée identique ; l'orientation vers l'environnement expose donc ces mécanismes de contrôle-là au bruit ainsi qu'aux effets que ceux-ci peuvent induire.

Ne laissons pas de côté que l'environnement lui-même – c'est-à-dire l'ensemble des autres systèmes – est à même d'agir comme rétroaction négative, en tant que facteur limitant : que l'on pense par exemple à la limitation d'une ressource alimentaire pour une espèce animale, ou des étapes à franchir pour s'emparer de celle-là – réduction de l'effectif de proies dans un système proie-prédateur, fruits placés à la cime des arbres, et cætera.

Pour davantage de précisions sur l'autorégulation de la vie, on consultera l'ouvrage « Régulation et contrôle en biologie » de Michel Cabanac. [4a]

19) Nécessités et besoins : les moteurs du système

C'est précisément à cet endroit que s'originent les racines de la *nécessité*, que nous avons paré, dans le chapitre qui précède, d'une importance toute première. Nous avons bien montré que le maintien de son statut commande au système que ses paramètres demeurent compris dans un espacement particulier ; il peut agir pour la régulation des valeurs de ces derniers via des dispositifs effecteurs qui ont à leur disposition deux voies d'accomplissement : le réarrangement interne de constituants via une dépense d'énergie, lorsque ceux-ci se sont éloignés de l'ordonnancement attendu ; mais cela ne peut être assez pour des systèmes d'une complication élevée, de nature dissipative, pour lesquels un apport en matière et énergie est rendu indispensable, car pour tout système non-isolé, des échanges avec les alentours sont réalisés, ce sont des systèmes ouverts, et ces échanges précisément servent à générer et à entretenir la structure, l'état néguentropique, de ce fait, ils participent de l'autorégulation et de la préservation de l'état de stabilité.

Nous n'hésiterons donc plus à qualifier de *nécessité* l'état de *manque modélisable par un écart entre la valeur effective d'un paramètre et sa valeur-consigne*, et de *condition de satisfaction toutes les occasions environnementales où les éléments structuraux, énergétiques et informationnels conduisent à la résorption de la lacune ainsi déterminée*.

Mais encore : soit un système pour lequel l'intégration d'un constituant sera une nécessité, il faut d'emblée considérer, à partir d'un certain degré de complication, comme les êtres vivants, que cela ne sera pas pour une unique variable à un temps défini, mais que plusieurs, peut-être même un grand nombre, appellent de leur satisfaction simultanément ; aussi dans cette situation, de nouveau en théorie, nous devons considérer deux cas :
- premièrement, il est possible au système de répondre de manière concomitante à ces demandes en vertu de ses capacités propres et de celles des éléments pris pour *ressource* ;
- secondement, cela ne fait plus partie de ses potentialités respectives, il faudra donc, pour le système, accéder à ses contentements de façon hiérarchique, *par sélection des nécessités* qui, par l'alliance de leur caractère et de leur intensité, devront être comblées les premières puis les suivantes et ainsi de suite jusqu'aux dernières.

Bien évidemment, les deux circonstances peuvent très bien, à leur tour, se présenter de concert. Ainsi, nous avons d'abord considéré les ressources séparées, puis ensuite les ressources combinées.
(Confer au chapitre 3, le plaisir comme « monnaie commune comportementale »)

20) Adaptation et inadaptation

Ce faisant, *chaque fois qu'une nécessité se trouve supprimée, nous verrons dans la circonstance ayant accompli une telle œuvre une réponse* adaptée *à celle-ci.* Dans le cas contraire, si une ou plusieurs des nécessités résistent à l'écoulement du temps, ne reconstituant point l'équilibre recherché, nous sommes mis dans l'attente que le système, d'une part sera privé d'une partie de son potentiel, et d'autre part s'efforcera de se procurer de l'environnement un autre élément de substitution, lequel pour partie lui permettra de continuer à assumer son fonctionnement et sa structuration ; de telles conditions seront dites *inadaptées*.

Une première inférence peut être tirée, nous révélant que lorsqu'une entité se constitue, des conditions particulières procèdent à une telle irruption – celles que nous avons précédemment traitées comme conditions d'émergence –, ces mêmes conditions, peut-on le penser, marquent, en quelque façon, le système comme ayant figuré le théâtre de son enfantement, alors rien a priori ne nous retient d'admettre comme raisonnable que *les conditions d'émergence forment le modèle initial des conditions de satisfaction et limitent de la sorte les marges relevant de l'adaptation* ; c'est ainsi, dans un environnement en conformité avec ces dernières que le fonctionnement optimal du système, où toutes les variables d'état sont dans la plage d'adaptation, pourra être assuré.

Ainsi, l'énergie tend invariablement à se lier et à être investie dans des actions de régulation du système ; d'un autre point de vue, concluons qu'est maintenue la tension, c'est-à-dire son énergie non liée, aussi basse que possible, idéalement elle serait amenée et perpétuée à un niveau nul, l'équilibre thermodynamique.

Bientôt, nous découvrirons aussi que les multiples occasions que l'Homme se donne pour détourner le plaisir de sa fonction régulatrice première seront autant d'inflexions l'amenant à passer de l'adapté à l'inadapté.

Nous sentons à présent que nous avons introduit un nombre suffisant de concepts pour pouvoir continuer notre progression. Cependant, avant que de nous remettre en marche, voyons quelles notions-clefs nous avons pu dégager rien qu'à pencher notre regard sur l'approche systémique ; de ces concepts-là, nous en retenons quatre.

21) Holisme

Le premier est l'*holisme*. Sinon dans sa conception selon laquelle le tout est supérieur à la somme de ses parties, du moins dans celle qui attribue une influence déterminante aux interactions entre les systèmes, pour mieux dire, aux échanges qui prennent place entre eux. Ce que nous retiendrons pour la suite est que, hormis dans le cas d'un système isolé, tout système est potentiellement, directement ou indirectement lié, à tous les autres, et qu'aucune régulation n'est accordable sans cela.

22) Autonomie

Nous sommes dès lors, par ces dernières considérations, conduits au deuxième concept que nous souhaitions aborder : l'*autonomie*.

Voici une belle voie de compréhension de l'autonomie que la systémique : d'abord, chaque entité nécessite pour la continuité de sa structure et la tenue de ses opérations fonctionnelles, le commerce avec d'autres entités ; ensuite, c'est par l'entremise de ses mécanismes de contrôle et de régulation propres que ces échanges fondamentaux sont dirigés ; différemment dit : *ce n'est point alors d'un système tiers, depuis l'extérieur, que sont gouvernés les processus régulateurs dont la finalité résidera en l'effacement des nécessités et l'équilibration consécutive, mais bien selon les injonctions internes au système d'intérêt, plus exactement à celles générées en son centre de régulation, car en lui seul réside l'information appropriée des valeurs-consignes, ainsi est l'autonomie*.

Mais, en disant cela, nous omettrions un autre aspect définitoire de l'autonomie, qui la distingue justement de l'*indépendance* : c'est que, précisément, un système, dans son milieu adapté, ne peut atteindre son état optimal que parce que des *échanges sélectionnés* s'accomplissant à travers lui, et qu'aucun événement ne survient pour empêcher un tel déroulé. L'indépendance est alors la tendance, inappropriée à l'autorégulation, selon laquelle les échanges sont volontairement réduits ; l'autonomie, la reconnaissance que ces commerces interdépendants sont gouvernés par le système lui-même.

Nous oserions dire qu'un système est autonome lorsque les échanges sont supervisés par ses propres mécanismes de régulation mais dépendent des autres.

23) Réciprocité

Le troisième point-clef se laisse lui aussi déduire sans effort de la précédente dissertation. À travers chaque système parvenant à s'équilibrer, c'est finalement un équilibre global qui est mis en place, l'équilibre du milieu. Dans cette considération, chaque entité participe de la régulation d'autres entités, il y a donc réciprocité entre les nécessités des systèmes : *si la satisfaction est, pour un système donné, représentée par certains échanges avec l'extérieur, donc d'autres systèmes, alors ces mouvements tendent simultanément à l'équilibre dudit système et de son environnement*.

Ceci est que, lors de ces échanges, il y a *réciprocité des bénéfices*, ou alors : dès qu'une transaction a lieu entre deux organisations, même davantage, alors

nous sommes en droit de prétendre qu'il préside à cet événement un avantage pour l'un *et* pour l'autre, plus généralement pour tous ceux qui procèdent à une telle interversion – les relations sytémiques sont animées par ce principe d'*harmonie* et de *collaboration*.
Une illustration classique de mutualisme nous est accordée par la relation entre l'insecte pollinisateur et la fleur pollinisée : celle-ci constitue un apport alimentaire pour celui-là, la plante se voit concédée par là la possibilité de se reproduire.

Plus largement, en écologie, nous sommes habitués à identifier les déchets produits par une espèce comme ressources pour une autre – le dioxyde de carbone rejeté par les animaux mais utilisé par les plantes, la dissémination de graines lorsqu'un fruit est consommé par un animal, ce dernier en est nourri et contribue à la prolifération de l'arbre grâce auquel il s'est sustenté. Une modélisation mathématique simple, en particulier pour les interactions proies-prédateurs en sont les équations de Lotka-Volterra. Un système est donc à la fois une source et une ressource ; ressource pour d'autres, source pour lui-même.

Nous prétendons donc, redisons-le, que toute interaction écologique est mutualiste, et repose sur un bénéfice mutuel, ou bien n'existe pas ; bien entendu, il en serait de même pour l'ensemble des faits biologiques, et les situations qui alors semblent échapper à cette règle, l'opportunisme, le parasitisme et même l'amensalisme, où il y a absence de gain apparent pour l'un des partenaires, se devrait ainsi être considérées comme étant marquées par une insuffisance d'informations sur les conditions de l'interférence en présence pour être en mesure de la reconnaître comme interdépendance.

24) Spontanéité

Le quatrième et dernier concept que nous voulions souligner ici aura l'avantage de regrouper avec aisance sous son étendard tout ce à quoi nous avons accordé notre contention, nous avons dit la *spontanéité*.

À maintes reprises, nous avons déjà fait usage du terme, tant il nous paraissait manifeste, mais sans l'avoir vraiment défini et en en ayant laissé le soin au ressenti.
Le Trésor de la Langue Française y voit « *un mouvement premier qui ne doit sa cause qu'à lui-même* » ; pour le Larousse, il s'agit d'« *un phénomène qui se produit sans avoir été provoqué* ». Impossible dans ces définitions de méconnaître plus longtemps un des traits de l'autonomie, celui selon lequel *c'est au-dedans du système que naissent les réactions de régulation* et, *alors que nous parlions de spontanéité, nous ne voulions que faire allusion à un contexte n'opposant en aucune manière résistance à l'accomplissement des échanges et interactions qui affluent entre systèmes* – qui le favorise au contraire, et ont pour but de répondre aux nécessités de ceux-ci. Cela absorbe le fait même que ces réactions sont le dû du système et de lui seul. Une fois

de plus, ce qui se marquerait par un antagonisme à ces actions primesautières, comme le bruit, apparaît comme perturbateur à l'autorégulation.
En ce sens, *les lois physiques sont les premières expressions de la spontanéité.*

Il s'établirait dès lors que cette spontanéité des lois de la physique poursuit la visée de toujours aller dans le sens de la réduction d'une tension, produisant pour se faire des mouvements dans le sein de la matière, lesquels, en abaissant son niveau de tension, agissent du même coup localement, par édification de structures de complication elle de plus en plus élevée – ce dissipant de l'énergie, dans le respect du second principe thermodynamique.

Si nous venons de prendre la peine de définir autonomie, réciprocité ou spontanéité, c'est qu'il s'agit précisément de principes qui seront atteints par le penchant que présentera notre étude, à savoir la récompense artificielle. Tout au long de notre avancement, nous reviendrons sur la spontanéité, en étoffant à chaque pas la description que nous en faisons.

25) Aux confins de la modélisation...

Avant de refermer ce présent chapitre, se préparant à nous restreindre à la biologie et aux systèmes vivants, il ne nous est guère autorisé de passer sous silence un point fondamental de l'approche scientifique : l'étendue de la validité d'un modèle. Nous avons ouvert cette discussion en proclamant qu'au service de notre entreprise, nous mettions la systémique comme référence théorique la plus abstraite, et donc lui accordions le crédit de la validité, à tous les niveaux de l'organisation de la matière, de la particule la plus élémentaire, jusqu'aux plus vastes structures données à notre examen, les galaxies et autres méga-agencements de l'univers, en passant par les êtres vivants et leur regroupement en sociétés. Ceci rejoint précisément un point d'importance déjà mentionné dans notre premier chapitre, celui de deviner, si l'on peut dire, jusqu'où est valable une théorie, jusqu'à quels points étend-elle ses lumières sur la marche de l'univers.

Qu'y a-t-il de commun dans le comportement de macromolécules organiques et d'organisations sociales humaines et animales ? Au moins, ce serait la tendance à l'auto-organisation et à l'autorégulation, l'émergence de la complexification, lesquelles notions sont bien approchées par la systémique, la thermodynamique et la cybernétique.

Mais, il se fait très probablement, dans une théorie de la science, une sorte d'ombilic qui se détache d'une unité pour se rattacher à une autre, et qui ainsi se soustrait à la présentation linéaire que la pensée est la plus à même de saisir avec agilité.
Un article paru en 2014 dans la revue « Nature Nanotechnology » [5] nous servira d'appui pour illustrer cela : une équipe internationale de physiciens en nanotechnologies a réalisé une expérience dans laquelle une nanoparticule était maintenue en lévitation par un laser et mise au contact d'un gaz dont la température était plus élevée que, précisément, celle de ladite particule. Se retrouvant dès lors en état de non-équilibre thermodynamique et en se référant

à son deuxième principe, elle aurait été amenée à capter de la chaleur du gaz l'environnant ; or, temporairement, il a été relevé qu'un échange *dans le sens contraire* s'en advenait, la particule cédant de la chaleur en place d'en gagner. Inutile pourtant de plonger dans le débat, du domaine de la physique quantique, concernant ce résultat ; simplement, signalons qu'un autre principe, assez récemment énoncé et portant le nom de « théorème de fluctuation », s'en voit par là confirmé, en réalité, il est issu de la mécanique statistique et énonce qu'il existe des probabilités non nulles pour que, spontanément, l'entropie d'un système isolé ne décrût, bien que ces probabilités soient faibles.
En somme, s'il s'avérait des bornes au tout-puissant second principe thermodynamique, le théorème de fluctuation élargirait notre champ de compréhension en remplaçant ce dernier dans un principe encore plus large qui stipule les conditions de sa vérification, démarche habituelle du développement scientifique.

Selon une logique rigoureuse, nous aurions à préférer de nous attacher à rendre le plus étendu possible notre compréhensibilité des phénomènes aux plus petits échelons de la matière, si les échelons supérieurs d'organisation en sont, par hologrammique, composés des mêmes constituants de base, qu'alors les règles qui gouvernent aux procédés de ces particules nous ouvrent la connaissance de tous ceux qui sont établis sur elles. Cependant, l'émergence laisse à penser qu'à mesure que s'organise la matière, les particularités qui en ressortent ne sont pas forcément déductibles facilement des briques qui leur ont permis de se faire jour. On se verrait par là tout à fait accordé l'opportunité de tirer des conclusions sur des structures hautement organisées et d'en inférer la justesse jusqu'aux degrés que l'expérimentation nous indiquera comme démarcation.
Nous tiendrons donc ceci comme règle pour notre exploration ultérieure : qu'à l'appui de structures de quelconque complexité nous tirâmes une loi validée par l'expérience et soutenue par la conjoncture théorique, alors, dans l'élan qui pousse les Hommes à chercher l'unicité du monde, nous en ferions un postulat étendant son application partout où il est de force de le faire, puis d'autres principes le remplaceront, attendant qu'une hypothèse de plus grande valeur encore ne subsumât le tout.

En vertu de cela, et au-delà de l'idée même de système, qui est une axiomatique de départ, les notions qui y furent rattachées, l'entropie, la thermodynamique, la théorie de l'information de Shannon, et cætera, lesquelles ont été inspirées par les machines thermiques, donc à l'échelle macroscopique, étendues aux êtres vivants, seront notre fondement théorique aussi longtemps que la sentence du réel ne se fut abattue défavorablement ou que le soutènement de la logique ne nous eût abandonné.

Est-ce que n'importe quels paquets de matière, considérés à part ou mis ensemble, peuvent par la constance vérifier ces lois de systèmes chez lesquels elles ont été d'abord identifiées, nous ne pouvons que le supputer, pour autant que la logique ou de précédentes découvertes ne l'interdisent, car la tenue de l'hypothèse nous autorise à aller plus loin avec elle, à aborder à ses côtés ces observations nouvelles et par l'expérience nous devrons attendre le moment où nous serons en mesure de sonder ses contours.

Ce sera alors probablement l'instant de l'emporter au cœur d'une approche inédite plus ample qui portera encore plus loin la lisière de la validation.

Jusqu'où avancer ainsi ? À peine sommes-nous en capacité de l'imaginer, peut-être jusqu'à ce que nous ayons ce faisant révéler et amener des conditions dans lesquelles la science elle-même ne nous fût plus que de faible utilité...

Perpignan,
janvier 2016.

III.
DE L'HOMÉOSTASIE À L'ALLIESTHÉSIE

1) De l'homéostasie

Entre les outils descriptifs utiles pour nos conjectures, il nous en manque un bien spécifique qui nous mènera directement à l'autorégulation dans les systèmes vivants, donc dans les structures dissipatives. Celui-ci est l'*homéostasie*, qui se réfère à la « *tendance de l'organisme à maintenir ou à ramener les différentes constantes physiologiques [...] à des degrés qui ne s'écartent pas de la normale* » (Le Trésor de la Langue Française) ; plus généralement, il s'agit pour un système de maintenir une variable d'état le plus proche possible d'une valeur instantanément considérée comme la plus bénéfique pour lui – la consigne.

L'homéostasie est bien souvent associée à la biologie, cela parce qu'elle a été conceptualisée d'abord chez elle. Historiquement, c'est Walter Bradfoard Cannon qui forgea le vocable dès 1926 sur les racines grecques de « omoios » pour « semblable » et « stasis » pour « stable, constant », mais il faut remonter à Claude Bernard, en 1865, pour les premières descriptions, d'une part du milieu intérieur, et d'autre part, de la constance relative de celui-ci, poussant à une certaine permission de l'organisme par rapport à son environnement.

« *L'homéostasie est donc la stabilisation d'un système ouvert, lequel échange structure, énergie et information avec son milieu environnant, autour de valeurs fixes de grandeurs d'état, alors que celui-ci le soumet à d'importantes variations ; il s'agit dès lors d'un système hors équilibre thermodynamique, maintenu dans un état métastable.* » [6].

Le *milieu intérieur* représente l'ensemble des liquides qui baignent les cellules du corps ; il existe donc, du point de vue de l'organisme, deux milieux : le milieu extérieur, dans lequel évolue l'organisme, et le milieu intérieur, composé de secteurs liquidiens au contact des cellules.

La fonction du système homéostatique, appliqué à la biologie, est donc de faire persister une invariabilité relative aux paramètres qui, unis ensemble, forment ce milieu intérieur, en particulier les concentrations en ions – sodium, potassium, ... –, la température, la volémie, l'acidité, la pression, et cætera, ce afin que les structures cellulaires trouvent dans ces conditions le contexte le plus favorable à leur fonctionnement optimal.

Cet homéostat représente l'unité fonctionnelle de l'homéostasie, le mécanisme de contrôle dans son individualité.
C'est bien en cela que les mécanismes qui président à l'homéostasie affranchissent, en quelque sorte, l'être de son milieu : il n'est plus nécessaire pour lui de se cantonner à un espace figé et restreint que sa constitution biologique requiert à son bénéfice ; dès lors, il lui est permis d'accepter une variation du milieu mais dans certaines limites seulement.
Ainsi, « *La fixité du milieu intérieur est la condition de la vie libre et indépendance… ce mécanisme qui le permet est celui qui assure dans le milieu intérieur le maintien de toutes les conditions nécessaires à la vie de tous les éléments* », selon Claude Bernard.[1] [6]

2) Échelles homéostatiques

À une échelle plus petite encore, l'homéostasie a été invoquée au niveau planétaire dans l'hypothèse Gaïa de James E. Lovelock. Nous ne ferons ici qu'en citer un aspect générique : notre planète y est tenue pour un système global résultant des interactions de la biosphère et de la géosphère ; les auteurs relèvent que la vie qui s'est développée sur la Terre a progressivement modifié cette dernière – comme l'oxygénation de l'atmosphère par la photosynthèse planctonique à l'ère secondaire, permettant aux générations suivantes de proliférer bien davantage ; ainsi, l'organisme-Terre, alors appelé Gaïa, convergerait vers une autorégulation générale, dans l'espace et dans le temps, vers des modifications environnementales qui favorisent le vivant et sa multiplication, de même qu'un équilibre instauré entre le biotique et l'abiotique dans une réciproque pondération.
Alors, tout comme pour l'organisme-animal, les paramètres d'état du métaorganisme planétaire sont aussi maintenus à un niveau qui tend vers la constance : retenons la salinité des océans, le taux atmosphérique en oxygène, sa température de surface, l'albédo, ou encore la capacité de forêts, comme la forêt Amazonienne, à adapter son cycle de l'eau en fonction de la température globale.

Nous retrouvons donc bien une tendance commune à ces deux échelons, qui semblent si distants l'un de l'autre – l'individu d'un côté, une planète de l'autre –, l'autorégulation et l'homéostasie, c'est-à-dire, l'inclination au maintien d'un état défini dès lors comme attracteur, comme un écrin favorable à l'ensemble.

Enfin, tout comme la notion de systémique qu'elle accompagne, l'homéostasie a été étendue et appliquée à la cellule biologique, dans son équilibre entre prolifération et apoptose, aux groupes sociologiques, et cætera.

1.« Indépendante » est à prendre ici au sens d'« autonome », tel que nous avons décrit ces termes au chapitre 2, du moins le pensons-nous !

Somme toute : l'autorégulation désigne de fait l'ensemble des dispositifs mis à contribution pour assurer la constance des paramètres ; l'homéostasie plutôt la disposition d'un système à cette constance, et l'aboutissement de ce processus.
L'autorégulation et l'homéostasie reposent donc sur des couples agonistes et antagonistes de mécanismes qui tantôt partent d'un excès tantôt d'un manque pour l'en annuler ; dans les systèmes vivants, tous ces mécanismes s'affairent à répondre de la préservation de ceux-ci à distance de l'équilibre thermodynamique, point attracteur spontané vers lequel ils tiendraient en l'absence de telles dispositifs dispensateurs d'énergie.

Aucune considération ne fait non plus obstacle à ce que nous postulions l'existence d'une *homéostasie psychique*, en nous inscrivant dans la continuité de la conception reconnaissant à l'être un corps doté d'un esprit, que pour celui-ci aussi il y ait, à côté de celle du soma, une homéostasie visant la structuration mentale, sorte de second « milieu intérieur », et que *de façon tout à fait analogue à ce qui est du somatique, des processus régulateurs se voient préposés à la constance et à la protection du psychisme*.
Pourrions-nous alors nous rendre compte de quelques grandeurs régulées et de valeurs-consignes pour l'esprit ? Cette extension peut se porter à la régulation des actes d'apprentissage, d'éducation des jeunes, de jeu, de créativité, de liens sociaux, alors mis au bénéfice du développement psychologique, dont l'interaction sociétale reste le contingent de base.
Il nous est ainsi facilité grandement notre travail car l'individu se voit traité comme un tout soumis à un concept homéostatique s'appliquant à chacun de ses sous-ensembles.

3) Le servomécanisme

Toutefois, un degré supplémentaire de normalisation est apparu avec les êtres pourvus de vie : le *servomécanisme*. Si la valeur de la consigne permet au système de s'entretenir dans un état relativement stable, cette stabilité peut bien facilement être mise à mal par un changement de l'environnement, or c'est dans son interaction avec lui que la structure s'édifie et se maintient. Il est avantageux d'être dès lors adapté à lui, mais plus encore d'être dans l'aptitude à s'adapter à ses variations passagères, lesquelles ne manquent pas d'arriver surtout si, comme dans le cas des animaux, ceux-ci peuvent se déplacer d'un milieu à un autre. *Le servomécanisme est donc une modification de la consigne en vue d'une adéquation la plus optimale aux conditions* ; l'effet de ce précieux mécanisme adaptatif est d'entraîner avec lui les grandeurs réglées qu'il gouverne.
Pour mener à bien cette concordance avec l'environnement, le système procède d'une intégration d'informations immédiates tout autant que mémorielles afin de déterminer les grandeurs-consignes les plus adéquates. Le servomécanisme est somme toute géré par un regroupement d'informations en provenance de niveaux supérieurs d'organisation.

Mais comprenons bien que le servomécanisme étant un déplacement de la valeur-consigne autorisant un certain degré d'adaptation aux variations dans les conditions environnementales, il est, lui-même, génétiquement déterminé, donc aussi limité. Il se ferait, autrement dit, une limite au-delà et en-deçà de laquelle même cet outil régulateur ne rend plus possible l'équilibrage optimal.

L'homéostasie se doit, il est vrai, de ne jamais être désunie du concept de servomécanisme, de ne pas perdre de vue que l'homéostasie n'a pas le caractère de la rigidité, mais au contraire est emprunte d'une souplesse adaptant en permanence les réclamations du corps compte tenu de l'état interne tout autant que des conditions externes, autrement : la nécessité subit de sempiternelles transmutations ; enfin, *l'homéostasie est un état global, à la fois physiologique et psychologique, posé comme idéal pour l'orientation des processus qui animent le système, néanmoins restreint en dépit de sa souplesse.*

Au final, *le défi, pour le système vivant, est que l'amplitude de variation autour de la consigne n'excède point les limites de ce qui est, pour lui, adapté*, c'est-à-dire ne dégrade le milieu interne si bien que ses fonctions ne puissent plus être assurées à leur pleine floraison.

4) Régulation en constance, régulation en tendance

L'analyse biologique nous apporte deux nouvelles conceptions. La première est une précision concernant la régulation elle-même ; on dira qu'il s'en fait deux sortes, la *régulation en constance* d'une part, et la *régulation en tendance* d'autre part. L'autorégulation est par définition en constance, cela signifie simplement que le rétrocontrôle est négatif, l'effet se porte vers l'inhibition de sa cause, et le résultat est la permanence d'un état stable ; mais c'est un rétrocontrôle positif qui occurre dans la régulation en tendance, un renforcement de l'effet sur sa cause, ce qui a des conséquences tout à fait différentes, rien de moins, si l'état ainsi produit se perdure, que la déstructuration de ce système, dans la mesure où un paramètre ne cesse de croître ou de décroître. En biologie de telles régulations existent bien, toutefois elles sont couplées à un mécanisme en constance ; l'exemple le plus typique est celui du contrôle des hormones sexuelles dans le cycle menstruel de la femme : l'ovulation est déclenchée par un pic de LH – hormone lutéinisante –, lequel pic est justement dû à un rétrocontrôle positif de cette lipoprotéine par l'axe hypothalamo-hypophysaire ; cela ne dure évidemment pas et le rétrocontrôle négatif se remet en place juste ensuite.

5) Hystérésis

Enfin, tout système autorégulé possède une hystérésis, rappelons-le, c'est-à-dire un délai inhérent aux capacités internes de l'axe mécanismes de contrôle - voies afférentes - centre intégrateur - voies efférentes - effecteur ; le rétrocontrôle aura donc, par la durée requise à cette effection, un retard d'action, et surviendra avec atermoiement sur la perturbation, c'est une des raisons pour lesquelles la variable oscille autour de sa consigne sinusoïdalement, par ailleurs le système consomme et produit incessamment ; il en va de l'efficacité du sous-système réglant que plus ce temps est court, plus le système total est efficace.

6) Besoin, potentiel et environnement

L'homéostasie est donc à la faveur de la vie, mais pour cela, elle ne va pas sans quelques obligations pour les êtres vivants, lesquelles ne sont autres que des besoins.

Sur le *besoin*, terme dont sans nous en apercevoir nous avons déjà fait usage, nous voudrions dire qu'il concorde avec les modifications internes qu'il est indispensable de mener à bien pour subvenir à la mise en place ou à l'ininterruption d'une fonction, l'ensemble des fonctions d'un individu établissant son *potentiel*, mais ne devenant effectif que dans ses rapports avec l'environnement.

Par *environnement*, nous entendrons tout ce qui enclos l'individu, l'univers à l'exception de l'individu lui-même, ce qu'il contient, d'une forme ou d'une autre. Les modifications internes nécessaires à la satisfaction passent donc souvent par l'action de l'individu sur l'entourage et sont indirectement obtenues par modification de celui-ci : ce sont les *ressources* qui aiguillent et rendent ajusté le réarrangement interne ; ainsi l'anabolisme ou le sommeil ne sont-ils admissibles qu'ensuite de l'alimentation et l'isolement.

Ensuite, par fonction, nous avions dressé le tableau des accomplissements d'un système ou d'un sous-système sur un autre, des interactions et des effets de ceux-ci, des apports de l'un sur l'autre, ce qui se retrouve dans les définitions du Trésor de la langue Française : « *Activité déterminée dévolue à un élément d'un ensemble ou à l'ensemble lui-même* », ou bien du Larousse : « *Rôle joué par un élément dans un ensemble, destination d'un appareil* [...] »

Par suite, la fonction appelant le besoin, il s'en trouverait que des fonctions similaires ou identiques motivent des besoins similaires ou identiques.

Dans les chapitres qui vont suivre, nous réserverons alors la désignation de « besoin » aux nécessités échauffant les êtres doués de vie. La nécessité englobe donc le besoin et conserve ainsi l'amplitude la plus large quant aux manques distingués dans les systèmes. De plus, le besoin ainsi formulé, au service de la fonction, sera définitivement pour nous le cœur du système vivant et le centre autour duquel gravitent les réactions consécutives audit besoin.

Au final, tout ceci donne à voir le *traumatisme* comme la perturbation qui rend si grande la distance entre l'état et la consigne qu'une ou plusieurs fonctions sont durablement détériorées ou même perdues, le cadre environnemental ne permettant pas un retour rapide à l'équilibre.

7) Classification des besoins

Si nous raccordons le besoin à la fonction dans le sens où celle-ci nécessite pour sa réalisation la satisfaction de celui-là, nous devons en tout premier, pour mieux les concevoir, en ordonner les achèvements.

Deux bipartitions semblent d'emblée s'imposer : les besoins vitaux et les besoins non-vitaux ; les besoins physiques et les besoins psychiques. Pour ces dernières classes, les grandes catégories déjà usitées se répartissant avec facilité entre celles-ci : d'abord la respiration, l'alimentation, la boisson, la veille et le sommeil, l'affection, puis les soins au corps, l'apprentissage, la création, et on sera porté au fait que le corps et l'esprit n'étant qu'un tout arbitrairement divisé, n'importe quel besoin s'ensuit dans les deux, mais tient souvent plutôt à l'un qu'à l'autre, voilà pour la première dichotomie ; quant à la seconde répartition, qui sépare des impératifs accessoires les nécessités vitales, ce sont simplement celles sans laquelle la survie n'est même plus envisageable et où la mort, à brève ou longue échéance, remplace la vie.

Cela est pour l'heure suffisance pour nous, mais n'escamotons point d'autres intentions plus fouillées qui ont été mises sur pied à ce sujet : reportons, au moins, les travaux d'Abraham Maslow, Virginia Henderson et Marshall B. Rosenberg.

Maslow hiérarchisa les besoins sous forme d'une célèbre pyramide, elle les répartit en cinq niveaux, de la base au sommet : les besoins physiologiques, sécuritaires, d'appartenance et d'amour, d'estime – estime de soi et estime des autres – et enfin d'accomplissement, chacun de ces niveaux comprenant plusieurs sortes de besoins ; on laissera le lecteur intéressé s'y reporter. [7]

Cette présentation pyramidale présume également ceci : pour que les besoins d'un étage supérieur soient assouvis, il est requis que ceux des étages inférieurs le soient déjà, Marslow insistant tout de même pour dire qu'il n'est pas nécessaire que cela soit total, mais juste suffisant, afin de laisser émerger les nécessités de la couche immédiatement supérieure. Aussi, l'auteur clarifia que cette conceptualisation ne devait être comprise comme rigide et fixe, mais au contraire comme fluide et fluctuante, au gré des conditions.

Les quatorze besoins réputés fondamentaux d'Henderson sont eux inspirés de la pyramide de Maslow, nous pouvons les énumérer dans cet ordre : respirer, boire et manger, éliminer, se mouvoir et adopter une posture correcte, dormir, se vêtir et se dévêtir, s'homéothermer, se laver, se protéger, communiquer, agir selon ses croyances, se réaliser, se recréer, apprendre.

L'étude des besoins met plus que jamais en évidence la fragilité des distinctions que nous nous approprions pour la facilitation conceptuelle : l'individu, en tant qu'unité, ne se réalise probablement que grâce à ses interactions avec l'environnement, et notamment avec ses semblables, l'autoconservation s'étaye bien souvent sur les liens avec les autres membres du groupe, quant aux besoins considérés comme les plus élevés, ils trouvent également dans le tissu social réponses à leur revendication. Ces catégorisations des besoins se recoupent l'une l'autre, bien sûr, et plus que jamais il apparaît que l'individu et le groupe sont intriqués, la plupart des besoins étant sustentés par l'interaction avec les congénères, ce qui peut aussi bien concerner des besoins du corps comme l'apport ou le partage de nourriture, l'édification d'un abri, que de l'esprit, l'amour, et autres...

La communication Non-violente (CNV) est, enfin, une discipline instituée par Marshall B. Rosenberg, psychologue États-unien, dont le but, comme le laisse présager son titre, est l'amélioration de la compréhension de soi et de l'autre pour une meilleure communication ; en particulier, il souffle, ce que nous retiendrons pour très bientôt, que *l'émotion est le témoignage conscient de ce qui advient au besoin*, ce dernier étant à la base non-conscient. Dans ses ouvrages, il liste les « *besoins fondamentaux qui nous animent tous* », en une quarantaine d'items répartis sur cinq axes : l'autonomie (rêves, buts, valeurs, ...), la célébration (de la vie mais aussi de la mort), l'intégrité, l'interdépendance (dont l'empathie, le respect, le soutien, ...), la nourriture physique (dont l'exercice physique, la protection, ...), le jeu et la communion d'esprit (beauté, harmonie, inspiration, et cætera). [8]

Nous sommes rassurés par ce survol des taxonomies de besoins car ils exhibent une redondance et une convergence indéniables. En effet, les multiples dehors dont chaque besoin peut se parer ne doivent point défalquer à nos yeux l'unicité de la prédisposition qui est celée là-derrière : *tous n'élisons pas dans l'environnement les mêmes objets comme source de satisfaction, mais les catégories de besoins, reposant sur les catégories correspondantes de fonctions, demeurent semblables.*

8) Le comportement et la musculature striée squelettique

Haltons-nous maintenant afin de définir le *comportement* en nous en ralliant pour cela au Trésor de la langue Française, d'après lequel le comportement est l'« *ensemble des réactions observables chez un individu placé dans son milieu de vie et dans des circonstances données* », il se rapproche donc du *phénomène* – « *ce qui se manifeste aux sens ou à la conscience* » (ibidem) – mais appliqué à l'étude du vivant.

Nous allons à présent nous concentrer, après ces généralités au sujet de l'homéostasie, sur le cas des espèces animales, pour enfin en venir précisément à celui de l'Homme.

En effet, nous sommes placés devant la circonstance que les représentants du règne animal possèdent un sous-système corporel qui est celui de la *musculature striée squelettique*. Sont ainsi nommés les structures musculaires qui présentent des stries caractéristiques à l'observation microscopique, dues à l'agencement des microéléments contractiles épais de myosine et fins d'actine, ces muscles sont qui plus est rattachés à l'ossature par les tendons – d'où leur nom – et lors de leur contraction ils sont aptes à provoquer une modification de position relative des os entre eux autour des articulations, autrement dit un mouvement.

À noter qu'à côté de cette catégorie de muscles, il s'en trouve deux autres, isolées par leur organisation histologique, à savoir les muscles lisses, qui sont en charge du péristaltisme viscéral ou la vasoconstriction, et, en dernier lieu, le tissu cardiaque, propulsant le sang dans le réseau circulatoire.
Cette musculature squelettique est innervée par des motoneurones, qui eux-mêmes se voient gouvernés par le faisceau pyramidal, émanant de la cinquième couche de corps neuronaux de la substance grise, localisée au niveau des aires motrices primaires et transitant par la capsule interne ; cette aire corticale implémente la motricité dite *volontaire*.
Cependant, ce faisceau n'est pas seul à œuvrer à cela, puisqu'une voie connexe, appelée extrapyramidale, en plus d'assurer les réponses involontaires et réflexes, participe également aux manifestations de la volonté, de même que le cortex moteur secondaire et le cervelet, pour la régulation de mouvements fins ainsi que de l'équilibre.

Finalement, nous retenons que *les animaux ont parmi leurs spécificités celle de disposer d'un système musculaire sous contrôle de leur volonté*, contrairement aux muscles lisses et cardiaque – mais en partie également actionné de façon involontaire dans les cas de réflexes, de régulation du tonus musculaire et de la posture –, lequel leur octroie la possibilité de bouger leurs membres promptement, donc d'agir sur et de se déplacer dans leur environnement bien plus vite que des végétaux, et par là de rapidement entrer en contact les uns avec les autres, puis finalement de mettre un terme à ces relations.

9) Sur la conscience

Or, la distinction que nous venons de pratiquer entre mouvement volontaire et involontaire est avant tout pragmatique, chacun sachant intuitivement et par l'expérience ce que ces deux notions peuvent bien recouvrir.
Disons tout de même que l'idée de volonté est immanquablement corrélée à celle de conscience, de conduite consciente et de choix conscient entre un ensemble de possibles, la conscience elle-même étant corrélée à un haut degré d'élaboration psychique, d'abstraction, l'aptitude à relier des données, à acquérir une connaissance de soi et de son milieu afin, et cela sera pour nous crucial, de se montrer à même d'en extraire des lois et une marque de prévisibilité – n'est-ce pas là toute l'affaire de la science ?

La conscience pose donc nombre de difficultés du point de vue d'une définition précise, tant philosophiquement que biologiquement. Sans doute nous suffit-il pour l'instant de noter qu'elle est le point de focalisation de l'attention, d'une énergie psychique qui ne peut être investie que sur un contingent étroit d'informations, au beau milieu de toutes les excitations qui atteignent le système nerveux en un instant donné, le restant échappant, provisoirement ou non, à cette focalisation. Ce tri se voit opéré par l'action autorégulatrice du système émotionnel – confer *infra* – et appose aussitôt à la conscience une marque de subjectivité.

La consciencité est en outre marquée par la sommation intellectuelle d'informations en provenance des organes des sens et leur mise en relation avec celles stockées en mémoire – ce qui se retrouve, redisons-le, parmi les attributs des centres intégrateurs systémiques ; il peut encore à son propos être ajouté avec assurance qu'elle est dans un rapport étroit avec les organisations cellulaires corticales, les plus externes du télencéphale, et qu'enfin elle semble atteindre son niveau le plus élevé chez les Hommes, relativement à toutes les autres espèces qui en sont douées.

10) Sur la préhension

Mais un second aspect va se faire décisif pour ces derniers Hommes, un qui s'en trouve encore propre à eux et aux primates supérieurs ; il en est ainsi de la *préhension* telle qu'elle est observable avec les mains des hominoïdes : la faculté de se saisir d'objets pour les déplacer ou les transformer.
Certaines espèces disposent d'une queue préhensile, comme le caméléon chez les reptiles, ou le pangolin chez les mammifères, l'éléphant aussi arbore une trompe habile, des pattes préhensiles existent chez des invertébrés aquatiques, cependant le pouce opposable humain et celui des grands singes, conjugués à son autonomie par rapport aux autres doigts, la mobilité du poignet indépendante de celle du bras, l'agilité fine rendue possible grâce aux nombreux muscles qui contrôlent ceux-ci, ainsi qu'une mobilité indépendante interphalangienne et métacarpophalangienne en font un outil de dextérité fort avancé : la main humaine est un organe effecteur terminal possédant au moins vingt-trois degrés de liberté.

11) Sur la culture

Au demeurant, l'expérimentation du saisissement est un des apprentissages les plus importants du jeune enfant. Car il s'agit bien de ce trait, celui de la *culture*, qui va se montrer crucial pour l'humanité, en outre d'une main déjà fort adroite : non seulement la possibilité de remanier l'environnement s'accroît par cette adresse, mais voilà que cette possibilité devient transmissible, non qu'aux seuls congénères – transmission horizontale –, mais également aux générations suivantes – transmission verticale – cette dernière va particulièrement s'étoffer dans le genre humain.
La transmission culturelle va alors faire parallèle avec une voie plus ancienne, la transition génétique.

On a bien déjà relevé des traits culturels, c'est-à-dire acquis auprès d'homologues ou de générations antérieures, et ce chez nombre d'espèces, comme les techniques de chasse des cétacés [9], encore, en Angleterre, la proportion croissante de mésanges perçant l'opercule des bouteilles de lait lorsque celles-ci étaient livrées devant les maisons [10] ; notons que *c'est toutefois la triple alliance entre la cognition, la dextérité et la diffusion du comportement ainsi éveillé par l'application du discernement qui sera pour nous autres décisive.*

12) Régulations volontaires et régulations autonomes

Nous sommes par conséquent, après évocation de ces quelques détails biophysiologiques, mis au rappel que l'Homme et les primates disposent concomitamment de capacités cognitives supérieures, sont à même de contrôler une musculature non seulement en charge de la mobilité individuelle, mais aussi, grâce à leur grande préhensibilité et leur agilité manuelle, tout à fait en mesure de réformer leur environnement, en déplaçant ses constituants, même en en créant de nouveaux, et cela, en vertu d'une telle combinaison et dans une mesure toute nouvelle, à la fin, ils savent aussi diffuser leurs connaissances et créations acquises.

Ce que cela tisse comme lien avec l'homéostasie tient en ceci : on serait tenté de diviser en deux séries les démarches ralliées à la préservation de cette dernière, d'un côté, celles qui se produisent involontairement, loin du regard de la conscience et sans son concours – bien qu'elle en soit témoin –, et pour lesquelles il peut manifestement être dit qu'elles se font automatiquement et en interne, telles sont les réactions-tampon pour la constance du pH sanguin, la régulation de la pression artérielle, de la température ou encore des concentrations hormonales plasmatiques ; de l'autre côté se situent toutes les réponses ayant une dépendance forte à la volonté et à la conscience, ainsi se font les comportements tournés vers l'autoconservation, l'alimentation, les soins au corps comme les ablutions, le sommeil, la posture, et ceux tournés vers les relations sociales, la sexualité, l'apprentissage, les activités créatrices, et cætera ; les processus régulateurs sont donc gérés soit volontairement, soit involontairement, dans tous les cas toutefois, ils sont à la croisée d'informations à la fois précédemment mémorisées et présentement acquises.

Du point de vue de l'homéostasie, nous établirons donc une différenciation entre les réactions imposant une *réponse comportementale* où la musculature associée aux commandes volontaires est mobilisée, de celles qui se déroulent sans la participation de cette dernière, sans rien retirer, cela va de soi, à l'importance qui leur est due.

Ces deux échelons de régulation, que l'on dira respectivement somatique et végétatif, œuvrent collectivement dans la direction du maintien de l'homéostasie interne. Les processus régulateurs végétatifs agissent souvent directement à l'intérieur de l'organisme, en régulant la valeur de paramètres vitaux – température, pression sanguine, osmotique, concentrations ioniques, et cætera –, là où le recours à la motricité volontaire, au comportement, le déplacement dans le milieu extérieur, la modification de celui-ci, la quête alimentaire, la recherche de l'activité la plus agréable ou de la compagnie la plus charmante, tout cela représente une action élue, à un degré élevé de conscience, parmi de nombreuses autres possibles, grâce à la sensibilité alliesthésique, visant de même à influer sur l'organisation du milieu intérieur, afin de rétablir ou de protéger l'équilibre homéostatique ou bien de l'adapter suivant un servomécanisme.

Seulement, nous allons nous consacrer aux rouages de la volonté et aux réactions qui en procèdent, en fait parce que les lois qui conditionnent leur fonctionnement sont bien plus complexes que celles qui commandent aux mécanismes agissant sans elle, et d'autant plus complexe est une régulation, d'autant plus aisée et probable en sera sa *perturbation*. Nous reprendrons ce point-ci plus tard, il se révélera, assez sûrement, riche et fécond.

Il est malgré tout important de préciser qu'il ne se fait pas rare que des réactions volontaires et involontaires travaillent ensemble à la même régulation : dans le cadre de la thermorégulation, nous avons à notre connaissance qu'en situation de fraîcheur, l'individu va comportementalement réagir en cherchant un endroit plus chaleureux, se couvrir, ou autre ; mais à côté de cela, des réponses involontaires comme la vasoconstriction cutanée – limitant les déperditions internes d'énergie –, l'augmentation du métabolisme et les frissons – contractions de muscles striés squelettiques mais dissociées de la volonté – ont lieu dans le même but.
De même, quant à la nutrition, la prise alimentaire est corrélée à une intense activité viscérale et sécrétoire du tube digestif, pareillement, pour la respiration, normalement sous dépendance autonome, mais sachant à tout moment passer sous le contrôle de la volition.
Les deux sortes de réactions que nous avions tout à l'heure reconnues comme volontaires et involontaires œuvrent bien souvent simultanément et dans la complémentarité afin de conserver un état homéostatique le plus stable possible.

Or nous allons justement resserrer encore notre champ d'investigations, précisément aux comportements volontaires humains, se rappelant qu'à leur service se trouvent d'habiles extrémités, une conscience élevée ainsi qu'une haute capacité de lègue culturel.

Deux concepts fondamentaux doivent encore être appliqués à l'étude de l'homéostasie animale : le *plaisir* et l'*émotion*. En outre, par leur exploration, nous approcherons un peu plus de notre problématique fondamentale.

Le pourquoi de cette polarisation est expliqué sans encombre par le rôle fondamental que ces événements psychiques prennent dans la motivation comportementale – son initiation et son arrêt. Le *système de renforcement* et le *système limbique* sont respectivement les supports cellulaires de ces deux types de sensations, reconnues dans le régir des conduites animales. C'est en effet dans l'examen du plaisir, et de son contraire, le déplaisir, ainsi que dans l'approche des diverses impressions émotionnelles, que nous avons espoir de déceler les indices qui porteront une lumière sur notre questionnement.

13) Le circuit de renforcement

Bien qu'il y ait un lien, évident à l'intuition, entre le couple plaisir/déplaisir et la composante émotionnelle, nous décidons d'étudier ceci et cela séparément, pour mieux les réunir ensuite. Avant d'approfondir, constatons d'abord que ces traits ont un mérite et un intérêt qui leur sont assez propres, celui d'être à la fois sur le terrain de la physiologie et de la psychologie, de rassembler ces deux dimensions qui intrinsèquement se trouvent assorties pour constituer l'individu.

Non seulement que le plaisir, puisque nous commencerons avec lui, doit avoir une base anatomique dans le cerveau, non seulement qu'il retienne pour la conscience une immense portée, comme la motivation, l'apprentissage et la mémoire, mais aussi nous aurons à alléguer qu'il tient un rôle primordial dans la régulation organique.

Il est connu de l'anatomophysiologie qu'il se fait un réseau de structures neurales, du nom de *circuit de renforcement*, qui est invariablement adjoint à la sensation de plaisir, ou de ce qui chez les animaux peut être décrit comme tel, c'est-à-dire dont la stimulation donne à éprouver le plaisir ou le déplaisir.

Les organisations nerveuses dont l'activation est systématiquement corrélée à une sensation décrite comme plaisir sont de mieux en mieux décrites par le perfectionnement des machineries d'imagerie cérébrale, réunies sous l'appellation de « points chauds hédoniques », et sont au nombre de trois : les noyaux parabrachial et accumbens ainsi que le palladium ventral, tous trois largement interconnectés entre eux. L'hypothalamus latéral est également impliqué ; celui-ci comporte une sorte de mappe permettant la gestion de maintes procédures vitales : le manger, le boire, le dormir, le rythme cardiaque, la température ou l'activité sexuelle, chaque zone fonctionnant avec des signaux chimiques propres : cholécystokinine pour l'alimentation, l'angiotensine III pour la désaltération, et la LH/RH pour l'accouplement. [11]
Enfin, l'aire tegmentaire ventrale, le septum et la zone préfrontale du cortex cérébral sont mis à contribution dans l'élaboration et la perception par la conscience de cette sensation alors dite de plaisir.

Son corrélat, le déplaisir, doit, lui, son apparition à des domaines proches des précédents, en position médiane et périventriculaire : l'hypothalamus, encore, mais dans sa subdivision médiane, ainsi que la substance grise périaqueducale, au sein du tectum mésencéphalique, engagés dans la sensation de douleur et les comportements de défense. L'ensemble de ces régions se situe le long faisceau médian du télencéphale.

Nous sommes redevables au physiologiste Michel Cabanac et à ses collaborateurs d'avoir conduit des recherches dans la fonction du plaisir pour l'organisme, autant au niveau somatique que psychique, nous nous y référerons dès lors régulièrement, sachant que leurs résultats se montrent cruciaux, qu'en plus ils sont de ceux les plus avancés.

Les informations que nous gagnons du monde extérieur tout comme du monde intérieur – extéroception et intéroception – sont rendues accessibles à la conscience sous forme de sensations ayant un attribut qualitatif, selon qu'il s'agisse d'évaluer la température, la concentration d'une molécule au pouvoir olfactif, l'intensité d'étirements ou de spasmes viscéraux ; mais plus que cela, ces sensations issues de l'estimation de grandeurs physiques s'accompagnent, pour la perception, d'une seconde dimension, quantitative, dont nous dirions qu'elle est *hédonique*.

Lorsque ces informations sont élaborées pour devenir conscientes, elles sont alors couplées à cette autre sensation, celle du plaisir ou du déplaisir, lui aussi d'intensité variable. Cette composante hédonique semble en alliance directe avec l'adoption de certains comportements, élus parmi d'autres, justement parce qu'ils sont aptes à produire chez le sujet une sensation plaisante, ondoyant avec l'amplitude des stimulus, par l'attrait ou la répulsion engendrés par ceux-ci.

Par ailleurs, il est notable que l'activation de l'axe plaisir-déplaisir fait osciller l'état de conscience, amenant une perception à devenir consciente ou au contraire à ne plus l'être : ainsi, relevons que les informations issues de l'intéroception sont généralement inconscientes, au point que même en se concentrant dessus, l'on serait en peine de les deviner ; pour autant, les voici investies d'un montant d'énergie psychique, au cours d'une circonstance anormale, que dès lors elles deviennent l'objet d'attention en vue d'une prise en charge comportementale : ainsi, une douleur musculaire entraîne spontanément la mise au repos du muscle concerné, des maux intestinaux la diète et le délassement, les contractions gastriques le fourrageage, et cætera.

Ce système est conservé chez tous les mammifères, l'hominisation ayant toutefois produit une internalisation des centres nerveux de renforcement sous le cortex cérébral. Les premières ébauches de système de renforcement remonteraient aux amniotes primitifs, se seraient élargies puis entretenues lors de l'expansion des vertébrés ; Cabanac et collaborateurs voient même dans l'apparition de ce réseau hédonique un corrélat de la survenue de la conscience. [18]

Pourtant, des invertébrés comme les poissons abritent déjà un circuit de renforcement élémentaire ; en réalité, dès que la mobilité devint une propriété de la matière vivante, et que par elle la satisfaction de nouveaux besoins put avoir lieu, un moyen d'orienter favorablement cette récente acquisition dut se mettre en place.

Peut-on aller jusqu'à la frontière du signifiant « plaisir » en établissant que les plantes sont tout aussi capables de se déplacer, de croître en un sens plutôt qu'un autre, ce qui doit procéder, vraisemblablement, d'un choix entre un ensemble d'éventualités, lequel doit alors être médié par des processus de régulations, quelque chose comme un « protoplaisir », un plaisir primordial ; bien sûr, *nous nous bornerons à désigner par le terme de « plaisir » les sensations, chez les animaux, suscitées par l'excitation du circuit de renforcement et préférant une réaction comportementale parmi d'autres selon leur congruence à la cessation des besoins.*

Ces pôles nerveux du plaisir ont d'abord été investigués aux travers d'essais de récompenses et de punitions – d'où l'appellation qui est parfois donnée de système de récompense –, en fournissant, à quelqu'un un stimulus de grande hédonicité, comme du sucre ou, à l'inverse, un de fortement déplaisant, par exemple, un alcaloïde à absorber.

Cet élément est le *renforçateur*, il conforte, renforce, la sensation de plaisir ou de déplaisir *sous la double détermination de la nature du stimulus et de l'état interne de l'organisme – c'est-à-dire son état de besoin –, donc d'après les conditions internes et externes.*

Dans notre abord des émotions, ci-après, nous reviendrons sur le point d'après lequel préalablement au contact entre l'organisme et le renforçateur, il se dégage déjà un plaisir alors que ce renforçateur est entré dans le *domaine de perception*, et cela soit par le biais des organes des sens, soit par représentation mentale d'icelui ; quoi qu'il en soit, voici incitée la *motivation* à se rapprocher ou à s'éloigner dudit stimulus-renforçateur. *Le rôle de ce système paraît toujours au final être l'équilibration du milieu intérieur*, les comportements innés ou acquis puis diffusés se mettant donc au service de cette modalité.

L'état hédonique se rapporte ainsi aux conditions ; or nous allons bientôt examiner les diverses occasions qui se terminent par une perception de plaisir pour établir que sa fonction constitutive fut, et demeure, outrepassée par les humains afin de devenir un but en soi.

14) Le plaisir, voie d'autorégulation

Il a donc fait petit à petit surface que la plaisance ou déplaisance dépend de la nature de la stimulation ; voici qu'il me paraît maintenant appétant tel aliment salé, mais repoussant un autre amer ou sucré. Pour autant, il faudrait ici une perspective qui lèverait le voile sur une expérience connue de tous : dans d'autres conditions, à un autre moment, cette même nourriture, sans pour autant en avoir changé de constitution, me déplaît, est repoussante et rien ne me serait davantage désagréable que de devoir l'ingérer ; c'est alors que, *dans l'organisme, a été modifiée, par quelque circonstance, la constitution du milieu intérieur, si bien que dans de mêmes rapports s'en trouve rectifiée ma relation subjective au stimulus.*

Ce qu'assoit alors Cabanac, c'est que *la coloration hédonique alliée à une sensation physique est doublement subordonnée aux signaux internes et externes, au stimulus et à l'état du milieu intérieur.*

Dans ses travaux, il s'agit essentiellement de signaux thermiques, olfactifs et gustatifs [12], considérant que l'ensemble des fonctions amènent à la pleine efflorescence du potentiel d'action et de création du système, de l'être, et qui est inscrit comme promesse dans sa complexion.

Phylogénétiquement, le plaisir a donc été annexé aux comportements équilibrant le milieu intérieur et le déplaisir à ceux dégradant cet équilibre.

Trois séries de tests confortent ces suppositions acquises par l'usage. La première consiste à demander au cobaye, dont on a mesuré la température interne, d'assigner une note, allant de très désagréable à très agréable en passant par la neutralité, au plaisir provoqué par l'immersion d'une de leur main dans une cuvette d'eau de température croissante, s'échelonnant d'inférieure à supérieure à leur propre chaleur ; il en ressort que chez des sujets hypothermiques, l'eau chaude est d'autant plus plaisante tandis que la froide l'est d'autant moins, inversement pour les hyperthermiques.
Dans la seconde série d'épreuves, les volontaires, à jeun, se voient proposer des solutions glucosées de concentration constante : le plaisir pris à leur ingestion diminue alors que le nombre de prises augmente.
Enfin, le troisième essai présente aux personnes concernées – toujours à jeun – un fruit en tant que stimulus olfactif ; de même, la plaisance de leur effluve s'abaisse à mesure qu'une solution sucrée est consommée.

Ces constatations, fort simples à entendre et assez intuitives au demeurant, avancent pourtant avec hardiesse que *le plaisir émerge de conditions se trouvant en capacité de rapprocher un ou plusieurs paramètres de leur valeur-consigne, ou encore, d'aller dans le sens de la réinstauration de l'homéostasie quand celle-ci a été distancée, telle est la satisfaction du besoin.*
Et ce plaisir d'être d'autant plus grand que l'on n'en était éloigné puis ramené efficacement vers un état interne optimal.

Une expérience plus avancée mesure d'ailleurs la glycémie par prélèvements sanguins conjointement avec l'appétence pour le sucre et constate à nouveau que la seconde est inversement proportionnelle à la première.
Plus généralement, il a été montré la dépendance de l'appétit envers des denrées salées ou sucrées au taux plasmatique de molécules correspondantes, toujours dans le sens d'une restauration de variables à des équivalents prescrits par les centres nerveux supérieurs. [13]
Enfin, quelqu'un de thermorégulé à 37°C décrira une eau de deux degrés supérieure dans laquelle elle est plongée comme déplaisante, mais si on provoque artificiellement une fièvre, le même bain procurera du plaisir.
Il se déduit de cette étude que lorsqu'un servomécanisme est mis en place, comme l'augmentation de la température, le plaisir est également déplacé pour convenir aux nouvelles exigences de l'organisme. (Confer « La quête du plaisir »)

Les sensations périphériques sont par conséquent doublement déterminées non seulement par le stimulant mais aussi par les composants internes et intégrés au niveau du système de renforcement.
C'est bien pour cela que nous avons accoutumé de juger avec raison que le plaisir est *subjectif*, dans la mesure où face à un stimulus identique, certains le ressentiront comme réjouissant, d'autres n'auront que faire d'une fadeur, voire d'une sensation carrément déplaisante. C'est que, non seulement les besoins

se modifient d'un instant à l'autre chez une même personne, mais à un instant figé ils peuvent différer grandement entre les individus aussi bien qu'être assez identiques.
Une fois encore, c'est le besoin et son histoire qui lève le masque sur cette subjectivité.

La sensation de plaisir comme favorisant les comportements au service de l'homéostasie du milieu intérieur, du respect des valeurs-consignes prescrites par les centres supérieurs, voilà une thèse, comme nous venons de le voir, attestée par l'expérimentation, mais aussi soutenue par un raisonnement logique que voici : nous nommons plaisir-déplaisir la gamme de sensations allant de l'un à l'autre et provoquée par la sollicitation du système de renforcement, et se souvenant que le plaisir convient à satisfaire les besoins et le déplaisir à éviter leur perduration, alors prenons le cas d'un animal quelconque dans son écosystème adapté ; si son système de renforcement le poussait à accomplir des actions défavorables du point de vue de son intégrité, par la force de la sélection des êtres les plus aptes, il ne pourrait qu'avoir rapidement disparu ; de même, une espèce ayant un tel penchant subirait un sort dont on peut penser qu'il est tout semblable ; il en est enfin pareillement au regard de l'interaction entre l'animal et son biotope, car si par l'aisance de l'imagination, nous concevons un être, puis une espèce dont il est un représentant, embrasant dans la direction du plaisir son circuit de renforcement par des agissements qui, bien qu'étant instantanément agréables, engendreraient une ou des perturbations durables de cet environnement, alors, sur un temps suffisamment long, il n'aboutirait qu'à la déconstruction du milieu propre à satisfaire ses besoins et avec lui serait certainement emporté dans le sillon de son lot infortuné.
En effet, la valeur sélective d'un animal pour lequel le plaisir est éveillé par des comportements régulants est, selon toute vraisemblance, supérieure à celle de celui dont le plaisir incite à dégrader son état interne et son écosystème, car dans un cas comme dans l'autre, l'atteinte à son intégrité, ou l'impossibilité de la maintenir, réduit la probabilité d'une descendance et accroît celle, pour lui, d'être contre-sélectionné. De l'autre côté, son congénère mieux loti s'en verra largement favorisé, transmettant du même coup à sa progéniture la génétique allant de pair avec ce fonctionnement convenable de la régulation par le plaisir.

Nous raccordons alors ici le besoin, considéré comme une « *situation de manque* » (pour le Trésor de la Langue Française) ou comme l'« *exigence née d'un sentiment de manque, de privation de quelque chose qui est nécessaire à la vie organique* » (pour le Larousse) – on annote qu'un excès, par symétrie, est aussi une forme de manque, le manque de ce qui permet justement d'éliminer la charge excessive. *Le plaisir admet donc la satisfaction du besoin, qui n'est, en dernière analyse, rien d'autre que le renfort de l'homéostasie*.

Qui plus est, tous les spécimens n'ont pas accessible un degré d'intelligence et d'abstraction qui par ce biais serait à même de déterminer ce qu'il est bon de faire ou de ne pas faire ; le plaisir rend donc capable un individu pourvu d'aptitudes cognitives même réduites de prendre à sa charge les comportements indispensables à sa survie.

Le plaisir escorte toute condition réduisant, voire annulant, l'écart de la valeur à sa consigne, telle est l'hypothèse que soulèvent toutes ces études, et qui se trouve de plus en accord avec la phylogenèse et la raison, nous ne pouvons que l'adopter pleinement et sans restriction.

15) Le plaisir, une monnaie commune comportementale

Dans notre exposé généraliste sur les systèmes, nous avions repéré que plusieurs événements en soi nécessaires à l'équilibration d'une structure à un moment précis pouvaient ne pas se réaliser simultanément pour des raisons liées à une impossibilité factuelle ; chez les animaux, certains besoins sont en effet inexécutables de concert, au titre de l'alimentation et du sommeil, de l'acte reproducteur et de la construction du nid, et cætera, les illustrations en étant données à l'envie.

Le plaisir, en fait, par les variations de son intensité, donnerait de plus l'occasion de hiérarchiser les besoins ne pouvant être convenus du même coup, en retenant celui d'entre eux dont la satisfaction est la plus impérative par rapport aux autres, lesquels se verront ajournés d'autant, c'est pourquoi Cabanac a pu parler à cet égard du plaisir en tant que *monnaie commune comportementale*, c'est-à-dire indicateur universel de gradation entre les besoins, quelle qu'en fût leur nature. (Confer « La quête du plaisir »)

On relève donc que le plaisir fut évolutivement conservé comme l'indicateur commun de la satisfaction des besoins les plus simples comme les plus complexes – comme la microéconomie.

16) Le plaisir, la cinquième influence ?

Du point de vue purement physique, nous estimons une hypothèse, à nouveau de Michel Cabanac, qu'il a traitée dans son ouvrage « La cinquième influence » [4b], nous donnant à penser qu'à côté des quatre interactions fondamentales des sciences physiques – pour rappel : les interactions faible, forte, électromagnétique et gravitationnelle –, il s'en ferait une cinquième, qui ne serait autre que le plaisir, et son adjonction aux quatre précédentes en serait parce qu'il est apte lui aussi à engager les systèmes vivants dans le sens de la néguentropie par une manière qui est du reste tout à fait semblable à celle par laquelle la gravitation, par exemple, fait se retrouver et se rassembler de la matière pour la constitution d'entités nouvelles, aussi bien que les particules élémentaires du noyau de l'atome sont tenues ensemble par l'interaction forte, que les aimants se joignent par le magnétisme, et cætera.

Ainsi, en amenant les animaux, des entités déjà complexes, capables de grande mobilité, de conscience, à spécifiquement entrer en contact avec d'autres éléments vivants ou inertes, ils pourraient dès lors structurer et déployer les aptitudes qui sont celles de leur essence.

Ailleurs, chez Freud : « *L'Éros veut le contact physique car il recherche l'union, l'élimination des frontières spatiales entre le moi et l'objet aimé* ». [14]

C'est le plaisir et le principe de plaisir qui règnent sur l'Éros, la « cinquième influence » qui fait se rapprocher les corps amoureux de façon tellement similaire aux interactions nucléaires de l'atome, lesquelles gardent accolées ensemble des particules qui le constituent ou la gravité qui agrège des objets cosmiques pour en façonner des astres ou des étoiles.

Le plaisir serait donc bien une force nouvelle retrouvée au sein de systèmes complexes : une vigueur qui dispose au commerce, mais d'une façon elle aussi nouvelle, *par une élection précise des entités en présence et un réglage tout aussi précis de la durée de leurs interactions*, subtilité dont ne font pas preuve les quatre autres influences fondamentales.

Enfin, que l'on songe à Theillard de Chardin : « *L'amour est, en nous, la trace consciente de l'action qui nous crée en nous fusionnant. Il est un facteur d'organisation, de construction, physiques.* »

17) Alliesthésie des sens

Les indicateurs olfactogustatifs, directement rattachés à la prise alimentaire, ainsi que ceux thermiques, en lien avec les comportements favorisant l'homéothermie, sont en fait tous trois clairement dirigés, plus que par l'unique plaisir, par une *alternance du couple plaisir/déplaisir*, qui signe alors que le comportement est bien adapté au respect de l'homéostasie et l'apport des nutriments idoines, et comme nous l'avons redit son début et sa fin.

Nous n'attendrons donc plus pour poser l'*alliesthésie* (dénomination forgée par Cabanac et collaborateurs, sur les racines grecques « allos », « autre », et « aisthesis », « perception ») comme étant *la variation de la perception hédonique en fonction de la capacité d'un stimulus à maintenir ou restaurer l'homéostasie* ; rajoutons que l'alliesthésie peut être positive – passage d'une sensation de déplaisir à une sensation de plaisir – ou bien négative – passage d'une sensation de plaisir à une sensation de déplaisir. Il est nommé, en outre, « alliesthogène » tout élément provoquant ou participant à ce phénomène – un alliesthogène dans une situation donnée est donc soit positif soit négatif.

Mais ne voyons pas, en tout cas, dans la curiosité envers le processus de régulation thermique et gusto-olfactif, une restriction sui generis ; simplement, c'est par eux que Michel Cabanac a d'abord analysé le procédé alliesthésique.

Dans la mesure où il ressort de la spontanéité de rechercher les stimulus les plus plaisants et d'éviter ceux qui ne le sont point selon le principe de plaisir, nous ferons nôtre la conception de ces auteurs selon laquelle « *le couple agréable-désagréable est un facteur de comportement adapté* » : ou encore que « *le plaisir signe l'utile* » – l'utile biologique.

Les éleveurs de poules pondeuses savent, par exemple, qu'il faut à ces volatiles une alimentation variée et riche car une grande quantité des nutriments absorbés est mise dans la constitution de l'œuf. Plus encore, chaque phase de cette constitution – jaune, blanc, coquille – induit des besoins différentiels de la fonction « production de l'œuf » et donc une consommation tout aussi différentielle d'aliments – en protéines, oligoéléments, ... – en fonction de celle-ci. Ainsi, nous dirions que l'animal est guidé dans ce comportement approprié par une alliesthésie sensorielle olfactogustative. [15] Comparativement, les feuilles de laurier rose, connues pour leur toxicité, ne sont pas consommées fraîches par les animaux non-affamés, la même barrière protégeant contre l'ingestion de composés nocifs.

Sommes-nous pourvus, d'après une classification traditionnelle, de cinq sens, que nous en avons laissé deux dans l'ombre jusqu'alors : la vue et l'ouïe. Eh bien, nous devons admettre que ces deux-là ont un statut légèrement différent des autres.

Effectivement, l'olfaction, appariée à la gustation, et la gustation elle-même, assument la régulation de la prise alimentaire, soit la grande majorité des entrées de matière dans l'organisme ; la thermosensibilité ajuste les échanges d'énergie calorifique avec l'extérieur ; quant à la vue et à l'ouïe, elles donnent le sentiment d'être orientés vers la collecte d'informations visuelles et auditives, soit respectivement transportées par des photons de lumière et des ondes acoustiques.

Alors, la vision et l'audition, qui sont tout autant en faculté d'induire plaisir et déplaisir, ne sont pourtant pas directement impliquées dans la pénétration et l'ingestion d'éléments dans le corps, comme c'est le cas pour l'olfactogustation – nutriments – et la sensibilité thermique – énergie calorifique.

Cependant, ils restent, peut-être plus encore que ces autres, les vecteurs de l'inception des mouvements volontaires, les réactions au voir et à l'entendre sont les plus fréquentes, mais la sensation plaisante ou déplaisante qu'ils en retirent étant plutôt à jumeler avec un sens esthétique de ce qui est perçu.

Or cette plaisance, bien que toujours supportée par les circuits cérébraux de renforcement, ne se rapporte plus au bénéfice d'entrées ou de sorties, davantage au déclenchement d'une mobilité, laquelle justement rapprochera ou éloignera de l'élément d'intérêt, selon l'appétence et l'alliesthésie, dans une prime impulsion de recherche ou de fuite. Ne faut-il pas senti *et* apercevoir le fruit nourricier avant que de s'en repaître ?

Au reste, en quoi ces derniers organes sensitifs servent l'apaisement des besoins et l'homéostasie, certainement en ce qu'ils permettent à l'individu de détecter dans l'environnement les sources de satisfaction et de danger, en étroite collaboration avec les autres sens, la sensation de plaisir intervenant, nous en formulons l'hypothèse, précisément là où l'on se trouve placé devant

une forme de *beauté ou de laideur*, même si l'intellect prend part également à ce processus. Le beau comme apanage de l'objet de satisfaction, voici qui nous rapproche de Stendhal : « *La beauté est une promesse de bonheur* » !
La différence tient, comme le mettent en avant les auteurs, en ce que les signaux lumineux et auditifs ne sont pas en soi capables de modifier le milieu intérieur, ou fort peu, à la façon des nutriments et de la chaleur, sauf dans une situation où nous pourrions parler d'alliesthésie ophtalmique et auriculaire, celle dans laquelle une quantité exagérée de photons ou une pression démesurée du fluide environnant atteint ces surfaces et menacent leur intégrité, alors il se ferait une alliesthésie négative allant jusqu'à la douleur.

À ce point, nous nous sommes consacrés aux comportements volontaires régulant des fonctions vitales d'ingestion et de thermorégulation, dans lesquels, à vrai dire, le rôle du plaisir et de l'alliesthésie a d'abord été découvert ; néanmoins, nous sommes encouragés à préjuger qu'il n'en va point différemment pour tous les autres, l'excrétion, la position du corps, la toilette, l'alternance de la veille et du sommeil, plus encore : l'art ou la créativité, l'apprentissage, bref, pour l'ensemble des conduites qui tiennent de l'homéostasie et qui se trouvent accommodées par les dispositifs ci-discutés.

Nos cinq sens sont donc impliqués directement et indirectement dans le collectage d'informations, qui, groupées et mises en liaison avec celles stockées en mémoire, participent à l'élaboration des comportements concourant à l'homéostasie ; ces indications se voient en quelque sorte synthétisées dans les excitations du circuit de renforcement puis perçues accompagnées par le plaisir et le déplaisir, l'appétence et le dégoût, l'alliesthésie en somme, lesquels mécanismes, en mobilisant à leur cause la vigilance, mettent en branle et interrompent les comportements adaptés.

18) Excitations et pulsions

Du point de vue de la psychologie, séparons la conception plutôt psychanalytique de celle plutôt cognitive du plaisir. Si chez Cabanac le plaisir a fait éclore la conscience, au cours de la phylogenèse, chez Freud, dans l'ontogenèse, cette sensation, et son opposé, le déplaisir, est d'abord ce qui agrée au psychisme de départir ce qui appartient au milieu interne de ce qui se situe dans le milieu externe : « *la substance perceptive de l'être vivant aura ainsi acquis, dans l'efficacité de son activité musculaire, un point d'appui pour séparer un « dehors » d'un « dedans ».* » (Sigmund Freud, « Métapsychologie » – page 15) [16]
Car souvenons-nous de ce que, revenant à la suppression du besoin, il se fait dans un panel de comportements potentiellement réalisables, un ou plusieurs adaptés à cela ; or, Freud d'indiquer que deux sortes d'excitations peuvent atteindre les centres intégrateurs : celles dont la source est extérieure et les autres dont elle est intérieure ; comprenons, à titre d'illustration, d'un côté, une main accidentellement placée sur une plaque brûlante, de l'autre, la déshydratation et l'assèchement de la muqueuse buccale et pharyngée, en tant

que causes de la soif ; ici, nous sommes forcés d'identifier une première origine externe – la plaque chaude – et une seconde interne – le dessèchement de tissus ; car ici réside la différence : en premier lieu, ce sont des chairs périphériques qui sont mises à mal, en second de profondes.
Cette différence constitutive va se matérialiser dans l'effet des protestations de la musculature ; pour la trop forte chaleur, par le retrait du membre endolori, la fuite donc, mais pour la prise de boisson, point de fuite nécessaire, au contraire, la quête de ressource appropriée.

Dans ces deux occasions, l'issue découle de l'action de muscles striés, cependant, pour le cas de la stimulation externe, il ne peut s'agir que d'une réaction de protection, d'un repli depuis la source en tant qu'agent de déstructuration, il peut aussi revenir à un résultat similaire de détruire ce mobile de danger, ce que résume bien la formule « *flight or fight* », la fuite ou le combat devant une cause destructrice ; en revanche, pour l'apport de ressources nécessaires ou l'évacuation de déchets, les démarches à entreprendre sont plus compliquées, s'imposent alors des *modifications de l'environnement afin de couvrir la finalité biologique.*
On pourrait aussi, mais cela ne change pas réellement la finalité, classer l'ensemble des excitations qui atteignent à la psyché, en excitations externes, ou proprement dites, et excitations internes, et reconnaître la pulsion dans ces dernières.

Insistons donc sur la nuance entre l'excitation externe et l'excitation interne : pour celle-ci, un péril est encouru, par la présence d'une cause de dommages potentiels envers l'intégrité des segments limitrophes de l'organisme, la distanciation ou l'annihilation de la source sont les moyens de protection et d'arrêt de l'excitation par des processus-réflexes juste décrits ; pour celle-là, pas de risques à craindre de l'entourage, mais un manque ou un excès marqué au-dedans, et, consentons-y, dû à la marche des divers organes et organisations histologiques, c'est cela que nous avons désigné comme le besoin, pour sa satisfaction plénière, il requiert des « *exigences beaucoup plus élevées, elles l'incitent à des activités compliquées, engrenées les unes dans les autres, qui apportent au monde extérieur ce qu'il faut de modifications pour satisfaire la source interne des excitations* [...]. » (page 16)
L'excitation proprement dite, nous en imputons l'arrivée au monde extérieur, dans lequel une source d'énergie excite, en tout premier lieu, les organes des sens périphériques : peau, œil, oreille, et cætera ; la réaction appropriée est l'éloignement de cette source par une mobilisation du système musculaire strié. La pulsion, elle, s'origine du monde intérieur, suite à l'émergence d'un besoin, conséquence de l'incessant fonctionnement organique.
Au pourquoi l'excitation ne provoque que l'évitement, nous répondrons que c'est parce qu'elle n'est pas liée à un besoin et se présente en son absence, que si au contraire le stimulus excitateur avait correspondu à un besoin, elle serait bien source de satisfaction, mais coïnciderait à une attente du sujet. Au mieux,

le besoin dans la réaction à l'excitation proprement dite est celui de conserver l'intégrité de l'organisme.

D'ores, nous annoncerons donc par *pulsions* les comportements visant la disparition de l'excitation interne, sachant, cela s'entend, « *qu'il n'y a pas de fuite qui puisse servir contre elle.* » (page 14)

Nous avons par ailleurs déjà fait état de la *tension*, dans un sens physique et assez généraliste, réduisons-la à présent au domaine du psychisme, et « *attribuons au système nerveux, en termes généraux, la tâche de maîtriser les excitations* » (page 16) en faisant savoir que « *le système nerveux est un appareil auquel est imparti la fonction d'écarter les excitations à chaque fois qu'elles l'atteignent, de les ramener à un niveau aussi bas que possible ; il voudrait même, si cela était seulement faisable, se maintenir rigoureusement dans un état de non-excitation.* » (pages 15 et 16)

Mais nous demandons : si l'objectif est à chaque fois de servir la fonction en satisfaisant les besoins qui lui correspondent, par un comportement adapté, comment les centres nerveux régulateurs parviennent-ils spontanément tout autant qu'efficacement à remplir cette mission ?
Proprement, par l'innéité de la tendance à quérir les mouvements amoindrissant avec le plus d'effet ladite tension, réglée en cela par le *principe de plaisir*, en ce que « *l'activité des appareils psychiques les plus développés est également soumise au principe de plaisir, à savoir est réglée automatiquement par les sensations de la série plaisir-déplaisir, nous pouvons difficilement refuser une nouvelle présupposition : ces sensations reproduisent le processus de maîtrise des excitations. En ce sens, assurément, que la sensation de déplaisir est en rapport avec un amoindrissement de l'excitation et la sensation de plaisir avec une diminution de celle-ci.* » (page 17)

Revenant à une vision plus élargie, la tension est l'augmentation d'excitations non liquidées, de l'énergie psychique libre, une enthalpie psychique déliée des actions qui conformément seraient à même de répondre à un besoin.
Ensuite, nous sommes entraînés vers la discussion de locutions d'usage se rattachant à la pulsion : ce sont la poussée, le but, l'objet et la source. Rapidement : la *poussée* est l'énergie mobilisée par elle vers la décharge, c'est-à-dire l'éconduction dans la musculature, au final, le milieu extérieur ; le *but*, lui, demeure « *toujours la satisfaction* » (page 18), à savoir la diminution de l'excitation et de la tension ; pour ce faire, il sera élu un *objet* déterminé par son aptitude supérieure aux autres éléments de l'environnement à procurer ce qui fait défaut – une même pulsion pouvant très bien se déplacer d'un objet à un autre au long de sa destinée, ou au contraire s'arrimer à lui dans un mécanisme appelé *fixation* – l'objet ici est donc ce que nous avons nommé renforçateur ailleurs ; enfin, « *par* source *de la pulsion, on entend le processus somatique qui est localisé dans un organe ou une partie du corps et*

dont l'excitation est représentée dans la vie psychique par la pulsion. » (page 19)

Mais ici, nous appelons à dissiper un malentendu qui pourrait éclore. Une expérience de Hebben en 1955 fut telle que les participants étaient logés dans une enceinte leur épargnant toute stimulation sensorielle – lumière, bruits, odeurs, variations thermiques –, leur corps même avait été recouvert de vêture minimisant les excitations cutanées ; contre la demeure en ces conditions anesthésiques pendant plusieurs jours, il leur avait été promis une forte somme d'argent à laquelle ils devraient toutefois renoncer s'ils coupaient court à l'expérimentation ; or, c'est ce qu'il advint régulièrement au bout de deux à trois jours en moyenne, et plus encore les participants montrèrent par la suite des déficiences perceptrices et cognitives temporaires.

Ces constats sériels ont incité à la théorie de *l'optimum d'activation*, voulant que les circuits nerveux n'aient un fonctionnement optimal qu'en présence d'un niveau de stimulation lui-même optimal pour cela, donc compris entre une valeur basse et une valeur haute.

Nous passons outre à l'opinion qu'en ces résultats nous trouvons l'orée de la théorie des pulsions, de la réduction de la tension et de l'homéostasie, ou encore qu'il y aurait en ce lieu contradiction entre le principe de constance et cet optimum d'activation, comme si la persévérance à un bas niveau d'excitation psychique s'opposait au maintien d'un degré minimum de celle-ci, d'ailleurs commodément assimilable aux courants électriques des cellules nerveuses et aux flux de neurotransmetteurs dans la fente synaptique ; non, contrairement à cela, nous nous plaisons à surprendre ici une profonde complémentation entre les deux approches, puisque l'activation optimale se pourrait tout à fait représenter le flot d'excitation dont le principe de constance s'efforce de contenir l'écartement, et loin de confondre la tension avec l'excitation, il peut très bien être convenu que cette tension soit exactement l'écart entre l'optimal et la mesure effective, l'anéantissement de celui-ci n'étant plus le synonyme d'abolition d'excitation, mais seulement de son surcroît ou de sa déficience.

Revoyons alors la question du rapport entre plaisir/déplaisir et quantité d'excitation psychique, au travers de la notion de besoin : assigner effectivement l'augmentation de l'excitation au déplaisir et sa diminution au plaisir ne permet pas de recouvrir la totalité des expériences humaines ; il y a des tensions – en assimilant tension et accroissement d'excitation – plaisantes, et l'on pense à l'emportement sexuel, des tensions déplaisantes, comme la douleur ; pareillement il se fait des détentes des deux ordres, la torpeur ou le repos pouvant représenter celle-ci et celle-là, et la vie quotidienne fourmillant d'exemples de la sorte.

Ce qui doit être déterminant pour la survenue du plaisir ou du déplaisir, c'est encore une fois la capacité des conditions, comptables de quelque montant d'excitation que ce soit, à entrer en résonance avec l'apaisement, in fine, avec la régulation.

Il est vrai que la tension va fréquemment de pair avec l'amplification du besoin et sa diminution avec la régression de ce dernier ; or, l'anticipation de la satisfaction n'étant pas pour nous un caractère systématique de la maîtrise du plaisir, rien ne s'oppose donc à ce que la tension plaisante se pose en préfiguration du plaisir de satisfaction, et que par la suite, elle tourne au déplaisir suivant le paramètre temporel, lorsque la satisfaction se fait encore attendre et devient impossible ou au contraire quand le comportement adapté perdure au-delà de celle-ci, l'un comme l'autre cas étant défavorable à l'équilibration ; la détente déplaisante, elle, surviendrait de l'incapacité à trouver les conditions-ressources, l'opposé de ce à quoi l'excitation voluptueuse avait au contraire réagi.

19) Classification des pulsions

Le scientifique aime souvent à classifier les issus de son observation pour mieux pouvoir exercer sur eux sa pensée. Pourrions-nous en faire autant avec les pulsions ?

Dans le même ouvrage nous est soufflée une ébauche de classification : la bipartition entre les pulsions d'autoconservation et les pulsions sexuelles. (« Métapsychologie », page 21). Cette distinction a un sens pratique car elle met d'un côté les tendances tournées vers le moi, le développement et le maintien de sa plénitude – nutrition, fuite ou combat, veille et sommeil, thermorégulation, et cætera –, et de l'autre celles orientées devers la perpétuation de son espèce et du vivant par la reproduction. (page 22)

Où ranger dès lors les impulsions à l'apprentissage, le zèle à l'engagement dans les tâches du groupe, ou à la quête spirituelle ? On pourrait, avec prudence, les disposer auprès des pulsions du moi, puisqu'elles s'attachent à organiser les différents aspects de l'être, mais aussi souvenons-nous que nous avons présumé qu'une satisfaction pour le spécimen est en quelque sorte une satisfaction pour l'entourage (hypothèse Gaïa) ; gardons en effet à l'esprit que la frontière entre l'individu et l'espèce est simplement au secours de la compréhension intellectuelle des faits, une dissociation de la réalité pour en permettre l'étude ; le moi seul ne se voit accordé aucune opportunité de survie et l'engeance n'existe que par la multiplicité de ses représentants.

Cela se voit particulièrement dans l'engageant à l'assistance et à la protection des êtres les plus familiers, notamment les descendants, parce que ceux-là incarnent tout à la fois la continuation du soi à travers eux et la pérennité de l'espèce à laquelle ils appartiennent.

Il faut en outre indiquer que, ontogénétiquement, les pulsions sexuelles s'étayent, au début de la vie de l'Homme, sur les pulsions d'autoconservation.

Encore une fois : cette distribution entre pulsions du moi et pulsions sexuelles a l'avantage de se calquer sur le classement des besoins se tenant là-derrière ; ceux de l'individu et ceux du groupe. Les pulsions du moi englobent en outre assez bien les besoins corespondants auparavant listés.

Nous n'estimons point inutile d'intercaler ici que d'autres intentions de nomenclature ont été engagées.

D'autres répartitions sont bien sûr faisables, d'autres, d'ailleurs, ont été entreprises ; d'abord, on mentionnera rapidement celle de psychiatre Hongrois Léopold Szondi, lequel répartit les pulsions selon quatre axes : le sexuel (S), le contact (C), l'affect (P pour Paroximal) et le moi (Sch pour SCHizoforme) – ces groupes se subdivisant à leur tour en deux – ; mais nous n'irons pas plus loin, nous nous cantonnerons plutôt à cet arrangement classique, fondé sur un dédoublement individualité/espèce et structuration/déstructuration.

Ensuite, dans sa seconde topique, Freud assemblera les pulsions du moi et les pulsions sexuelles en « pulsions de vie », qui seront placées en regard de « pulsions de mort » dans une nouvelle dichotomie, celle de l'Éros contre Thanatos. Cette opposition est en réalité très ancienne, remontant à Empédocle, philosophe Grec des présocratiques, du cinquième siècle avant Jésus-Christ : il propose que toute chose soit le fruit d'une alliance unique des quatre éléments – Eau, Terre, Feu, Air –, grâce à un jeu cyclique d'unions et de désunions respectivement qualifiées d'*amitié* et de *discorde*.

Selon le « Vocabulaire de la psychanalyse » de Laplanche et Pontalis, la pulsion de mort « *désigne une catégorie fondamentale de pulsions qui s'opposent aux pulsions de vie et qui tendent à la réduction complète des tensions, c'est-à-dire à ramener l'être vivant à l'état anorganique. Tournées d'abord vers l'intérieur et tendant à l'autodestruction, les pulsions de mort seraient secondairement dirigées vers l'extérieur, se manifestent alors sous la forme de la pulsion d'agression ou de destruction* ».

Freud, dans la seconde topique et la dernière partie de son œuvre, en vint à schématiser les interactions entre pulsions de vie et pulsions de mort selon qu'elles étaient, dans les protestations de la matière vivante, toujours concomitantes et apparaissaient ensemble, que la vie et la violence, ou pulsion d'agression, étaient apparentées par le fait comme elles le sont par l'étymologie.

Ainsi : l'apport nutritionnel se mène tout à la fois au bénéfice du prédateur et au dépend de sa proie, en ce que le premier devra s'acquitter d'un débours d'énergie mais la seconde de la perte de la vie, et l'accouplement, rajoute-t-il, bien qu'aspirant à la transmettre, s'accomplit avec une certaine domination du mâle sur la femelle, et cætera. (« Abrégé de psychanalyse »)

Il ne peut effectivement être soustrait à l'observation que des comportements humains font montre d'une destruction du sujet ou de l'objet allant parfois jusqu'à sa mort. En cohérence avec les propos que nous avons tenus ci-avant, nous devrions attendre, au moins, que de tels agissements répondent à un besoin de l'un ou de l'autre. Cela paraît en être le cas lorsqu'un prédateur tue sa proie pour en absorber des constituants qu'en aucune autre circonstance il ne lui aurait été donné de bénéficier et qui sont nécessaires à son animation ; de plus il régule ce faisant la population de ses proies.

En revanche, un besoin, même non requis pour le maintien de sa vie, est plus difficile à mettre en évidence chez le meurtrier qui rosse sa victime à mort, à moins que le signifié du besoin ne se soit déplacé dans le champ de la symbolique.

Quoi qu'il en soit, la pulsion de vie travaille à l'agglomération d'entités entre elles, débouchant sur la création d'entités nouvelles, de stade d'organisation et de complexité supérieure ; à l'exact opposé, la pulsion de mort s'attache à la désorganisation, elle est emprunte d'une rétrogradation dans la lancée vers une complexification de plus en plus grande, et induit une *déstructuration* dans ce qui fut précédemment bâti.

À l'amitié, rapportons-y la cinquième influence de Cabanac, alors que dans le rapprocher, le rassembler, nous voyons tout autant l'essence des quatre interactions fondamentales en physique que celle du plaisir en biologie : nous sommes effectivement rappelés au fait que le plaisir suscite le rapprochement de deux systèmes ou plus, dont l'un au moins est un animal pourvu de mobilité volontaire, et commande les interactions et échanges qui en procèdent.
On pourrait par conséquent tout à fait voir dans ce principe de plaisir servant la pulsion de vie, un type sans précédent de force dont la poussée tend à perpétuer la progression de la complexification de systèmes, adjoint à un degré nouvellement élevé de conscience – confer la cinquième influence.

Quant à la discorde, ne négligeons pas la différenciation à faire entre deux finalités distinctes, esquissées du point de vue de la physique : d'une part, à la manière du sculpteur qui, pour donner vie et corps à son œuvre retire tout autour d'elle la matière qui l'encombre et en retient la venue au monde, de même l'élévation de la plus petite organisation structurelle porte supplique d'une coaction de l'amitié *et* de la discorde, d'une équilibration subtile et affinée entre des processus de combinaison des motifs élémentaires auxquels se juxtapose un ensemble de processus inverses, qui s'attache à décombiner, là aussi, non pas de façon aléatoire, mais au contraire extrêmement définie, en des endroits circonstanciés de la structure, afin que soit modelée celle-ci le plus exactement pour l'accomplissement de ses fonctions.

Il en est ainsi vraisemblablement pour tous les cas de la biologie, signalons celui de la formation de la main du petit Homme, structure si déterminante pour sa vie future, qui encore dans le ventre de sa mère est d'abord palmée, avant que les cellules de la peau interdigitale ne subissent, dans les derniers mois de grossesse, l'apoptose appropriée à dessiner des mains de forme et de fonction normales. Voilà le procédé de la mort cellulaire programmée au service de l'occupation en devenir, disons-le, de la complexification telle que chez l'être humain.

Mais ailleurs, serions-nous dans notre bon droit d'en conclure que la pulsion de mort, trouvant dans la barbarie sa semblance la plus crue, poursuit des résolutions analogues et se solde, en une modalité et un temps qui lui sont propres, par un ordonnancement singulier et nécessaire à quelque fonction ?

Il semble se détacher ici, et une nouvelle fois, un questionnement qui ne trouve pas immédiatement sa solution ; nous prendrons tout de même parti, dès à présent, en répartissant la discorde en deux classes d'effets pour le système – à terme : soit la néguentropie, soit l'entropie – le Thanatos est bien présent dans les deux, mais l'agression dans le seul deuxième cas. Il faut se contenter pour l'instant de raccrocher cela à la teneur du cadre contextuel, et nous sursoyons à ce point importantissime, avec une délibération ultérieure au soutien de cette option, jusqu'à l'ultime chapitre.

Voilà pour ce qui nous sera profitable quant à la classification des pulsions, et aussi concernant ce que nous avions à exposer sur le plaisir. Récapitulons-nous en disant ceci : le couple plaisir-déplaisir aurait pour finalité biologique l'initiation, la conduite et l'arrêt de comportements volontaires satisfaisant les besoins de l'organisme nécessitant une telle voie pour leur suppression ; la pulsion est un tel comportement menée sous l'auspice du plaisir.

20) Motivation et théories de la motivation

Sur la *motivation*, nous annoncerons qu'elle indique l'endoperception d'une énergie rendue accessible pour la concrétisation d'une activité à la source d'une sensation de plaisir ; faisant référence à la définition du Trésor de la Langue Française, nous nous voyons en concordance avec elle : « (Psychologie) – *Ensemble des facteurs dynamiques qui orientent l'action d'un individu vers un but donné* [...] ».

La motivation est en fait la préperception du plaisir promis par la satisfaction et, partant, elle représente l'énergie disponible mais encore inengagée en vue d'atteindre cette dernière.

On différenciera dès lors les *motivations intrinsèques*, lesquelles seraient menées pour une satisfaction propre, et celles *extrinsèques*, qui constitueraient en elles-mêmes une tentative de recevoir une *reconnaissance*, pas seulement du moi, mais de l'autre, une gratification, voire une *récompense*.

La motivation ne s'adresse-t-elle donc qu'au bénéfice de la personne, qu'à celui d'autrui, aux deux ? Les multiples théories dites des besoins et des motivations se sont centrées sur ces multiples influences, internes et externes, physiologiques et psychologiques.

Comme illustration, arrêtons-nous sur la « théorie de l'autodétermination » qui rassemble un corpus d'annotations sur les *motivations intrinsèques* – lesquels prennent appui sur un désir personnel de succéder dans une ambition – et les *motivations extrinsèques* – quand le comportement et/ou son résultat sont accompagnés d'une récompense, à tout le moins d'une absence de punition – ; ici sont décomposées en quatre paliers ces motivations externes : premièrement, la régulation externe est celle du quérir de la récompense et/ou de la fuite envers la punition ; deuxièmement, la régulation introjectée est un pas d'intériorisation des contraintes extérieures par le fuir de la culpabilité, étayée sur ce qui est prôné comme favorable et défavorable

par l'environnement social ; troisièmement, la régulation identifiée, comme son nom l'indique, mène à l'identification avec la tenue du comportement, il se sent valorisé et conforme par son adéquation à celui-ci ; et quatrièmement, dans la régulation intégrée, le comportement est en adéquation avec le moi acquérant auprès de lui le statut de motivation intrinsèque, et, enfin, cette dernière est totale lorsque le comportement est source de plaisir et ne rencontre aucune embâcle sur la voie de son aboutissement.
Cette perspective a le mérite de dégager que d'une part, *une motivation interne peut, dans l'ontogénèse, dissimuler sa source dans un ensemble de résolutions d'abord externes et attribuable en dernière analyse à la culture*, cela n'excluant aucunement l'existence de motivations proprement internes ; d'autre part, elle spécifie que la persévérance et l'application portées à une conduite s'intensifient en proportion de l'intériorité des valeurs morales imparties audit comportement.

21) Les trois temps de la satisfaction

Finalement, un scénario en trois actes synthétise les rapports entre le plaisir et la motivation comportementale qu'il est à même d'entraîner :

Dans un premier temps, le renforcement fait suite à *l'apparition concomitante d'un besoin interne et d'une réponse externe adaptée à celui-ci, ou au contraire de conditions propres à accentuer ce besoin*, ce sont donc d'abord des renforcements appétitifs, ensuite des renforcements aversifs ; dans l'éducation, il s'agit d'abord de la récompense, ensuite de la punition, et en dernier lieu, au niveau conscient, c'est l'élaboration mentale poussant à s'approcher ou à esquiver le renforçateur qui est perçu – ceci est la *motivation*.

Dans un deuxième temps, dès l'initiation des mouvements propres à la satisfaction, le couple plaisir/déplaisir se voit investi de marquer l'utilité du comportement ; c'est par ailleurs l'alliesthésie négative, le passage plus ou moins rapide du plaisir au déplaisir, passant possiblement par une absence de plaisir, qui acheminera vers l'abandon de la conduite car il serait effectivement fautif de porter l'équilibre à peine atteint dans le sens opposé, ce qui instituerait alors un nouveau déséquilibre et donc besoin – ceci est la *pulsion*.

En dernier lieu, le troisième et ultime temps de la satisfaction du besoin est la composante cognitive, dont la principale marque reste la capacité mémorielle, ouvrageant tout au long de l'existence la substance nerveuse un labeur qui sera à l'origine des représentations mentales liées entre elles par des associations – ceci est la *mémorisation*.
Cette terminaison se solde ainsi par la disparition du plaisir localisé au niveau de la zone de satisfaction.

Et l'on s'aperçoit alors que cette mémorisation vaut aussi bien pour les renforçateurs appétitifs qu'aversifs, le son de la cloche stridente préludant à la récréation des enfants comme la vue et l'odeur de l'aliment qui jadis apporta un dommage à l'organisme.

Les conditionnements de toute catégorie – confer *infra* –, sont élaborés par ce machinisme cognitif, et on peut avancer que le dépôt des expériences successives que forment ces boucles de satisfaction en trois temps forgent et forment le caractère et les goûts de la personne, relativement aux pratiques qui sont les siennes depuis sa naissance *et dans le cadre au sein duquel il se développe*.

Pour en terminer avec ces quelques conceptions sur le plaisir, replaçons ces trois étapes dans leurs locus cérébraux : la motivation est endossée par l'aire tegmentaire ventrale ; le plaisir-déplaisir ainsi que l'alliesthésie par les points chauds hédoniques précédemment cités ; la cognition et ses conditionnements par l'amygdale et le cortex préfrontal.

Les neurotransmetteurs de ces renforcements sont la dopamine – système dopaminergique de l'aire tegmentaire ventrale –, ainsi que les opioïdes endogènes, et les cannabinoïdes endogènes. [11]

22) Instinct et conditionnement

La faculté d'apprendre et de retenir s'en apparente à la quantité de plaisir allant de compagnie avec l'information qui sera internalisée, et chacun sait par acquis que plus ce montant est grand, plus grande aussi s'en fera l'aisance de la réminiscence.

Cette sédimentation temporelle permet à celui qui apprend de répondre plus rapidement par des réactions stéréotypées et automatiques à une situation archétypale, économisant ainsi de l'énergie, et cet enseignement formé par l'histoire, par l'ontogenèse, doit être mise en regard de l'instinct comme agrégation de sélection des réponses les plus adaptées et gravées génétiquement pour faire l'économie d'une nouvelle instruction à chaque génération.

C'est cette introjection d'un matériel étranger, allant jusqu'à l'automatisme face à une situation stéréotypée – la répartie gagnant en rapidité, donc en efficience, en raccourcissant le chemin entre stimulation et réponse – qui est à la source des *conditionnements*.

À côté de cela, il existe en fait des réflexes qui se passent d'expériences antécédentes du sujet – ou plus exactement, qui sont le précipité des réponses automatiques s'étant instaurées et ayant été sélectionnées au cours de la phylogenèse – et qui sont désignées comme *instinct* ; exposé différemment, ce dernier renforcement est inconditionnel, il ne réclame pour lui que la liberté d'accès aux ressources et l'autonomie dans la recherche de ces dernières.

Le vivant, dans son développement, s'est donc vu munir, en sus de cet instinct, de capacités de conditionnement, de créations extemporanées d'arc-réflexes consécutivement à une suite d'adaptations à des conditions nouvelles dans le courant de l'existence, rapprochant une sensation plaisante d'un stimulant apparaissant régulièrement comme satisfaisant.

L'archétype en est le chien de Pavlov salivant au son d'une cloche constamment tintée au moment du repas : de tels renforcements conditionnels peuvent se composer au gré des injonctions des alentours en un puissant mécanisme adaptatif, l'union avec ou la fuite du renforçateur sera fonction du souvenir respectivement plaisant ou déplaisant que celui-ci est capable de réveiller chez ce spécimen.

Pareillement, les expériences de Skinner mirent en place un rat dans une cage à l'intérieur de laquelle il cherchait en reniflant et en se déplaçant de la nourriture qui lui était allouée périodiquement. Lorsqu'il fût déposé dans une boîte équipée d'un levier actionnant la distribution de boulettes d'aliments, l'animal, en fourrageant, activa par hasard la manette et en obtint des denrées ; bientôt, lorsque la faim l'agitait, il ne se donnait même plus la peine de parcourir l'endroit à la recherche de manger, mais faisait directement pression sur la commande.

Ainsi fut identifié un conditionnement à renforcement positif – ajout de stimulus plaisant. Il en procède semblablement pour les stimulus déplaisants. [11]

Nous nous verrions grandement soulagés par une synthèse de nos présomptions jusqu'ici déployées, et cela se disant à peu près ainsi : chaque individu possède en puissance un potentiel intrinsèque et particulier, par là nous laissons entendre un ensemble de capacités ataviques d'action et de création, ces capacités ne voyant toutefois permises leurs concrétisations qu'au travers de fonctions, mais un tel potentiel, de telles fonctions, ne vont pas d'eux-mêmes, au contraire, ils apportent avec eux la contrainte de combler, chaque fois que cela est le cas, ce qui leur manque pour parvenir à leur entière expansion, alors seulement, lorsque ces besoins sont satisfaits, ces fonctions peuvent s'épanouir jusqu'aux confins de leurs dispositions.

Pour cela, des conditions spécifiques et limitées, dites adaptées, s'imposent, et des comportements tout aussi spécifiques sont invoqués pour que de l'interaction entre le système et des items précisément élus parmi ceux de son environnement s'étanche le besoin au commencement de la fonction.

Le plaisir a été avancé comme régulateur commun à tous les comportements, et commis de repérer l'engagement et l'abandon de ceux-ci lorsqu'ils s'accordent avec le contentement.

Ainsi, à chaque instant, des conditions seraient plus que d'autres conformes à l'émergence et à la préservation de fonctions, vitales ou supérieures, psychiques ou physiques, individuelles ou collectives, et tout comportement plaisant en viendrait à gager ces convenables proportions ; de même, tous les mécanismes, comportementaux ou non, tendant à les avantager sont donc des processus régulateurs, régulateur au sens où sont liquidés tant que faire se peut les dérangements à cette réquisition.

Que l'on pense : ces comportements, tout expédients qu'ils fussent, impliquent une dépense énergétique, qui pour être rentable en fin de compte, doit rapporter un bénéfice équivalent à l'organisme ; or, cette mobilisation énergétique se doit d'être finement dirigée afin d'en ménager l'usage, et concernant la motivation, nous alludons que par elle se trouvent rassemblées toutes les perceptions conscientes dont l'investissement est suffisant pour franchir le seuil poussant l'énergie à s'écouler dans les voies motrices et de là vers l'émersion comportementale ; et quant aux études multiples sur la motivation, elles en précisent l'étayage sur les grandes catégories de besoins et la contingence qui en détermine la survenance.

Quel est alors le moyen par lequel le besoin d'inconscient se manifeste-t-il en motivation, la réponse nous est donnée par l'émotion.

23) Émotions et théories des émotions

Nous serions lacuneux si nous faisions abstraction des émotions au cours d'une étude sur les comportements, leur éruption et leur résultante. Et alors, en franchissant ce pas, nous nous confrontons à un univers sans précédent de complexité, tout à la fois protéiforme, labile, aux mille facettes, presque insaisissable dans ces innombrables dimensions, et outrepassant en cela une simple dualité du type plaisir-déplaisir allongée sur une échelle de temps ou d'amplitude.

Non, au lieu de ceci, autant qu'il y a de teintes laissées par le mariage des différentes couleurs, autant se fait-il de variations d'affects, que chacun sait par son expérience propre ranger parmi les perceptions émotionnelles, ce n'est donc pas tant l'embarras définitoire qui se pose ici, plutôt celui de cette infinie effloraison.

Nous serons donc soumis à l'obligation de lier l'hédonisme à l'émotion, et, disons-le dès à présent, nous admettrons que celui-ci n'est en réalité qu'une des composantes de celle-là ; ainsi, en passant du plaisir aux émotions, nous ne faisons en fait qu'élargir la compréhension de ce que nous avions commencé à décrire quant à la genèse des comportements.

Par où se saisir, alors, d'un objet d'une telle opulence ? Peut-être en consignant tout d'abord les spécificités de la perception émotionnelle que nous connaissons par leur régularité d'apparition.

Une voie d'approche nous est donnée par Michel Cabanac dans son article « What is emotion ? » [17] paru en 2002, où il propose une définition de l'aspect cognitif de l'émotion. L'auteur se base à cette fin sur une précédente étude qu'il a étalement signée, « What is sensation ? » [18], à partir de laquelle il suppose que les structures nerveuses associées aux sensations sont phylogénétiquement apparues alors qu'un choix comportemental géré par l'alternance des sensations plaisantes et déplaisantes devenait nécessaire.

Intéressement, Brieseet de Quijada et collaborateurs (1970) [19] proposèrent que la température centrale soit un marqueur émotionnel, variant positivement à l'émoi et de façon dissociée de l'activité physique – contrairement à la tachycardie ; l'ayant remarqué chez le rat, ils soumirent des représentants de divers taxons au stress et en conclurent que la possibilité d'une perception émotionnelle serait apparue entre amphibiens et reptiles. Selon cette considération, la persistance des facultés émotionnelles jusqu'aux mammifères et à l'Homme argue fortement en faveur de son importante utilité biologique.

Ainsi, Cabanac décompose et schématise toute perception selon quatre axes, qui en sont autant de caractères fondamentaux : la qualité, l'hédonicité, l'intensité et la durée ; le premier de ces caractères étant bien sûr de nature discrète, le trois autres de nature continue.
Il applique par conséquent cette dissociation à l'émotion en tant que perception, décernant à chacune une valeur affective – l'équivalent de la « qualité émotionnelle » –, une valeur hédonique, une valeur intensive et une valeur temporelle ; finalement, l'émotion est décrite comme « […] *quelque expérience psychique au contenu de haute intensité et de haute hédonicité.* » (Traduction libre de l'anglais).
L'alliesthésie trouve dès lors aussi à s'exprimer dans la succession ondulante des perceptions émotionnelles.

La dimension affective recouvre alors la qualité de l'émotion, la nature de l'affect, dont les six de base qui ont été proposés : la joie, la colère, la peur, la tristesse, la surprise et le dégoût.
La dimension hédonique est simplement le plaisir ou le déplaisir associé à cet événement, on le considérera d'ailleurs comme relativement indépendant de la qualité de l'émotion, même si on suppose que cette indépendance n'est point totale : on aura bien du mal à se représenter une joie déplaisante, ou un agréable dégoût ; en revanche une surprise peut être tout à fait « bonne » ou « mauvaise », et n'y a-t-il point quelque plaisir aux frissons du film d'horreur ou au soulagement qui fait suite à l'accès de colère ? Mais la joie peut aussi être empreinte de déplaisir lorsqu'elle est perçue comme incontrôlable, tout excessive, elle s'approche alors de la frénésie.
Les dimensions intensives et temporelles font elles aisément sens, ainsi que dans le cadre de n'importe quelle perception.

L'on souhaite maintenant rappeler que *l'émotion émerge face à des stimulus particuliers : la nature de l'affect, l'hédonicité, l'intensité et la durée sont donc liées à la nature de ces conditions*, et comme le note Cabanac, grâce aussi à la mémoire des expériences vécues. Du reste, si l'on accepte avec sincérité qu'une émotion pût survenir par l'imagination seule, ou par une simple remembrance de ces épreuves passées, on se permettra d'insérer sur cela que des exercices de fantaisie et de remémoration sont eux-mêmes suscités par la nature des conditions présentes, celles-ci influençant alors indirectement l'éveil émotionnel.

En bref, *l'émotion est toujours consciente*, tout comme nous l'avons dit du plaisir/déplaisir, ou comme cela est le cas pour les représentations émanant de la perception sensorielle tels l'ouïe, l'odorat ou le toucher ; mais à côté de cela, cette perception ne va jamais sans une affiche physiologique qui lui correspond et dont il faut aussitôt retenir que la tachycardie et l'hyperventilation en sont les plus récurrents représentants – modifications internes –, couplés à une démonstration faciale, l'adoption de mimiques étant là également tout à fait distinctive – manifestations externes. Nous pouvons étoffer cela suivant les travaux de David Sander et Klaus R. Skhrerer [20], qui voient à l'émotion cinq composantes simultanées :

a) Affective, l'état d'affect propre – joie, colère, peur, et cætera ;

b) Cognitive, l'élaboration de la perception émotionnelle ;

c) Corporelle, la ou les modifications physiologiques mises en place ;

d) Faciale, la ou les mimiques et vocalisations dessinées spécifiquement sur le visage ;

e) Comportementale, l'émergement d'une motivation nouvelle et liée à ladite émotion.

Quant à l'intensité de l'émotion, il sera estimé qu'elle modère chacune de ces composantes, l'affect, l'attention, les marqueurs organiques et faciaux ainsi que la réponse motrice.
Évoquons ces différents aspects individuellement.

a) L'*affect*, pour commencer, est la qualité, la tonalité psychique de l'émotion, et qui nous met, une fois de plus, en face du problème taxonomique ; le modèle classique dit *des émotions de base* en retire six comme absolument fondamentales : la joie, la colère, la tristesse, la surprise, le dégoût et la peur. Les affects dits mixtes seraient des composés à stœchiométrie variable de ces états basiques, ainsi l'amertume représente un alliage de colère et de dégoût, la nostalgie l'assortiment de la tristesse et de joie – affects opposés –, la peine est une tristesse mêlée d'une peur, et cætera.
La joie est par excellence une émotion dite chaude ou, plus exactement, associée au plaisir, de même pour ses degrés d'intensité : l'allégresse, la jouissance ; la peur, la colère, la tristesse, elles, sont qualifiées de froides, ainsi qu'elles sont généralement associées au déplaisir, tout comme leurs variantes de vivacité, haine, rage, chagrin, affliction, désarroi, inquiétude, terreur, et cætera.

Enfin, il y a assez sûrement, en chaque instant, un état d'affect au moins affleurant à la conscience, escortant les afflux internes et externes continuellement traduits en perceptions.

On serait donc portés à croire que les émotions, surtout les émotions dites froides, préparent l'organisme à une réaction d'autoconservation type « fuite ou lutte » – consécutive à une situation de stress ; mais cela exclurait la joie, laquelle, comme nous venons de le souligner, est tout autant apte à stimuler l'axe sympathique. Il nous faudra donc proposer une acceptation plus englobante de la fonction émotionnelle.

Posons enfin que les structures neurologiques identifiées dans l'éveil des affects sont des noyaux gris centraux regroupés en une entité fonctionnelle souvent rappelée par le nom de *système limbique*. Sont ainsi regroupées des structures nerveuses variées du mésencéphale, du diencéphale et du télencéphale, telles que le cortex entorhinal, le gyrus parahippocampique, le gyrus cingulaire, le fornix, les noyaux thalamiques antérieurs, l'amygdale, le

pallidum, l'hippocampe, l'hypothalamus, les bulbes olfactifs, l'insula, entre autres.
Beaucoup de ces organisations sont des noyaux gris centraux sous-corticaux, et le système qu'elles forment est un ensemble dynamique, en lien étroit avec d'autres aires, comme le néocortex, cette catégorisation de « système limbique » n'a donc rien d'exhaustif, mais sert simplement à rapprocher des zones cérébrales systématiquement impliquées, en imagerie médicale, à des expériences affectives.
Il est donc demandé, par la suite, si une catégorie d'affects peut être rattachée à une structure particulière, et ainsi dessiner une sorte de cartographie des affects, regroupant un large panel de publications mettant en évidence l'activation d'une zone spécifique du système limbique avec la description, par le sujet, d'un état d'affect en particulier.
Ces analyses croisées révèlent, par des tests statistiques, que deux affects sont assez fortement localisés : la peur dans l'amygdale et la tristesse dans le gyrus cingulaire [21] ; pour les autres affects, cette caractérisation est moins marquée, bien que le dégoût soit à rapprocher de l'insula et du pallidum, la colère de l'amygdale, même si cette dernière, tout comme la joie, est moins strictement liée à une des composantes limbiques.

L'on remarque que l'action corticale est en fait régulatrice, capable d'apprentissage et donc de moduler de façon acquise la réaction beaucoup plus subtilement qu'un réflexe.
Ceci afin de nous rappeler que l'affect et l'émotion sont des phénomènes émergents, qui sont induits par la stimulation d'un ensemble de sous-systèmes œuvrant en synergie, et non par le concours d'un seul d'entre eux.

b) Il nous paraît hautement approprié de maintenir la distinction suivante entre l'émotion et le *sentiment*, lesquels ne seront jamais tenus par nous pour synonymes : *l'émotion est, disons, l'endoperception brute faisant suite à la stimulation des structures nerveuses en question ; le sentiment, lui, correspond à une élaboration cognitive, une interprétation mentale de cette prime perception et réalisée à partir d'elle.*

Un exemple s'impose sans doute. Prenons le cas de la jalousie, nous la rangerions parmi les sentiments ; mais plus encore, quelle est l'émotion qui se tapit là-derrière, on répondrait à cela : la peur, mais pas n'importe quelle peur non plus, la peur, entre autres, de perdre l'amour, de ne pas être à la hauteur en voyant réussir autrui, et ainsi de suite. Autre illustration : la honte, qui se placerait également dans la catégorie des peurs, mais, cette fois-ci, peur de l'écart à une norme ou à un désir d'être.
Dans la jalousie, l'émotion est interprétée dissemblablement que pour la honte, l'objet de la peur n'étant point le même et la situation ayant présidée à cet affect se faisant toute différente. Le lecteur pourra d'ailleurs continuer d'allonger cette liste de cas : le désespoir est une tristesse, souvent adjointe d'une peur, ou possiblement d'une colère, d'un dégoût, et cætera. L'impuissance est aussi un sentiment, l'interprétation d'une peur liée aux

capacités propres de la personnalité, et à son aptitude à s'orienter dans l'espace et dans le temps. Quant à l'amour en soi, il est bien sûr un sentiment – le sentiment amoureux –, il est l'élaboration d'une joie marquant l'identification puis le contact avec l'objet de satisfaction.

Dans cette exercice interprétatif, l'usage de la langue est d'un grand secours, et nous donne presque déjà la solution : il rapproche spontanément la jalousie, la honte, la désespérance ou l'amour du sentiment ; ainsi dit-on, à propos d'une situation, « J'eus un sentiment de honte », « Je me suis senti désespéré », ou bien « Tu te sens jaloux » ; à côté, on préférera « J'ai peur » ou « Je suis triste » à « J'ai un sentiment de peur ou de tristesse » – la règle a bien entendu ses limites, « Je me sens triste » est tout à fait fréquent.
La « *composante cognitive* » de Sander et Scherer est donc l'équivalent terminologique de notre « sentiment » qui représente *l'élaboration cognitive de l'affect avec le souvenir de l'expérience vécue*, il s'agit donc bien d'une interprétation de signaux par le biais de conditions ayant précédées.

Nous voyons donc derrière la distinction entre émotion et sentiment un fondement neurologique : les affects sont liés à l'activité des structures sous-corticales du système limbique, là où les sentiments ressortent d'élaboration, d'associations avec des expériences enregistrées, et ce, principalement au niveau du cortex orbitofrontal, très certainement d'autres aires corticales intervenant dans ce processus – n'oublions pas que le cerveau est un système intégré.

Dernièrement, l'amae, cher à la culture nippone, souvent pris en exemple du relativisme émotionnel, est dans notre conception, un sentiment, plus exactement un sentiment d'appartenance, et non un des affects ; ces derniers seraient alors universels, quintessentiels, mais les sentiments, donc leur exégèse, malléables selon la culture.

c) Comme troisième caractère ont été retenues les *modifications physiologiques*, critère qui reste des plus indissociables de l'émotion. Parmi celles-ci, on retiendra la tachycardie, l'augmentation de la pression sanguine, la fièvre, la piloérection, la sudation, le rougissement, les pleurs, le cri… sans souci d'exhaustivité ; la motricité gastro-intestinale accrue complète le tableau des effets viscéraux potentiels de l'émotion. En somme, la libération de composés hormonaux adrénergiques, via la médullo-surrénale, est une des conséquences les plus simples d'une émotion quelconque, surtout lorsque celle-ci atteint une certaine intensité.

Ces variations sont donc pour la plupart rapides, et consistent en la stimulation du système nerveux autonome de la voie orthosympathique. Un simple croisement de données fait apparaître que les modifications physiologiques induites par les émotions ne leur sont pas strictement spécifiques : la variation de la fréquence cardiaque, par exemple, est presque le patron de l'expérience émotionnelle, que celle-ci ait trait à la peur, la colère ou la joie. [22]

De plus, les émotions positives ont des actions physiologiquement réparatrices, là où les émotions négatives persistantes dégradent la constitution. [17]

Et voici la perspicacité du scientifique à nouveau éprouvée car il se retrouve face à la nécessité de devoir interpréter le rapport entre l'affect, considéré comme un événement purement psychique, et les implications physiologiques liées à lui : ai-je peur parce que mon cœur s'accélère ? (théorie de James et Lange) ou, à l'inverse, la tachycardie est-elle déclenchée par l'affect de peur (théorie de Canon et Bard) ?
L'apparition de l'affect est-il, en bref, l'effet ou la cause des changements physiologiques ? L'homologie des modifications physiologiques dans des états émotionnels fort éloignés, la lenteur d'action relative du système nerveux autonome pour le suscitement d'affects, l'observation expérimentale que des patients porteurs d'une lésion spinale pouvaient faire preuve d'affect (confer les observations et travaux de Cannon) ; tout cela fait pencher notre jugement vers la seconde hypothèse.
Cela n'exclut toutefois en rien que les sensations physiologiques renforçassent le ressenti émotionnel, voire, en soient un point de départ, car ce sont bien des stimulus qui fondent l'émotion, et ceux-ci peuvent toujours s'originer du milieu intérieur ou du milieu extérieur.

Mais bien que ces modifications métaboliques soient redondantes dans leurs venues – activité cardiaque, flux sanguin, respiration, frissons, sensations viscérales … –, la perception consciente de ces dernières n'est pas identique, comme l'a pointé du doigt une étude de Nummenmaa et coll., « Bodilymaps of emotions », parue en 2013 dans la revue PNAS. [23] Les sujets de cette expérience furent soumis à un état émotionnel par un stimulus visuel, le visionnage de vidéos à fort caractère affectif ; puis il leur était demandé de désigner les zones corporelles où ils avaient le plus ressenti de changement lors de cet émoi : il en est ressorti une véritable carte corporelle des émotions, où certaines parties de l'organisme étaient plus que d'autres mises à contribution : tête, buste et bras pour la colère, viscères pour le dégoût, tête et moindrement buste pour la honte, et cætera. En tout, quatorze affects ou combinaison d'affects – mépris, fierté, anxiété, envie… – ont été cartographiés, sur des volontaires de trois pays différents : Finlande, Suède et Taïwan. La joie et la tristesse, en tant que paire d'opposés, sont remarquables, en ce que la première envahie presque tous l'espace corporel, mais la seconde à peine seulement la poitrine. Le signal physiologique comporte donc bel et bien un certain degré de spécificité relatif à l'état d'affect, et l'on n'oubliera pas non plus un des usages de la langue : « Garder la tête froide », qui trahit bien cet aspect corporel.

En outre, selon les publications d'Ekman et coll. (1983) [24], il existe un schéma typique permettant de départir certaines émotions d'autres quant aux réactions du système autonome, notamment l'évolution de la fréquence cardiaque et de la température cutanée ; l'arbre suivant le résume :

Fréquence cardiaque → Accélération
↳ Température cutanée → Augmentation (Colère)
→ Diminution (Tristesse, Peur)
Fréquence cardiaque → Ralentissement (Joie, Surprise, Dégoût)

On comprendrait ainsi la préparation différentielle de l'organisme à selon le type de réaction attendue : combat ou fuite.
Les sensations du tube digestif, surtout de l'estomac et de l'intestin, semblent, de même, prépondérantes à un point tel que l'on n'hésite plus à parler de ces organes comme étant « le cerveau émotionnel », et il ne se fait peut-être pas d'émotions qui n'agissent sur eux. Par exemple, la médecine traditionnelle chinoise voit le « shen », l'esprit en soi, dans un amas de quelque quarante mille neurones logés dans le cœur, et l'intestin, lui, en compterait au moins cent millions.

Ceci va donc dans le sens des « marqueurs somatiques » d'Antonio Damasio, théorie d'après laquelle, lors de la période sensible infantile, des états physiologiques bien spécifiques vont être associés à des situations environnementales, pour certaines plaisantes, pour d'autres empreintes de déplaisir. Une zone télencéphalique semble alors jouer un rôle de premier ordre dans l'association de ces marqueurs somatiques avec l'état de fait correspondant, il s'agit du cortex orbitofrontal, lequel devient par suite de cette structuration capable d'induire automatiquement, avec l'appui de la mémoire propre aux processus émotionnels – notamment liée à l'amygdale et à l'hippocampe [25] – des modifications physiologiques et affectives lors de la répétition de situations antérieurement vécues et émotionnellement marquantes, ou bien de la simple remémoration de ces situations.
Cette réactivation, nous allons y venir, représente une aide fort précieuse à la prise de décision, une condition même nécessaire à celle-ci. Rappelons, en effet, que c'est auprès de patients lésés au niveau de divers neurostructures impliquées dans le phénomène émotionnel, en particulier du cortex orbitofrontal et l'amygdale, que Damasio et ses collaborateurs ont pu observer que ces derniers étaient tout à fait réduits dans leurs aptitudes décisionnelles – voir « le jeu de poker » –, bien que par ailleurs ils fussent fort bien dans la possibilité de décrire et de comprendre le contexte auquel ils étaient confrontés. [26] L'intelligence est tout émotionnelle ! [27]

Un comportement est par conséquent sélectionné grâce aux « capteurs » émotionnels parmi un ensemble de possibles.
Plus précisément, cela se passerait ainsi : dans une situation réelle ou imaginée, et dans ce dernier cas, alors que l'esprit se représente les différentes réponses possibles à un choix, de délicates modifications s'opèrent dans le chimisme du corps ; celles-ci étant associées par le cortex orbitofrontal et sous la force de l'expérience à un changement d'affect, amenant, au final, à rejeter d'emblée ou au contraire envisager comme opportune la réaction ainsi

projetée : selon l'auteur, les marqueurs somatiques interviennent « *de façon à évaluer les scénarios extrêmement divers du futur envisageable.* » [26]

d) Il a été tout aussi bien identifié depuis longtemps que l'émotion ne va pas sans bouleversements de l'expression faciale.

Ces réactions faciales consistent en la contraction différentielle de la musculature du visage, portrayant ainsi une série de *mimiques* qui trahissent l'émotion ou les émotions ressenties par le sujet.

Charles Darwin a soutenu dès 1872 dans son livre « L'expression des émotions chez l'Homme et les animaux » [28] que ces mimiques sont innées.

Plus récemment, quarante-six unités faciales d'action, ou groupes fonctionnels, de muscles faciaux ont été identifiés sur toute la surface du visage quant aux manifestations de ces expressions faciales émotionnelles (E.F.E.), avec en outre une constance interculturelle.

L'ethnie semble toutefois intervenir, plutôt comme une minimisation ou une exagération, non dans le recrutement de ces unités d'action, les mimiques seraient conséquemment spécifiques d'un état d'affect. Enfin, une combinaison d'affects peut très bien prendre place sous forme grimaceries dites mixtes ou symétriques. [29]

Plus généralement, le corps tout entier tend à exprimer l'état émotionnel en-dehors du comportement pulsionnel lui-même : des microexpressions faciales ont également été reconnues, leur durée étant inférieure à la seconde, mais sont tout à fait susceptibles d'être perçues inconsciemment [30] ; de plus, le tonus musculaire, les mouvements compulsifs moteurs ou verbaux, la tenue, toutes ces positions informent en permanence le monde extérieur sur la vie émotionnelle intérieure – l'émotion est aussi une *expérience relationnelle*.

e) Nous voici tout droit dirigés vers la réponse comportementale, qui représente en quelque sorte l'aboutissement du processus émotionnel : *une émotion induit une réaction (é-motion) par l'adoption d'un comportement adapté à une nouvelle situation*.

Ce comportement, nous ne pouvons plus l'ignorer, est produit afin de certifier l'homéostasie ; en effet, nous avons pu, d'une part, soutenir avec vigueur que le couple plaisir/déplaisir signalait l'utilité biologique et, d'autre part, que cet axe hédonique faisait partie intégrante de la péripétie psycho-physiologique qualifiée d'émotion.

Oatley et Johnson-Laird (1987) [31] vont encore un peu plus loin et essayent, de manière assez convaincante, de mettre en relation affect et objet de satisfaction – dans notre usage, nous irions jusqu'à dire : conditions de satisfaction adaptées –, et cela de la façon suivante :

i) Joie : atteinte des conditions de satisfaction ;

ii) Tristesse : perte des conditions de satisfaction ;

iii) Colère : obstacle vers l'atteinte des conditions de satisfaction ;

iv) Peur : crainte de la perte des conditions de satisfaction, y compris de l'autoconservation ;

v) Dégoût : perception de conditions de non satisfaction, inadaptées, nuisibles ou toxiques.
Nous trouvons donc bien mis en regard le besoin et l'émotion, relation déjà bien introduite par les expérimentations et déductions de Cabanac et collaborateurs.

Ajoutons que Rosenberg et sa « Communication Non-Violente » fait aussi grand usage de ce rapprochement, il propose en effet toute une liste d'états d'affects lorsque les besoins sont satisfaits et une autre lorsque ceux-ci ne les sont pas – on renverra le lecteur vers « Les mots sont des fenêtres… ou bien ce sont des murs ». [8]

Pour en revenir au comportement, on s'en tiendra ici à une considération généraliste selon laquelle celui-ci agrée d'agir sur l'environnement ou le sujet même afin de se faire le gardien de l'homéostasie ; la nature de l'affect constitue une sorte d'aide permettant de s'orienter au plus efficace vers les comportements les plus prompts à cela, et d'éviter, autant que faire se peut, des conditions qui éloignent d'autant plus l'organisme de ce but. Les modifications physiologiques autonomes sont alors une préparation du métabolisme à de tels comportements, optimisant par là leur efficacité.
Rien ne nous interdit plus non plus, au regard du lien pulsion-besoin proposé plus tôt, de fondre ces « réactions comportementales émotionnelles » comme les pulsions.

L'émotion, avec la composante hédonique qui l'accompagne, est donc un moyen d'orientation de l'énergie, par le plaisir préliminaire qu'elle peut susciter à la prévision qu'une action comportementale, va conduire à une satisfaction : l'émotion précède en effet la satisfaction, fortifie le sujet dans son orientation vers elle par la pulsion et fonde donc la motivation ; de même, par le déplaisir, elle l'éloigne de conditions dommageables.
L'émotion en tant que marqueur alliesthésique prendrait donc part à la régulation selon le schéma suivant :

POTENTIEL → BESOIN → ÉMOTION → MOTIVATION → PULSION → SATISFACTION → FONCTION

Ayant fait du besoin et de sa satisfaction le centre de gravité de notre paradigme, on dirait, pour mieux structurer entre elles ces productions émotionnelles – physiologiques, faciales et comportementales –, que, d'abord, les répercussions physiologiques sont à destination interne, elles préparent l'organisme à une réaction de visée homéostatique ; ensuite, les mimiques et la physionomie sont, elles, à destination externe, et constituent une information destinée aux congénères d'une part, afin de les avertir du besoin propre ou d'un éventuel danger, à un prédateur d'autre part, afin de l'éloigner par la menace, en somme, de garantir, dans les deux cas, l'autoconservation ; enfin, *le comportement, la pulsion, est le but de tout le processus émotionnel, celui-ci est donc un processus régulateur car il a pour finalité l'équilibrage.*

La pulsion est donc comme à la confluence de ces marqueurs internes et externes, lesquels en facilitent et en améliorent les chances de réalisation.

L'axe hédonique ressort finalement de l'activité du système de renforcement ; l'axe affectif du système limbique ; le sentiment, du cortex orbitofrontal ; les réactions physiologiques de l'hypothalamus ; les mimiques et comportements de l'hypothalamus également, bien évidemment aussi, pour les plus élaborés d'entre eux, du cortex moteur.

Il ne nous reste plus, suite à cette brève étude bibliographique, qu'à traiter de la fonction biologique que l'on serait en droit d'impartir au plaisir et, plus globalement, aux émotions. En ce qui concerne le premier, on se remémore que « *le plaisir signale l'utile* » selon la formule consacrée de Cabanac, l'utilité biologique.

Quant aux secondes, les émotions, si le plaisir en est un constituant, leur rôle devrait être semblable, à savoir focaliser l'attention de la conscience sur les conditions en mesure de répondre aux besoins ; on aurait ensuite recours aux hypothèses de Johnson-Laid (1987) pour comprendre l'apport des nuances multiples de l'affect vis-à-vis de la simple dichotomie plaisir/déplaisir : celle-là signale la faveur ou la défaveur d'un comportement, là où celles-ci précisent le rapport entre le sujet et l'objet de satisfaction – atteinte du but, perte du but, frustration, danger.

Autrement dit, puisque le besoin est a priori inconscient et peut très bien se passer de le devenir sans réduire ses chances de satisfaction, on dira que *l'émotion est la perception consciente de l'histoire de besoin*, et appuie l'adoption du comportement le plus apte à la suppression de ce dernier.

De là, la valeur adaptative soulignée par Cabanac, pour l'ensemble des réactions, non seulement affectives, mais aussi physiologiques, comportementales, physionomiques et cognitives – mémorisation – en une *réponse intégrative*, centrée sur le besoin et l'interaction système-environnement.

Considérons une dernière distinction pour terminer : la joie devrait donc diriger dans la direction des conditions de satisfaction, puis, celles-ci rendues accessibles, récompenser le bénéfice ainsi obtenu ; mais à l'arrêt de la satisfaction, la joie laisserait place à une autre catégorie de sensations, celles du bien-être, ou du bonheur, qui ne sont plus transitoires car liées à un comportement, mais durables, car fruit de l'accumulation des expériences de satisfaction.

Le bien-être, le mal-être, le bonheur, le malheur, sont donc des sentiments d'une certaine stabilité ; leur tropisme plaisant ou déplaisant ne fait point défaut, bien au contraire, mais n'est plus aussi limité, ni dans la durée, ni dans l'étendue organique, il envahit plutôt toute la psyché – une fois encore, cela sera complété au chapitre 8.

De la sorte, dans ce discernement entre l'émotion et le plaisir, nous comprendrons bientôt comment l'une peut être artificiellement dissociée de l'autre : le plaisir séparé de son enrobement émotionnel est alors devenu le but en soi.

24) Tout comportement est-il l'expression d'un besoin ?

Mais présentement, et fort de tout ceci, nous présageons quand même une critique envers la conception prétendant que le besoin et le soutien à l'homéostasie sont par la systématique à la base du comportement : cela est-il toujours bien vérifiable ?

Nous demeurons, il est vrai, tout prêt à ouïr de part et d'autre des protestations dirigées à l'encontre de notre vision axée sur le besoin du système vivant.

D'ores et déjà, nous devons remémorer que la notion de besoin, nous l'avions largement agrandie, elle n'est pas seulement retenue aux besoins physiologiques, et souvent vitaux, non, le besoin imprègne tout aussi bien la sphère psychique.

Tout d'abord, le questionnement suivant s'ensuit : les comportements humains sont-ils tous des pulsions sucitées par des élans émotionnels ?

Le niveau le plus élémentaire de réponse d'un organisme à son environnement est la boucle réflexe. Cette réaction basique, bien qu'elle poursuive elle aussi le but homéostatique, nous l'avions rangé du côté des réponses aux excitations externes, là où la pulsion trouve sa source à l'intérieur de l'organisme ; d'ailleurs, il n'y a pas de composante émotionnelle mises en jeu ici.

Au contraire, la pulsion est l'action, ou la série d'actions, suscitées par la survenue d'une émotion, et visant à supprimer un état de manque. On en restera, peut-être provisoirement, à ce que les comportements animaux appartiennent tous à une certaine série de tendances, de poussées, depuis l'autoconservation basique et la reproduction jusqu'aux créations les plus élevées, et que ces grandes catégories de pulsions sont au service de la satisfaction de besoins, vitaux ou supérieurs, immédiats ou au long cours, de l'individu et de son espèce.

Le réflexe inné, quant à lui, présente l'avantage de la rapidité, mais l'inconvénient de la rigidité ; au contraire, la structuration par les mécanismes décrits par Damasio, l'association réalisée par le cortex orbitofrontal grâce aux marqueurs somatiques, est un processus acquis mais très adaptable aux conditions de vie, probablement aussi d'un plus haut degré de subtilité.

Cela signifie-t-il alors que chaque comportement sous-entend un besoin ?

Aidons-nous par l'exemple du gain d'argent, lequel ne saurait qu'indirectement en venir à satisfaire des besoins – achat de nourriture, paiement d'un loyer, … – ; le doute est alors admis à celui qui, en dépit de cette indirecte satisfaction, a pris note de ce qu'une tension psychique dérivait de l'insuffisance de ce revenu.

Nous rétorquons que, comme il est indéniable que le gain d'argent pris ici en illustration ne va pas directement de pair avec le besoin, la tension naît ici de ce que celui qui en est démuni, face aux promotions de sa culture, trouve dans cette opposition-là la majoration de sa tension, et cela par deux versants : l'un externe, étant données les récompenses rendues accessibles par l'argent, et l'autre interne, par l'internalisation des réprobations sociales dans la moralité du sujet.

Les besoins en question ici ne sont par conséquent pas l'argent mais la reconnaissance sociale, et bien sûr l'autoconservation – donc tous des besoins tout de même.

Mais alors, comment le couple tension-détente, qui s'arrangeait jusque-là si bien avec le dépistage du besoin et sa résiliation, peut-il s'en voir soudainement mis aux dépends de forces extérieures à celui-ci ? (Confer la motivation extrinsèque)

Cela tient, de toute évidence, à la capacité humaine d'introjecter les revendications sociétales ; ceci sera repris et approfondi, selon nos résultats, au cours du dernier chapitre.

De plus, l'on avait déjà remarqué que la prise alimentaire des temps qui précèdent l'hibernation chez les espèces concernées est considérablement modifiée dans le sens d'un accroissement du stock de molécules organoleptiques adéquates [32], surtout pour la constitution de réserves énergétiques, et nous sommes donc portés à soupçonner une sorte de *servomécanisme prévisionnel*, anticipatif, faisant agir l'alliesthésie, non plus uniquement rapport à un besoin de l'instant, mais aussi envers un autre qui appartient pour l'heure à l'avenir. Or là encore, c'est toujours l'homéostasie qui est en jeu, seulement celle d'un temps futur qui, par un jeu de mécanismes adaptatifs, est devancée via une réaction singulière.

La quête d'argent et l'alimentation de préhibernation recouvrent, en définitive, des besoins réels, soit par satisfaction indirecte ou bien différée.

Le plaisir est donc joint à la réalisation de la pulsion, le déplaisir prendrait lui sa source dans l'écartement de la menace, soit l'impossibilité d'une satisfaction suffisante.

On réclamera alors que le déplaisir corporel, comme une blessure cutanée ou des douleurs viscérales n'ont pas strictement à voir avec tout ceci, cela est vrai et permet peut-être de trouver une déclaration plus synoptique : *le déplaisir représente la tension née de l'éloignement, de la séparation de l'état d'équilibre homéostatique, le plaisir de son approchement*.

Toutefois, établi tout ce qui précède au sujet de la régulation comportementale chez les animaux, la considération attentive des êtres humains, sachant cela, soulève d'autres questions : se fait-il des plaisirs sans besoins ? Des comportements peuvent-ils poursuivre le déplaisir ? Oui, nous savons que tel est le cas du masochisme. Quant à la première proposition, nous pouvons également y répondre par l'affirmative ayant connaissance de toutes les conduites addictives, à travers lesquelles on voit mal, de prime abord, en quoi elles peuvent bien contribuer à la régénération de l'homéostasie.

Serait-ce à dire que le plaisir signe d'utilité est inconcevable ? Un dispositif imparfait ? Ou alors est-ce là une déclaration devant s'apparier à une autre qui en précise les conditions de validité ?
Le moment vient où nous allons déployer tous nos efforts pour tenter de lever un coin de ce voile, principalement à l'aide d'une hypothèse pour laquelle le temps est venu d'être présentée.

Perpignan,
mars 2016.

Section B.

Caractériser la récompense artificielle

IV.
LE PARADOXE DU PLAISIR

Nous pensons avoir enfin été munis de suffisamment d'outils théoriques et conceptuels pour être en mesure d'aborder à notre problématique. Disons tout de suite : nous n'y apporterons que des assomptions, des hypothèses, mais elles sont le préalable nécessaire à la confrontation avec la réalité expérimentale puis le développement du savoir.

Il ne serait pas vain de partager une nouvelle fois, ce qui a été simplement documenté et articulé jusqu'ici : l'être humain, comme tout être vivant, comme tout système en somme, se structure et se manifeste au monde grâce à la satisfaction de besoins dont dépend cet état structurel et opérationnel appelé potentiel.

Ces satisfactions sont entre autres manières réalisées par l'action de conditions environnementales en une réponse adaptée pour leur suppression et l'extension de fonctions. Sur ces besoins, nous avons vu qu'ils concernaient tous les aspects de l'être, son corps et son esprit, mais également le groupe social auquel il appartient et ses relations avec lui ; aussi qu'ils pouvaient être portés au contentement par des mécanismes automatiques aussi bien que par des réactions comportementales, donc d'un haut degré de conscience et d'élaboration psychologique ; enfin, concernant ces dernières, nous nous sommes ralliés au point de vue qu'elles étaient motivées par la recherche d'une réduction de la tension psychique et guidées par l'alternance plaisir-déplaisir, ou alliesthésie, reconnaissant dans tout comportement une utilité envers les processus de régulation biologique.

Ces conduites adéquates deviennent conditionnées et mécaniques lorsque, pendant une période d'apprentissage et d'éducation, ou *période sensible*, les meilleures réponses sont mises en relation avec l'apaisement d'un besoin.

Enfin, nous avons incorporé l'axe plaisir-déplaisir dans le fonctionnement émotionnel, étant amenés à proposer que l'émotion est une manifestation psychophysiologique intimement liée au besoin en tant qu'elle en est la représentance consciente, plus encore, la représentance de la nature du besoin, de l'adéquation d'une réponse à celui-ci et de son état de satisfaction, retrouvant et incluant en elle l'aspect hédonique, – plaisir-déplaisir –, comportemental – la motivation –, social – mimiques et vocalisations, gestuelle. Les émotions, englobant le duo plaisir-déplaisir, suscitent donc les réactions comportementales les plus adaptées.

Tout semble alors pour le mieux être conçu et faire marche, seulement un examen, fut-il bien superficiel, de notre réalité, vient rapidement apporter avec lui une contradiction flagrante : il n'est en effet pas vraiment requis de supporter que *dans les communautés humaines, des comportements associés à l'activation des centres cérébraux du plaisir ont des effets à court, moyen ou long terme qui vont dans le sens opposé de celui qui est attendu d'une telle stimulation : la dégradation du milieu intérieur – en place de sa reconstitution.* En réalité, *certaines circonstances démontrent que le plaisir peut être découplé de la satisfaction effective et complète de besoins.*

Cela dit, nous sommes confrontés au sort du scientifique, lequel annonce fièrement sa théorie, à laquelle se conforme si bien tout un pan du réel, celui-là même qui l'a inspiré, mais qui, soudainement, en découvre un autre, plus ténu mais incontestable, venant en révéler les limites. Plusieurs options s'offrent alors : soit le précédent postulat « *le plaisir signe l'utile* », est faux, soit il est incomplet et il lui fait défaut un élément, une précision, qui de fait le rendrait valide en toutes les occasions.

Bien évidemment, nous choisirons d'abord cette dernière perspective, et seulement après l'épuisement éventuel des tentatives à notre portée pour la concrétiser, nous serons forcés de l'abandonner au profit de la première, et de proposer d'interpréter autrement les cas que nous crûmes alors avoir élucidés avec elle.

Ne pensons point, cependant, qu'un tel *paradoxe du plaisir* n'a pas été discuté avant, et nous nous en tiendrons aux réflexions de Cabanac sur ce sujet, car elles seules sont riches du concept d'alliesthésie, duquel nous ne pouvons faire l'économie dans une approche du plaisir et de son lien avec la régulation.

Cabanac, toujours dans son livre « La quête du plaisir », part en effet de trois exemples concrets où la théorie est prise en défaut : l'alimentation, la toxicomanie et le labeur. L'investigation de ces trois conjonctures et de leurs implications constituera la suite de notre ouvrage.

Nous trouvons alors important de rapporter résumément ce qu'il en est dit par l'auteur, et voici que :

1) Sur les habitudes alimentaires

Nous apprenons que « *les préférences alimentaires se fixent chez les jeunes animaux en fonction des besoins nutritionnels* » et que « *la rencontre d'un animal adulte avec un nouvel aliment potentiel mais inconnu s'accompagne d'une grande prudence. C'est seulement si les effets postingestifs sont bénéfiques que l'animal acquiert cette nouvelle habitude. La fixation de préférences alimentaires est bénéfique dans la mesure où elle évite les intoxications par des aliments inconnus aux saveurs nouvelles* ». (page 86)

La médecine n'est pas sans méconnaître certaines pathologies dont une au moins des causes est à chercher dans l'ingestion d'aliments particuliers, *pourtant effectivement consommés avec une dose de plaisir* – on le déduit à tout le moins car il n'y a à notre connaissance pas de contraintes à cette consommation, hormis une possible norme sociale, mais nous ne voyons pas en elle un motif suffisant pour expliquer seule une prise alimentaire délétère et surcompenser un déplaisir physiologique ; qui plus est, leur absorption est clairement décrite comme plaisante.
Ces maladies d'origine alimentaire s'inscrivent donc sur la liste des pathologies considérées comme évitables. [33]
La littérature médicale permet de prendre pour cela trois catégories de maladies courantes liées à des facteurs alimentaires :

a) *Les maladies cardio-vasculaires*, deuxième cause de mortalité en France, mais première chez les femmes et les plus de soixante-cinq ans en 2005. [34]

Parmi les facteurs de risques statistiquement et biologiquement associés, on retrouve l'hypertension artérielle, le diabète de type 1 ou de type 2 et le surpoids.
Or, sur la causation de ces facteurs, la souche alimentaire est prépondérante, respectivement et de façon non-exhaustive : pour l'hypertension artérielle, l'excès d'apport de sel de cuisine [35], la consommation d'alcool, d'acides gras polyinstaurés ou de composés caféinés ; pour le diabète de type 1, une corrélation avec l'ingurgitation de lait de vache en bas âge suite à une réaction croisée d'antigènes du lait bovin vers les cellules du pancréas [36] [37] ; pour le diabète de type deux, de nouveau les graisses instaurées et les produits sucrés transformés [38] [39] ; enfin, pour l'obésité, la surconsommation alimentaire en général, surtout de lipides – dont triglycérides et graisses animales –, et de glucides, soit ensemble une contribution calorifique supérieure à la dépense – donc au besoin – souvent doublée d'une sédentarité exagérée.
Intéressament, les fruits et légumes, régulièrement cités comme protecteurs contre ces méfaits, sont de ceux qui sont mangés le plus timidement, alors que, selon la règle du plaisir signe d'utile, ils devraient au contraire être privilégiés par rapport à ceux qui ne sont point profitables à l'homéostasie.

D'autres facteurs, de type génétique ou psychologique, entrent bien évidemment en ligne de compte, nous ne nous y attarderons pas à cet endroit.

b) *Les cancers :* « *En 2004, les cancers représentent la première cause de mortalité chez l'homme et la deuxième chez la femme.* » [40]

La liste des aliments classés comme plus ou moins fortement cancérogènes est longue, et il ne sied pas à notre propos de la dresser, pas non plus de discuter la validité d'un tel classement. On se contentera, parmi les plus reconnus, et selon l'Organisation Mondiale de la Santé, de citer la viande

rouge et les charcuteries – notamment pour le cancer colorectal et du pancréas –, les laitages ou, déjà juste évoqué, le sel de table.
Certains auteurs ont également mis en avant que les conservateurs de la viande pouvaient directement avoir une implication dans la causation de ces cancers, plus précisément ceux dérivés du nitrite, les nitrosamines, qui auraient une incidence sur les gastrocarcinomes. [40]

L'important nous semble de rappeler que c'est la dose qui, au final, est à considérer, plus que la nature même des nutriments, certains pouvant être tout naturellement consommés et ne voyant leur toxicité que dans l'abus ; de la sorte, l'ingurgitation outrancière de légumes irrite la paroi intestinale par surabondance de fibres.
Ici de même, c'est l'alliesthésie qui est prise en défaut.

c) *Les carences*

Si la responsabilité la plus évidente d'une carence nutritive en revient à l'insuffisance des aliments qui la combattent, ou bien la difficulté de s'en procurer, nous avons davantage à nous en étonner lorsque ces aliments sont d'accès facile a priori.

Nous ne ferons cas que de quelques insuffisances nutritionnelles d'oligo-éléments : près de la moitié des citoyens États-uniens, par exemple, absorbent moins de magnésium que la dose recommandée [41] ; entre 45 et 50 pourcent des enfants d'âge préscolaire, dans certaines régions du globe, montrent un déficit en vitamine A [42] ; quant au fer, un quart de la population mondiale en manquerait, soit une déficience nutritionnelle des plus communes. [43]

Pourtant les sources attachées sont toutes aisées à se procurer dans les pays où ces carences sont diagnostiquées : pour le premier, légumes, noisettes, avoine et cætera ; pour la deuxième, légumes, patates (provitamine A), abats ; et enfin concernant le troisième, viande rouge, haricots ou encore huîtres en constituent une source sûre.

Les pathologies associées à ces carences peuvent de plus être lourdes : un défaut en magnésium peut aller à la fatigue, aux migraines voire à un trouble du rythme cardiaque ; la vitamine A jouant un rôle de premier plan dans la vision, la xérophtalmie peut être une conséquence de son insuffisance ; un affaiblissement général de l'organisme est à craindre de l'anémie, le fer permettant la liaison et le transport sanguin de l'oxygène, avec en particulier une moindre efficacité du système immunitaire.

Ces trois constatations paraissent mettre en doute la validité du plaisir signe d'utilité dans la régulation nutritionnelle, puisque d'un côté nous retrouvons la plaisance dans la consommation d'une quantité préjudiciable de nutriments, de l'autre le désintérêt relatif mais vraisemblable pour les denrées censément prophylactiques, malgré leur biodisponibilité – nous l'admettons car si elles étaient d'usage plus commun, l'incidence des pathologies contre lesquelles elles assurent une défense devrait être bien moindre. Qui plus est, des campagnes publicitaires, à cet égard, ne représentent que la tentative de suppléer au rôle régulateur dévolu au plaisir théoriquement.

L'on penserait aussi, tout à fait à raison, que des conditions socio-économiques durablement défavorables sont en réalité à l'œuvre dans l'inaccès ou le mésaccès aux ressources, et maintes fois, tel est bien le cas. Mais si cela était la seule cause, et n'avait rien à voir avec le plaisir, les pays les plus développés ne devraient aucunement présenter des carences de ce genre, ce qui n'est point factuel.

Cela nous ramène donc à une observation identique : *dans tous les cas juste cités, l'alliesthésie n'est pas en mesure de gérer les quantités appropriées de nutriments relativement à leur qualité, autrement, il n'y aurait point d'excès – ni de déficiences.*

Finalement, afin de concilier le plaisir utile et les troubles causés par l'alimentation moderne, Michel Cabanac avance que « *le mécanisme naturel peut être simplement trompé par les artifices culinaires et l'invention d'additifs alimentaires* [...]. *On peut donc penser que dans l'environnement naturel de l'humanité la règle du plaisir signe d'utilité est bien valide.* » (page 86)

Nous commenterons cette remarque fort sagace dès le chapitre qui suit.

2) Sur les toxicomanies

Il existe une différence tout à fait digne d'intérêt entre l'alimentation et la toxicomanie. La première est un comportement vital, donc naturel en soi, la seconde n'exhibe pas de nécessité propre à maintenir la vie – du moins, en apparence.

En effet, l'organisme humain, comme celui de tous les animaux, dispose de structures aptes à la digestion et à l'absorption de la nourriture, un tube digestif s'étendant de la bouche à l'anus, et qui semble tout à fait apte à ce travail. En outre, le grandissement du bébé naissant à l'adulte accompli requiert sans nul doute l'apport de matières nutritives pour l'activité anabolique et, en toutes circonstances, de ressources énergétiques pour le fonctionnement catabolique du métabolisme.

Mais à côté de cela, la prise de drogues n'est pas analogue, et nous devons à l'Organisation Mondiale de la santé « *qu'un total de deux-cent-quarante-six millions de personnes, soit une personne sur vingt entre quinze et soixante-cinq ans, a consommé de la drogue illicite en 2013* » au moins une fois [44]; nous précisons que ce chiffre se rapporte à la population humaine mondiale, et que par drogues illicites sont sous-entendues : le cannabis, la cocaïne et les opiacés, l'ecstasy, l'héroïne, le LSD ou les amphétamines. L'article ajoute que, quoi que cela représentât une hausse de trois millions de personnes par rapport à l'année précédente, l'usage de ces drogues est en fait quasistable relativement à l'accroissement du nombre d'habitants sur la période considérée ; la tendance globale, nous informe-t-on, est à une légère augmentation sur les huit années précédentes.

Nous relevons trois renseignements supplémentaires : l'un, qu'un usager sur dix est un usager problématique, c'est-à-dire « *souffrant de troubles liés à l'usage de drogues ou de toxicomanie* » [44], soit vingt-sept millions de gens ; l'autre, qu'on estimait le nombre de décès liés à ce problème à cent-quatre-vingt-sept-mille-cent la même année ; la dernière que « *la hausse de la culture mondiale de pavot à opium et de la production d'opium jusqu'à des niveaux records devrait encore avoir des répercussions importantes sur le marché mondial des opiacés.* » – cela concerne la période actuelle. [44]

De ces quelques estimations nous tirons une première conclusion simple : *la toxicomanie n'est point une réalité marginale en la considérant sous tous ses aspects, aussi bien spatiaux que temporels*.

Laissons maintenant de côté ce volet sociologique, à propos duquel il ne nous sera point utile d'en dire davantage, pour nous tourner vers celui de la physiologie : quels sont les effets de ces composés sur les organisations hédoniques ?

Chaque molécule a une action particulière, mais systématiquement au niveau de la fente synaptique et au niveau du système de renforcement :

a) *La cocaïne*, retrouvée dans les feuilles de coca, inhibe la recapture de neurotransmetteurs, notamment de la dopamine, mais aussi de la noradrénaline et de la sérotonine. Cette drogue a en effet une affinité moléculaire pour les transporteurs de dopamine, chargés de recapturer ces médiateurs après leur libération dans la fente synaptique et l'activation du neurone postsynaptique ; en définitive, ces derniers étant inhibés, la concentration en dopamine croît dans l'espace synaptique et surstimule le neurone récepteur à chaque potentiel d'action – d'où la sensation d'euphorie –, dans la mesure où les structures neurales du noyau accumbens sont dopaminergiques et font part du circuit de renforcement.
b) *L'ecstasy*, analogiquement à la cocaïne, est elle une molécule de synthèse qui présente une attraction envers les récepteurs sérotoninergiques, bloquant la reprise de ce neuromédiateur. Ces cellules neuronales sont impliquées dans la thermorégulation, le cycle veille/sommeil, l'alimentation, la sexualité ou la douleur, d'où un sentiment de regain de tonus et d'énergie, la suspension de certains contrôles comportementaux ; secondairement, la sérotonine additionnelle favorise l'accroissement de l'activité des neurones dopaminergiques.
c) *Les opiacés et l'héroïne*, trouvés dans le pavot ou synthétisée à partir d'eux, ont une architecture moléculaire par définition semblable aux opioïdes dit endogènes, les endorphines, les enképhalines et la dynorpine, naturellement présents dans l'organisme.

Par ce fait, ils se fixent aux mêmes neurorécepteurs dont il existe trois sortes : mu, delta et kappa, répartis sur de multiples dispositions du cerveau, lesquels provoquent lors de leur activation la modulation de fonctions vitales telles que la faim, la soif ou la régulation de la douleur. En activant ces inhibiteurs, les opioïdes réduisent d'autant ces sensations.

Qui plus est, l'aire segmentale ventrale voit associés les récepteurs mu avec des interneurones inhibiteurs au GABA : les opioïdes exogènes s'adhèrent alors à ces récepteurs mu, provoquant une diminution de la quantité de GABA relâchée, or ce GABA à son tour tend à réduire la dopamine que l'interneurone qui le suit libère potentiellement dans sa synapse ; par inhibition de l'inhibiteur, les opioïdes exogènes augmentent au final la présence de dopamine postsynaptique dans cette circuiterie et conséquemment le plaisir habituellement ressenti en cette occasion.

d) *Le cannabis* agit de façon assez semblable, puisque sont distribués largement dans le cerveau des récepteurs cannabinoïdes, les CB1, sur lesquels se lie, entre autres neurotransmetteurs naturels, l'anandamide, pondérant des fonctions physiologiques – appétit et douleur –, ou psychiques – la mémoire ou l'humeur ; des interneurones inhibiteurs de neurones dopaminergiques possèdent également des récepteurs cannabinoïdes. Le delta-9-tetrahydrocannabinol, ou THC, est le principe actif majeur du cannabis, de morphologie analogue à sa contrepartie constitutive, il est fabriqué à différentes doses par les différentes espèces de chanvre.

   À l'instar de l'héroïne, le mécanisme hédonique consite en l'enrayement de l'activation des interneurones inhibiteurs au GABA possédant des CB1, aboutissant au même résultat, la surconcentration de dopamine dans la synapse du neurone suivant, et au même effet, une bouffée euphorique.

e) *L'alcool*, obtenu par fermentation, lui de même réduit l'effet des interneurones au GABA – d'où la déshinibition –, se lie aux récepteurs à l'acétylcholine, à la sérotonine et au NMDA du glutamate – présents dans le cervelet, d'où les difficultés de coordinations motrices chez l'enivré.

f) *La nicotine*, enfin, extraite du tabac, étant donnée l'évidence de récepteurs nicotiniques naturels dont le médiateur physiologique est l'acétylcholine, se lie naturellement à ces derniers, et retrouvant ces récepteurs sur les neurones de l'aire temporale ventrale se projetant sur le noyau accumbens – structures intégrantes du circuit de récompense –, la sensation de plaisir ne peut alors qu'émerger suite à une fixation exogène de nicotine.

Dans la répétitivité du contact avec les psychotropes, le cerveau s'adapte afin de rétablir un équilibre via diverses stratégies : la diminution du nombre de récepteurs neuronaux, l'accomodation de leur sensibilité, la diminution des quantités de neurotransmetteurs libérés, voire l'activation de gènes jusque-là inactifs. Cette acclimatation peut parfois se traduire aussi par une hausse dans la quantité de récepteurs membranaires sur les interneurones inhibiteurs – comme pour la cocaïne [44b] –, ou pour la nicotine dont l'absorption est souvent irrégulière.

Cette biochimie de la toxicomanie nous permet de comprendre et de confirmer le dénominateur commun à toutes ces drogues : *elles opèrent une potentialisation, si l'on peut dire, du circuit de renforcement*, procurent en cela une sensation de plaisir, que celui-là s'endosse des atours de l'euphorie, de l'allant ou de la jouissance, pour les plus typiques.

Pourtant, les effets pernicieux ne se font pas rares, et une enquête même inapprofondie nous donne à voir les conséquences somatiques de quelques-unes de ces drogues les plus communes :

a) Tachycardie, hypertension artérielle, hyperventilation, hyperthermie, se traduisant à long terme par un risque accru d'infarctus du myocarde et de nécrose tissulaire due à la constriction vasculaire, mais aussi crises d'épilepsie, spasmes et tremblements, pour la cocaïne ;
b) Tachycardie, hypertension, hyperthermie, vertige, cécité transitoire, trismus, crampes, hallucinations, angoisse, dépression, apathie, et plus tard calvitie, insomnie, cirrhose hépatique, paranoïa, pour l'ecstasy – des troubles semblables pour les amphétamines ou le LSD ;
c) Au contraire : bradycardie, hypotension artérielle, hypoventilation, hypothermie et à terme une apathie, angoisse et dépression, réduction de l'appétit, constipation, et cætera, pour l'héroïne ;
d) Troubles cardio-respiratoires, notamment par la perturbation des fréquences cardiaques et respiratoires, abaissement du taux d'hormones sexuelles et de l'axe gonadotrope – donc diminution de la fertilité –, sur fond de nausées et de vomissements récurrents associés à des douleurs abdominales, pour le cannabis ;
e) Fatigue, nausées, céphalées sont quelques premières extériorisations de la veisalgie dues à la métabolisation de l'alcool, hypertension artérielle, arythmie, cirrhose hépatique, ulcères gastriques ou lésions cérébrales closent le tableau clinique de l'alcoolisme ;
f) Maladies cardio-vasculaires, accidents vasculaires cérébraux et bien sûr cancers du poumon, de la langue, du pancréas, de l'utérus, et cætera, pour le tabagisme actif et soutenu.

Ces désordres dans les processus de régulation sont imputables aux perturbations que ces substances actives causent aux structures que sont les centres intégrateurs, désorganisant leur cours normal, en plus de ne répondre, vraisemblablement, à aucun besoin du corps, leur dose adaptée étant nulle, en tout cas très faible et inférieure à celle qui cause de tels dégâts.

De ces tableaux cliniques pour le moins sévères surgissent que l'alliesthésie n'est pas en mesure, là non plus, de réguler cette dose ; au lieu de cela, un plaisir d'une intensité toute particulière s'éveille chez le consommateur alors que des effets fort néfastes de court et long délai lui sont promis, ce qui, bien évidemment, va à l'encontre de ce que nous avions supposé de l'hédonisme.

Pourtant, le plaisir et l'alliesthésie nous ont bien convaincus qu'ils étaient les mécanismes par lesquels l'individu est porté vers les comportements les plus adaptés à ses besoins ; mais à cette affirmation trouvons là de sérieuses dérogations.

La toxicomanie, de nouveau, en tant qu'absorption de substances chimiques dangeureuses, ne fait aucun bienfait apparent pour la physiologie. Y a-t-il alors un bénéfice d'un autre ordre que physiologique, nous pensons : psychologique ?

Nous allons le discuter rapidement grâce à Michel Cabanac, lequel auteur, justement, invoque quatre arguments en réponse à l'objection des conduites toxicomanes :

a) Cabanac nous propose d'abord que « *d'un point de vue Darwinien, il n'est pas nécessaire qu'un mécanisme soit efficace à cent pourcent pour donner un avantage sélectif à ses possesseurs* » et qu'« *il suffit qu'un caractère soit légèrement avantageux pour augmenter les chances de survie des individus porteurs et que le caractère soit transmis aux générations futures.* » (page 87)

En ce qui concerne l'alimentation, nous ne pouvons rejeter l'idée que l'absorption de nutriments propres à servir le métabolisme est, peut-être avec la reproduction, un des traits les plus anciens de la vie et se trouve intimement liée à elle puisqu'elle en dépend.
Cependant, l'alliesthésie, avec l'apparition des espèces ayant accès à la mobilité, a dû se forger très tôt quant à la détermination de ces comportements – nous avons vu que l'on pouvait faire remonter le plaisir aux amniotes primitifs –, avec au moins un succès suffisant pour en assurer le maintien et la prospérité jusqu'à nos jours.
En croisant ces deux supputations, on peut déduire qu'il n'est certes pas indispensable qu'une innovation biologique soit imperfectible pour être retenue, juste, en effet, qu'elle soit avantageuse ; pour autant, il peut être facilement admis *que l'alliesthésie, en tant que résultat sélectif portant sur une fonction vitale comme la nutrition, a dû être élue précocément dans l'histoire évolutive, et que, par conséquent, elle soit aujourd'hui d'une grande efficience et d'une grande précision par rapport à la tâche qui lui est assignée :*

l'autorégulation homéostatique alimentaire. Nous n'aurions donc toujours pas mis à découvert une explication recevable au sujet des conduites alimentaires à risque.

Au sujet, maintenant, de la toxicomanie, l'hypothèse de l'efficacité incomplète de l'alliesthésie semble plus secourable : ici, nous devons avoir recours à la supposition que *l'alliesthésie, pour se mettre en place efficacement envers un stimulus donné, doit avoir été en contact avec lui au travers des organismes qui disposaient de cet élément dans leur environnement, et que ceux-ci en aient subi le contrecoup, favorable ou non ; on pourrait même aller jusqu'à croire que tout élément accessible et présent suffisamment longtemps dans le biotope d'une espèce en a sensibilisé les spécimens à rendre leur alliesthésie capable de discerner, en fonction des conditions internes, un intérêt ou non pour eux.*

Par suite, s'en vient la remarque que dans l'environnement primordial des Hommes, d'abord la biodisponibilité de plantes desquelles sont extraites les substances absorbées est moindre, et inégalement distribuée sur la planète ; ensuite, les éléments actifs sont peu concentrés dans le végétal natif ; enfin, les techniques d'extraction et de transformation, surtout les mélanges, étaient alors inconnues, il a donc fallu acquérir la capacité de cultiver ces plants, d'en extraire l'essence et éventuellement de la coupler à quelque autre produit pour en obtenir l'effet souhaité. À cela s'annexe, en tout dernier lieu, la préparation de particules entièrement nouvelles, par définition ignorées du métabolisme. On pourrait donc arrêter : l'espèce humaine ne possède pas une alliesthésie adaptée aux drogues chimiques car celles-ci n'ont pas représenté une interaction originelle suffisante, on ne peut donc en réguler correctement l'ingestion.

Si donc le charme puis l'accoutumance se clarifient bien à la lumière de la biochimie, quid du commencement ? Qu'est-ce qui pousse l'individu, puis l'espèce, vers le stupéfiant ?

L'auteur nous invite ensuite à apporter à l'étude de ce problème la *curiosité* :

> « *Personne ne peut nier le formidable avantage sélectif que donne la curiosité, qui permet d'obtenir des informations sur les sources alimentaires, les environnements favorables, les prédateurs, les partenaires reproductifs. Pourtant, la curiosité peut mal se terminer si la proie s'aventure au voisinage d'un prédateur. Il pourrait bien en être de même avec le plaisir. Il suffirait que le plaisir soit avantageux statistiquement pour justifier son existence.* » (page 87)

En somme, le comportement curieux peut aboutir à un bénéfice ou un maléfice selon l'objet vers lequel s'est tournée la curiosité. Il est vraisemblable, comme nous venons de l'exposer, que les composants du cadre environnemental doivent être registrés par les processus régulateurs, mais il y a très sûrement, par la variabilité inhérente aux conditions de vie ci-énumérées – l'alimentation, la période de reproduction, le déplacement de prédateurs –, des conjectures nouvelles pour lesquelles la curiosité profite à leur découverte.

Mais là également, cela ne semble point suffire à dissoudre le problème.

Premièrement, parce que dans la circonstance où la curiosité mène au préjudice, la réaction attendue des proches est de s'en prémunir d'autant que ce danger se fait grand – or l'usage de substances toxicologiques astreint à la dépendance dans un nombre non négligeable de cas, ainsi il devrait en résulter l'abandon définitif de cet usage au vue de ses conséquences ostensibles sur autrui ; mais au contraire, il y a ici réitération du comportement de consommation, alors même que des effets empreints de déplaisirs, d'endommagements physiologiques, existent avec une probabilité importante. L'on supporterait tout de même que la curiosité s'étaye sur une pratique personnelle, que la connaissance intellectuelle du danger n'a pas de prise complète sur l'impulsion à faire l'expérience de ses méfaits dans sa propre chair ; et en acceptant cela, on serait aussi forcés de reconnaître une imperfection du caractère curieux, dont il est d'ailleurs souvent dit « qu'il est un vilain défaut », voire un paradoxe, car, si toujours par curiosité, la dangerosité d'un élément est reconnue et divulgée, ce à quoi peut s'apparenter le cas de la drogue, le renouvellement de la conduite périlleuse revient ni plus ni moins à l'annulation du bénéfice apporté par le sacrifice des premiers ayant mis ce risque au su de tous.

Une telle situation est d'une grande inefficacité évolutive, et que par là elle soit un puissant moteur de contresélection ne paraît pas une hypothèse déraisonnable. Pour s'en convaincre, évoquons ces singes qui non seulement identifient et retiennent une menace – comme un serpent –, puis en informent leurs congénères restés dans l'ignorance du péril – pour ne parler que de cette espèce. [45]

Secondement, parce que la population contemporaine ne va point dans la nescience de ces inconvénients, en particulier dans les sociétés favorisées, lesquelles sont, nous le savons, les plus demandeuses : sont alors publiquement connus, communiqués, et scientifiquement reconnus les risques encourus par de telles pratiques quant à la santé, les mécanismes biologiques de cette habituation sont même précisément décrits, il n'y aurait conséquemment plus aucune curiosité à avoir à l'encontre d'une information qui est déjà éprouvée, y compris dans le cadre d'un premier essai.

Le curieux ne se justifie qu'à la condition qu'une information soit à obtenir – ou alors, celle-ci n'a pas circulé entre les membres du groupe, ce qui n'est nullement le cas ici non plus.

b) Dans un deuxième point, Michel Cabanac présente que : « *L'existence de maladies du cœur n'invalide en rien l'utilité de cet organe ; l'existence d'une pathologie du plaisir n'invaliderait pas l'utilité du plaisir. La pathologie mentale, les comportements aberrants masochistes, sadiques, violents, les toxicomanies peuvent être considérées comme des distorsions pathologiques de mécanismes fondamentalement utiles ayant permis aux humains de traverser les millions d'années de l'évolution.* » (page 87 derechef)

Certes, ce second argument, à notre lecture, conjecture que les cas de plaisirs dissociés de comportements strictement utiles sont une « pathologie » du mécanisme fondamental, et nous voudrions d'ores et déjà souffler un complément : une pathologie due à un cadre environnemental inadapté, conséquemment, où le plaisir et l'alliesthésie ne peuvent plus jouer leurs rôles habituels.
Nous disons cela car dans notre premier chapitre, nous avons réussi à comprendre toute l'importance d'un tel cadre pour la validation d'une loi ; aussi parce que Cabanac lui-même évoque ce questionnement peu avant, au sujet de l'alimentation et de « *l'environnement naturel de l'humanité* », privé des artifices de la cuisine et des additifs alimentaires, et au sein duquel « *la règle du plaisir signe d'utilité est bien valide* ».

Dès lors, *la toxicomanie, mais aussi une alimentation pathogène, encore, nous allons bientôt y venir, les conduites pénibles – labeurs –, le sadisme, le masochisme, résulteraient de l'inadaptation du cadre de vie des Hommes à leur atavisme, du moins concernant l'aptitude du plaisir à inspirer un comportement d'une utilité totale.*
Pourtant nous ne sommes pas encore renseignés sur les *causes* de ces « distorsions pathologiques ».

c) En un troisième lieu, l'auteur distingue « *le premier essai d'une drogue avec la toxicomanie installée* ». Et d'ajouter : « *Le premier contact relève non du plaisir, mais de la curiosité.* [...] *C'est l'usage chronique des drogues psychotropes qui peut entraîner une dépendance à propos de laquelle on peut se demander si plaisir et utilité font bon ménage.* » (pages 87-88)
Cette séparation distingue maintenant d'un côté l'initiation, supportée par la curiosité, et de l'autre la récidive, par le plaisir.

Pour ce qui est de la curiosité, sans lui retirer quelquefois avantage évolutif, nous en avons déjà discuté au premier point et pensé qu'il serait nécessaire d'aller encore plus loin à ce propos, que c'était là une proposition insuffisante ; pour ce qui est du plaisir provoqué par les produits stupéfiants, nous avons également abordé les mécanismes qui sont à l'origine de celui-ci, d'ailleurs, on peut lire quelques lignes après :

« *Les drogues sont capables d'activer les voies et structures nerveuses, support du plaisir. Il s'agit d'un artefact voisin de celui des additifs alimentaires comme la saccharine, porteuse d'un signal mais sans contenu alimentaire.* » (page 88)

Les molécules en question vont effectivement se lier avec des récepteurs pour lesquels elles ont une affinité de forme une fois passées dans le compartiment sanguin ; après cette liaison, les conséquences sur la baisse d'inhibition ou le plaisir accru sont dues, comme le précise très bien Michel Cabanac, non pas à un signal d'utilité, mais à une activation du centre intégrateur découplé de celui-ci, *privé de significativité biologique*.

Ce plaisir résultant n'est ainsi pas la conséquence de la stimulation d'un capteur envoyant une mesure à un centre intégrateur pour le conformer à une valeur-consigne ; non, *le plaisir est déclenché, si nous pouvons dire, directement, en shuntant la voie normale au profit d'une davantage courte qui consiste en l'excitation directe du circuit de renforcement*.

Le problème auquel la physiologie est ici confrontée, c'est celui de recevoir des corpuscules ressemblant du point de vue de leur structure à des particules endogènes et appréhendées, mais biologiquement non reconnus dans cette version ou par ce mode d'ingestion, ce qui amène à une incapacité à en réguler l'absorption, d'autant plus que, par cette ressemblance, ils sont capables de provoquer du plaisir. Ainsi le THC est-il immédiatement analogue à un neutransmetteur naturel, ou alors les molécules incriminées altèrent-elles indirectement l'activité de la synapse dans le sens d'une augmentation de neurotransmetteurs dans la fente, ou au contraire font inhibition sur les récepteurs postsynaptiques.

Sans doute l'environnement structurant, dépourvus de toutes ces variantes, a-t-il privé les processus régulateurs de la protection contre ces désagréments.

Ayant décrit l'accoutumance, nous restons donc toujours démunis envers l'initiation de la prise narcotique dans la mesure où elle est sue de tous pour sa nocivité, la curiosité ne pourrait épuiser la question. Nous allons peut-être trouver ce qui nous manque à la quatrième rubrique.

d) L'énigme est envisagée cette fois-ci sous un nouvel angle : « *Finalement, on peut, avec prudence, défendre l'idée d'une certaine utilité des toxicomanies.* » (page 88)

Ici sont reportés les constats que la désinhibition sociale et la levée des inconforts psychologiques par l'alcool, ou le rituel tabagique de la préparation et de l'allumage de la cigarette, puis le geste du fumage, les volutes de fumées peut-être aussi, que tout cela serait enclin à désamorcer le malaise que certaines situations de notre vie en société peut causer : l'entrée dans une salle occupée, les premières rencontres amoureuses adolescentes.

Concernant les drogues dites dures, pour lesquelles l'effet de dépendance est lourd, et dans un raisonnement instantané, la toxicomanie abaisse, voire annule, le déplaisir qui dans le cas contraire serait dû au sevrage et aux conséquences de celui-ci.

Enfin, l'auteur se réfère à la possibilité d'un ajournement de comportements suicidaires comme aboutissement d'un mal-être psychique, si la drogue en le camouflant temporairement, est capable d'en retarder le passage à l'acte, mais évidemment l'avantage est à brève échéance.

Alors se repose la question que nous avions laissée suspendue : les drogues ont-elles un bénéfice de nature psychologique ? À cette question, il est répondu par l'affirmative. L'argument du sevrage est certes cohérent dans le sens d'une utilité du plaisir – ici, éviter les symptômes de la désintoxication. Il n'est toutefois pas adéquat pour expliquer le premier contact car toute problématique de ce type en est absente. Nous demeurons par ce chemin toujours en reste d'une élucidation pour l'initiation du comportement narcotique.

En plus, si nous avons bien compris l'assuétude envers les psychotropes par leur chimisme et leurs effets dans le système nerveux, ainsi que par l'atermoiement de la désintoxication, à présent, en nous laissant guider par le raisonnement de l'auteur, nous avons pu atteindre à une cause pour la prime recherche du commerce avec la drogue : de façon générale, *pour le soulagement d'un inconfort psychique de l'être*, dedans lequel se placerait un malaise personnel, un appel du groupe social, mais que sa source soit individuelle ou bien sociétale n'y change rien, et nous pouvons de toute façon assurer que tout représentant se façonne dans son interaction avec autrui, donc que les deux notions d'individu et de communauté sont inextricablement liées.

Cependant, le problème se pose du fait des dégâts biologiques infligés à différents tissus de l'organisme, et que nous avions survolés plus tôt, puisque *nous ne pouvons considérer comme adaptée une ressource apportant un avantage, qui plus est impermanent, à l'esprit mais un désavantage, différé et bien plus durable, au corps*, cela ne peut qu'amener à chercher une autre solution. Ce que nous accepterions d'emblée comme adapté est au contraire ce qui émerveille l'esprit en même temps qu'il ravit le corps, à tout le moins, ce qui n'en dégradera pas la composition.

Quant à la supposition que, pour un délai réduit, ce bien-être psychologique pourrait se référer à une quelconque utilité sociale, émerge de la sorte une nouvelle question, cachée en esquive derrière la première et pourtant de bien plus grande portée : quelles sont les causes qui ont présidé au trouble que la toxicophilie veut, pour un temps, apaiser ?

Nous restons alors à la recherche de *conditions donnant à l'individu libre accès aux réponses adaptées à ses besoins, n'occasionnant point d'effets pathologiques qui s'y raccorderaient, et garantissant par ce fait l'aisance qu'en l'absence de ces conditions on tend à recréer artificiellement avec un coût sanitaire important et sur une durée réduite*.

3) Le choix des conduits désagréables ou pénibles

Dans cette troisième et dernière étude, Michel Cabanac en vient à la remarque peut-être la plus évidente et sans doute la plus commune que ferait naître à l'esprit l'hypothèse du plaisir utile, il l'exprime ainsi :

> « *Chacun connaît la fatigue au travail, la frustration de l'altruisme, la contrainte de l'entraînement sportif ou la torture d'un régime amaigrissant. Néanmoins la vie quotidienne de chacun est remplie de ces choix de conduites désagréables qui paraissent indiquer que dans la « vraie vie », on rencontre bien davantage l'utile désagréable que l'utile agréable. Serait-ce que nous ne recherchons pas le plaisir ? Ou que l'utile n'est pas agréable ?* »
>
> Nous sommes par la suite invités à avancer dans le livre pour trouver réponses à ces interrogations d'essence.

Parmi ces conduites désagréables, il en est une qui occupe une place particulière tant elle est grande dans la vie de l'Homme moderne par sa durée, mais également grande par son importance pour lui, il s'agit bien sûr du *travail*. De son étymologie célèbre – mais discutée, confer chapitre 8 –, « tripalium », instrument de torture romain constitué de trois pieux, mais aussi tout simplement de l'expérience personnelle, *nous avons constaté que le travail portait, à un moment ou à un autre, le caractère du déplaisir et parfois seulement celui du plaisir* ; il eut bien fallu, en effet, pour que l'immense majorité de la population se mît au travail, que cette part de plaisir soit présente, sinon, quelle origine trouver à l'empressement mis par tant d'entre nous à obtenir le travail qu'ils souhaitent quand le plaisir est suggéré comme source motivationnelle par excellence ?
Il en va de même pour les tâches dites ménagères que la quotidienneté nous oblige à remplir souvent la vie durant : les commissions, la cuisine, le ménage, les transports, et cætera.

Par quel ressort de la psychologie peut-on alors lever cet autre paradoxe que notre existence est remplie d'obligations désagréables si à côté de cela, nous avons pu montrer que le plaisir est l'élément régulateur du comportement ?

Cabanac propose le suivant : d'abord ces labeurs sont emprunts de déplaisir, mais en même temps, une force psychique s'oppose à la fuite normalement attendue parce que le sujet, dans sa structuration psychique, a pris connaissance et fait expérience *qu'à l'issu de cela se trouve un plaisir retardé dont le montant est supérieur au déplaisir immédiat qu'une telle conduite suggère*. Citons l'auteur :

> « [...] *la maximisation du plaisir, par le jumelage de deux comportements, l'un apportant du déplaisir, l'autre apportant un plaisir plus grand, permet l'accomplissement d'un comportement*

> *improbable car générateur de déplaisir mais aboutit à un plaisir "net"* ». (page 96)

Et juste avant avait été conduit un parallèle avec la thermodynamique :

> « *Le transfert d'énergie vers des molécules* [déjà] *riches en énergie n'est possible que parce qu'une plus grande quantité d'énergie est utilisée pour la synthèse que celle qui est mise en réserve pour être utilisée plus tard. C'est par le jumelage d'une réaction endothermique et d'une réaction plus largement exothermique, que l'énergie peut se stocker dans la molécule riche en énergie.* »
> (page 96)

Disons-le sans plus attendre, un tel plaisir retardé est une *récompense*. La consultation du dictionnaire nous rapporte que le sens ancien de ce mot rappelle « *compensation, dédommagement* » (Le Trésor de la Langue Française) et que son acceptation actuelle est plus celle d'un « *avantage accordé à quelqu'un en considération de mérites particuliers, d'une bonne action, d'un service rendu* » (Ibidem). « Récompenser » n'est d'ailleurs composé que de « compenser » précédé du préfixe « re -». Et pour le Larousse, la récompense est « *ce qui est accordé à quelqu'un en remerciement d'un service rendu ou d'un mérite particulier* ». La récompense est donc ce qui est donné à quelqu'un depuis le monde extérieur pour un mérite lui revenant, voilà ce qui ressort de ces deux définitions.

À son tour qu'est-ce qu'un *mérite* ? Retournons donc, pour nous faire un avis, à nos deux ressources encyclopédiques : « *Valeur morale procédant de l'effort de quelqu'un qui surmonte des difficultés par sens du devoir et par aspiration au bien* » selon le Trésor de la Langue Française, et c'est « *ce qui rend quelqu'un (ou sa conduite) digne d'estime, de récompense, en égard aux difficultés surmontées* » pour le Larousse.

Nul besoin est de plus d'investissement pour poser que *le mérite est simplement le consentement au choix du comportement déplaisant, l'acceptation du déplaisir, et la récompense ce qui a poussé à ce comportement malgré l'absence de plaisance liée à sa performance de l'instant* ; nous sommes en effet tout à fait disposés à croire que *la privation ou le retrait de la récompense signe aussitôt la fin du comportement qu'elle rétribuait* – à l'exclure d'une punition qui porterait à la coercition.

Que l'on y songe : *il n'y a aucun mérite à faire ce que l'on aime, si ardu cela soit-il.*

Nous voudrions alors en savoir un peu davantage sur la provenance de ce déplaisir-ci et de ce plaisir-là.

En premier, si l'on a pu mettre en exergue dans un nombre si grand de situations que le plaisir reflétait l'utilité, la déclaration contraire, qu'une conduite utile puisse être imprégnée de déplaisir si ce n'est totalement, doit

interroger, et nous inspirer que la déplaisance est le masque d'une composante inadaptée à un besoin, ainsi que déduit des expérimentations sur l'alliesthésie d'après lesquelles le déplaisir protège du danger.
Sur ce point, nous aurions du mal à aller plus loin ici, car seul ce principe-là semble général, la nature du besoin lésé ainsi que les raisons de ses préjudices se ramenant à chaque situation et variant probablement avec elle ; nous tenterons seulement une ouverture sur cet encombre au dernier chapitre.

Sur le plaisir de la récompense[1], nous avons espoir d'être dans la mesure d'en dire déjà un peu plus. Car c'est un plaisir bien particulier que celui-ci, en ce qu'il montre une différence dans son fonctionnement par rapport à cela que nous avons étudié jusqu'à présent : *nous n'avions porté notre réflexion que sur un sujet réagissant à un comportement adapté à la satisfaction par le plaisir, c'était donc son propre centre intégrateur, et rien que ce dernier, qui jaugeait l'adaptation de ce comportement-ci à ce besoin-là en y répondant par l'alternance plaisir-déplaisir ; nous avions donc présenté un être autonome et capable de discernement.*

Au sujet des conditions d'acquisition de cette aptitude à l'autorégulation spontanée, nous n'avons encore rien appris : est-elle portée exclusivement par l'innéité ou en partie seulement, requérant tout de même une conquête de l'apprentissage, nous ne le savons pas exactement, et pour repousser à ce propos les limites de nos doutes, il faudrait investiguer en profondeur chaque processus considéré comme autorégulateur et en tirer les conclusions ; notre seule certitude est qu'une part innée intervient aussi bien pour l'Homme que pour tous les autres animaux, car comment survivre et pousser sans cesse la vie vers l'évolution si chaque génération se revoit inéluctablement placée devant le problème du choix des conduites les plus favorables à chaque génération comme si cela était la première fois ?

Quoi qu'il en soit, *s'agissant de la récompense, le plaisir est subordonné, non plus sans réserve à l'être, mais passe par le biais d'un tiers extérieur qui aura à sa charge de lui remettre ou non la distinction qui en revient à sa conduite*, donc, en une certaine façon, se substituera à ses instances régulatrices propres pour l'octroi du plaisir-déplaisir lié à un comportement précis.

Nous pensons sans difficulté savoir par quel moyen une entité étrangère se voit dotée d'un tel pouvoir, la psychologie nous a depuis longtemps renseigné sur l'identité de ce moyen et sur l'étendue de sa force : c'est sans nul doute du *besoin d'autoconservation et plus encore du besoin d'amour* dont il est question, dans son sens le plus large, et l'ampleur de son emprise sur les agissements des Hommes se ramène à l'exigence immense que

1. On stipulera, pour être clair, que le bénéfice psychophysiologique qui résulte de la satisfaction normale des besoins n'est point ici considérée comme une récompense, car le déplaisir lié à cette dernière en est alors, par définition, absent.

ces derniers arborent envers le gain d'affection qui leur est porté par ceux qu'ils chérissent.
Le gain d'argent, souvent présenté comme motif premier et nécessité impérieuse de travail, doit également, cela va sans dire, être considéré comme une récompense. Mais cette fois ce n'est plus la reconnaissance et l'amour qui en sont les moyens, ce sont avant tout les satisfactions de besoins vitaux, l'alimentation et l'habitat, secondairement d'autres considérations comme les loisirs.

En s'exerçant sur ces besoins de premier ordre, la contrainte au travail devient donc plus forte et son astreinte plus grande. Or une telle contrainte enferme deux préalables : le premier, *qu'une société ainsi structurée réclame que ses représentants travaillent – ou au moins une partie d'entre eux – pour perdurer, il s'agit pour elle d'une nécessité vitale* ; le second, que *l'Homme est constitutivement rétif au travail, car sinon aucune contrainte n'aurait été nécessaire pour son exécution.*

Une objection s'invite encore dans notre beau déduire, et l'on nous glisse :
- Voyez, vous proclamez si haut et depuis déjà longtemps que la plaisance révèle la satisfaction ; alors voici, pourquoi ne pas simplement se suffire de ce que le plaisir à la récompense est le simple paraphe des contentements vitaux et affectifs que comble cette dernière, fussent-ils reportés ?
- C'est que nous n'avons peut-être pas encore cheminé assez loin ! Nous devons derechef remercier notre débatteur, et continuer ensuite en lui répondant : nous ne doutons point que le gain d'amour qui couvre l'attente de son receveur ne déclenchât un vif plaisir chez lui selon le schéma que nous testons. Toutefois, rien n'indique dans ce cas-là qu'un quelconque désagrément doive intervenir au préalable, or *nous entrevoyons invariablement derrière la récompense l'acquittement d'un certain montant de déplaisir, tressé ensemble comme des fils avec le plaisir pressenti de la récompense et la récupération de celle-ci.*

Qu'importe, au demeurant, les formes prises pour elle : ce peut être la gratification par un objet, une médaille, un diplôme ou autre, encore un regard bienveillant, jusqu'aux honneurs les plus distingués, enfin l'argent ; qu'importe aussi le représentant par lequel s'incarne le dédommagement, un supérieur hiérarchique, un maître, le père – c'est en fait souvent lui qui est symbolisé en dernier lieu et la société toute entière le personnifie ; bref, *nous retrouverons la récompense comme support de reconnaissance et l'impression d'être aimé du groupe chez celui qui la reçoit.*

Ne soyons pas enfin dans la négligence d'un second point : l'oscillation entre le plaisir et le déplaisir est ici déterminée par un *procédé intellectuel*, mental, qui procède à l'attribution de la récompense – donc du plaisir – lorsque certaines conditions sont remplies, nous ne sommes plus en présence d'un processus spontané, ce sont des conditions imposées par l'intellect d'autrui et formulées par lui, plutôt que par les structures neurologiques régulant directement et en autonomie le comportement. Il en est pareillement, du reste, pour les mauvaises habitudes alimentaires ou toxicomanes : un procédé intellectuel – cuisine, confection de drogues – est aussi le préalable au « plaisir inutile ».

Cela n'exclut pas en soi qu'un raisonnement élaboré puisse intervenir dans cette régulation, rien ne l'empêche théoriquement, toutefois, *dans le cadre de la récompense, le tiers n'est probablement pas à même de détenir toutes les informations requises sur le milieu intérieur de l'obligé, le raisonnement seul n'étant sûrement pas à même de capter puis d'intégrer celles-ci à la façon des instances instinctives qui, par leur emplacement et leur agencement, sont tout à fait aptes à les recevoir et à les traiter*.

Peut-être ne s'en fallait-il pas plus pour que notre hôte, décidément prompt à la controverse, s'en relevât pour nous déclarer :

- Tout cela s'applique fort bien, possiblement pour les êtres adultes, mais non pour les enfants et les adolescents, lesquels ont tant besoin d'être guidés et instruits dans l'adoption des meilleures manières !

- Cette fois-ci, nous voilà bel et bien pris en défaut, peut-on contester la nécessaire éducation des jeunes ?

Notre intuition aurait tendance à tempérer que les êtres humains, même les plus juvéniles, les moins instruits, ou encore ceux poussés précocement vers la force de l'âge, que tous ceux-là exhibent une autonomie certainement plus grande que leur état en laisserait supposer, car il est aussi ancien que la vie elle-même que de gouverner, qui plus est avec l'astreinte de l'efficacité, les processus d'autorégulation ayant à leur charge de structurer l'organisme, et que chez l'Homme et ses hautes capacités cognitives cela ne varie point, dès lors qu'il vient au monde, il doit être dans la possibilité d'amener avec lui les signaux de ses satisfactions et insatisfactions, et cela avec acuité ; son désaide provient surtout de ce qu'il ne peut, lui tout seul et à cette époque, réaliser les mouvements souhaités et donc produire une réponse conforme : *ce ne serait rien que ce dénuement qui s'en voit réduit par la croissance jusqu'à l'âge adulte – et non une plus correcte expression des besoins*.

Ce que nous insinuons est que même dans les tous premiers âges de l'existence, ce qui est nécessaire au bébé, puis à l'enfant et à l'adolescent, *n'est point que soit extérieurement déterminé l'objet de la satisfaction, mais d'être soutenu dans l'atteinte de celui-ci* : que l'on songe au nouveau-né, il est réduit tout autant dans sa mobilité, sa force, son habileté, son langage, et pourtant, tantôt le voici à sourire, tantôt le voilà à crier et à pleurer, et il n'est dans le monde que certains items bien particuliers qui soient dans la mesure de provoquer le sourire et d'apaiser les pleurs, au premier rang desquels se trouve la mère, qui dispense dans le même temps amour et nourriture, preuve que le sourire et le pleurer, la plus simple paire émotionnelle, sont déjà, en ces premiers temps de la vie humaine, tout à fait capables de signaler une élection spécifique.

Plus tard, l'enfant, chez lequel agilité et communication se sont bien développées, explique maintenant avec d'autant plus d'intelligibilité ce qui peut l'apaiser, l'éducation n'ayant plus qu'à apporter son support au petit d'Homme dans les domaines où ses fonctions ne sont pas complètement abouties ; cela diffère grandement de l'imposition extérieure.
De façon générale, nous sommes amenés à postuler que *la détermination de l'objet de la satisfaction ne saurait être optimale que si elle est une réalisation de l'individu*, degré qui ne s'acquiert que par l'empreinte laissée par l'activité des processus spontanés. Y a-t-il en effet une instance plus propre que le sujet dans la reconnaissance de la nature de ses besoins ?

On en revient de la sorte au conditionnement qui, nous l'avons décrit, entraîne le circuit de renforcement positivement ou négativement, et deux catégories de conditionnements pourraient dès maintenant se différencier : un premier instauré sur une *boucle courte et directe*, dans laquelle le monde extérieur intervient comme soutien à l'impulsion ; un second mis en place sur une *boucle longue et indirecte*, où au moins un élément extérieur intervient au moyen d'une récompense pour le déclenchement du renforcement positif ou négatif – ici la punition.
Nous verrons donc bien plutôt *l'éducation comme une assistance, un soutien, un service à la concrétisation et à l'accomplissement de ces processus d'autorégulation, dans les déplacements qu'ils réclament, à la structuration des raccourcis constitués par les conditionnements à boucle courte*, et l'autonomie la plus complète, celle de l'âge adulte, serait alors, non pas uniquement l'orientation de la musculature directement vers les sources d'assouvissement, mais encore sa pleine action, par le seul rappel de ces primes conditions de satisfaction, sans plus d'aide ni d'assistance.
La condition sine qua non à tout ceci reste bien entendu que l'environnement présente toutes les réponses, y compris affectives, indispensables, à tout le moins le moyen de les obtenir avec aisance.

À notre appui, nous devons faire mention des descriptions de nourrissons exposant dès les premiers mois une aptitude à accepter certains aliments et à en refuser d'autres via des signaux variés : mimiques, cris et pleurs ; les bébés préfèrent universellement le sucré et rejettent l'acide et l'amer, les mimiques associées sont au demeurant similaires à celles des adultes [46] – sourire ou dégoût ; par contre, les différences interindividuelles sont grandes quant à amplitude de ces réactions, mais corrélables avec l'alimentation de la mère lors de la grossesse. [47] [48]
Ailleurs, on a noté que des bambins âgés de seulement quelques années montraient une attirance pour des activités ciblées et un mépris total envers celles qui n'en étaient pas [49] [50] ; on irait, dans les cas les plus vraisemblables d'enfants féraux, jusqu'à voir dans leur survie l'étalage d'une telle autogouvernance.

Telle est la différence, pour l'éducateur, entre se faire un maître – celui qui dit au jeune là où il *doit* aller –, ou un guide – celui qui l'emmène là où il *veut* aller.

Finalement, *la récompense, comme plaisir atermoyé, coïncide mal avec l'instantanéité du besoin et de sa satisfaction : la boucle de rétroaction devrait, au contraire, être la plus courte possible pour être efficace.* L'éducation par la récompense et la punition ne serait donc pas adaptée puisqu'elle courtcircuite, en quelque sorte, l'autorégulation autonome et spontanée, effectivement en quête de soutien dans les premiers temps de la vie, mais en faisant rationnellement usage du besoin d'amour et d'assistance pour soulever un dilemme hédonique ; *ainsi donc que le tiers brise l'autonomie, l'intellect brise ici la spontanéité*.

La résolution de l'illogisme de ces « déplaisirs utiles » par l'établissement du récompenser nous apparaît, conséquemment, comme trop peu probante pour s'y cantonner.

Pour en terminer avec ceci, nous ne confondrons point le *labeur* avec l'*effort* ; quoique le premier soit par nature pénible, il en va autrement du second pour lequel une nuance est à adopter. Pour le Larousse, l'effort – lorsque le sujet désigne un être vivant –, est une « *mobilisation volontaire de forces physiques, intellectuelles, morales en vue de résister ou pour vaincre une résistance* ».

« Effort » se rapportant étymologiquement à « efforcer » et, in fine, à « force, forcer », l'on voit bien la relation avec l'importante mobilisation d'énergie suggérée par le Larousse. En définitive, dans l'effort se fait l'application d'une force et le résultat de cette application, cette quintessence se retrouvant, quand le sujet désigne cette fois un quelconque objet, « *la force interne provoquée dans une structure par les actions extérieures* » (Ibidem). L'effort revient donc à une mobilisation énergétique se manifestant par une contrainte appliquée sur un objet, physique ou non, qu'elle tend à modifier, d'où la résistance.

Maintenant que nous avons bien entendu ce qu'est l'effort, ce qui nous intéresse est de savoir s'il est plaisant, ou bien déplaisant, ou alors tantôt l'un, tantôt l'autre. Un examen attentionné fera pencher rapidement pour cette dernière opinion : l'effort ne se distingue du simple comportement, qui lui de même est la mise en jeu de forces motrices sur le corps propre et sur le milieu extérieur, que dans l'intensité ; l'effort est la mobilisation d'une énergie relativement importante, et tout comme se font agréables ou désagréables les comportements en général, nous acceptons les efforts comme tels aussi, s'alignant sur la règle du plaisir utile et de ses vacillations ; autrement : un effort, c'est-à-dire un comportement à fort recrutement énergétique, est vécu comme un plaisir ou non, et d'intensité variable, selon sa capacité à satisfaire ou non un ou plusieurs besoins.

On en conclut que le glissement ardent des microfilaments d'actine et de myosine dans la fibre musculaire ou l'activité électrique effrénée dans le cerveau est parfois instantanément plaisante si cette action va dans le sens d'une équilibration, soit instantanément déplaisante dans le cas contraire, la vivacité n'étant pas un indice suffisant pour évaluer cela.

Nous pourrions à cet égard comparer la grimpade en haut de l'arbre par un animal qui veut y arracher une précieuse nourriture, avec un emploi consistant à transporter répétitivement de lourdes charges d'un endroit à un autre.

Dans cette dernière situation, la récompense financière attendue participe, in fine, dans ses premiers usages à l'achat de nourriture, étant donnée l'obligation du paiement des denrées alimentaires et donc la nécessité de se procurer de l'argent. Le premier cas serait accompagné d'une sensation de plaisance signalant son utilité jusqu'à ce que les limitations intrinsèques du matériel biologique se fassent sentir : l'accumulation d'acide lactique pour l'appareil musculaire, l'épuisement synaptique pour l'appareil nerveux, le défaut de matière énergisante, ainsi de suite ; le second cas, s'il se faisait déplaisant, cela tiendrait avant tout de ce qu'il est une prolongation d'un comportement indifférent par-delà une première alliesthésie signalant l'inutile. Ce sont d'ailleurs probablement les mêmes processus à l'œuvre dans les deux circonstances, mais ressenties immédiatement comme déplaisantes en raison de l'inappropriation, supposons-nous, de la dernière, et *c'est la récompense qui va ainsi rendre tolérable le déplaisir via un plaisir patienté, donc enseigné par l'éducation.*

- Donc l'effort déplaisant ne saurait, selon vous, jamais accorder à la satisfaction…

- Le plaisir signant l'utile, nous répondons par la négative pour ce qui est du milieu adapté. On se laissera cependant imaginer que l'effort déplaisant peut tout de même se révéler utile dans des conditions d'inadaptation, dans la mesure où une quelconque disposition en est venue à s'opposer à la satisfaction, et qu'il est devenu inéluctable de la dépasser par l'effort. Ainsi, le timide doit d'abord surmonter sa peur avant de goûter aux joies de l'expression publique.

L'effort du sportif à ses entraînements se voit récompensé lorsqu'à son championnat il parvient à gravir le podium jusqu'à la première marche ; celui du compétiteur au jeu d'échecs de même y trouve honneur quand la victoire sur ses adversaires ne souffre plus de restrictions ; l'effort physique ou intellectuel doit donc aussi être reconsidéré, le travail n'étant qu'une de ses acceptions, à la lumière du plaisir utile : y a-t-il une autre voie, menant à de semblables résultats tout en s'affranchissant de l'effort déplaisant ?

Nous avons en fait assez de données pour consolider la position d'après laquelle, dans un environnement adapté, présentant par définition un accès illimité aux conditions de satisfaction, l'effort intense serait plutôt rare, et mis en œuvre en réaction aux aléas et aux caprices de l'écosystème qui, même dans une version optimale, et par sa nature changeante, peut occasionnellement pousser à de telles modalités.

La modération dans l'effort peut dès lors représenter le fonctionnement habituel, il est toujours plaisant et soumis à la sensibilité et à l'exigence de l'alliesthésie, apportant avec lui son bénéfice direct à celui qui le fournit. Cet effort, au final, présente un rapport bénéfice rapporté sur énergie perdue de favorable.

Revenons-en alors au travail et aux tâches ménagères, généralement si désagréables qu'une rétribution en est obligée, et que leur évitement apparaisse comme impossible et menacer directement les conditions de vie et le fonctionnement social : comment de fait lever ce paradoxe alors qu'il a été si remarquablement consigné que le déplaisir protège d'un contact incommodant en provoquant l'éloignement de sa source ?

Le déplaisir au travail, par exemple, devrait signaler sa nocivité, au moins pour le travailleur, et comme nous avons vu que celui-ci et son environnement s'enrichissaient ou périssaient ensemble, ce déplaisir peut tout aussi bien être un signal groupal ; pourtant sans travail qu'adviendrait-il de nous dans la maladie, l'insécurité et la détresse, que serait la technique, voilà entre autres à quoi il faudra trouver justification puisque le paradoxe du plaisir trouve ici une de ses plus robustes illustrations.

Aussi bien, les drogues et les travaux laborieux fonctionnent en négatifs l'un de l'autre : pour les premières, un plaisir instantané laisse place à un déplaisir plus lointain dans les stigmates promis par cette consommation ; quant aux seconds, ils imposent la persévérance devers une imminente déplaisance sous la promesse d'une rétribution qui appartient pour encore à l'avenir.

Et quoique que ces considérations sur le labeur soient outrancièrement généralistes, elles n'en demeurent probablement pas moins dignes d'intérêt, et il nous faudra patienter encore pour en tenter la théorisation, après avoir tiré bénéfice de l'étude des « malins plaisirs ».

Dans l'immédiat, résumons-nous sur l'ensemble des discussions que nous avons tenues au sujet du paradoxe du plaisir et des opinions que Michel Cabanac, premier théoricien de l'alliesthésie, a détaillé pour le dépasser.

L'hypothèse du plaisir utile, cependant qu'elle est facilement vérifiable, est attaquée dans sa crédibilité par deux côtés, en se basant sur les paradoxes décrits dans « La quête du plaisir » : de l'un, il est des *plaisirs inutiles* – les mauvaises habitudes alimentaires, les toxicomanies, ... –, de l'autre des *déplaisirs utiles* – le travail, le labeur, les tâches quotidiennes, et cætera. Ainsi est fondé ce contresens hédoniste, et notre objectif reste d'évaluer si cette hypothèse est valable ou non, et si jamais à être poussés vers l'affirmative, dans quelles conditions elle le demeure.

Certes l'appellation de « plaisirs inutiles » est à l'évidence caricaturale, donc simpliste, une partie de l'alimentation étant correctement utilisée, par exemple, par le métabolisme, et nous ne nous en contentons que comme formule courte et pratique.

Nous avons été confrontés à trois circonstances problématiques : la malnutrition, la toxicomanie et le labeur.
Pour la deuxième d'entre elles, la toxicomanie, nous sommes restés en mal d'un élément fort pouvant lever le voile sur le prime contact avec la drogue, la curiosité et le bien-être social nous étant apparus comme insuffisants à cet égard – nous restons en revanche mieux armés envers l'installation de la dépendance, grâce à la connaissance des mécanismes biochimiques à l'œuvre.
Concernant la troisième, le labeur, au travail ou ailleurs, elle nous laisse également dans l'embarras, car, même en reconnaissance l'assiduité au métier à la sommation algébrique positive de celui-ci et de la rétribution qui l'adjoint, d'où peut bien provenir cette désobligeance contingente face à l'utilité, et du même coup le requièrement d'une récompense pour le mettre à exécution ?

Sans compter que toutes les cultures ne sont point tournées également vers la toxicomanie, et à l'intérieur même d'une culture, certains n'en sont pas victimes quand d'autres y laissent leur vie. Ces disparités interculturelles et interindividuelles pourraient, d'ores et déjà, trouver un fondement dans la sensibilité génétique aux molécules incriminées [51], et le niveau de vie, facilitant ou restreignant l'accès à des substances, dans les situations sociales, enfin, où la drogue est, par bien des considérations, un exutoire à la précarité. [52]
Mais par là encore, on pense ne pas avoir complètement liquidé la question : tous ceux qui présentent une génétique vulnérable ne deviennent pas pour autant dépendants, ou bien les moins aisés ne sombrent-ils pas tous non plus dans l'assuétude – loin de là ! [52] En réalité, nous avons ici des facteurs de risque, un terrain, et il nous faudrait à présent identifier un ou des facteurs déclenchants.
Il en va semblablement du travail envers lequel des peuples y sont moins versés que d'autres sans pour autant compromettre inévitablement leur existence. [53] [54] [55]

Par où cheminer alors, par quelle voie progresser face à de telles antinomies et de tels aléas ?
C'est peut-être, en dernier lieu, du côté du premier problème posé, celui des usances alimentaires pathogènes, que nous trouverons finalement une issue salutaire pour le second puis le troisième item.

Perpignan,
avril 2016.

V.
VERS UNE DÉFINITION DE LA RÉCOMPENSE ARTIFICIELLE

Voici à quoi s'apparente notre route : *nous voudrions, si cela était possible, dégager un caractère essentiel des situations identifiées dans lesquelles plaisir et utilité biologique sont en partie ou totalement dissociés* ; cela nous aiderait fort bien dans la circonscription des conditions attenantes à la règle du plaisir utile et qui lui manquent pour conserver les apparats de l'exactitude ; si nous échouons, il ne restera plus qu'à faire l'essai de nouvelles expertises pour la reformuler ou, en dernier recours, l'abandonner purement et simplement au profit d'une autre.

Et nous ne sommes plus si loin de cette intention lorsque nous portons attention à la question des mauvaises habitudes nutritionnelles. Nous avons lu, chez Cabanac, que « *le mécanisme naturel peut être simplement trompé par les artifices culinaires et l'invention d'additifs alimentaires* [...] ». (« La quête du plaisir », page 86)

Ces additifs alimentaires, nous ne nous y sommes pas encore arrêtés. Parmi eux, nous allons diriger notre attention sur ceux qui sont les exhausteurs de goût employés dans l'accommodement des aliments, donc concernés directement par le plaisir du manger, et laissant pour cette raison de côté les produits conservateurs ou autres colorants.

En matière d'exhaussement de goût, la première chose qui vient à l'esprit est l'assaisonnement, particulièrement l'ajout de sel, de sucre, plus généralement d'épices, aux plats qui sont préparés. Nous devons déjà considérer ces premiers événements.

Le sel de table, en fait exactement le chlorure de sodium, est un oligoélément naturellement présent dans l'eau de mer qui en est la source la plus simple par évaporation. S'était tout primitivement développée dans ce milieu la vie, qui en s'en éloignant progressivement, a dû maintenir par d'autres moyens la présence des ions chlorures et sodiums dans le voisinage cellulaire, ceux-ci sont alors devenus tout spécialement importants pour leur équilibre bioélectrique, surtout pour les cellules capables de se dépolariser, neurones, myocytes, certaines cellules pancréatiques ; ce sel est également impliqué dans la gestion du volume de rétention d'eau dans l'organisme.

Comme pour n'importe quel paramètre biologique, nous nous attendons à ce que des dispositifssoient chargés d'en tenir la meilleure

proportion, et comme son ingestion se fait via le comportement alimentaire, nous sommes aussi placés dans l'attente d'une alliesthésie régulatrice.
Or, les références ne manquent point quant à son excès dans l'alimentation moderne de nombreuses sociétés, en particulier développées – un Français absorbe en moyenne dix grammes de sel par jour, une Française huit, contre cinq grammes journaliers recommandés. [56] Nous ne sommes pas non plus ignorants de la nocivité d'un tel excédent sur la santé humaine, nous savons sans doute qu'il est à mettre en relation avec l'hypertension artérielle, les accidents vasculaires cérébraux et de nombreuses autres pathologies cardiopathiques. [57]

Typiquement, nous nous retrouvons devant un exemple canonique de paradoxe du plaisir, même un cas de « plaisir inutile », mais peu d'études éclairent cette incohérence. Comment tenter d'y remédier ?
Nous mettons nos espérances dans le croisement de plusieurs situations de ce genre, pour en extraire une sorte de schéma-type. Pour l'instant, *au sujet du sel de cuisine, contentons-nous de noter qu'il provoque un plaisir dont l'intensité n'est pas strictement proportionnelle avec le bénéfice physiologique*.

Est-ce que l'histologie nous en dirait davantage ? Le goût salé doit sa génération à l'ion sodium qui pénètre directement dans une cellule du bourgeon gustatif par un canal dédié, en augmente par conséquent la concentration intracellulaire et, passé un seuil, induit l'afflux de l'ion calcium dedans la cellule, puis l'exocytose des vésicules dans l'espace synaptique, activant de fait le neurone postsynaptique.
En résulte la stimulation de centres de renforcement hédonique, principalement du noyau accumbens, une sensation de plaisir, normalement dépendante du besoin : en témoignent les expérimentations sur les rats, nous informant qu'un appauvrissement ou qu'une déplétion du milieu intérieur en chlorure de sodium presse les neurones à opioïdes, et de là, le sujet, par retrait du ligand depuis son récepteur, vers des aliments qui en sont riches – au premier rang desquels les produits de la mer, les algues, et la viande –, suite à quoi le plaisir de la consommation s'ensuit de l'excitation du système dopaminergique, typique du renforcement positif. [58] A contrario, l'enrichissement exagéré de ce même milieu intérieur en chlorure de sodium n'est pas laissé sans réaction : l'appétence pour le salé est atténuée par le système β-endorphinergique [59], l'ocytocine est sécrétée dans des zones particulières de la voie parabrachialelatérale et agit dans le sens d'une satiété devers la prise de sel.

Comment en arrive-t-on alors à produire un plaisir même au-delà de la dose requise pour l'équilibre électrolytique ? Il faudrait, pensons-nous, procéder en deux étapes.

La première est une remarque très largement établie du mécanisme addictif : l'accoutumance. Effectivement, il a été observé, chez l'Homme comme chez le rat, que l'augmentation de sel dans l'alimentation quotidienne induit une appétence accrue pour icelui, et qu'à l'inverse, sa réduction était accompagnée d'un repoussement envers des préparations aimées seulement deux à trois semaines auparavant. [60] [61] Mais comment en vient-on à augmenter sa consommation de sel puisqu'un processus alliesthésique est justement censé en limiter l'apport ?

C'est là le second point, qui commence par le constat que l'habituation à un régime hautement salé dès le plus jeune âge – voire dès la vie intra-utérine –, conditionne à une surconsommation de sel une fois à l'âge mature. [62] [63] De nouveau, comment a-t-on abouti à une telle situation, certainement faut-il retourner à l'échelle histologique : la réponse est, très probablement, parce que le chlorure de sodium peut se comporter comme un exhausteur de goût, suite à une combinaison de procédés physiologiques et neurologiques.

Sur les cinq saveurs traditionnellement admises comme basiques, le sucré, le salé, l'acide, l'amer et l'umami, trois sont médiées par des récepteurs couplés à une protéine G, ayant une affinité de structure avec le ligand correspondant – c'est le cas du sucré, de l'amer et de l'umami ; les deux restants le sont par un canal perméable soit à l'ion sodium, soit au proton.

Les goûts sucrés, umami et salés sont capables de déclencher du plaisir chez le nourrisson, toutefois, c'est le contact avec des solutions sucrées qui recueille le plus grand succès avec des sourires de circonstance.

En revanche, l'amer et l'aigre n'engendrent chez lui que grimaces, ce qui tend à demeurer identique chez l'adulte. [46] La perspective phylogénétique se fond en cohérence avec ces résultats-ci : les sucres sont un apport énergétique de première nécessité, le sel est indispensable à l'électrochimie des milieux intra et extracellulaires, le glutamate est corrélé aux protéines et, plus indirectement, aux acides gras, dont certains sont essentiels, c'est-à-dire non synthétisés par l'organisme ; à l'opposé, les alcaloïdes, amers, issus de plantes toxiques ou la décomposition de matière organique, en maintiennent l'organisme à bonne distance, et donc éloigné des effets néfastes de ceux-ci.

Ainsi : lorsque le cation rentre dans la cellule du bourgeon gustatif par son canal membranaire, la transduction du signal est perçue à la conscience comme plaisante – tant qu'une alliesthésie négative n'a évidemment pas eu lieu.

Or, dans le milieu naturel, le chlorure de sodium est relativement peu représenté comparativement au besoin correspondant chez les mammifères ; les aliments qui en contiennent le plus sont les produits marins – l'eau salée qui baigne les fruits de mer par exemple – et la viande, mais la proximité d'avec le rivage n'est pas toujours évidente, et quant à la chair des animaux, elle ne peut être obtenue qu'au prix d'une dépense d'énergie dans la chasse, et même si le hasard amenait à disposer du cadavre d'un animal sur lequel il demeure des chairs consommables, il est à redouter la concurrence avec d'autres espèces tout aussi avides : disons-le plus simplement, ce sel est un élément naturellement rare.

Les autres sources nutritives plus fréquentes, fibres végétales, feuilles d'arbre, racines, minéraux et oligoéléments de l'eau sont alors plus pauvres en chlorure de sodium.

Nous sommes donc tout prêt d'être d'avis que la rencontre avec ce dernier est plus occasionnelle que coutumière, à l'inverse de son besoin, lequel est constant selon la primordialité de ces ions pour le métabolisme ; lorsqu'elle a lieu, il serait bien à propos d'en consommer en une proportion qui excède le besoin immédiat et en constituer une réserve assurant sa biodisponibilité jusqu'au prochain approvisionnement.

Nous avons bien noté qu'*une alliesthésie négative limitait l'apport en sel, mais elle peut très bien comprendre ce mécanisme d'emmagasinage*, ou s'accomplir avec une latence autorisant ce stockage rapport à un éventuel déficit de l'instant. (Confer le stockage nutritif précédant l'hibernation au chapitre 3)

Une alliesthésie négative intense et subite n'est donc pas de rigueur pour se protéger d'un surplus qui de toutes manières n'a presque pas possibilité de se présenter ; en quelque sorte, *la régulation finale est une collaboration entre le milieu extérieur – l'accession restreinte à la ressource –, et le milieu intérieur – l'appétence et l'alliesthésie négative*, prévenant tout de même contre un empoisonnement des tissus.

Tout compte fait, la « tromperie » dont fait état Cabanac se révélerait ici être basée sur une réorganisation environnementale : le changement de la biodisponibilité et de l'accessibilité au sel, en somme sa grande *quantité* pouvant être procurée à moindre coût, via l'exploitation de mines salières par exemple, et l'aménagement des marais salants artificiels.

- Pourtant, il se trouve bien des mines de sel d'accès facile, du moins en superficie, ou des dépôts salins suite à l'évaporation de l'eau d'une lagune, entre autres illustration, abandonnant là de très grandes collections de sel. Cette abondance se voit donc aussi dans un milieu sauvage...

- Cela rejoint notre commentaire précédent, ces occurrences-ci étant tout de même relativement éparses. Elles peuvent au plus constituer une ressource fastueuse quand, par exemple, des éléphants d'Afrique, dont on conçoit le métabolisme exigeant, parcourent des kilomètres pour y rassasier leur appétit en sel. [64]

De plus, nous devons faire ressortir que les dépôts salins naturels ne sont point purs, ils comportent de même des oligoéléments et minéraux se cristallisant après volatilisation de l'eau, les fleurs de sel sont riches en magnésium et en fer et sont donc consommés en même temps que ces sels, constituant une ressource combinée.

Le sel raffiné est par conséquent séparé de certains adjuvants naturels par cette opération au privilège d'une forme presque pure, lesquels adjuvants peuvent eux-mêmes constituer une précieuse ressource à stocker et/ou se comporter comme des alliesthogènes négatifs.

Complétons notre raisonnement : suite à la récurrence du comportement de surconsommation, lequel n'a plus la valeur d'une protection contre une éventuelle carence, le sous-système de régulation rentre dans une forme d'accoutumance envers ce stimulant [65], semblablement au mécanisme de la dépendance toxicologique, ramené à un affaiblissement des récepteurs à dopamine – certainement afin d'éviter une surexcitation trop importante et se prémunir contre les dégâts intracellulaires d'une surexcitation ; il devient alors impossible d'atteindre le même niveau d'excitation postsynaptique avec les mêmes quantités du stimulus, celles-ci devant alors être augmentées.

L'hypersensibilisation par le contact précoce se comprend par cela d'autant mieux que, de cette façon, le circuit de récompense se structure histologiquement par rapport à ces fortes rations.

Ainsi, des rats obèses montrent une concentration de dopamine extracellulaire plus faible que leurs congénères-témoins, les obligeant à continuellement réingérer une nourriture très palatable pour l'obtention d'un plaisir semblable. Ceci est donc cohérent avec l'hypothèse de l'excitotoxicité (confer *infra*), les neurones présynaptiques produisant moins de neurotransmetteurs lorsqu'excessivement sollicités ils sont.

Le rehaussement du goût doit d'ailleurs tenir à cette capacité du chlorure de sodium à être plaisant facilement, son rajout à un plat fade produisant un renforcement positif qui rehausse finalement le manger, à concentrations modérées, par une potentiation globale du signal gustatif ; à cela s'ajoute l'abaissement d'une hypothétique amertume par action des ions Na^+. [66]

L'ingestion de sucres, quant à elle, et particulièrement de glucose, fructose et saccharose, les plus largement représentés dans l'alimentation, pose aussi un problème d'addiction. [67] Ces oses ont sur les cellules du bourgeon gustatif des récepteurs dédiés [68] [69] et il existe pour eux aussi une alliesthésie négative – confer *supra* les applications de Cabanac mettant en jeu la prise d'une solution sucrée. De façon similaire au sel, cette alliesthésie ne parvient pas, en toute apparence, à empêcher une surabsorption induisant des pathologies directement corrélées.

Qu'en est-il des provisions de sucres dans notre milieu constitutif ? Ceux-ci sont abondants dans les fruits, certains légumes – carottes, navets... – les racines et tubercules de certaines plantes – artichauts, topinambours... Quoique la saisonnalité fasse varier l'accessibilité de ces aliments, il y aurait assurément toujours assez de fruits ou de légumes disponibles pour calmer le manque de sucres.

Nous voyons donc plutôt l'attirance pour la suavité de deux autres manières. D'abord, le sucre procuré par l'industrie alimentaire, qu'il soit raffiné ou non, est extrait, généralement de canne à sucre ou de betterave, c'est-à-dire qu'il est présenté aux senseurs gustatifs séparé de tout un tas de composés normalement associés à lui dans les aliments bruts.

Plus encore que pour le raffinage du sel, l'extraction et la concentration du sucre dessaisit ainsi de possibles alliesthogènes négatifs de la capacité d'entrer

en action et de contenir l'apport en sucre en contenant la consommation de fruits – entre autres. Les techniques développées par l'Homme en ce domaine octroient, comme pour le sel, une abordabilité largement accrue à la fois en termes de durée et de biomasse par le commerce de ces denrées.
Ensuite, l'association gras-sucre est primitivement peu représentée, or celle-ci, largement adoptée dans des préparations culinaires, amplifie la stimulation hédonique dans les centres de la récompense.
C'est tout comme si les molécules sucrées étaient en fait détachées d'une organisation préalable, puis réassociées ensuite en un nouvel assortiment, apte à un fort hédonisme.
Enfin, n'écartons point un effet de retenue : il faudrait alors songer que là également un effet atavique de stockage, contrebalançant la haute importance énergétique de ces nutriments, doive bien exister, et que l'alliesthésie négative, bien qu'existante, se montre encore d'une certaine permissivité.

Le relèvement gustatif, si communément reconnu aux sucres, se résout alors par le réassortiment et l'agglomération de ces molécules selon une combinaison spécialement orientée vers une facilitation de leur agrément, doublée de la prédisposition à l'accumulation préventive d'une substance calorique dont l'environnement adapté ne dispense peut-être que périodiquement l'allocation de certaines classes.

Sous l'appellation de *diversité* sera dorénavant réuni cet assortiment particulier de molécules quand certaines d'entre elles se trouvent systématiquement associées ensemble à l'état sauvage et que ce n'est que par accident qu'elles sont séparées ; l'alliesthésie peut très bien se réaliser directement sur une ou plusieurs d'entre elles et par conséquent indirectement sur les autres : *le biais est donc là la combinaison relative de ces substances mesurées par les capteurs afférents aux centres d'intégration.*
Nous devrions étendre cela à chaque fois où la substance est consommée hors de son matériel biologique originel, que l'absence d'alliesthogènes négatifs naturellement liés à la molécule et sur lesquels s'effectue la régulation encourage l'outrance.
Suite à quoi un analogue phénomène de dépendance se met en place par modification de l'activité neuronale.

Enfin, parmi ces exhausteurs de goût, le plus célèbre est peut-être le glutamate monosodique, référencé E621 au niveau européen, de plus sel sodique de l'acide glutamique, un des acides aminés non-essentiels de l'Homme, et il est responsable de la saveur umami.
Conséquemment, l'organisme est un producteur de glutamate, l'acide glutamique est d'ailleurs le neurotransmetteur excitateur le plus commun du système nerveux central, activant les récepteurs ionotropes postsynaptiques de type AMPA, NMDA, KAR, et les récepteurs métabotropes ; enfin, la glutamine, dans sa version naturelle lévogyre, passe sans encombre la barrière hématoencéphalique et constitue pour le cerveau une ressource énergétique

tout autant qu'elle est substrat pour la synthèse de protéines – étant elle-même un acide aminé.

Le glutamate est donc présent dans les aliments protéinés, comme typiquement la viande, et les bourgeons gustatifs, cellules de la langue sensibles aux molécules alimentaires, comportent de fait des récepteurs à cet acide aminé.

Néanmoins, pour activer ce récepteur, le glutamate doit se trouver sous sa forme libre, il ne peut pas le faire lorsqu'il est impliqué dans la constitution d'une protéine. Dans une viande crue se trouve beaucoup de glutamate lié et peu de glutamate libre, c'est seulement à la cuisson, par hydrolyse et cassage des protéines sous l'effet de la chaleur, que ce rapport est modifié dans le sens d'une augmentation de la part libre, donc potentiellement active dessus le récepteur. En tant qu'exhausteur de goût, il est constamment sous forme libre et donc libre d'interagir avec son récepteur, le mGluR4. [70a]

Par là, avec la saveur umami, dont les récepteurs gustatifs sont typiquement affins du glutamate, si souvent employé comme exhausteur de goût, nous achevons l'argument, car nous avons déjà soutenu que l'accession à la nourriture carnée est peut-être celle qui exige le plus grand investissement en énergie et il paraît donc bien plus rentable qu'elle soit emmagasinée lorsque disponible.

En effet, le glutamate, en tant qu'acide aminé et donc constituant protéique, se pourrait fort aisément être une sorte de représentant de la proportion des protéines dans l'aliment, également d'acides gras pour la chair animale, et l'on rappelle que seule la fraction libre du glutamate interagit avec son récepteur ; celui-ci étant l'acide aminé le plus abondant dans l'alimentation humaine, il semble d'autant plus cohérent qu'il figure la proportion de protéine dans l'aliment.

Cependant, il nous faut faire ici une escale supplémentaire, car la viande se cuisant, l'élévation de la température engendre le cassage des macromolécules protéiques – les protéines coagulent autour de soixante degrés Celsius – et de fait la libération de glutamate de ses chaînes, augmentant la part libre de celui-ci, il en va de même pour l'hydrolyse protéique dans la fermentation donnant e. g. aux fromages une forte saveur umami. Le signal de cette saveur en sera donc intensifié d'autant, mais, encore une fois, *interprété par les centres régulateurs comme l'opportunité de faire collation de nutriments infréquents*.

Cela ne contredit point l'alliesthésie négative, représentant dès lors le seuil dont le dépassement avertit des limites de capacité de mise en provision, à l'instar d'autres éléments vitaux du point de vue de la physiologie, parmi lesquels le chlorure de sodium et les sucres. L'industrie agroalimentaire fait un usage extensif du glutamate de sodium comme additif exhausteur de saveurs, et l'on parvient de la sorte à en comprendre le mécanisme.

L'Homme agit alors par deux voies : *l'extrême facilitation de l'accès à la nourriture carnée par l'élevage, ainsi que la cuisson*, l'une comme l'autre amenant par la tendance instinctive à la réservation d'acides aminés au surplus mesurable dans ces conditions.

Faisant appel aux mêmes mécanismes que pour le sel et en partie les sucres, le plaisir pris à la consommation de viande par-delà la réquisition momentanée se rattache à une prévoyance, si l'on peut dire, au regard du long laps de temps à passer sans nouvel apport animal, la tendance addictive à un revirement dans l'excitabilité synaptique.

Cette hypothèse de fonctionnement nous apparaît comme d'autant plus plausible que l'organisme humain possède des emplacements importants pour le stockage :

a) du sodium et du chlorure dans les compartiments sanguins et extracellulaires pour les deux tiers, ce qui représente déjà un volume conséquent, le tiers restant, sous forme dite non-échangeable – c'est-à-dire ne pouvant être l'objet d'un commerce entre l'extérieur et l'intérieur de la cellule – se trouve dans l'ossature, ce qui se considérerait comme la seule vraie réserve, le sodium ne jouant pas le rôle métabolique dans l'os qu'il a dans le liquide extracellulaire, mais plutôt un rôle structural. Chez l'Homme adulte moyen, il est environ 250 grammes de chlorure de sodium ; [70b]
b) du glucose, engrangé dans le foie, sous forme polymérique de glycogène, pour environ 30% du glucose (100 à 120 grammes pour un adulte de 70 kilogrammes), mais ce sont les muscles qui en accumulent la plus grande partie avec 70% du total (400 grammes pour un adulte de 70 kilogrammes), également par glycogénogénèse. [70c] Autrement, le glucose peut être transformé en triglycérides par l'intermédiaire d'une voie métabolique compliquée, la lipogenèse, à partir du glucose, qui connaît entre autres transitions l'acétylcoenzyme A.

   Nous savons l'ampleur que peut prendre ce moyen de stockage, qui rassemble aussi les graisses directement acquises par l'alimentation, sous la combinaison de facteurs génétiques, hormonaux, et environnementaux. Le glycogène de l'organisme s'élève à environ cinq cents grammes pour un Homme adulte moyen.

c) en revanche, le corps humain ne présente qu'une très faible capacité à stocker les protéines et les acides aminés – dont le stock est en renouvellement constant –, sans compter que certains d'entre eux, dits pour cela acides aminés essentiels, ne sont pas néosynthétisés par l'organisme.

   Pourtant, ceci n'est pas réellement paradoxal si l'on conçoit que l'étendue des réserves est inversement proportionnelle à l'accessibilité des éléments en cause – fréquence, abordabilité –, et que parmi les aliments les plus communs du milieu constitutif et atteignables sans encombre, certains sont fort riches en ces acides aminés : aucun n'est absent de sources végétales – plantes, légumes, graines, céréales, féculents – ou dans les œufs, ces aliments étant peu soumis à des variations saisonnières ou particulièrement hors d'atteinte.

La chair animale n'est donc pas une ressource absolument nécessaire pour l'apport en acides aminés, même si les viandes blanche et rouge en contiennent substantiellement.

À titre de comparaison avec d'autres minéraux ou sels minéraux, un Homme adulte moyen dispose d'environ 1,4 à 2,3 grammes de zinc, ou encore 4 à 5 grammes de fer [70d], éléments dont l'importance biologique n'est pourtant pas moindre, l'on peut seulement estimer que leur profusion et leur facilité d'accès n'en rend pas leur accumulation nécessairement plus grande au regard du besoin organique.

À la quantité de chlorure de sodium, de sucres ou de glutamate devrait aussi correspondre une alliesthésie négative sur leur concentration dans le bol alimentaire : déposez une pincée de sel de table directement sur la langue, très sûrement vous aurez du déplaisir et trouverez cela trop salé, mais dispensez-en la même somme sur votre assiette et celle-ci n'en sera sûrement que plus déléctable.

Nous ne porterons pas non plus négligence envers un effet connexe qui n'est point tant d'élever des flaveurs appétantes que d'en masquer d'autres qui sont déplaisantes, comme une amertume, et qui d'après notre hypothèse fondamentale sont associées à un stimulus néfaste. Un simple sucre dans un café un peu trop fort suffit à en rendre la consommation beaucoup plus savoureuse. Cela doit s'expliquer par l'affirmation d'une saveur plaisante – sucrée par exemple – sur celles se manifestant du même coup, le signal de la première s'agrandissant dans une telle mesure qu'il en rend imperceptible celui de la seconde, le plaisir prend alors toute la place sur le déplaisir.

D'autres exhausteurs de goût naturels existent :

a) Des acides aminés, la glycine et la leucine, dans leur version énantiomérique lévogyre ; en réalité, il a été découvert un récepteur gustatif hétérodimérique T1R1/T1R3, de type récepteur couplé aux protéines G, senseur des vingt acides aminés utilisés dans la constitution des protéines [71], leur goût se rapprochant soit de la saveur sucrée, soit de celle de l'umami – la glycine et la leucine sont par exemple sucrées ;
b) La thaumatine est une famille de protéines, également d'agrément sucré et extraite du fruit de l'arbre Katemfe, typique de la forêt tropicale Africaine ; il est dit jusqu'à trois mille fois plus sucrant que le saccharose, les graines sont d'ailleurs employées depuis longtemps

par les populations autochtones pour sucrer certains fruits acides, et elles sont utilisées dans les chewing-gums et desserts ; [72]

c) L'érythritol, lui, est un polyol naturellement retrouvé dans des fruits aussi répandus que melons, poires ou raisins, ainsi que dans certaines algues et lichens, et bien qu'il soit moins courant que le saccharose, sa valeur calorique est moins élevée, et il est considéré de même comme moins cariogène. [73]

Nous enclosons la faculté sublimatoire de ces produits dans le même champ hypothétique que précédemment : l'appétence profitable pour des nutriments rares et/ou particulièrement importants, ainsi que leur isolation, *leur quantité et leur association en somme.*

Et tout ensemble avec les exhausteurs de goût naturels, c'est-à-dire déjà présents dans l'aliment ou bien puisés dans celui-ci puis ajoutés ailleurs, se trouve une catégorie-sœur d'exhausteurs de saveur mais cette fois-ci créés par l'Homme.
On peut se contenter de n'en citer que quelques-uns, c'est leur mécanisme d'action commun qui retiendra notre intérêt.

L'aspartame est un édulcorant dipeptidique, fruit de la réunion de deux acides aminés, l'acide L -aspartique et la L-phénylamine.
Les récepteurs au sucré, identifiés comme l'hétérodimère T1R2/T1R3, voient multiplié, avec l'aspartame, tout comme avec les autres édulcorants de synthèse, le néotame – un dérivé de l'acide aspartique, jusqu'à treize mille fois plus sucré que le saccharose –, le sucralose – obtenu par chloration du saccharose, jusqu'à six cent fois le goût de celui-ci, et autres acesulfame potassium, cyclamate, saccharine ou dulcine. [74a]

Mais plus encore : selon Shallenberger et Acree [74b], l'identification de la saveur sucrée est subordonnée à la formation d'une paire de liaisons hydrogènes séparées de 2,5 à 4 ångström entre ligand et récepteur ; or l'aspartame reproduirait exactement cette condition à l'image d'un ose naturel.
Il est ainsi possible d'accréditer la vue selon laquelle le récepteur ne reconnaît qu'un site de sa molécule d'intérêt, cela étant suffisant dans les conditions adaptées jusqu'alors pour une exacte ségrégation ; l'exhausteur n'a donc plus qu'à présenter ce même site pour se voir conférer une faculté gustative approchante.
C'est donc encore *la ressemblance structurale avec une molécule naturelle* et déclenchant l'activation du récepteur – par exemple entre aspartame et glucose –, qui leur confère ce pouvoir goûteux ou sucrant. Nous parlerons de *qualité* pour référer à cette imitation de structure.

En outre, les ribonucléotides purines sont de puissants potentiateurs des effets du glutamate et de sa sapidité umami, le 5'-inosinate est présent naturellement et principalement dans la viande, le 5'-guanylate dans les

légumes : le mélange de ces deux molécules et leur ajout dans des préparations agroalimentaires reste un procédé mis en œuvre dans la cuisine orientale ou agroalimentaire. Le 5' ribonuclétoidedisodique augmente par exemple de quinze fois la saveur umami du glutamate seul. [75]
Ces nucléotides agissent en fait en se fixant sur un site de récepteur au glutamate – récepteur couplé aux protéines G, formé de l'hétérodimère T1R1/T1R3 –, proche du site d'adhésion du glutamate, multipliant ainsi la valeur du signal de sortie par augmentation de la fréquence des potentiels d'action. [75]
Une fois de plus, la quantité de stimulus accrue, le signal hédonique s'en amplifie d'autant, cette fois-ci indirectement par synergie avec le glutamate, dont nous avons fait une étude des mécanismes juste auparavant.

Passons maintenant aux méfaits accolés à ces élévateurs de saveur, qu'ils soient naturels ou non, lesquels sont au demeurant fort bien documentés. Ils sont doubles : il y a ceux causés par la surconsommation d'aliments induite par les exhausteurs de goût, ce qui précisément est leur fonction, et il y a ceux qui sont dus aux exhausteurs eux-mêmes, à leur ingestion en quantités supérieures à celles d'un régime basé sur les seuls produits bruts.

Pour ce qui est de la surconsommation alimentaire globale, il ne peut qu'être indiqué que le surpoids et l'obésité en sont les conséquences premières, ces facilitateurs sensoriels entraînant une accoutumance et une immodération de l'absorption de nourritures-cibles ainsi que, selon certains scientifiques, un ralentissement métabolique. [76] Sur le cas de l'addiction au sel, lire : [77].

Quant à la toxicité directe des exhausteurs de goût, il faut différencier ceux d'origine naturelle et ceux synthétisés par l'ingénierie – souvent du reste à l'aide d'organismes transgéniques.
L'abus du sel de table est corrélé avec des pathologies de l'appareil cardio-vasculaire et rénal, les plus courantes étant l'hypertension artérielle et l'artériosclérose [78] – confer *supra* ; celui de viandes rouge et charcuteries se rapporte avec constance aux maladies cardiaques coronariennes, aux accidents vasculaires cérébraux, voire au diabète sucré et certains cancers, surtout celui du côlon et de la prostate [79], on peut invoquer l'excès de graisses saturées concomitant et le surapport de la viande rouge dans l'étiologie de ces maladies. [80] Un apport trop élevé en graisses soutiendra qui plus est le surpoids, de nouvelles maladies cardiaques, pulmonaires et des cancers ciblés – avec une nocivité particulière des acides gras trans. [81]
L'hésitation se porte sur le glutamate, généralement reconnu comme bénin. [82]
Enfin, une disproportion dans la consommation de matières sucrées renforce l'éventualité du diabète sucré, la prévalence de désordres cardio-vasculaires [83] [84], le vieillissement – et bien évidemment de l'obésité ; quant aux tumeurs cancéreuses, les sucres seraient responsables de favoriser leur expansion et leur croissance. [85]

Concernant de possibles endommagements organiques dus aux molécules de synthèse, le rapport bibliographique est hésitant, à l'évidence en raison du manque de recul temporel pour l'établissement d'une conclusion statistique sûre. On ne prête actuellement pas de responsabilité aux édulcorants artificiels dans l'oncogenèse [86], mais ailleurs, et plus récemment, on nous indique une forte probabilité pour que l'aspartame, un édulcorant-phare de ces dernières décennies, soit impliqué dans la détérioration du tissus nerveux central à cause de ses métabolites : phénylalanine, acide aspartique et méthanol, lesquels seraient amenés à disturber l'homéostasie nerveuse par la production de neurotransmetteurs excitateurs, de là, par cascades réactionnelles, et selon le phénomène d'excitotoxicité, à la destruction de neurones et d'astrocytes, ayant in fine pour conséquence des troubles mnésiques, visuels, voire, comme exception ici, une prolifération cancéreuse de cellules gliales. [87]
Toutefois, les auteurs précisent, et nous tenons cela pour sensé, que de tels préjudices ne doivent leur apparition qu'à des doses suffisamment élevées d'aspartame ingérées sur la longueur.

Ce tour d'horizon actuel à propos des exhausteurs de goût sera, nous l'espérons, suffisant pour en faire émerger un patron général sur leur mode de fonctionnement, et dès lors nous enceignons les molécules responsables de la toxicomanie dans le même espace opérationnel que celles employées pour l'exhaussement des saveurs.

Nous y sommes grandement aidés par la publication de Blumenthal et coll., 2010, qui constate *la similitude des centres nerveux centraux mis à contribution dans le cas de substances toxicologiques extraites de plantes – tabac, cannabis, et cætera –, ou de l'alcool, et ceux excités lors de l'assuétude à un produit alimentaire* [88] : l'imagerie fonctionnelle médicale a montré que la consommation de nourriture et de drogue, chez les sujets dépendants, activait le système amygdalien, le cortex insulaire, le cortex orbitofrontal et le striatum, que l'appétence pour l'une ou pour l'autre influait sur les signaux fonctionnels de l'hippocampe cérébral, l'insula et le noyau caudé [88] ; ces structures sont toutes impliquées dans le système limbique, plus encore, dans le renforcement positif : plaisir, motivation, mémoire mobilisent des neurotransmissions dopaminergiques, gabaergiques, sérotoninergiques et opioïdes.
C'est ainsi que les récepteurs dopaminergiques D2 du striatum sont sous-exprimés chez les personnes toxicomanes ou obèses, en comparaison d'individus pour lesquels ces traits sont absents.

Si nous menons la double étude de la malnutrition et de la toxicomanie, avec l'espoir prorogé d'éployer un peu plus notre compréhension du machinisme se reflétant dans le paradoxe du « plaisir inutile », nous devrons d'abord trouver entre ces deux comportements ce qui est similaire ou partagé.

Nous venons en fait de trouver quelque chose qui est égal : ce sont les segments cérébraux de la récompense dont le fonctionnement se voit modifié de façon à ce que la hausse ou la baisse d'excitabilité puisse établir un plaisir caractéristique.

Ce qui nous fait avancer encore d'un pas est une remarque de Blumenthal dans le même article : on peut lire que « *L'addiction à la drogue résulte d'une* usurpation *des voies neurologiques qui sont impliquées dedans, et aident à réguler la récompense, la motivation, la prise de décision, l'apprentissage et la mémoire. Plus simplement, l'abus de ces substances "courtcircuitent" ces systèmes neuronaux, les entravant dans l'effection de leurs rôles physiologiques normaux et les* forçant *à devenir réactifs aux drogues* ». (Traduction libre de l'anglais)

Résumons : l'addiction, qu'elle soit tournée vers des molécules alimentaires classiques – sel, sucres, acides aminés –, vers des édulcorants synthétiques, ou vers d'autres composés habituellement considérés comme des drogues – éthanol, nicotine, cocaïne, amphétamines, et cætera –, et malgré leur différence de provenance, provoquent tout d'abord une stimulation intense d'organisations nerveuses du système de renforcement dans le sens d'un accroissement de la sensation de plaisir, puis, par habituation, la dose nécessaire au déclenchement d'un plaisir de ce même montant grandit, tant que les mécanismes de la désensibilisation ne rencontrent point de limites internes – déstructurations cellulaires – ou externes – appauvrissement en ressources.

Et en considérant le mécanisme de contrôle dans son entier, rien n'apparaît faire opposition à juger que *le mécanisme de contrôle est trompé par tous ces composés*, que contre ces entités exogènes, il n'a pas d'alliesthésie opérante puisqu'ils ne sont pas identifiables par les processus régulateurs, et, fondamentalement : que *l'activation du circuit de renforcement advient* comme si *un bénéfice avait été apporté à l'organisme alors qu'il n'en est rien.* Cela est d'autant plus facilité que ces molécules endogènes agissent directement sur ce dernier centre intégrateur.

Or, puisque dans un cas comme dans l'autre nous avons affaire à un plaisir qui, bien que se montrant capable d'une grande vivacité, porte atteinte, pour peu que le temps s'écoulât suffisamment, au déroulé biologique de certaines fonctions, il s'oppose en cela, et contrairement à ce que nous attendions de lui, à une régulation homéostatique du milieu intérieur.

Nous ne pouvons donc qu'accepter le point de vue de Blumenthal, lorsqu'il envisage l'addiction comme « *une usurpation* » et « *un détournement* » de la marche régulatrice normale du système de renforcement – et rejoignant en cela la remarque de Cabanac.

Voici donc notre progrès : *pour les « plaisirs inutiles », ceux en tout cas avancés par Michel Cabanac, une substance chimique trompe l'autorégulation par le plaisir, en amenant le système régulateur à déclencher l'hédonisme, normalement réservé comme signe d'utilité, en absence d'une*

telle circonstance, ou plus exactement en absence d'un comportement de consommation qui ne serait que bénéfique – comme ce fut le cas dans les premières expériences de Cabanac sur la thermorégulation ou la prise de solution sucrée à jeun.
Nous pouvons compléter en disant : c'est la fonction d'autorégulation qui est trompée dans les observations que nous venons minutieusement de décortiquer.

Est-ce que le moyen par lequel le détournement du processus régulier a lieu offre lui aussi quelque similitude entre les divers substrats sur lesquels nous nous sommes penchés ?
Relativement au chlorure de sodium, aux sucres naturels et aux acides aminés, nous avons conjecturé que leur profusion dans les sociétés industrialisées, leur facilité d'accès, *ne correspondait plausiblement plus aux conditions dans lesquelles les processus régulateurs avaient évolué jusque récemment*, et, en outre, cette accessibilité accrue était par trop contemporaine pour avoir fait l'objet d'une adaptation génétique, tout au plus peut-on soumettre : épigénétique, donc partielle – le cas échéant, il n'y aurait point de pathologies associées.

L'inadvertance des processus d'autorégulation homéostatiques, dans ces cas-ci, serait imputable à leur programmation congénitale pour un environnement où ces substances sont à la fois nécessaires biologiquement, mais exceptionnelles statistiquement, d'où une propension à leur stockage – sauf concernant les acides aminés de provenance animale : le biais est donc ici la *quantité* de ces substances, mesurées par les capteurs afférents aux centres d'intégration. L'information de cette mesure est certainement correcte, c'est l'écart entre la biodisponibilité réelle et celle préenregistrée comme telle qui induit le système en erreur : on dit, à n'en pas douter, la même chose en déclarant *qu'il existe un intervalle représentant la biodisponibilité de ces particules dans l'environnement pour lequel la régulation est opérationnelle, et qu'en dehors de celui-ci elle devient impuissante* – premier facteur d'erreur. Suite à cela, l'accoutumance sait s'installer, et à sa suite l'apparition de traits au caractère morbide.

D'un autre côté, nous avons pu mettre en évidence que les sucres étaient surtout épurés et utilisés comme tels à des fins gastronomiques, ce qui se classera comme une manœuvre sur leur combinaison natuelle, et nous parlerons dorénavant de *diversité* pour référer à un tel fait – deuxième facteur d'erreur.

Enfin, les exhausteurs de goût conçus en laboratoire, comme certains édulcorants, sont eux par définition absents du milieu structurant présent comme passé, la notion de quantité ne saurait jouer là le même rôle, ou alors on se bornerait simplement à dire que la quantité réglable est égale à quasiment zéro.
Quelle sorte de leurre leur est-il imparti, c'est d'abord à cette question que l'on répond en rappelant que les édulcorants, par exemple, induisent une saveur

sucrée plaisante alors qu'ils ne représentent pas par eux-mêmes les macromolécules énergétiques correspondantes ou l'aliment qu'elles accompagnent, ils en facilitent l'ingestion par rehaussement du goût sirupeux ou du masquage de l'aigreur ; *la confusion trouve alors sa source dans l'attribution d'une valeur organoleptique particulière à une entité moléculaire ne la possédant point*, et par quel moyen se fait une telle confusion, c'est ensuite à cette question que l'on répond en prenant acte de nouveau du *mimétisme structural entre la particule naturelle et celle artificiellement synthétisée, et dans l'impossibilité pour le capteur gustatif de départager les deux* puisque, nous l'imaginons, il n'a pas été jusqu'alors nécessaire et énergétiquement secourable de procéder ainsi : le biais est donc çà la *qualité* de ces substances mesurées par les capteurs afférents aux centres d'intégration – troisième facteur d'erreur.

Somme toute : grâce au seul approfondissement de la mécanique propre aux exhausteurs de goût, nous avons trouvé qu'avec des molécules brutes une méprise pouvait avoir lieu au niveau de l'axe régulateur, allant des récepteurs aux centres intégrateurs, quant à leur quantité, leur diversité, et pour des molécules artificielles, quant à leur qualité, leur très grande ressemblance avec une molécule constitutive.
Consignons toutefois que la diversité est en fait la réunion d'une variation de qualité *et* de quantité des espèces en présence.

Sous cette tripartition se rangent alors sans encombre les autres entités examinées par avant : examinons sous le même regard les drogues, selon qu'elles sont d'origine naturelle ou synthétique.

a) L'alcool se forme naturellement dans les fruits gâtés par fermentation alcoolique des sucres ; toutefois, mêmes les plus mûrs ne renferment pas plus que quelques pourcents d'alcool – le nectar du palmier ne titre pas à plus de 4%. On a présumé à ce sujet que, l'alcool étant un effluve volatile capable de se disséminer loin de sa source, les animaux, y compris les primates, auraient à son égard développé une grande sensibilité pour reconnaître à distance, par le surir, les aliments les plus riches en substances sucrées, rendant le bénéfice réciproque de la consommation, pour le consommateur – l'apport nutritif – et le consommé – la dispersion des graines.

Quoi qu'il en soit, la quantité d'alcool rencontrée dans ces conditions est faible, mais pas inexistante, ce qui explique l'aptitude de l'organisme à le traiter par l'alcool déshydrogénase, l'opportunité de l'ivresse, ses effets remaquables s'éloignent dans ce contexte car la dose minimale pour les provoquer n'est pas vraisemblablement atteignable de cette manière.
Le plaisir gustatif directement imputable à l'alcool, et non à ses corollaires, se comprendrait dès lors par son rapport au bénéfice nutritionnel des aliments

desquels il n'est normalement pas découplé – fruits sucrés et avantageux énergétiquement –, d'où la plaisance de l'alcool sur des préparations culinaires, cependant, dans l'histoire du développement humain, la production de grandes quantités d'alcool par fermentation de raisin cultivé et autres a conduit à une possible addiction vis-à-vis de ses actions physiologiques *et* psychologiques de fort dosage : le bien-être par désinhibition, suivi d'une habituation à ce renforcement positif médié par la voie dopaminergique. [89] [90]

Nous avons donc de nouveau affaire ici à un produit de la nature traité par les systèmes enzymatiques, mais dont la quantité disponible est drastiquement augmentée par l'Homme, et, de plus, séparé par là même de l'entité à laquelle il est originellement rattaché – les fruits maturés –, confondant les centres intégrateurs sur le bénéfice physiologique qui devrait se trouver inévitablement induit par cette contribution – rappelant en cela le problème du sucre.

b) Le chanvre contient un peu plus de quatre-vingt composés cannabinoïdes, c'est-à-dire capables de se lier et d'activer les récepteurs canabinoïdes du système nerveux, mais d'entre eux le tétrahydrocannabinol est le plus abondant.

On doit expecter l'existence de ligands cannabinoïdes endogènes pour ces récepteurs, on estime qu'il y en aurait une dizaine, mais cinq sont clairement identifiés, dont l'anandamide, et deux autres apparentés, l'arachidonoylglycerol et l'arachidonoylglycerol éther. [91]
Le tétrahydrocannabinol possède donc une configuration tridimensionnelle proche, bien que distincte, des endocannabinoïdes, lui permettant d'interagir avec les récepteurs correspondants par affinité.
C'est donc *à la fois* la qualité mimique entre des molécules du chanvre avec des homologues endogènes et l'augmentation quantitative de leur accessibilité par cultures des différentes variétés de cannabis qui se trouvent conjuguées. [92]

Une incertitude nous fait aussitôt ressortir que le chanvre, en tant que végétal, ne devrait point être étranger aux mécanismes alliesthésiques des animaux si ceux-ci s'y sont trouvés confrontés ; en effet, cette plante est originellement située en Asie, et fut du reste l'une des premières à être domestiquée par les Hommes.
À cela il nous faut rétorquer l'intense sélection qui a été menée sur les lignées de cannabis pour que, de la sorte, s'en accroisse la concentration en tétrahydrocannabinol – les espèces les plus productives étant cultivées à des fins récréatives ; de plus, l'apprêtement – séchage, broyage, fumage –, pourrait facilement aider à franchir une alliesthésie préventive contre l'excès – les graines de chanvre sont d'ailleurs traditionnellement absorbées sans dépendance notable. [93]

c) On rapprochera du chanvre le coca, plante connue et utilisée depuis des millénaires en Amérique du Sud, notamment dans les Andes où la mastication des feuilles ou leur infusion est d'usage depuis fort longtemps contre la fatigue passagère ; là encore, on ne consigne pas d'effet proprement addictif, ces feuilles n'excédant pas un demi-pourcent de cocaïne, le principe actif psychotropique.
   Cette dernière, nous l'avons dit, bloque la recapture de sérotonine dans la fente synaptique : cet effet ne doit son dû qu'à une quantité extrême obtenue lorsque l'alcaloïde est massivement extrait puis inhalé.
d) L'ecstasy et les amphétamines, en général, sont synthétisés artificiellement et sont des dérivés des phényléthylamines. Les primes recherches avaient pour but de mettre au point un bronchodilatateur reproduisant en cela l'adrénaline, mais la ressemblance configurationnelle avec des endogènes, hormis l'adrénaline, la noradrénaline, la dopamine et les catécholamines, leur conférèrent rapidement des propriétés fortement hédoniques et de là addictives.

Nous les rangerons donc dans la catégorie des substances dont l'abus dans les impressions qu'elles produisent auprès de la matière nerveuse est à rapporter à leur absence du registre génétique *et* de leur mimétisme avec des ligands biologiques, d'où une régulation inconséquente.

e) Les opiacés : l'opium et la morphine sont constituants des capsules du pavot et récupérés par exsudation. On doit aussi supposer qu'en absence de cultures spécifiques, la rareté de cette plante était un rempart contre toute possibilité de surconsommation dérivant dans toxicodépendance. L'héroïne s'en distingue puisqu'elle est une acétylation, donc une transformation en laboratoire, de la morphine.
f) La nicotine, ainsi que l'on sait, se trouve dans la plante de tabac, mais sa consommation est diversifiée : feuille à chiquer, ou à fumer en cigarettes, encore à rouler. Quelle qu'en soit la forme, le tabac vendu est adjoint d'additifs pour rendre son goût plus suave, ce qui, même pour des feuilles simplement mastiquées, facilite l'absorption au-delà d'une alliesthésie négative potentielle. À cela s'ajoute son extraction et sa concentration dans les poudres à priser, à inhaler ou dans les cigares et cigarettes, concentration s'élevant au-delà de celle de la feuille brute de la plante – au plus cinq pourcents de leur poids sec. [94]

Ainsi, il existe bien, comme nous l'espérions, un caractère commun à tous ces déclencheurs de plaisirs qui pourtant aboutissent, moyennant une exposition suffisante, à léser l'état organique : *ils trompent les processus*

d'autorégulation, soit au niveau gustatif pour les exhausteurs de goût, soit directement au niveau pré ou postsynaptique central chez le drogué.
Et ce n'est pas tout : en en retraçant la provenance, naturelle ou bien artificielle, ainsi que le mode de récupération, de préparation et de consommation, nous nous sommes rendus capables de conjecturer par quels moyens cela était rendu possible : *il semblerait en effet qu'augmenter la quantité accessible d'une substance naturelle, en modifier la qualité intrinsèque, comme la structure, ou enfin agir par la séparer d'autres composés auprès desquels elle se trouve nativement associée selon une prime combinaison, par ces trois modalités, prises ensemble ou séparément et portées jusqu'à un seuil suite auquel l'alliesthésie humaine n'est plus capable de régulation, on se fait alors à même de confondre le circuit de renforcement, retirant l'élaboration d'une sensation de plaisir alors que toutes les conditions pour l'assouvissement adapté d'un besoin ne sont point réunies.*

L'appréciation que nous venons de dresser n'est de fait qu'une confirmation des propos de Cabanac, car c'est bien de cela qu'il s'agit, le signal hédonique est en partie *délié* de son sens supposément premier : être l'annonceur que la réponse comportementale et environnementale est la mieux adaptée à la conjoncture actuelle ; nous n'avons fait qu'essayer de préciser comment cela avait lieu – la disproportion de la qualité, de la quantité ou de la diversité par rapport aux capacités héréditaires –, aussi que la toxicomanie partageait cette essence commune avec les mauvaises habitudes alimentaires.

Au cours de notre troisième chapitre, nous avons appris à identifier dans le processus régulateur une coparticipation de plusieurs mécanismes de contrôle, influençant directement le paramètre via l'action sur divers dispositifs, donnant in fine à celui-ci une valeur particulière : la modification de quantité, qualité et/ou diversité est par conséquent une action sur les *conditions*.
La conséquence peut même aller plus loin et porter à la mésestimation de la part des mécanismes connexes, comme observée avec le salage des aliments ; ce n'est plus seulement le chlorure de sodium qui est surconsommé, mais aussi les denrées qui l'accompagnent. Ce sont donc les mécanismes chargés de contrôler leur ingestion qui se trouvent en butte à la méprise, dans la mesure où des conditions inconnues d'eux, donc incontrôlables, ont été artificiellement créées.
Et dans l'arc réactionnel, qui part de l'extrémité sensitive pour rejoindre un centre intégrateur via des afférences, et qui prend fin par des terminaisons motrices ou sécrétrices via des efférences, chaque étape de ce traitement de données peut bien être le siège d'une maltransmission de l'information. Ce ne sont donc pas nécessairement les « sens » qui sont trompés, mais, au niveau histologique, et si l'on prend le cas de la toxicomanie, ce sont les récepteurs membranaires de la cellule où a lieu l'opération responsable du plaisir et de la dépendance ; s'agissant de neurones centraux, donc du centre intégrateur, ces récepteurs sont alors les mécanismes de contrôles cellulaires.

La notion de mécanisme de contrôle est par conséquent corrélative à la mesure de l'observation.

De la sorte : *les circonstances de « plaisirs inutiles » que nous avons investiguées jusqu'à présent se ramènent toutes à une confusion des mécanismes de contrôle régulant un paramètre physiologique*. Le *moyen* de cette confusion est l'altération de la quantité, de la qualité ou de la diversité des substances en présence et le *résultat* une perception hédonique en dépit d'une inadéquation partielle de cette réponse à la satisfaction ; tel est le présent résultat livré par notre enquête débutante.

Nonobstant, c'est expressément ici que quelque chose nous laisse un sentiment d'incomplétude, un fil que nous avions commencé à tirer avant le présent développement : le fait que l'alimentation se rapportât à un besoin irréfutablement constitutif, là où la toxicomanie ne serait que récréative, sans aucune liaison avec quelque besoin, et n'apporterait qu'une jouissance fugace, sans aucun excédent pour l'organisme.

On ne peut dénier que le plaisir qui découle de la consommation d'un aliment, fût-il apprêté, signe bien, pour partie, l'utilité que l'aliment lui-même apportera à l'organisme de par ses qualités nutritionnelles : on s'en convainc d'autant plus que dans des situations physiologiques extrêmes, comme la phase aiguë d'une maladie infectieuse, le plat auparavant si délectable et tant apprécié n'est plus que repoussant et nauséeux, tout accommodé qu'il soit par d'autant de rehausseurs de saveurs.

D'où, à nouveau, l'interrogation encore sans réponse à l'endroit du toxicomane : son plaisir n'est-il que factice et exempt de toute « significativité biologique » ? Au chapitre qui précède, nous avions tout juste avancé, quant à l'amorcement de la toxicomanie, l'incommodité psychologique du consommateur. Maintenant nous posons : quelle en est la source ?

Ayant pris connaissance de la prédisposition à l'abus des mécanismes de contrôle, nous voici remise en mémoire l'expérience du « Rat Park » conduite par Alexander en 1978. Ici, à deux lots de rats, il est distribué à volonté de la morphine : le premier groupe d'animaux se trouve dans un *rat park*, un lieu tout rempli de jeux variés et où les animaux étaient nombreux, seize à vingt par parc ; le second groupe était quant à lui constitué d'individus isolés, dans un environnement peu mobilisateur. Finalement, les rats de la première catégorie consommaient dix-neuf fois moins de substances morphiniques que ceux de la deuxième. [96]

Le rat étant de nature grégaire, ces tests mettaient pour la première fois en avant que *l'environnement social est prépondérant dans l'inclination à la toxicomanie, la complexion seule des molécules en question n'est en réalité pas suffisante pour expliquer le premier pas*. Il y a donc un besoin frustré derrière la toxicomanie : un besoin afférant qui plus est à la sociabilité.

Pouvons-nous agrandir cette conclusion jusqu'à l'Homme ? Pour lui, il est clair que la pression sociale, procédant régulièrement à la première rencontre avec la drogue, ne doit pas farder ce qui, à son contact, est prisé par

l'individu : détente, jouissance, contemplation, extase, ou parfois simple levée d'inhibition, en bref une expansion du champ de perception s'étendant par-delà le plaisir en soi.
Mais une telle inconsidération du prix sanitaire duquel il faut faire l'acquittement enjoint à croire que, *si ces perceptions sont réalisables grâce à l'étai d'une drogue, ils font vraisemblablement partie des aptitudes humaines, alors, il faudrait concevoir des conditions dans lesquelles ces fonctionnalités sont effectives sans que doive y être abandonné un coût par à-côté.* Quelles pourraient être de telles conditions ?

Nous trouvons une première réponse grâce à un ouvrage célèbre de Jean Liedloff, « Le concept du continuum : À la recherche du bonheur perdu ». [96a]
L'auteure, une journaliste et écrivaine des États-Unis, en très peu de mots, séjourna auprès de tribus Vénézuéliennes, les Yecuana, et observa la nature des rapports unissant les nouveau-nés et jeunes enfants aux représentants adultes ; en particulier, elle nota la tenue d'un « continuum » entre la naissance et la conquête du monde par le petit Homme, plutôt qu'un hiatus consécutif à la délivrance.
Ce continuum résiderait principalement dans le portage du nourrisson par sa mère, ou par d'autres adultes, par le partage de la couche et l'allaitement, et par l'attachement qui s'ensuit, jusqu'à ce que l'enfant cesse de manifester une sympathie envers ces habitudes ; elle confère à ces traitements le caractère quiet et paisible, l'alacrité de ces jeunes lors de leur avancée vers la force de l'âge. Toujours selon Liedloff, les pleurs, cris et agitations du bébé seraient protestations à leurs manquements.
Ainsi, le contact physique peau à peau entre le bébé et, notamment, sa mère, ainsi que la tétée, seraient des besoins, affectifs et sociaux, et leur réalisation des expériences de satisfaction.

Cela est renforcé, dans notre optique, par l'absence d'effets délétères notables dans de telles conditions, au contraire on observe plutôt un effet préventif et hygiénique – la quiétude –, et, symétriquement, par l'émergence de l'agressivité lorsque ces conditions adaptées font défaut.

Chez Freud, on trouve également l'idée de cette continuité : « [...] *la mère, qui avait dans un premier temps apaisé tous les besoins du fœtus grâce aux équipements prévus par son corps, prolonge en partie la même fonction par d'autres moyens, même après la naissance. Vie intra-utérine et première enfance forment beaucoup plus un continuum que ne nous le laisse penser la césure manifeste constituée par l'acte de la naissance.* » [14]

Mais ces considérations retiennent d'autant plus notre attention que Liedloff propose, à l'aide de ces constats, une hypothèse sur la variabilité interindividuelle de la toxicomanie, plus spécialement de l'héroïnomanie, ainsi que la cessation de cette dernière. De la sorte, *la jouissance dont le toxicomane est redevable aux substances qu'il consomme et qu'il recherche avidement à travers elles serait celle du tout jeune enfant dans les bras de la mater, alors*

que celle-ci comble tout à la fois son besoin d'amour, de nourriture et de protection ; autrement dit, l'addiction aux stupéfiants fonderait son origine dans une lacune affective précoce chez ceux qui y sont soumis, dans le rapport à la mère et aux dispensateurs des soins.
La neurologie contemporaine confirme que le système endogène d'opioïdes est largement convoqué, entre autres, par le contact social en général, et en particulier, dans le modèle animal, entre mère et petits – prototype des relations ultérieures – [96b], laissant à penser que, l'héroïne étant un opiacé, elle n'aurait aucun mal à se substituer à un défaut de stimulations innées. [96b]

On devrait alors supporter que *les drogues induisent un mimétisme émotionnel par le biais d'un mimétisme chimique au niveau de la circuiterie neurale.*
Quant à l'arrêt automatique, parfois observé chez les toxicomanes, selon l'anthropologue, correspondrait à un recouvrement complet du manque hédonique qui, après cela, n'aurait plus de raison d'être.
Nous aurions présentement mis la main sur la pièce qui nous manquait : *la toxicomanie consiste elle aussi en la satisfaction artificielle d'un besoin, un besoin* affectif, *là où dans l'alimentation rehaussée la part de satisfaction est celle d'un besoin physiologique*.
Le *rat park* d'Alexander et les observations de Liedloff sont par conséquent d'une grande congruence.

La nutrition répond donc à un ensemble de besoins physiologiques par un comportement approprié et plaisant, lequel, au reste, peut être perturbé dans sa régulation par des additifs alimentaires ; la toxicomanie agit, au fond, de même, elle créé des conditions propices à l'émergence d'un bien-être par action directe sur le système nerveux, *elle se substitue, en quelque sorte, aux conditions adaptées qui auraient eu le même effet sensoriel, et qui vraisemblablement font ou ont fait défaut : elle répond, quoique de façon artificieuse, à un ensemble de besoins psychologiques, l'irrépressible besoin d'amour*, tel est présentement notre bilan.
Alors, dans un cas comme dans l'autre, le plaisir ne serait pas totalement spécieux, *une portion du plaisir revenant à une réelle satisfaction, l'autre, à l'effet fallacieux que nous nous attachons à comprendre*. Se trouve toujours un besoin caché là-derrière, même lorsque le plaisir est partiellement délié.

Or, malgré nos avancées sur les bases qui nous ont été proposées par Cabanac, nous suspectons que nous ne sommes pas encore arrivés à une conclusion satisfaisante pour clarifier la problématique que nous avions posée.
Une interprétation a tout de même été entreprise : quant à la production d'un plaisir en dépit des effets délétères d'une substance, nous avançons que le *moyen* qui préside à un tel égarement est *une confusion des mécanismes de contrôle* redevable à une altération de leur quantité accessible, de leur qualité de structure, encore la diversité de l'ensemble dans lequel elles prennent place ; il nous manque maintenant à explorer pleinement le facteur causal qui,

chaque fois, pousse à agir sur ces paramètres en les modifiant indûment, puis à essayer de réunir le tout en une totalité conséquente.

La reconnaissance qu'une récompense artificielle semblait se fonder en réalité sur un besoin pourrait nous aider dans la compréhension du fondement de ces comportements trompeurs : car dans toutes nos illustrations, assurément, *cela est l'Homme lui-même qui modifie quantité, qualité et diversité*, non une entité qui lui est étrangère, et au demeurant sans méjuger des effets pathologiques qui sont encourus : mais alors, se dit-on, dans quel *but* ?

Est donc encore absent de notre raisonnement un élément, spécialement celui qui résout la question venant juste de surgir : quelle intention encourage le recours aux artifices qui s'emploient au remaniement des indices quantitaifs, qualitatifs et combinatoires en dépit d'effets délétères visibles ? Nous avons bien trouvé un motif lorsque nous prenions en considération la tromperie faite aux mécanismes de contrôle, ains pas la cause première, car à son tour, elle pose une incertitude sur le fondement de cette duperie.

La cause première est en effet comme nous l'entendions au premier chapitre, celle qui rend cohérente la théorie et la referme sur elle-même en un mouvement circulaire. Nous ne savons pas vers quel chemin nous tourner pour cela, alors il nous faudrait peut-être revenir au mécanisme alliesthésique lui-même, au rapport du plaisir au besoin et à l'utilité du comportement envers la réponse…

Il est bon de se souvenir que l'animal tend à maximiser sa perception plaisante, que quand un conflit entre des motivations inconciliables apparaît il s'oriente vers celle qui produit l'émotion la plus agréable, et que par cet intermédiaire il parviendra à un équilibre homéostatique.

C'est à cet endroit précis que nous avions possiblement négligé un corolaire tout à fait primordial, et dont la subtilité de trait n'a d'égal que le caractère déterminant : la dépendance de l'hédonisme à la qualité simultanée d'un besoin et d'une réponse comportementale place le plaisir comme le moyen de sélectionner la réponse la plus adaptée, ceci par suite de la *sensibilité sensorielle*, soit, mais dès lors : *le plaisir n'est jamais un but en soi, il n'est jamais l'objet du comportement*, ce but est au contraire la satisfaction d'un besoin, et le plaisir représente le *moyen* par lequel le comportement est poussé vers ce but.

L'on compléterait : *faire du plaisir un but, même partiel, revient à dériver le processus régulateur spontané, donc à affaiblir son efficience*, et c'est, posons-nous déjà, de cet affaiblissement que naîtra le déséquilibre ou effet délétère.

Or cela est précisément ce qui est réalisé par les exhausteurs de goût et les drogues ; *l'obtention d'une décharge hédonique, immanquable dans son avènement, se fait le but de la conduite ainsi entreprise* : de cette façon sera défini le *gain de plaisir*.

Que l'on comprenne : *le but d'une pulsion ne saurait être le plaisir même*, car tout comportement nécessite un débours d'énergie, il doit donc, afin de maintenir la valeur sélective des êtres, apporter un avantage biologique ultérieur, ce qui n'est point le cas de la simple stimulation hédonique.
- Voyons, le plaisir pourrait tout à fait être au départ d'un embellissement de l'existence, ou même favoriser, à l'extérieur de l'individu, la cohésion d'un groupe...
- Mais tout cela est l'effet du comportement pulsionnel et non de l'unique plaisance, la cause en étant la pulsion même.
Et le gain de plaisir de devenir, dans l'expérience hédonique, *le montant variable de plaisir produit pour lui-même*, donc hors de tout sens biologique. Cette expérience même sera reconnue comme une *maîtrise du plaisir*.

Il n'y a, à notre connaissance, qu'une seule publication de la littérature scientifique actuelle qui fasse état de la propension humaine pour un tel mésusage du système de régulation par le plaisir : il s'agit de l'article « The origins of agriculture: a biological perspective and a new hypothesis » par Greg Wadley et Angus Martin, publié dans le « Journal of the Australasian College of Nutritional and Environmental Medicine » en avril 2000. [97]
Les auteurs entreprennent là une étude bibliographique interdisciplinaire à la conquête d'un nouveau facteur pouvant expliciter un cas particulier, le passage des Hommes à l'agriculture et leur sédentarisation il y a environ dix mille ans, abandonnant alors progressivement leur statut de chasseurs-cueilleurs. Cette transition doit en effet recevoir un éclaircissement d'autant plus que, par ailleurs, il a été fortement alludé que cette modification environnementale allait de pair avec une réduction de la qualité globale des aliments et donc de la santé des individus. [98]

Cette contradiction serait atténuée à la lumière de la biochimie des nutriments mis en culture : la digestion par hydrolyse de la gliadine, une protéine du blé et de l'orge, entre autres céréales, libère des peptides opioïdes qui procèdent, au niveau du système nerveux, semblablement aux drogues morphiniques, c'est ainsi que l'on considère également ces molécules comme des *exorphines* ; de même l'absorption de la caséine du lait se termine par la production de dérivés opioïdes, l'activité de la casomorphine bovine étant, qui plus est, supérieure à celle de la casomorphine humaine. [99] [100]

Il n'est pas lieu ici de détailler tous les effets comportementaux ou somatiques qui ont été ensuite concédés à une telle habitude, et l'on laissera le lecteur intéressé se référer directement aux articles afférents – on se contentera de relater les intolérances allergiques imputées au gluten et aux laitages, et de citer les études de Dohan [101] [102], Dohan et collègues [103] [104], notifiant que les « *symptômes de la schizophrénie ont diminué lorsque des patients ont été nourris avec un régime exempt de céréales et de lait* ». (Traduction libre de l'anglais)

Mais ce que nous retenons plutôt, en amont de ces effets délétères, est bien autre chose : ces exorphines alimentaires, aux doses de consommation courante, sont internalisées par l'intestin [105], puis acquièrent un pouvoir comparable à la morphine et à l'enképhaline endogènes [106], tel que « *l'analgésie et la diminution de l'anxiété, qui sont habituellement associés aux opioïdes dérivés du pavot* » (Traduction libre de l'anglais) [107], ou encore un ressenti de bien-être. [108]

Il s'ensuit, rationnellement, qu'« *un des phénomènes les plus saisissants dans ces études est que les patients montrent souvent des besoins exacerbés, une dépendance et des symptômes de manque en ce qui concerne ces aliments.* (Confer Egger, 1988 [109], citant Randolph, 1978 [110] ; voir également Radcliffe, 1987 [111] ; Kroker, 1987 [112] ; Sprague et Milam, 1987 [113] ; le Wraith, 1987 [114])

Brostoff et Gamlin, 1989 [115] *ont estimé que cinquante pourcents de patients présentant des intolérances montrent* un besoin exacerbé pour les aliments qui leur posent des problèmes, [...]. *Les symptômes de manque sont semblables à ceux liés aux dépendances à une drogue* [111]. *La possibilité que les exorphines soient impliquées a été notée (Bell, 1987)* [116] [...]. » (Traduction libre de l'anglais)

Certaines céréales ainsi que les produits laitiers de vache s'apparentent donc, pour ce qui est de leurs répercussions cérébrales, à tout autre produit addictif, stimulant le système de récompense sans que les conditions soient complètement ajustées.

Ainsi forts de ces indications, les chercheurs concluent et élargissent de la sorte leur étude : « *Nous avons passé en revue l'observation de plusieurs domaines de recherche qui prouve que les céréales et les produits laitiers ont des propriétés de type drogue, et montré comment ces propriétés ont pu avoir été l'incitation à l'adoption initiale de l'agriculture.* [...] *Les céréales sont toujours une nourriture de base, et les méthodes de* récompense artificielle *se sont diversifiées depuis cette époque, y compris aujourd'hui un éventail d'artifices culturels, pharmacologiques et non-pharmacologiques, dont la fonction, éthologiquement parlant, est de* fournir une récompense sans avantage adaptatif. *Il semble raisonnable donc de suggérer que non seulement la civilisation résulte de l'autogestion de la récompense artificielle, mais qu'elle est maintenue de cette façon parmi les humains contemporains.* » (Traduction libre de l'anglais).

Le plaisir est alors devenu un gain, plus uniquement un signal.

Il nous faut donc revoir nos cas d'école à la clarté de cette nouvelle déduction ; n'est-ce pas pour soutirer davantage de plaisir que les plats sont assaisonnés, que leurs goûts sont relevés ? N'est-ce point aussi à ce but que la drogue est ingérée par le toxicomane, dans la poursuite ardente de sensations extatiques ? Il peut être répondu que oui, car nous savons que toutes ces substances portent leurs effets sur des structures nerveuses du circuit de récompense, lui-même désigné comme centre du plaisir.

- Dites-nous plutôt comment êtes-vous si sûrs que ces agissements déplacent bien le plaisir de moyen en but ? Le plaisir aux céréales n'est-il pas

tout simplement l'épanchement d'un besoin ? À quoi reconnaître qu'il s'est distancé de son rôle primordial ?
- Nous répondrions : par deux indices au moins ; le premier est le plus simple, c'est que *dans les conséquences d'un tel comportement se trouvent enchevêtrés inextricablement un bénéfice apparent du corps ou de l'esprit, avec en même temps une atteinte à l'homéostasie organique*, cela nous l'avons amplement montré dans les illustrations de l'alimentation et de la toxicomanie, tout l'écueil étant constitué de cet enchevêtrement, ainsi les céréales, par exemple, sont porteuses à la fois de nutriments profitables et toxiques pour l'Homme ; le second indice, et nous allons essayer de sonder cela juste après, est la *mentalisation* de l'opération, au sens où il a été constaté par le passé qu'une modification environnementale, par action de la musculature, avait provoqué un plaisir accru et que de ce fait la même action se trouve à l'avenir rééditée dans l'attente que de nouveau ce plaisir resurgît ; or par cette tournure d'esprit, la marche de l'autorégulation selon l'alliesthésie en est modifiée dans son essence, car le comportement voit rompu son lien avec le besoin et le plaisir comme trait d'union, ce n'est plus le besoin seul qui est le moteur comportemental, mais aussi la quête du plaisir – c'est d'ailleurs dans cette mentalisation qu'a lieu le désaccouplement entre plaisir et significativité dont fait mention Cabanac.

Ce dernier fait est-il identifiable dans le cas des exhausteurs de goût et de la toxicomanie ? Cela pose dans son entièreté la question de l'initiation du comportement et de sa perpétuation. Nous maintiendrions que l'expectative du gain de plaisir se musse bel et bien derrière ces conduites.

L'assaisonnement culinaire, même la cuisson comme nous l'avons considérée pour la viande, l'addition de rehausseurs de goût, sont des entreprises pour lesquelles l'élaboration intellectuelle a une valeur élevée et révèle une *intention de rendre meilleur* ce qui sera mangé, autrement dit que le plaisir à la consommation soit plus grand, que ce soit pour le bénéfice propre ou commercial.

La toxicomanie possède aussi incontestablement ce tropisme hédonique.

Si nous nous ramenions aux rapports entre l'instinct et l'intellect, on en viendrait à déclarer que le second prend le pas sur le premier quand le plaisir, de moyen régulateur, est transposé, même incomplètement, en but premier. L'autorégulation alliesthésique supportée par l'instinct est alors pour partie prise en charge par une élaboration cognitive, un raisonnement vaticinant qui se substitue à la réaction instinctive, diminuant de fait sa portée.

Quant au second indice, nous avons déjà montré les atteintes causées d'un côté par l'apprêtement alimentaire, de l'autre par la toxicodépendance en dépit du plaisir qui accompagne ces deux conduites.

Soit dit en passant, on ne confondra pas une récompense artificielle avec un de ses effets : ici, l'ingestion puis l'interaction avec le système nerveux d'exorphines à visée hédonique découle bien de la première, mais la pratique agricole en soi en est un des seconds – ensemble avec la sédentarisation par exemple.

Nous n'avions déjà pas, au chapitre 3, retardé l'assimilation de la pulsion à la régulation alliesthésique ; cela nous est rendu plus facile par l'approche du système psychanalytique qui, souvenons-nous-en, avait déjà clairement rapproché le plaisir, la pulsion et la satisfaction du besoin, il suffirait d'adjoindre que, poussé par celle-ci, la pulsion vise à le supprimer par l'accès à la motricité adéquate, la pression de la pulsion et le plaisir qui l'escorte se prolongeant tant que ceci n'est point advenu ou dépassé : on trouve donc acceptable et sensé le rattachement de la pulsion à l'alliesthésie. Si la pulsion est déviée de sa finalité homéostatique, celle-ci ne pourra alors pas être correctement atteinte.

Qui plus est, c'est sur la sensibilité hédonique que nous faisons peser l'action de l'intelligence en vue d'un gain de plaisir. Cette action est nécessairement consciente étant donné la complexité qui peut lui être inhérente – agrémenter des aliments, cultiver puis extraire un principe actif d'une plante, procéder à une synthèse moléculaire –, mais cette recherche de plaisir délié est, elle, tantôt pleinement inconsciente – puisque maintenant nous nous efforçons de la faire venir au jour de l'entendement –, tantôt elle ne l'est qu'en partie : je suis bien avisé que le sucre ajouté à mes fruits sert à rendre l'ensemble meilleur, mais je demeure dans l'ignorance que, si jamais notre hypothèse devait renfermer ne serait-ce qu'une part d'exactitude, ce faisant, je dévie le cours des processus de régulation correspondants, et que cela est possible grâce à la confusion de leurs mécanismes de contrôle.

Un autre angle d'attaque ne peut nous échapper : par ce glissement dans le statut du plaisir se dévoile un autre caractère, celui de la *prévisibilité* et de la modification du rapport à la temporalité. La souvenance du plaisir obtenu antérieurement grâce à la réunion de conditions spécifiques va, postérieurement, encourager à réunir de nouveau ces mêmes conditions avec l'ambition de retrouver un plaisir au moins identique, voire plus grand encore, dans l'éclat de ses subtilités.

Toutefois, on ne peut se priver de croire que le besoin, encore une fois normalement inconnu de la conscience, puisse s'accorder à ce mode de fonctionnement, car ce dernier est de l'instant pour chacune des fonctions de l'être, il est ainsi à un moment, différent de celui d'avant, et peut-être autre que celui d'après, il est intimement lié au *présent* ; or, l'intromission de l'*attente* intellectuelle dans le processus de régulation fait devenir incertaine son efficacité, car il n'est convenablement pas possible que la raison se trouve nantie de l'aptitude à connaître l'état à venir d'un besoin, même si ce futur est proche, tant les variables entrecroisées qui font ensemble l'organisme sont multiples et le tout complexe, d'où l'existence de dispositions instinctuelles, graduellement mises en place au long de l'évolution de la vie, qui sont capables d'intégrer les informations à visée régulatrice sur les grands

domaines que sont le soma et la psyché : l'alimentation, le repos, l'activité, la sociabilité, la posture, la sexualité, et cætera.
C'est peut-être de cette manière que se comprend mieux, ce qui nous est souvent permis d'entendre, qu'il est valuable de « vivre dans le présent », et par ailleurs qu'il est anxiogène de se projeter permanemment vers le lendemain car alors la rupture avec les besoins est d'autant plus consommée, sans compter que l'assimilation de nombreuses relations de causes à conséquences futures atteint rapidement les limites du traitement par l'intellect : ce dernier tempérament a bien plutôt les traits d'une *fuite*.

D'un point de vue énergétique, ce procédé serait donc moins avantageux, car la détérioration causée à l'organisme par la confusion des mécanismes de contrôle doit être compensée par une série de mesures réparatrices, médicales, qui en soi mobilisent une énergie épargnée en l'absence de récompense artificielle.

La poursuite de la satisfaction *spontanée* selon un comportement guidé par le plaisir se taxerait bien du schéma de l'alliesthésie. Mais il faut faire preuve de la plus grande mesure lors du recours à la spontanéité, par ailleurs concept fort utile à nous : *c'est bien en une opposition au processus spontané tel que nous l'avons décrit que consiste le plaisir transformé en but partiel.*
L'on se dirait bien que c'est spontanément que nous assaisonnons nos plats, mais le gain de plaisir est déjà entré en jeu, c'est donc ce dernier qui manœuvre à travers la récompense artificielle et non plus le seul processus régulateur à l'œuvre, unique moteur de ce que nous considérons comme spontanéité. La récompense artificielle est donc tenue comme non-spontanée relativement à cette spontanéité établie comme première : celle du processus régulateur alliesthésique dans son apparition génétiquement programmée, tout du moins, à ce que nous en entrevoyons.

La spontanéité est donc la concrétisation, en quelque sorte, du principe de plaisir, elle cède à une possibilité immédiate mais avisée d'hédonisme et repousse au plus loin possible, dans l'espace et dans le temps, tout ce qui s'y opposerait et se colorierait alors de déplaisir.
Et aussi bien la plus pure satisfaction que la récompense artificielle même se rallient à ce principe ; dans le second cas, cependant, la « spontanéité » est accompagnée d'un procédé dont l'objet est la maîtrise hédonique.
Selon ces propositions, l'intellect indisposé concourt finalement, comme l'instinct au travers du plaisir et de l'alliesthésie, à maximiser le plaisir et à minimiser le déplaisir, paramétrage apparemment foncier de la psyché ; cependant, l'écart entre les deux procédés serait que l'intellect s'en avise par une action sur une série de grandeurs – quantité, qualité, diversité – portant à confusion les mécanismes de contrôle, moyen par lequel une fraction du plaisir est obtenue pour elle-même et devient maîtrisable, plutôt qu'en s'en remettant à la satisfaction des besoins.

La spontanéité se place alors dans la réceptivité à l'instantané. Pour cela, il est indispensable que la ressource soit accessible, son absence, ou sa trop grande difficulté d'abord, reviendrait à considérer qu'il y a une inadaptation entre un être et son environnement. Ceci renvoie à l'origine de cette inadaptation : par quelles causes le milieu a-t-il été privé de cette ressource ?

Toutefois, la vigilance que nous essayons toujours de faire nôtre nous met en demeure de ne pas pour autant faire acte de condamnation à l'égard de la capacité des Hommes, et d'autres animaux, de projeter leurs actes dans l'avenir, à imaginer en pensée les implications de ceux-ci et à agir en fonction – il s'agit assez sûrement là d'une des fonctions de l'intelligence.

Cela ne jette pas non plus l'anathème sur le pressentiment qu'un plaisir va nous être donné suite à une satisfaction, c'est la vaticination du plaisir par déjà anticipé qui, très certainement, produit l'infléchissement du processus régulateur alliesthésique. L'assoiffé sachant qu'il va boire entrevoit déjà son contentement sans être en rien victime d'une fourberie de ses sens.
Si le plaisir peut être soupçonné avant que d'atteindre son faîte dans la satisfaction, on ne saurait par contre présager de ce qui est nécessaire à cela, de la réponse qui y conduit par la voie du plaisir, et ce n'est, à notre avis, que via une *attitude*, une disposition d'esprit, à l'*ouverture* face au besoin à venir, une attitude de *lâcher-prise*, d'*abandon*, à l'*accueil* des phénomènes internes et externes ainsi qu'à la conjoncture des circonstances extérieures, qu'une telle voie peut se montrer accordable.
Nous tenons pour indispensable la conclusion que *le plaisir de satisfaction peut bien être pressenti, mais ce qui ne peut être prévu, c'est la nature des conditions qui y mènent, et bien plus encore, le lieu et l'heure de leur éclosion.*

Il faudrait donc introduire que par l'intellectualisation, il est anticipé qu'un stimulus, ou ensemble de stimulus, va produire une sensation plaisante, devenue objet du comportement, par des moyens que nous avons essayé de décrire et rassemblés sous l'expression de « récompense artificielle ».
Mais l'intellect ne saurait seul avoir connaissance de la réponse la plus opportune, car cela, sans nul doute, outrepasse ses capacités tant le nombre de données à inclure est grand, ou alors, cela se ferait dans un état de conscience plus vaste que celui dont nous disposons habituellement.
Ce serait donc à la pulsion et à ses manifestations, l'inspiration, le souhait, de *servir* par ce chemin.
Et bien que dans les deux cas, pulsion seule ou récompense artificielle, ce soit le plaisir qui guide le comportement, il paraîtrait y avoir une réelle différence entre, en quelque sorte, l'abandon à lui – *par le plaisir* –, et sa maîtrise mentale – *pour le plaisir*, où le plaisir est *décrété* sous le coup d'une particulière *volonté*.
Cela enrichit la perspective que d'être dans l'ignorance de la source du plaisir avenant et son abandonnement à elle, la surprise rajoutant, à n'en pas faire hésitation, à l'allégresse qui va de pair avec le plaisir de satisfaction.

Alors, étant donné que les besoins et les bonnes ressources ne sont pas mentalement prévisibles, cette réinstauration maniaque de conditions qui autrefois délivrèrent un grand plaisir, dans l'attente de la réitération de celui-ci, peut tout à fait aboutir à un plaisir moindre, voire nul, car il est peu probable, quoique pas impossible, que la même exigence biologique se représentât intacte à ce moment-ci. De cette attente déçue ne peut que découler un état de *frustration*.

En sus, le plaisir obtenu par l'entremise d'une récompense artificielle étant généré par un abus fait aux mécanismes de contrôle, il comporte cette part de mécanicité, d'automatisme le rendant certes présumable, mais ce faisant le coupe d'une profondeur, d'une dimension supplémentaire, c'est un *plaisir superficiel* – mais un plaisir tout de même.

- Cela dit, la tradition philosophique a déjà bien souvent mis cette question en débat : la vérité est-elle accessible par les sens, ou bien ceux-ci sont-ils trompeurs ? On admettra qu'en de nombreuses occasions, ils le sont ! En ceci la confusion des mécanismes de contrôle telle que vous la décrivez ne fait pas tant preuve d'inventivité…

- Deux cas de figure doivent être soigneusement distingués. Le premier concerne la limitation de nos sens à appréhender le réel, et cette limitation est d'autant plus réduite que l'Homme a mis au point des instruments de mesure pour pallier à cette dernière. C'est ainsi que l'on a l'assurance que certaines sensations sont non-conformes à la réalité : la rame partiellement immergée semble bien porter une cassure à l'interface entre l'air et l'eau, et nous avons déjà évoqué (confer le chapitre 1) les multiples tests visuels où des lignes droites sont vues courbes, et cætera. Quant à l'hallucination, qui, contrairement à l'illusion, s'origine dans le système nerveux et non dans l'organe des sens, elle fait apparaître dans certaines pathologies des figures monstrueuses à la place de simples taches, et la liste s'allonge à volonté.

Or, la biologie considère les dispositions rendant possibles les illusions sensitives comme, au contraire, la conséquence d'une adaptation à l'environnement : ainsi, au niveau de certaines cellules réceptrices de la rétine, des afférences inhibitrices affaiblissent le niveau d'excitation de récepteurs contigus, permettant la focalisation du signal sur d'autres, ce qui a pour conséquence de renforcer la précision du signal ; l'oreille humaine est plus sensible aux fréquences sonore de notre voix, et ainsi de suite. Ces restrictions sont alors gage d'efficacité dans la sensibilité à la détection de mouvements ou aux appels de congénères, même si cela implique une perte collatérale de résolution.

Venons-en alors au second cas de figure, c'est-à-dire celui où les mécanismes de contrôle sont abusés dans un but hédonique. Il y a aussi bien une mésestimation de la part de ces derniers, mais cette fois-ci, elle ressort d'une *intention* élaborée de produire du plaisir en-dehors du strict besoin, et nous estimons que cette mésestimation peut avoir lieu car les paramètres qualitatifs, quantitatifs ou combinatoires ne sont pas ceux du milieu adapté.

On qualifiera donc bien d'erreur d'estimation cette dernière production de plaisir, mais, dans le cadre de la récompense artificielle, elle résulte non pas de mesures adaptatives, mais de dispositions qui, bien qu'inconscientes, sont de nature intellectuelle et vise le gain de plaisir ou la réduction de déplaisir.
La première illusion est au service des processus régulateurs, la seconde au service du gain de plaisir et engendrera ainsi un effet délétère.

Une des premières expériences qui peut, du reste, être menée en vue d'accroître l'hédonisme consiste, ayant identifié un besoin, à en retarder volontairement la satisfaction pour que, le besoin s'agrandissant avec le temps, le plaisir pris à la satisfaction en soit lui aussi proportionnellement agrandi. Avec la faim, la satisfaction sexuelle ou excrétoire, une telle tentative trouve un substrat facile.

Cette conduite, en soi non-spontanée, puisqu'elle fait intervenir une volonté spécifique dans la prorogation est, d'après nous, de même redevable à la récompense artificielle. Le plaisir est accru par accroissement du besoin, ce qui constitue bien un abus des mécanismes de contrôle dans la mesure où les conditions extérieures étaient toutes remplies pour la satisfaction, mais que celle-ci a été refusée *comme si* cela n'avait pas été le cas.

La maîtrise du plaisir étant à présent évidente, et consistant en l'élévation du montant de celui-ci, on ne verra pas seulement un effet délétère en ce qu'une satisfaction trop longtemps retardée menace la régulation, mais surtout en ce qu'un tel comportement vient grimer un manque global de jouissance, donc d'assouvissement, qu'il est de la sorte tenté de combler.

On suppose en effet que la satisfaction immédiate dans le milieu adapté garantit à elle seule l'octroi d'une dose appréciable de plaisir, éloignant de ce genre de tentative.

Une expérience semblable est remportée en s'imposant une souffrance, un déplaisir, dans le calcul qu'avec la cessation de celui-ci éclose un *plaisir de soulagement.*

Après avoir parlé de passage du plaisir de moyen à but partiel, puis paraphrasé cela en disant que l'intellect se substituait à demi à l'instinct, une troisième et dernière façon de se saisir de cette hypothèse est d'exprimer que, ce faisant, il se produit dans la psyché une dominance sur le plaisir, une maîtrise des lois représentées par les processus autorégulateurs mis en place par le vivant.

Il sera en outre référé à une *fascination des sens* – du latin classique « fascinare », « *faire des charmes, des enchantements* », et signifiant « *subjuguer, tenir sous son empire, sous sa domination, sous son influence* » pour le Trésor de la langue Française – afin de décrire à cet envoûtement laissé sur eux par le gain de plaisir, et dont l'expérience itère et réitère à chaque fois son impression enchanteresse.

La faculté de l'intellect à décréter le plaisir lorsque tel est son souhait, par une action réunissant de nouveau des conditions ayant déjà produit cet effet, pourrait-on dire, fascine les sens et, en tout premier lieu, l'intellect lui-même, car alors, il se sent puissant.

Nous ne serions, pour finir, pas exhaustifs en n'exposant point qu'une dernière épithète de la biologie rend tout le reste possible : il s'agit d'un attribut de la *génétique* autorisant l'erreur d'estimation que nous estimons être celle des mécanismes de contrôle avec la récompense artificielle.

La confusion repose, finalement, sur les capacités d'adaptation limitées des organismes à leur environnement (confer chapitre 3), ceux-ci étant sélectionnés selon leur adéquation avec lui ; ainsi ils deviennent de plus en plus aptes à y trouver les réponses à leurs besoins, et à discriminer derrière l'ensemble des conditions présentées celles qui y correspondent le mieux, de celles qui, au contraire, sont menaçantes, bref à procéder à une gestion de la dose convenante.

Or, par-delà ou en-deçà de ces limites d'adaptation, et afin de maintenir sa survie, c'est par un renoncement de plus en plus grand à l'épanouissement de certaines fonctions non-vitales et à la réallocation de l'énergie à d'autres, plus essentielles, que va se mettre en place une accommodation à des variations de plus en plus grandes de l'écosystème. Si cette situation perdure, une réadaptation à ces nouvelles conditions aura bien lieu, mais à un rythme qui est propre aux espèces.

La nature de la réaction dépend de la rapidité de survenue du changement envers lequel elle offre une répartie : à court terme, elle est physiologique uniquement, la mydriase répond à une chute brutale de la luminosité, l'augmentation du travail cardiaque à l'effort physique, la libération d'insuline à la montée de la glycémie.

Face à un éloignement plus conséquent et/ou plus durable de l'état optimal instantané, des réactions impliquant le génome vont être requises : ces moyens d'accomodation, à la mesure d'une vie, consistent, chez l'Homme et bien d'autres formes de vie, y compris végétales, en deux catégories de mécanismes : l'épigénétisme, qui favorise ou défavorise l'activation de gènes, et l'épissage alternatif, lequel, à partir de la séquence nucléonique d'un seul des gènes, peut produire diverses variantes de protéines, en jouant sur la dégradation ou la conservation des séquences introniques entre les étapes de la transcription de l'ADN en ARN messager et la traduction de celui-ci en protéine.

Enfin, lorsque plus longue encore est la période de désorganisation, voici qu'elle devient définitive et dépasse le temps de l'existence, cela s'opère alors par le biais de la pression sélective sur des mutations survenues dans la suite désoxyribonucléotidique – dont il se fait quatre sortes : substitution, insertion, délétion, et transposition –, ou bien après un phénomène de migration – arrivée d'une population autochtone dans une population-hôte –, ou enfin la dérive génétique – redistribution de fréquences alléliques dans une population suffisamment petite.

Ces rajustements de l'ADN sont inscrits sous le sceau de l'hérédité et se répandent, de génération en génération, tant que l'avantage confère une meilleure adaptation au milieu. Néanmoins, les mutations dites somatiques ne concernent que l'individu, par opposition aux gonadiques, lesquelles affectent les cellules germinales et sont donc transmises à la descendance.

Grâce à ces connaissances sur les mécanismes d'adaptation et d'accommodation des êtres à leur entourage d'une part et aux remarques faites au tout premier chapitre sur la dépendance de la véracité d'une proposition au cadre contextuel dans lequel elle est vérifiée d'autre part, nous ferons preuve de grande précaution lorsque nous étudierons ou consignerons des résultats obtenus sur des individus, humains ou non, dans un de ces contextes particuliers ; nous ne serons pas insoucieux de ce que cette observation est peut-être certaine, mais que pour autant, elle n'est pas par là poussée à le demeurer dans toutes les conditions potentielles dans lesquelles ces mêmes individus peuvent être placés ; en extrapolant trop hâtivement ces résultats à la nature de ceux chez qui on les a observés, on court le grand risque de passer outre à la rigueur à laquelle nous astreint la pensée scientifique.

Nous reprenons ce point ici et insistons dessus car *la récompense artificielle représente en fait une translation de cadre*, de l'adapté vers l'inadapté, du point de vue du processus régulateur, le plaisir n'étant plus seulement un guide vers la satisfaction, il est maintenant érigé en dessein à part entière. S'il devait, comme nous le supposons, en résulter une dysfonction, l'organisme devrait s'adapter à elle suite à ce glissement dans la contexture de l'environnement. Mais *cette translation d'être trop rapide par rapport à la vitesse d'adaptation des processus génétiques* – nous pouvons l'affirmer, sinon aucune atteinte ne serait décelable et rattachable à un comportement particulier.

La biologie convient en effet d'une vitesse d'évolution de cette information génétique dont la modification environnementale engage sans cesse à s'adapter à elle. On en déduit alors que si une telle modification de condition excède la vitesse d'adaptation, de ce décalage naîtra une perturbation de la tendance à l'autorégulation. Nous croyons que c'est ce qui se produit plus généralement dans le décalage vers l'inadaptation sous la pression de la récompense artificielle.

Et l'on consentira déjà à ce que *le symptôme attribuable à une récompense artificielle s'analyse au final comme l'inadaptation biologique des processus régulateurs au plaisir délié*.

Qui plus est, et de façon générale, le constat qu'un stimulus délétère peut être d'abord plaisant nous amène à supposer que pour se prémunir de quelque chose, il faut préalablement avoir interagi avec et en avoir subi des effets dommageables pour, a posteriori, allouer de l'énergie à la construction d'une protection. On suppose donc que *ce qui est méconnu des systèmes de contrôle, donc de la génétique, paradoxalement, et quand bien même cela serait dommageable à terme, provoque facilement du plaisir, en particulier*

lorsque combiné avec le procédé de la récompense artificielle – comme le plaisir à boire du lait bovin pour l'Homme.
Concernant l'alliesthésie négative, on pense donc que les conditions qui sont suffisantes pour la provoquer et, en cela, à soutenir l'autorégulation, sont génétiquement balisées, car pour induire un signal déplaisant, s'inscrivant contre un danger, il faut que le stimulus soit reconnu, c'est-à-dire déjà connu. Quoi qu'il en soit, plaisir et déplaisir sont les deux marqueurs de la régulation et, dans le cadre adapté, seraient des signaux de *reconnaissance*, reconnaissance que les conditions sont, respectivement, propres ou impropres à la satisfaction. Le support de cette reconnaissance est l'ADN.
Au fond, nous ne croyons pas que des conditions inédites engendrent, par défaut et dans un but préventif, du déplaisir, mais au contraire que pour cela il faut que ces conditions se soient déjà sédimentées dans le génome et resurgissent comme telles : on se contentera donc de conjecturer que l'inédit ne donne d'abord qu'indifférence, voire plaisir si une récompense s'y additionne, avant que ses éventuels effets délétères ne soient mémorisés et anticipés par l'alternance de plaisir et de déplaisir.

Il est à présent d'un sens pratique de rassembler en un énoncé compendieux et empreint de clarté les différents traits ayant surgi lors de l'élaboration d'une hypothèse ; celui que nous avons pu dégager à propos des « plaisirs inutiles » se dirait sûrement ainsi : *il se fait une tendance humaine à la maîtrise de la sensation hédonique par le biais d'une confusion imposée aux mécanismes de contrôle des processus régulateurs, c'est ainsi que nous asseyons la définition de la récompense artificielle.* Tandis qu'il existe un plaisir constitutif, mêlé à la pleine santé du corps et de l'esprit, qui demeure pour les êtres le plus puissant indicateur vers leur bien commun ; avec ce dernier, la récompense artificielle trouve sa valeur d'opposition.

Hélas, notre peine est loin d'être arrivée par cela à son aboutissement, elle commence au contraire juste ici ! La première rigueur à laquelle nous allons nous astreindre est l'épreuve de cette présomption sur un matériel empirique de plus grande ampleur que ce à quoi nous nous sommes bornés depuis le début, à savoir, les mauvaises habitudes alimentaires et la toxicomanie ; mais sur ce socle, même restreint, nous avons pu, par l'approfondir, faire l'acquisition d'une base à partir duquel notre réflexion a abouti au dégagement de cette hypothèse.

Mais avant cela, il convient de faire une incise sur la tendance, que nous présupposons, à la maîtrise hédonique. Il fait partie des capacités de l'Homme de modifier son environnement, et ceci est si loin de lui être propre que l'on ne ferait pas méprise de dire qu'il y a là la marque de tout être vivant, dès la bactérie par exemple, on observe le rejet de particules modifiant la matrice immédiate. Pourtant, les êtres humains possèdent cette capacité à un degré remarquablement élevé, par suite de la conjonction de trois caractères au moins : le développement de facultés cognitives, l'accès de celles-ci à un

appareil musculaire agissant adroitement et rapidement sur les objets et les individus alentours, et, enfin, la diffusion d'usages rigoureusement choisis d'une génération à l'autre par l'entremise d'une culture ; c'est la conjonction de ces traits qui ouvre la voie à la récompense artificielle.
On peut rajouter à ce que nous avons dit tout à l'heure que le challenge auquel nous faisons face est celui de l'adaptation de cette culture à la nature, dans une coopération réciproque et non par une confrontation, laquelle ne peut que mener à un éloignement de l'équilibre homéostatique tant recherché.

Puisque l'accent est mis sur l'intellectualisation se rapportant à des processus naturels, il n'a pas échappé que notre culture occidentale prétend à en maîtriser deux aspects fondamentaux : la vie et la mort. Ainsi, l'aube de nos jours et leur crépuscule sont pris en charge par la médecine et attestés par l'émission de certificats, l'amour qui unit deux êtres donne aussi lieu à une officialisation administrative, l'invnetion est protégée par un brevet, et cætera ; on se rend compte que ces affaires, profondément liées à la vie elle-même, la naissance, l'amour, la création, la mort, doivent, pour nous autres, être reconnues matériellement par la société au travers de certains de ses membres spécialement assignés à cette tâche, souvent, au reste, au cours d'un événement cérémonieux, et tout ce qui n'aura pas été notifié de cette manière n'aura pas davantage d'existence propre à ses yeux.
L'écrit et la cérémonie sont les marqueurs les plus usuels sans lesquels la reconnaissance de ces expériences biologiques n'est pas. Ceci n'est point récent dans l'Histoire humaine, et l'anthropologie a à cet égard enrichi notre savoir de ce que les rites de passage à l'âge adulte, du mariage ou de la perte des aimés remontent bien loin dans le temps. ([117] ; Confer aussi la Bible par exemple, où se trouve déjà dans le Pentateuque la notion de mariage)
Peut-on à bon escient étirer ce trait à la législation dans son entier, aux lois écrites, reproduites par les Hommes, aussi bien que celles restées tacites ? La précaution est sans nul doute de mise, et la précipitation perfide ; aussi nous appartiendra-t-il de tester une telle extension. (Confer chapitre 8)

Il est par contre beaucoup plus actuel d'avoir franchi une étape dans la maîtrise de la vie et de la mort du fait du perfectionnement de la technologie appliquée à la biologie ; en ce sens, un nouveau palier a été dépassé, et l'on s'est ainsi fait maître, par son application, d'un côté de la procréation – avec l'aide médicamenteuse aux personnes souffrant d'infertilité, la fécondation in vitro, l'intervention sur le génome, le clonage, les mères porteuses –, et de l'autre, de la fin de vie, dans le repoussement des limites de l'existence et de l'apparence juvénile, dans le maintien végétatif de personnes en état de mort cérébrale, enfin, dans une ultime espérance, avec la cryogénisation de dépouilles que tôt ou tard on serait à même de ramener à la vie. N'a-t-on pas, aussi, proposé le retour d'espèces disparues, comme des plantes paléolithiques ou les mammouths ? (Confer Jurassic Park !)

Un dernier aspect de maîtrise anthropologique ne pouvant s'esquiver devant l'observation est la destruction écosystémique, le remaniement, la domination des écosystèmes de façon à en recueillir la matière propre à des emplois spécifiques, par réarrangement ou transformation. Une autre fois, nous qualifierons également ces activités de maîtrise du plaisir et testerons en ce sens les rapports de la détérioration, depuis la petite incivilité jusqu'aux plus grandes exploitations, y compris envers le règne animal et l'écologie. Nonobstant, *ces activités, qui se rapportent sans peine à une maîtrise intellectuelle d'un processus naturel, principalement la vie et la mort, sont, tel est présentement notre point de vue, des rejetons de la maîtrise première de la sensation hédonique ; la reproduction étant regardée comme hautement vertueuse, l'anéantissement comme particulièrement redoutable.* Une telle filiation trouvera peut-être raison au dernier chapitre.

Ce sera en tout cas bien dans la psychologie qu'il faudra chercher les causes suffisantes des exactions anthropiques, ainsi que Carl Gustav Jung l'écrivit : « *Je suis d'avis que la psyché est le fait le plus considérable qui soit dans le monde humain. Plus encore : elle est la mère de tous les faits humains, de la civilisation, comme de la guerre qui tue les Hommes ; tout cela est d'abord psychique et invisible.* » [1]

La récompense artificielle est de fait une *interprétation* nouvelle des faits, non une découverte en soi : que l'on revienne à n'importe lequel de nos exemples qui précèdent, disons la narcomanie, et observons-le sous un angle traditionnel ; il est bien paradoxal de s'autodétruire sous la commande d'un plaisir aussi intense, surtout connaissant la fonction de ce dernier, mais ceci n'est plus une aberration dès lors qu'est abandonnée cette position pour notre perspective, où il devient sensé d'abuser ses sens, au sens large, afin de maîtriser l'hédonisme lorsque cela se fait praticable.

Il est en outre utile de préciser que le plaisir n'allant jamais sans le déplaisir, il devrait s'ajouter : *l'intellect doit, selon le principe de plaisir, tendre aussi à maîtriser le déplaisir dans le sens de sa minimalisation* ; ce que cela peut bien dénoter s'extirpe aussi de nos modèles d'étude : considérant le phénomène chronologiquement, il apparaîtrait que la maîtrise du plaisir induise inévitablement un effet délétère dans la mesure où le processus régulateur est remanié, or cela s'annonce par un déplaisir, corporel, émotionnel, qu'il s'agit de tenter de réduire au maximum pour demeurer autour d'un niveau acceptable de tension.
On comprend dans la toxicomanie comment la maîtrise du plaisir est première : parvenir à un état de volupté inatteignable autrement, et comment la maîtrise du déplaisir est seconde : réitérer la consommation afin d'éviter la malaisance du sevrage et les douleurs des symptômes attachés.

L'intellect tend finalement à la maîtrise hédonique – *le maître est bien celui qui commande, qui dirige – en faisant advenir le plaisir ou s'évanouir le déplaisir par l'arbitraire, de façon élaborée, avisée, anticipée, grâce à un protocole suppléant aux processus autorégulateurs une activité cognitive hors du spontané.*

C'est cela la maîtrise hédonique : je veux ce plaisir-là, ici et maintenant. C'est à l'inverse lorsque la vie nous surprend qu'elle a pour ainsi dire repris ses droits.

L'on peut aussi aisément s'en faire une évocation joliment imagée : plongez votre main ouverte dans le cours d'une rivière, et voyez comme l'eau, qui vient alors pour le cours des processus de régulation, s'écoule librement et pleinement dans votre paume ; mais aspirez alors un instant pouvoir saisir ce courant en refermant la main, et voilà que tout le liquide s'échappe entre vos doigts – à peine ne vous restera-t-il que quelques gouttes de votre utopique étreinte… les processus régulateurs sont comme cela, ils sont *insaisissables*, et toute tentative de maîtrise se finit par leur délitement – ainsi que nous allons très vite l'exemplifier de nouveau.

Pourtant, même après tout cela, la logique nous attache à souligner que toute action entreprise par les Hommes n'est point par obligation artificiellement récompensée et perturbatrice des processus régulateurs qui préexistent. Nous ne croirions pas être condamnés à cela ! Il revient sans doute à nous autres humains, chez qui cette potentialité est, il est vrai, d'autant développée, de faire harmonieusement cohabiter et coopérer les puissances instinctives et les forces de l'entendement, sans que l'une empiète sur le terrain de l'autre, mais au contraire qu'elles se soutiennent et s'enrichissent mutuellement.

Nous désignerons donc par *outils* les créations anthropiques dont l'usage soutiendraient et iraient dans le même sens que celui des processus régulateurs.

- Et dites-nous, comment déterminer si un comportement est oui ou non, et dans quelle mesure, marqué par la récompense artificielle ?

- Cela nous paraît reposer grandement sur l'évaluation de l'effet délétère et son raccord au comportement artificiellement récompensé, ce qui amène à le distinguer d'un outil. Soulignons que *la perception de plaisir, à elle seule, laisse dans le doute quant à ceci, c'est la révélation du symptôme fâcheux, ou au contraire l'épanouissement de l'être, qui pousse la suspicion vers la récompense artificielle ou non.* L'intensité d'un plaisir n'est en soi pas le gage qu'il soit biologiquement justifié – se repporter à la toxicomanie.

- Mais comment : la création de ces outils n'est-elle pas également du ressort de l'instinct anthropique, au service de lui ?

- Nous allons nous contenter pour le moment de cette réponse : c'est le constat d'un dommage a posteriori qui conduit à la présomption que l'on est en présence de l'un ou de l'autre, de la récompense artificielle ou de l'outil, la confusion des mécanismes de contrôle et la maîtrise du plaisir n'ayant été distingués que comme respectivement le moyen et le but.

Il faut malgré tout, à cette fin, être dans la mesure de rattacher un effet délétère à un comportement plaisant, ce qui sera toute la tâche du chercheur dans cette entreprise. À notre avis, c'est ce lien, ce mécanisme biologique escamoté de la récompense artificielle, qui est la première faveur pour dissocier confusion ou assistance des sens. (Confer une réflexion au dernier chapitre)

Le principal piège dressé dans cette analyse sera sans aucun doute la distance qui sépare ce comportement de son diagnostique. La tâche de retrouver une récompense artificielle à partir d'un de ses symptômes est celle du chercheur, il lui convient alors de remonter toute la chaîne de causalité depuis celui-ci jusqu'à l'identification de celle-là.

Voilà bien du labeur qui nous attend ; nous allons, pour l'instant, tester notre hypothèse sur d'autres situations communes pour en cerner la capacité explicative. Notre tâche ne sera dès lors pas autre que celle d'incorporer la récompense artificielle à tous les domaines où celle-ci peut prendre part.

Perpignan,
mai 2016.

VI.
D'AUTRES OCCURRENCES DE LA RÉCOMPENSE ARTIFICIELLE

Puisque notre hypothèse s'applique aux mécanismes de contrôle, une façon claire d'en rechercher de nouvelles protestations serait de reprendre un par un les cinq sens considérés comme fondamentaux – la vue, l'ouïe, le goût, l'odorat et le toucher –, et de voir si nous trouvons, dans des situations communes de notre vie, des occasions répondant à notre définition de la récompense artificielle, à savoir la succession de ces trois aspects :

a) La tendance à la maîtrise hédonique ;

b) Le recours à une confusion des mécanismes de contrôle par une action spécifique sur les critères de quantité, qualité et/ou diversité ;

c) Un ou des effets délétères à court, moyen ou long terme.

Toutefois, eu égard à la gustation, nous considérons l'avoir déjà correctement illustrée au chapitre qui précède, avec l'assaisonnement, les exhausteurs de goût et la cuisson. Et quant au toucher, le défaut d'exemples saillants nous convainc de laisser pour l'instant de côté son éventuel rapport à la récompense artificielle ; pareillement pour les sensations intéroceptives – somesthésie, proprioception.

Nous en viendrons par contre aux émotions, considérées comme une fonction sensorielle tournée vers le besoin, le milieu intérieur, là où les « cinq sens » sont à l'écoute du milieu extérieur, pour continuer avec une spéculation relative aux remèdes, spécifiquement en ce que ceux-ci sont la démonstration d'une maîtrise du déplaisir à un autre niveau sensoriel, là où tous les cas ci-avant examinés en reviendront à une maîtrise du plaisir.

Une comparaison entre régulation dans un système vivant et dans un système artificiel viendra clore cette sixième partie.

1) La vue

a) Les variations de luminosité

L'enchaînement des jours et des nuits se manifeste, entre autres, par une succession de périodes de luminosité due au soleil puis sa disparition, en l'absence de toute autre source de lumière, comme le feu.

Le cycle circadien de veille/sommeil est calé sur celui de l'alternance jour/nuit par l'intermédiaire de la mélanopsine, un pigment présent dans les cellules

ganglionnaires de la rétine interne, lesquelles se projettent jusqu'à l'hypothalamus via le tractus réticulo-hypothalamique.
Ce pigment réagit spécifiquement à la lumière bleutée, de longueurs d'ondes comprises entre quatre-cent soixante et quatre-cent quatre-vingt-cinq nanomètres, soit celles dominant le ciel matinal par temps clair, l'atmosphère à l'aube étant souvent plus limpide et dégagée des particules en suspension répandues dans l'air pendant la journée. La stimulation de la mélanopsine entraîne l'arrêt de la sécrétion de la mélatonine dans le sang, et l'enclenchement du processus d'éveil.

Ainsi, dormir dans une pièce dont les volets sont clos ou, plus généralement, dans laquelle la lumière du levant ne pénètre pas ou insuffisamment pour produire un signal inhibiteur retarde la mise en branle des mécanismes du réveil.
Au contraire, dans la considération d'une grande quantité de lumière alentour, une partie de celle-ci traverse les paupières et active le circuit non-visuel de la mélanopsine.

Le réveil est donc significativement plus difficile dans l'obscurité que lorsque le jour rentre par une ouverture, voire en dormant à l'extérieur ; ainsi, la sécrétion de cortisol commence plus tôt lorsque le réveil se fait dans un environnement où croît une lumière. [118]
De récents réveille-matins sont d'ailleurs agrémentés d'une diffusion lumineuse de plus en plus vive à mesure que se rapproche l'heure du lever, pour ceux, par exemple, qui doivent se réveiller avant les premières lueurs.

La confusion est ici évidente : l'interposition de quelque matière opaque entre la source naturelle d'éclairement et l'œil rompt la synchronisation entre le cycle nycthéméral et l'activité organique ; cela concerne bien, du reste, un mécanisme de contrôle – la mélanopsine qui demeure inactivée ainsi que l'hypothalamus et ses afférences –, c'est même le récepteur de l'axe régulateur qui est porté à la méprise que la nuit demeure alors qu'elle s'en est déjà allée.

- N'est-ce pas à ce dessin que l'Homme ou d'autres espèces se construisent un abri ?
- La protection contre l'accroissement de la luminosité matinale est, entre autres, une des raisons du dormir dans une habitation, s'y rajoutent : le refuge envers les prédateurs, la défense contre un abaissement trop grand de la température et la rudesse du climat.
Mais on doit adjoindre à ces précautions, dans notre milieu de vie contemporain, le désir de, justement, ne pas être réveillé par le jour, de sommeiller un temps plus long, de rallonger le plaisir pris au sommeil par obstruer les ouvertures constituées par les fenêtres.
La variabilité interindividuelle est grande et les fondements de ce souhait sont multiples et propres à chacun choisissant de prendre cette disposition, alors que rien d'autre ne justifie la fermeture des vantaux ; quoi qu'il en soit, l'allongement rationnalisé du plaisir se trouve bien là-derrière.

Pour comprendre ceci, il faut savoir qu'un cycle chronobiologique veille/sommeil se met en place dans l'isolement total et prolongé des variations ordinaires, comme le séjour durable dans une grotte ; telle fut d'ailleurs l'expérience de Michel Siffre (décidément, que notre science serait pauvre sans les Michels !), quand, en 1962 il se claustra presque deux mois à environ cent mètres sous terre. Un cycle circadien interne continua alors d'exister, mais désaccouplé du nycthémère et s'étalant sur vingt-cinq heures – et non plus vingt-quatre –, tout en se décalant, de la propre expérience de l'explorateur, d'une demi-heure chaque jour.
Il se produit donc toujours une sécrétion plasmatique, puis une dégradation de mélanine, de sérotonine et des hormones impliquées dans la régulation du sommeil, plus généralement, dans la chronorégulation, mais désynchronisée du balancement jour/nuit.
En somme, le système mélanopsinique sert à cette concomitance.

De fait, une perturbation du sommeil allant dans le sens d'une désynchronisation d'avec le cycle jour/nuit, est, au long cours, une source de pathologies variées : maladies cardio-vasculaires, diabète de type 2, dépression. [119] [120]

C'est tout l'inverse lorsque, au lieu de nous prémunir contre la lumière, nous la produisons artificiellement la nuit venue.
Avec le feu puis l'ampoule électrique, il est devenu loisible de baigner dans un flux lumineux bien après le crépuscule, fut-ce d'une intensité largement moindre que celle de la journée.

La confusion est alors ici l'exacte opposée du cas juste précédent : la lumière simule la poursuite des conditions diurnes là où l'obscurité de la pièce à dormir rapproche de la prolongation nocturne.

Cela est assez pour modifier la sécrétion de la mélatonine en regard des conditions exemptes de tels dispositifs, comme le suggère une expérimentation de l'école de médecine d'Harvard, au cours de laquelle une centaine de volontaires de dix-huit à trente ans furent plongés dans une enceinte dont l'éclairage était artificiel et contrôlé ; durant trois jours, une luminosité de type lumière intérieure était maintenue seize heures, puis subitement coupée pour les huit heures suivantes ; les deux jours d'après, les huit premières heures de veille étaient éclairées normalement, puis, au long des huit dernières, le flux lumineux se voyait tamisé jusqu'au moment du coucher. Le taux circulant de mélatonine était évalué toutes les trente à soixante minutes par prélèvement sanguin.
Ces mesures dévoilèrent que lorsque la luminosité ne décroît pas avant l'ensommeillement, la mélatonine est sécrétée avec un décalage de quatre-vingt-dix minutes, ainsi qu'une concentration, au moment du coucher, réduite de 71% en moyenne.
La qualité du repos s'en trouve affectée, d'autant que, d'une part, la mélatonine régule des paramètres aussi variés que la pression sanguine, la température interne ou la glycémie, précisent les auteurs, et que d'autre part,

bien d'autres hormones et processus régulateurs sont impliqués dans le contrôle du sommeil. [121] Une intensité lumineuse de ne serait-ce que soixante à cent cinquante lux, telle qu'ici employée, a donc une influence sur le cycle de la mélatonine.

Ailleurs, l'étude d'Horacio O. de la Iglésia, chercheur à l'université de Washington, a été menée sur deux communautés de l'ethnie Wom, dans la province de Chaco, au nord-est de l'Argentine ; l'une de ces deux communautés dispose de l'électricité et donc de l'éclairage artificiel, l'autre non. L'étude précise que la première bénéficie d'une heure de sommeil en moins que la seconde en été, quarante minutes en hiver – données acquises à l'aide de bracelets électroniques mesurant les paramètres physiologiques veille/sommeil. [122]

Cette confusion se trouve renforcée par l'utilisation tardive d'écrans : téléviseurs, ordinateurs, tablettes tactiles, téléphones portables, émettant une lumière blanche à forte composante bleutée, autour des quatre-cent-soixante-dix nanomètres de longueur d'onde, excitant le système à mélanopsine, lui-même enrayant la libération de mélatonine et le passage à la somnolence. Ceci est en cohérence avec la sensibilité drastique de la mélanopsine à ces rayons bleus : sous certaines conditions, une onde monochromatique d'un et demi *Equivalent Melanopic Lux (EML)* est déjà en mesure de déclencher une réduction significative de mélatonine nocturne chez l'Homme. [123]

La désynchronisation entre les cycles nycthéméral et biocircadien est donc favorisée par ces deux dispositions, mais de cela il faut remarquer que lumière et obscurité ne sont pas en soi les causes des dysfonctions, elles sont bien au contraire nécessaires à un sommeil réparateur, c'est leur *quantité* respective, représentée par la durée d'exposition, qui mène à la confusion des mécanismes de contrôle, par un substitut lumineux tandis qu'il nuite, ou l'absence de clarté quand le jour s'est auparavant levé.

Nous sommes donc également proches de la maîtrise hédonique quand nous voulons veiller pour s'adonner à des activités ludiques hors de la contrainte posée par la nuit brune.

Enfin, parmi les pathologies associées, on suspecte la dépression de mélatonine, et son corrélat, l'excès de lumière, d'être au départ de la facilitation de cancers, la mélanine étant un oncostatique. [124] Des infirmières ayant travaillé sur trente années incluant des périodes de nuit ont une prévalence de cancer du sein de trente-six pourcent supérieure à celles officiant uniquement de jour, corrélation qui reste valable pour d'autres formes de cancers. [125] [126]

Influence sur d'autres espèces

D'autres espèces que l'Homme voient apparaître une modification comportementale entre des environnements obscurs la nuit et ceux où, au même moment, sont allumées des lumières artificielles.

Les insectes, par exemple, virevoltent nuitamment autour des réverbères, ils tournoient tant et si bien qu'ils en meurent d'épuisement, quand ce n'est pas le contact avec la lampe brûlante qui les avait occis.
Ce triste sort, qui ne représente pas un aspect anecdotique ains des pertes extraordinairement élevées – plusieurs milliards d'individus par an et dans le monde –, s'explique là également par une confusion de leurs mécanismes de contrôle, en particulier ceux chargés de leur orientation spatiale : les insectes et les moustiques utilisent le clair de lune, entre autres indicateurs environnementaux, pour se diriger, en gardant celui-ci, comme unique émanation de lumière, du même côté de leur champ de vision ; ainsi, étant donné l'énorme distance qui nous sépare de cet astre, ils distinguent le déplacement tout droit du virement à droite ou à gauche.
Le cycle lunaire joue aussi un rôle dans cette guidance, cycle dont les subtiles variations d'intensité et de caractère peuvent d'ailleurs être camouflées par l'éclairage des villes.
Le lampadaire urbain n'a aucun mal à se substituer à la lune dans la mesure où son intensité lumineuse, à proximité, excède celle-là, mais, étant donné la faible distance entre le volant et la source de lumière dominante, afin de conserver celle-ci du même bord de l'espace visuel, il lui devient nécessaire de tourner autour dans une perpétuelle giration. [127]
Visiblement, les mécanismes de contrôle ici impliqués n'ont pas été structurés afin de départir la lumière lunaire d'une autre, ni par la distance, ni par l'intensité, ni par les caractéristiques physiques de cette dernière ; on suggère encore que c'est parce qu'une telle situation était absente des conditions structurantes qu'il ne fut pas imposé jusqu'à maintenant par la pression de la sélection naturelle de se prémunir contre ceci et d'allouer de l'énergie à la mise en place d'un degré supplémentaire de discrimination qui, du reste, n'aurait pas été d'utilité.

De même : de nombreuses espèces d'oiseaux migrateurs effectuent leur migration nocturnement, ils sont guidés sur les longues distances par le champ magnétique terrestre, les courants thermiques de l'atmosphère, des repères géographiques – montagnes, littoraux –, la luminosité des villes représente alors autant d'innombrables points lumineux qui sont susceptibles de prêter à confusion avec les étoiles d'un ciel nuiteux.
Il a en effet été observé que, même en présence d'une faible lumière artificielle, ces oiseaux changent leur trajectoire de vol – altitude, orientation –, ce qui conduit fréquemment à la désorientation, la fatigue et conséquemment à la mort, beaucoup d'individus s'égarant ou étant victimes de collisions mortelles avec des infrastructures parce que trop sombres ou très élevées, comme gratteciels et plateformes pétrolières.
Ces nouvelles nitescences modifient, de nuit, la perception de la ligne d'horizon et des astres lumineux, ce qui pourrait expliquer les désagréments ci-compulsés. [128] [129]

Il est toutefois à nuancer que la réponse à ces modifications environnementales anthropiques, bien que dépendante de la génétique, a aussi affaire avec l'apprentissage ; en témoigne une expérience sur des oiseaux migrateurs immatures versus matures : les adultes sont moins sensibles aux lueurs urbaines que les jeunes, ils se sont accommodés à ces changements. [130] [131]

Le cycle de reproduction fait au reste également partie des microsystèmes dont le fonctionnement est modifié dans le cadre citadin : une étude réalisée à Munich sur certains individus de la population aviaire locale versus individus de la même espèce vivant en forêts Bavaroises indique que, par rapport aux seconds, les premiers s'accouplent en moyenne un mois de plus que leurs congénères sylvestres, en outre, ceux résidant dans les jardins et les parcs de la ville voient leur mue automnale avancée d'un mois, enfin leur chant matinal est plus précoce lui aussi. [132]

Par quelle voie ce décalage s'opère-t-il, pour répondre à cela, il faut préalablement rappeler que la reproduction de maintes espèces d'oiseaux est calée sur la photopériode, et donc la saison ; en été, lorsque les jours sont les plus longs, les températures plus clémentes et les proies plus abondantes, les conditions sont les plus favorables, c'est donc l'allongement de la durée d'éclairement, par le soleil, qui régule l'accouplement, la parturition et les soins qui s'ensuivent envers les jeunes : plus cette durée est longue, plus elle stimule, par l'intermédiaire de la rétine, la sécrétion et la libération d'hormones gonadotropes posthypohysaires, la GnRH, et de là la LH – hormone lutéinisante – et la FSH – hormone foliculostimulante –, activant, à la fin, dans un sexe comme dans l'autre, la fonction reproductrice.
La production de stimulus lumineux de nuit, dans le contexte urbain, serait donc assimilable, puisque l'intensité d'exposition est bien supérieure à une obscurité quasitotale, à une longue photopériode, et son rallongement réel, dès le printemps, se peut très bien, combiné avec la luminosité artificielle, avancer la date d'un nouveau cycle reproducteur ; ce serait encore ici les mécanismes de contrôles rétiniens, associés aux axes nerveux afférents, puis les centres intégrateurs nerveux et les voies nerveuses efférentes vers la posthypophyse qui verraient précocement leur activation avoir lieu.

Or il paraîtrait tout à fait légitime d'exciper qu'en ceci nous devons reconnaître une adaptation épigénétique, par exemple, et que de conséquences négatives pour l'espèce il n'en est point. Mieux, selon les auteurs de cette étude, il se pourrait qu'un accroissement de la valeur sélective soit effectif, par l'allongement du temps de reproduction se traduisant par une augmentation du nombre de descendants potentiels.
Cependant, ces auteurs de rajouter qu'une reproduction au printemps, alors que les conditions météorologiques et nutritives ne sont pas encore optimales, peut représenter un coût énergétique, affectant à son tour négativement le système immunitaire, et de là le futur succès reproducteur et la survie ; il n'est

par conséquent pas certain qu'une équivalence, voire qu'un bénéfice à terme soit atteint par cette modification du milieu de vie de ces oiseaux.

Deux remarques manquent encore : d'après la première, la pollution lumineuse n'est pas le seul facteur de modifié entre le milieu sauvage et citadin, d'autres le sont aussi comme le microclimat, la pollution chimique ou le niveau de bruit, ils interviennent également, directement ou indirectement, sur les paramètres que nous avons discutés – peut-être de même par confusion sur des mécanismes de contrôle ; selon la seconde, un feu de forêt est tout à fait apte, lui aussi, à altérer les capacités orientationnelles de migrateurs par de semblables procédés à ceux juste décrits, mais un tel feu ne répond point à la définition de la récompense artificielle, car, à moins de l'action d'un incendiaire, *il n'a pas été occasionné par un raisonnement dans le but d'obtenir un gain de plaisir* ; bien sûr, de nombreux cataclysmes de la nature tuent et perturbent sans ménagements, phénomènes culminant lors des extinctions biologiques : impact de météores, séismes, éruptions volcaniques, tornades ou autres tsunamis ne font pas d'égards envers le vivant, mais on ne saurait leur attribuer, sinon une forme de conscience, en tout cas la recherche d'une quelconque maîtrise hédonique – à être sûr de l'indépendance de ces manifestations d'avec l'activité anthropique.

À travers ces illustrations, nous voyons comment une récompense artificielle peut avoir des conséquences néfastes pour d'autres individus que ceux directement poussés vers le gain de plaisir, tromper de même leurs mécanismes de contrôle, même sans leur offrir réparation par ce dernier.

b) Images et écrans

Nous nous rapprocherions certainement des vues désignant la rétine comme zone érogène, puisqu'il s'agit de la surface par laquelle passe le beau et le plaisir qui lui revient ; que de là soit l'impulsion à regarder ce qui plaît, ce qui répondrait au besoin, est une déduction sans peine.

Or concernant l'attraction pour les écrans diffuseurs d'images, ainsi que leur matière, un article passionnant a paru dans le magazine « Science et Vie » du mois de mai 2018 – intitulé « Netflix, Facebook, Google... Notre cerveau adore. Les neurosciences expliquent pourquoi ». [133]
L'étude retrace la fascination pour l'image, notamment envers les réseaux sociaux, depuis leurs contenus jusques aux zones cérébrales par eux excitées, enfin les besoins et sensibilités de Sapiens flattées là-derrière.

D'abord, c'est le mouvement qui est responsable de l'attraction de l'œil – via le cortex visuel puis le lobe pariétal : dans un milieu sauvage, le déplacement, souvent associé à la vie, est un repère de menaces ou de proies. La reproduction artificiellement récompensée d'une telle situation repose donc sur une confusion, celle qu'il se passe quelque chose d'important alors que les prérogatives naturellement alliées à ce signal en sont absentes.

La maîtrise du plaisir paraît alors, si l'on peut dire, sauter aux yeux, avec la foison des supports dédiés et disponibles ; cependant la perméabilité

aux images revêt une subordination au tempérament personnel et il ne saurait être reconnu ici que l'effet simulé du mouvement, le renfermé lui-même doit jouer un rôle prééminent dans cette attirance.
En effet, certains signifiés prennent le pas en séduction sur d'autres : l'érotisme et la violence sont par exemple deux représentations parmi les plus attractives ; sur la toile, les mentions « J'aime » de nos publications illuminent le précuneus central et le gyrus frontal, les gratifications instantanées – sites d'achat, sites de rencontre... – irradient le système limbique, idem pour les informations en continu, et cætera.

Derrière tout ceci, on croit surprendre, encore et encore, le besoin affectif de reconnaissance, d'amour ou celui de grégarité, le réseau social virtuel étant comme une immense toile se superposant à la sociabilité réelle.
Et nous sommes rapprochés par cela de la maîtrise hédonique ci-dérobée : en tant qu'organe d'un monde dématérialisé, toutes les plateformes sociales, d'achat, d'information, de rencontre en ligne dévouent aux usagers le Graal de l'hédonisme altéré : l'illimitation. La profusion de tout, offerte à portée de souris d'ordinateur, concilie à l'internaute l'appréciation qu'il domine le plaisir de tout son moi au grand renfort de l'immédiateté.

Les méfaits ne sont eux visibles que dans l'excès, et l'on reconnaît là de même un phénomène d'addiction : films de cinéma, émissions de télévision, jeux, sport, jeux-vidéo, ordinateurs, téléphones portables qui, outre la fatigue et le temps investi, comportent les effets d'une addiction et sont facteurs de désociabilisation, de perte d'argent, bien qu'il faille relativiser la diffusion de ces confusions. [134] L'addiction pour l'Internet, par exemple, est aussi souvent associée à des symptômes psychiatriques – on évoquerait alors l'écran comme un compensateur. [135]
Quant à la violence, elle se fait par effet cathartique un exutoire facile des passions impétueuses, dont le germe n'est certainement pas étranger à la récompense artificielle. (Confer chapitre 8)

En dirait-on de même pour l'apprêtement décoratif, lequel fascine commodément le regard ?

c) Les schèmes morphologiques

Après la quantité et la qualité de la lumière, l'on s'intéresse aux formes – une souscatégorie particulière de qualité, en fait.
Notre commentaire sera bref et il se focalisera sur un seul exemple, celui de la publicité, et plus spécialement sur l'usage fait par les publicistes de l'aspect physique des intervenants. L'on a tous déjà vu, que ce soit sur des panneaux ou dans des films publicitaires, des hommes et des femmes élégants, belles et beaux, louer les mérites d'un produit – ceci est encore plus vrai si ce dernier a trait au corps lui-même : sous-vêtements, shampoings, parfums…

Il est inutile, pour reconnaître ici la récompense artificielle, de débattre sur la fonction des schèmes morphologiques dans l'attirance physique ; le fait est que la perception de la beauté est propre, par définition,

à produire une sensation de plaisir, et il est également indubitable que sont reconnus comme beaux des traits corporels bien spécifiques pour chacun des deux sexes.
Attirer l'attention pour valoriser un produit en l'accompagnant d'une personne attirante est donc bien une confusion envers les mécanismes de contrôle, dirons-nous dans un sens large, affectifs, car, quoi qu'il en soit de la mission de ces schèmes, il est certain que celle-ci n'est pas de faciliter l'achat d'un bien de consommation ; on peut alors supposer là également que jamais auparavant une distinction n'était devenue nécessaire pour départir une telle considération de la fonction qui est la leur.

Ici, afin d'identifier une maîtrise hédonique, il faut se demander : d'où provient la récompense artificielle ? Elle revient aux producteurs désireux de vendre leur production par le moyen de la publicité. La vente étant une entrée d'argent, et celui-ci une source multiple de plaisirs de toutes sortes, en première analyse, on pourrait voir déjà là une maîtrise du plaisir. Mais nous intuitionnons toutefois que l'interprétation peut être poussée encore plus avant. Une observation plus attentive met en lumière qu'en réalité, ce consommateur n'est pas l'objet passif de la publicité, il est également bénéficiaire du processus dans son ensemble, car lui aussi obtiendra un gain de plaisir grâce à l'acquisition dudit produit, c'est bien pour cela qu'il est d'ailleurs acheté. Il est très probable, mais on ne pourra se lancer présentement dans une telle gageure pour des raisons de présentation, que *les biens et les services dont la publicité est censée faciliter la vente sont eux-mêmes des récompenses artificielles* – autrement, la promotion perdrait sa valeur.

L'originalité de cette illustration, c'est qu'elle démontre *une dissociation entre d'un côté l'instigateur de la récompense artificielle – le producteur – et, de l'autre, celui sur lequel il exerce son effet trompeur – le consommateur*. Toutefois, *le trompeur sera lui-même trompé* par l'usage qu'il sera peut-être amené à faire du pourvoir qu'il s'est ainsi concilié auprès de l'acheteur. C'est donc certainement en considérant globalement cette mécanique que l'on peut comprendre la maîtrise du plaisir.

En somme : la publicité représente un procédé en deux étapes ; d'abord, les mécanismes de contrôle d'un tiers sont abusés – par un produit –, ensuite, ce sont ceux des instigateurs de l'abus – par le pouvoir, l'argent, et ce qui en procède : la propriété –, selon des principes que nous venons de débattre. On parlerait alors de *récompense artificielle composée*.
Concernant les oiseaux bernés par un feu de forêt, une telle considération n'est pas recevable, car il ne se fait pas de volonté d'agir sur leur propre hédonisme, ils ne sont, en une certaine façon, que des victimes collatérales de ce procédé.

Les conséquences délétères se laissent, elles, facilement deviner : que l'on y pense, il ne serait point besoin de réclames s'il était question d'articles répondant correctement à des besoins, car l'alliesthésie est jà à même de discriminer ce qui est nécessaire, et si souvent les objets ainsi promus sont joignables à un caractère addictif, donc artificiellement récompensé, que l'on est tenté de voir en lui le premier symptôme du *consumérisme*, qu'avec notre outil conceptuel il se pourrait nouvellement analyser.

Nous avons pris pour appui la sensualité dans les annonces, mais on pourrait étendre ce même raisonnement à tous ces constituants : les formes, les couleurs, les perspectives, les sonorités, le logo, le slogan, l'emballage, et cætera.

Aussi précisons-nous que notre but est, bien sûr, la validation d'un outil théorique, puis ensuite sa transmission ; le lecteur pourra donc à sa guise se faire aussi théoricien et s'interroger sur tel ou tel élément de son cadre de vie, même de tout autre, et considérer si alors la définition que nous essayons de dresser s'applique ou non à ces éléments-là.

Enfin, dans cette situation précise, un aspect nouveau, et non des moindres, se laisse préfigurer : celui de la *compensation*, et voici ce que nous entendons par lui : *si, comme nous le croyons, une maîtrise de la sensation de plaisir par confusion des mécanismes de contrôle conduit à un déséquilibre de l'homéostasie – à des manques et à des excès –, il faut s'attendre à une tendance, secondaire chronologiquement, à compenser ces manques*, et nous disons bien compenser car si le manque perdure, c'est justement parce que rien n'a été capable de l'annuler jusqu'à ici, donc que la réponse au besoin qui le représente n'existe plus dans l'environnement – que nous ne jugeons plus non plus comme ressortant des conditions adaptées –, auquel cas nous aurions parlé de satisfaction.
Comme cela : *ces compensations devraient donc s'étayer à leur tour sur une nouvelle récompense artificielle, dédiée à mimer le plaisir qui aurait dû être celui de la satisfaction, aussi à y pourvoir assez pour permettre la survie* : en s'avançant un peu, c'est ainsi que nous comprenons le consumérisme, *il s'agit de se soumettre à de nouvelles récompenses artificielles afin de tendre à une pondération de manques antérieurement conçus*, notamment des manques affectifs, créant un pseudo-équilibre qui permette tout de même la vie, d'où serait l'achat compulsif. Nous pourrons alors parler en plus de *récompense artificielle successive* constituée autour d'un *mécanisme en deux temps*.
Cette appréhension bipédique du phénomène est, très certainement, bien plus complexe que cette simple évocation, car se dresse soudain l'énigme : quand ce processus a-t-il débuté et comment a-t-il évolué jusqu'à nos jours ? Cette question ne pourra trouver sa liquidation qu'au prix d'une longue investigation que nous espérons bien contribuer ici à faire avancer grâce à l'intégration de la récompense artificielle à la modélisation théorique.

d) Le cas des illusions d'optique

Un contrepoint à tout ceci serait les illusions d'optique. Celles-ci sont, d'après le Larousse, des « *perceptions des données visuelles qui fournissent des conclusions non conformes à la réalité objective* […] ». L'illusion d'optique se rapporte donc tout autant au microsystème visuel, partant de l'œil, organe senseur par la rétine, qu'à l'élaboration cognitive par le cortex de la vision et des aires associatives secondaires.

Une de ces illusions les plus célèbres est celle de Müller-Lyer, dans laquelle des lignes horizontales d'égales longueurs semblent pourtant de tailles différentes à cause des flèches aux deux extrémités et dont l'orientation respective dans un sens ou dans l'autre donne l'illusion d'un changement de la distance qui sépare les deux bouts.

Les illusions d'optique et géométriques, comme l'illusion de Zöllmer, de Poggendorff ou de Hensing, qui font voir que des droites parallèles ne le sont pas, ou bien que des lignes bien droites sont courbées, se réfèrent à la manière dont le cerveau traite les informations liées à l'espace, idem dans l'illusion de Ponzo, où pour deux traits de même longueur, celui situé plus en avant paraît plus court que celui situé plus en arrière car ils se situent sur des lignes fuyantes du type voie de chemin de fer.

Autre exemple : la cécité induite par mouvement. Cela consiste en ce que l'attention portée sur un objet en déplacement tende à faire disparaître ceux immobiles qui se trouvent alentour.

Pour expliquer ce phénomène, il a été supposé que, dans le milieu constitutif, l'évanouissement de la perception d'objets immobiles lorsque la focalisation est faite sur un élément mobile est un avantage sélectif dans la mesure où cet élément est, de par son mouvement, un danger potentiel ou bien un gibiet d'intérêt – autoconservation.

Finalement, l'on a avancé, grâce à des comparaisons interculturelles – laquelle culture influe justement sur la structuration nerveuse, et donc le traitement de l'information – que chez les populations technologiquement développées, vivant en ville, dans des immeubles et maisons fenêtrées, où les lignes parallèles, perpendiculaires et angles droits abondent, auraient tendance à analyser les perspectives géométriques selon ces traits anguleux et pleinement parallèles ; nous nous attendons, par exemple à ce que les lignes en travers de la fervoie, bien qu'identiques, apparaissent de plus en plus petites avec la distance, nous surestimons les angles aigus et sous-estimons les angles obtus.

À l'inverse, des peuples africains, vivant dans la savane et étant par conséquent moins soumis à de longues lignes horizontales, sont aussi moins sensibles à l'illusion de Müller-Lyer, mais davantage à celle dite du T renversé – la ligne horizontale a l'air plus courte que celle verticale ; ils seraient moins accoutumés à évaluer les hauteurs, la savane étant un écosystème plutôt plat mais peu saillant. [136]

Encore, à des ethnies n'ayant jamais vécu qu'en forêt, donc entourées de courbes, on a présenté le triangle et le carré de Kanizsa – des formes suggérées par des motifs géométriques –, mais leurs membres n'y virent rien de cela.

En somme, que la structuration soit génétique, épigénétique ou culturelle, de fait, un mélange des trois, il y a tout lieu d'en conclure qu'elle est une *adaptation à l'environnement*, et par là il faut comprendre : *un modelage interne tel que celui-ci rende l'organisme capable de repérer et d'accéder aux conditions de satisfaction*. Cela est déjà ce que nous avions proposé au premier chapitre, à propos de l'adéquation entre le réel et nos perceptions sensorielles : ici, dans l'adaptation à l'environnement, *c'est pour faciliter la réponse aux besoins que la réalité est déformée*, pour une meilleure protection, un meilleur accès aux ressources, et cætera.

Effectivement, un traitement de l'information entrante se fait déjà au niveau de la rétine elle-même : avant tout, ses récepteurs sont sensibles à certaines longueurs d'ondes uniquement, ensuite, la répartition très hétérogène des photorécepteurs de type cône, principalement sur la fovéa, donne une acuité visuelle maximale en ce point précis et moindre sur les bords, enfin, une intervention différentielle de l'exitation entre cellules voisines ; pourtant, chacune de ces caractéristiques rogne, si l'on peut dire, remodèle partiellement le réel : des longueurs d'onde ne sont pas perçues, certaines zones sont vues plus précisément que d'autres, des signaux sont accentués quand d'autres réduits dans leur intensité – ce qui contraint à un mouvement des yeux ou de la tête pour le déchiffrement des différentes parties de l'espace.

Ici, ce n'est donc point que la perception nous induit en erreur, quoique le décimètre donne bien la même mesure aux traits placés devant les rails, mais *il ne s'agit pas présentement d'une récompense artificielle au sens où, d'une part, les mécanismes de contrôle – les récepteurs rétiniens et le centre intégrateur – ne sont pas trompés par une* intention *extérieure, au contraire, ils sont déjà conformés pour générer, en certaines circonstances, ce décalage entre impression et réalité, puisque, d'autre part, cette erreur d'appréciation permet d'augmenter la valeur sélective*, comme dans le cas de la chasse.

L'instrument de mesure est donc, lui, bien à même de nous donner une information plus objective sur la nature du réel.

Que les mécanismes de contrôle soient abusés n'est donc pas suffisant, il doit y avoir un projet hédonique là-derrière pour entrer dans le champ de la récompense artificielle – telle est la disparité entre la publicité par exemple, et l'illusion d'optique.

2) L'ouïe

a) Les sonorités relaxantes

Quand l'œil est le senseur des ondes électromagnétiques et de leurs variations, dans certaines limites imposées par la constitution biologique, l'oreille et les organes qui la composent, le sont aux modulations de pression de l'air, ou de l'eau en cas d'immersion – toujours selon un empan donné.

Les informations les plus essentielles recueillies par ce canal sont les sons alentours dont, bien sûr, la parole des congénères dans le parler. Il est ajouté à cela le chant et la musique, lequel chant se retrouve déjà chez de nombreuses espèces d'oiseaux, également de mammifères marins comme la baleine ; il représente un moyen de communication particulier pour ces dernières, pas uniquement pour la reproduction, mais plus généralement pour la sociabilité et la cohésion du groupe. Le cri, enfin, se peut avertir de la présence d'un danger, un prédateur ou d'une proie.

Une première idée de récompense artificielle dans le domaine sonore nous vient à propos d'un certain nombre de disques qui reproduisent des ambiances de la nature : le flux et le reflux des vagues de l'océan, la pluie ruisselante, le chant des oiseaux, et cætera. Cela paraîtrait ne pas être artificiel, mais pourtant, là où nous entendons une réplique du bruissement de la mer, il n'y a point de mer, là où surgit l'écho des forêts, il n'en est pas non plus ; ce n'est certes pas, cette fois, une confusion *totale*, car, intellectuellement, nous savons pertinemment que nous nous trouvons en ville, mais les mécanismes de contrôle émotionnels, eux, ne perçoivent aucune différence devant une telle perfection de la retranscription sonore, c'est de cela que naît la détente et le bien-être consécutifs à leur écoute.

La maîtrise du plaisir découle de ce qui vient d'être annoncé : nous avons recours à ces enregistrements lorsque nous nous sentons par trop stressés, encombrés par l'agitation propre à la vie moderne et qu'est recherché de notre part un apaisement ; c'est donc à la fois une diminution du déplaisir lié à une tension et le plaisir de se placer dans une ambiance acoustique capable d'induire le délassement de l'esprit en évoquant une atmosphère plus légère.

Il ne nous manque plus, selon notre propre définition, qu'un effet dommageable à décrire ; on aurait du mal à l'identifier : où pourrait bien se cacher un quelconque détriment à cela, ce n'est pas facile de le cerner.

Nous proposons simplement ceci : le déplaisir qui se rattache à certaines conditions de vie est un signal de l'inadéquation de l'organisme à celles-ci, une défense à leur égard, cela nous l'avons dit, et toutes les occasions qui masquent ou réduisent cette tension par confusion des mécanismes de contrôle, c'est-à-dire sans être dans la mesure de modifier suffisamment lesdites conditions pour les rendre plus conformes à un milieu adapté, c'est-à-dire encore, en peu de mots : sans agir sur un facteur causal, sont probablement incommodantes, car *en faisant taire l'alerte sans rien changer, ou trop peu, à la menace, il y a risque, à long terme, de créer une habituation au cadre délétère*, un amoindrissement des réactions de protection, et dernièrement, un endommagement prématuré.

Également, l'écoute musicale peut revêtir un caractère réconfortant, distrayant, réconfort qui a donc pour objet de masquer un inconfort, mais une fois de plus, sans en supprimer la cause.

Ainsi, un exemple simple de la vie quotidienne, une fois analysé, peut donc nous amener assez loin dans la réflexion théorique, bien qu'il ne représente qu'un élément parmi d'autres, nous reviendrons d'ailleurs un peu plus tard sur les aspects esquissés ici.

b) De la limitation acoustique

Tentons plutôt tout de suite une nouvelle illustration dans le domaine de l'ouïe. La musique, il est inévitable de s'y intéresser ici ; sur son origine dans les sociétés humaines et une possible fonction biologique de celle-ci, nous ne nous étendrons pas.

Contentons-nous de ce que la musique, plus largement la production de sons à l'aide d'objets naturels ou spécialement créés, est un fait attesté dans toutes les cultures humaines [137] [138] – ce qui, d'un point de vue strictement scientifique, n'est pas suffisant pour en conclure son bienfondé sans autre analyse –, ainsi on lui prétend la fonction de moyen de communication et de partage émotionnel.

C'est plutôt sur deux usages que nous nous appesantirons d'ores.

Le premier, ce sont les formats de compression destructifs utilisés pour stocker puis écouter la musique sur baladeur, ou n'importe quel support numérique : de ceux-là, le plus célèbre est certainement le format MP3 (MPEG audio Player 3). Le gain de poids des données est obtenu majoritairement en faisant l'économie de fréquences extrêmes auxquelles l'oreille humaine non-habituée est moins sensible, par un écrêtage entre deux et cinq kilohertz. La bande passante sur laquelle s'étalent les fréquences de l'œuvre n'est donc pas entièrement reproduite, or l'oreille commune ne remarquera par leur absence, et on a l'impression que la mélodie est donnée dans son intégralité fréquentielle, sans être rognée.

Après cela, il a été observé que les habitués du MP3 étaient devenus moins sensibles aux fréquences qui justement sont retirées à celui-ci, lorsqu'elles sont présentées via un dispositif utilisant la bande passante totale de l'audition humaine ; à côté, un non-habitué de l'écoute de MP3 distingue plus finement lesdites fréquences. [139]

Ce dommage appelle à croire que les effets néfastes de la récompense artificielle ne sont point nécessairement d'une haute gravité ou irréversibles, cela dépend en fait de la résistance du système – sa capacité à absorber la perturbation –, et de sa résilience – sa capacité à retrouver rapidement son état d'équilibre antérieur après l'arrêt de la perturbation.

La maîtrise du plaisir est cette fois-ci très aisée à débusquer, elle est la réponse à la question : pourquoi compressons-nous des données numériques ? Cela est évidemment, pour en emporter le plus possible sur soi, en mettre autant que faire se peut sur le support enregistreur, également afin d'accélérer le flux de transfert de fichiers via l'Internet ou tout autre ; bref, le but est d'avoir accès au plus aisément et au plus vite à un grand nombre de morceaux, à l'effet de tirer satisfaction de celui de notre préférence au moment où celle-ci jaillit.

De manière générale, la numérisation par la maximisation d'informations qu'elle rend manipulables, appuie le moi dans son exigence de plaisir où et quand il le veut.

Une vue divergente se pose tout de suite sur notre argument :

- Rendre l'accès à une satisfaction plus simple et plus facile est bien plutôt un progrès ! Ceci devrait être pour vous autres un outil ! Emporter pour son repas la plus large variété de fruits afin, venue l'heure du déjeuner, de croquer dans celui qui satisfait le plus aux sens semble hautement recevable…
- Nous renvoyons, premièrement, au désagrément associé à la compression audio, deuxièmement, à la conception que *les réponses aux besoins devraient se trouver directement dans l'environnement, sans qu'il fût nécessaire de les rassembler puis de les transporter avec soi.*
- La musique est une production des Hommes et par conséquent, il n'est pas faisable de la trouver loin de lui, loin de ceux qui en sont les interprètes !
- Cela est indéniable, il faut l'accorder, mais là où se glisse la maîtrise du plaisir, et donc la récompense artificielle est, à notre avis, uniquement la recherche du stimulus le plus hédonique par un raisonnement, un calcul de la pensée d'après lequel la musique, par le support émotionnel qu'elle représente, vient suppléer le confort, à la place de laisser les processus de régulation spontanés, dont la nature est l'*insouciance* opérer le rapprochement.

N'avons-nous jamais remarqué que le plaisir est plus profond lorsqu'il n'est point devancé par la pensée ?

c) L'attrait pour les basses fréquences

Le second point que nous voulions aborder au sujet de la musique est l'attrait pour un volume élevé, en particulier pour les basses fréquences.

Ce sont principalement ces sons qu'entend le fœtus puis le bébé dans le ventre maternel, d'une part parce que cette gamme de fréquences traverse bien les tissus – que la source provienne de l'intérieur de l'organisme de la mère : battements cardiaques, voix… ou bien l'extérieur –, d'autre part, car la matrice utérine forme une caisse de résonance propice aux basses fréquences. Ces sons seraient d'ailleurs impliqués dans le développement primitif du cortex auditif, puis de l'acquisition du langage.
Nous pensons que c'est la restauration de cette même sensation qui sera recherchée lors de la reproduction par des différents dispositifs acoustiques.

Cette partie du spectre sonore, par ses caractéristiques physiques, ne fait en réalité pas vibrer que les tympans mais entre également en réverbération avec l'ensemble du corps, d'où son côté enveloppant – le fœtus peut être atteint chez une femme enceinte par exemple ; or c'est également cette propriété qui les rend susceptibles de provoquer des dégâts somatiques si le volume et/ou la durée d'exposition sont trop importants, comme dans des concerts très bruyants – chose qui demeure somme toute assez exceptionnelle. [140]

Ces sons rappellent donc, en égard aux sens, la période initiale du développement auditif et, probablement, le sentiment de bien-être que nous supposons associé à cette période de la vie ; la résurgence d'un élément de conditions ayant été associé à une émotion réveille facilement celle-ci.

Une récompense artificielle peut donc se porter sur un événement rare, et, finalement, tout à fait évitable.

d) L'appeau

Changeons de registre pour un dernier exemple dans le domaine de l'audition : celui d'un petit instrument que l'on nomme appeau, son usage étant, pour le chasseur, un moyen d'imiter les sons naturellement émis par les représentants d'une espèce afin d'en attirer certains membres et ainsi d'en faciliter la traque.

Généralement, les appeaux sont des pièces de bois finement taillées afin qu'en soufflant dedans, le son émis ressemblât tout à fait à celui produit par l'animal ; dans la chasse au canard, par exemple, il est couramment utilisé.

Renvoyant aux artifices visuels, il est une catégorie d'appelants nommés appelants mécaniques, qui calquent le mouvement d'un oisillon sur la branche ; de même la pêche à la mouche, et cætera.

Le même patron général semble être en jeu dans ces situations variées.

Fait intéressant, ce ne sont pas les mécanismes de contrôle humains qui sont ici trompés – alors que ce sont eux qui sont les artisans de ce dispositif –, mais bien ceux de l'animal-proie, qui identifie l'intonation de l'appeau à l'appel d'un congénère, et il faut en effet préciser que sont spécifiquement pris pour modèle des sons d'avertissement interindividuels.

Nous allons maintenant devoir poser une réflexion sur les techniques de chasse et leur perfectionnement, aussi bien chez l'Homme que chez les autres animaux.

L'appeau a pour but de faciliter la chasse, donc faciliter l'obtention et la consommation de viande. Notre point de vue à ce sujet n'est pas vierge, car nous avons déjà été amenés à discuter de cela, de ses effets et de ses causes ; à ce chapitre, on a émis l'hypothèse que, dans les conditions où ils avaient évolués jusqu'à présent, nos systèmes régulateurs limitant la prise carnée tendraient à produire une ingestion supérieure au besoin instantané en vue d'une mise en réserve de nutriments – notamment acides gras et acides aminés essentiels – proportionnelle à leur pénurie ; ce mode de régulation n'est donc effectif que si cette pénurie se fait bel et bien. [141]

Or, a priori, un procédé qui en rend l'accès plus facile, étant donné la tendance à la mise en réserve, aboutirait à l'excès ; ainsi, on doit considérer les accessoires employés pour la chasse avec, en pensée, ce rapport à l'autorégulation, y compris ceux mis au point depuis les temps les plus reculés de l'humanité – comme la sagaie et le propulseur.

Sans viser à entrer dans la controverse de savoir si oui ou non l'Homme est destiné à manger de la viande, suffisamment de données médicales penchent déjà du côté d'une surconsommation, ce qui est de toute façon le signe d'une dérégulation, que la quantité idéale soit plus faible ou bien nulle. Aujourd'hui, l'accès à la viande est plus aisé que jamais grâce à la pratique agricole, mais cela est le fruit d'une évolution ayant commencé avec ces premiers instruments façonnés pour chasser.

L'appeau et les artifices aidant à la chasse se compareraient au marketing et aux deux étapes de la récompense artificielle composée : d'abord, les mécanismes de contrôle d'un tiers animal sont abusés, ensuite, ce sont ceux de l'Homme au moment de la prise alimentaire.

Cela dit, voici ce qui ne manque pas de nous être rétorqué par notre controversiste :

- Toute espèce animale encline à la chasse fait preuve d'une technique particulière, souvent par coordination et coopération entre les membres d'un groupe comme chez les loups, ou comme les araignées avec leur toile toute spécialement tissée…
- C'est que toutes ces méthodes mises en place par le règne animal pour la capture des proies sont engrammées en tant qu'instinct, elles sont génétiquement programmées ; les loups ont l'instinct de la meute, échangent par les hurlements permettant la cohésion du groupe et donc son efficacité ; l'araignée possède les glandes qui lui sont nécessaires pour le tressage de son arantèle ; *ces dispositions sont donc déjà incluses dans leurs mécanismes de régulation, ceux-ci fonctionnent par elles*, il n'y a donc pas là de perturbations possibles.

En revenant à l'appeau, il est bien aussi des oiseaux qui imitent le chant d'autres espèces à diverses fins, mais là encore, la « tromperie » ne viserait pas un gain de plaisir mais plutôt une satisfaction, ces chants sont la mise en œuvre des mécanismes instinctifs, la voie par laquelle se réalise la régulation. [142]

3) L'odorat

Nous ne prendrons qu'un seul exemple de récompense artificielle basée sur l'odorat : celui des parfums conçus en laboratoire.

Si nous étions dans l'obligation de dresser un résumé sur ce que nous savons de l'odeur corporelle naturelle et de l'odorat, nous dirions qu'il est une invariance des êtres vivants que ceux-ci émettent dans leur environnement cotigu des particules capables de se diffuser, d'être captées par d'autres organismes, puis d'induire chez ces derniers une perception olfactive, et enfin une réaction quelconque. Chez les animaux, et donc aussi l'Homme, ce processus d'échange informationnel est nommé odorat, et se trouve basé sur la dispersion dans le milieu de molécules odorantes.

Chaque espèce, et plus encore chaque individu, possède une signature olfactive qui lui est propre, ce qui permet d'identifier un spécimen particulier des autres – on pense ici au bébé et à l'odeur de sa mère –, une espèce prédatrice ou concurrente pour le territoire – on se réfère cette fois-ci aux animaux délimitant leurs aires de vie et de chasse par l'urine.

Mais cela n'est pas tout. Il a été regroupé sous l'appellation de phéromones toutes les substances s'échappant de l'organisme et trouvant des

récepteurs chez les congénères, voire d'autres espèces, puis engendrant une modification dans la physiologie et le comportement de ces derniers.
Chez de nombreux animaux, ces phéromones ne trouvent pas de capteurs sur la muqueuse nasale elle-même, ains sur l'organisation tissulaire différenciée qu'est l'organe voméronasal. Ses efférences se prolongent jusqu'aux centres supérieurs – amygdales, cortex sensoriel et de là les aires secondaires –, et entraînent par suite un changement organique.
Ce microsystème de régulation supporte pour une bonne part la fonction sociale, en particulier reproductive, les effets des phéromones consistant, côté physiologique, à préparer ou inhiber l'appareil reproducteur – ainsi l'œstrus de la ratte est modifié par le dépôt de phéromones de femelles gravides ou allaitantes. [143]
Il est à ne pas perdre de vue que ce type d' « olfaction » ne conduit pas à la perception consciente d'une odeur, contrairement aux liants des récepteurs de la muqueuse nasale, où, lorsqu'ils sont activés, une odeur est consciemment perçue, même si, par habituation, cette sensation diminue avec le temps.

Mais voilà que, chez l'Homme, cet organe voméronasal, encore que présent, semble bien peu fonctionnel : on en donne pour preuve qu'environ 90% des gènes codant pour les récepteurs aux phéromones sont mutés. [144]
Toutefois, l'expérience n'est pas aussi rédhibitoire, et l'on a pu supposer une influence des phénomènes dans l'espèce humaine : e. g. affectation dans le choix d'une odeur masculine par la femme [145], toutefois, ces présomptions sont caution à discussion [146], surtout dans leur réunion avec la vision. [147]
Bien que le débat ne soit pas totalement tranché, ce mécanisme de régulation n'est peut-être pas devenu pour autant totalement obsolète pour nous autres humains. Si seuls dix pourcents de gènes de récepteurs sont encore actifs, cela peut bien suffire pour induire un effet notable – dix pourcents est en effet non négligeable en génétique.

C'est sur ce double système olfactif – signatures corporelle et phéromonale – qu'intervient le parfum que l'on fabrique puis dépose sur la peau et les habits dans le but clairement identifié de rendre plaisante à autrui l'odeur dégagée par notre corps.
En outre, ces composés chimiques réagissent avec la flore bactérienne épidermique, d'où le constat qu'un même parfum ne dégage par les mêmes effluves selon les personnes qui le portent.

Le schéma de la récompense artificielle semble à nouveau se dessiner à nous.

D'abord, disons que les fragrances sont originellement obtenues par distillation ou extraction de senteurs de composés naturels, généralement de fleurs. La chimie a aussi rendu abordable la synthèse de ces molécules ou de molécules nouvelles, enfin le mélange de complexes odorants entre eux.
Nous croyons que c'est à cette origine florale que nous devons l'agrément de ces parfums, l'odeur de certaines fleurs permettant l'attrait d'insectes pollinisateurs et, d'un côté, la nutrition du butineur par le nectar, de l'autre, la

reproduction de la plante alors que ce dernier en dissémine le pollen. La parfumerie est ainsi une reproduction de ces senteurs.
Qui plus est, le musc, à de faibles concentrations, est une suppléance cette fois-ci de phéromones, grâce à ses tonalités « animales », érotiques, sa note de fond rappelant la vigueur sexuelle.
Sur la capacité de nos synthèses à procurer un hédonisme olfactif, on supposera que la forme – quamité – et/ou la combinaison des molécules impliquées stimulent les senseurs de l'olfaction et le circuit de renforcement associé dans le sens d'une élévation du plaisir selon le mécanisme de la ressemblance structurale ou vibratoire. [148]

Après cela, la maîtrise hédonique est à rechercher du côté de la motivation à se parfumer – et partant à la fabrication de parfums : l'observation quotidienne assure que le but d'un tel apprêtement est avant tout social, que ce qui est prisé est l'octroi de faveurs de la part de ceux auprès desquels nous diffusons ces subtiles exhalaisons et apportons plaisance via la sensation olfactive.
De surcroît, l'odeur du parfum vient se substituer à l'odeur corporelle possiblement pressentie comme désagréable. Il y a donc ici, comme pour la publicité, une récompense artificielle composée et successive car elle s'applique aussi sur le tiers – du plaisir dans la séduction exercée sur autrui, du déplaisir dans le camouflage de l'odeur constitutive.

Par suite, la bibliographie nous révèle que de nombreuses substances considérées comme toxiques, ou potentiellement toxiques, sont présentes en quantités significatives dans les parfums synthétiques – ainsi que d'autres cosmétiques. Il est d'ores et déjà avéré qu'un certain nombre de composants entrant dans la formation des parfums sont compromettants pour la santé, en cela qu'ils sont des perturbateurs endocriniens. Parmi eux, les phtalates et les muscs de synthèse éveillent le plus la suspicion.
Pour Orecchio et coll., 2015 [149], la chromatographie en phase gazeuse couplée à une spectrométrie de masse met en évidence la présence de plusieurs sortes de phtalates dans trente échantillons issus du commerce. En parfumerie, les phtalates sont utilisés comme fixateurs afin d'augmenter la pénétration cutanée des produits.
Comme perturbateurs endocriniens, ces phtalates sont ingérés, dans le cas de parfums, par inhalation et par voie percutanée ; les effets toxiques sont à ramener à leur type et à la dose d'exposition.
Sur le modèle animal, la composante reproductrice est surtout impactée, avec une réduction de la fertilité, du développement des gonades – surtout des testicules – et des malformations.
Chez l'Homme, la dégénérescence hormonale androgène se confirme par l'observation d'une réduction de la distance anogénitale chez des nouveau-nés exposés in utéro à des phtalates. [150]
En outre, un effet cancérogène est soupçonné, surtout concernant le cancer du sein – ce à quoi il faut tout de même rajouter que les femmes sont, en moyenne,

de plus grandes consommatrices de produits cosmétiques –, cette sensibilité serait également due à une perturbation endocrinienne. [151]
Sur les muscs synthétiques, aucune nocivité n'a été jusqu'ici prouvée, bien que sur le rat, une suite cancérogène lui a été diagnostiquée, mais à des doses d'expositions dépassant celles d'un usage habituel ; en outre, la transposition à l'Homme n'est point vérifiée. [152]
Il est en revanche nécessaire de rapporter qu'un « effet cocktail » est souligné par des auteurs, relatant une dangerosité suite à l'interaction de produits qui, séparément, sont mesurés à des concentrations inférieures à celles conférant leur innocuité – confer les travaux sur l'interférence au niveau du site de liaison des récepteurs par Delfosse, 2015. [153]

Nous voyons enfin qu'à la suite de cette interaction, le microsystème de communication olfactif interindividuel est perturbé, ne serait-ce que par masquage des molécules constitutives mélangées aux autres. On suspecte donc que les parfums d'agrément interfèrent avec les molécules exhalées par les organismes, qu'il s'agisse de particules odorantes ou de phéromones ; le sous-système de communication voit donc masqués ses éléments informatifs – même si celui des phéromones est peu actif chez l'Homme moderne.
Les parfums d'agrément encouragent un plaisir olfactif alors qu'ils abritent des composés nocifs, ce plaisir paraît donc tout découplé d'un plein sens biologique.

De même, une vigilance s'éveille de plus en plus à l'égard de certains encens. Des chercheurs se sont penchés sur la fumée dégagée par ceux utilisés aux Émirats Arabes Unis, et sur leurs effets à l'encontre de cellules pulmonaires humaines ; ces dernières montrèrent des signes d'inflammation suite à l'utilisation de l'encens, et une concentration relativement élevée de monoxyde de carbone, de dioxyde de souffre, d'oxyde d'azote ou de formaldéhyde a été mesurée. [154]
La quête de senteurs agréables se constitue comme mire dans la consommation de tels produits.

4) Gustation et alimentation

Comment le goût peut être abusé, nous en avons vu l'illustration au chapitre 5. Nous allons à présent parcourir un nouvel exemplaire de récompense artificielle, cette fois dans la gestion plus large de la prise alimentaire.

Dans le traitement de l'obésité par les régimes alimentaires, les diététiciens ont relaté un ensemble de réactions consignées sous le nom de *restriction cognitive*.

Il se résume ainsi : dans la lutte contre le surpoids, le sujet se voit proscrire certaines pratiques alimentaires et prescrire d'autres ; or, si de telles injonctions externes sont requises, c'est bien que les premières sont plaisantes, plus en tout cas que les secondes – il s'agit, le plus souvent, d'interdire certains

aliments et d'en recommander d'autres, ou de demander de manger plus lentement, et cætera.
Le phénomène se déroule en deux phases successives et de durées variables : au cours de la première, l'individu restreint effectivement sa prise alimentaire comme indiqué, mais la frustration provoquée, quant à la dose de plaisir, fragilise vite la détermination, et alors, une deuxième phase est enclenchée quand, au moindre choc émotionnel, à la moindre facilité d'accès aux aliments durement mis au rebus, il ingurgite une grande quantité de nourriture, celle-là même qu'il s'était interdit auparavant, excédant tout besoin physiologique, mais réduisant d'autant l'état de manque hédonique. L'échec du régime tient donc à ce type de rechute, nommée *décompensation*.

La problématique de la surcharge pondérale se trouve alors fort peu avancée – confer néanmoins chapitre 5 § exhausteurs de goût : si la restriction cognitive n'est pas dans la mesure de l'améliorer durablement, qu'est-ce qui peut bien en être capable ? Cela revient ni plus ni moins à demander : d'où s'origine cette surcharge, et dans notre terminologie habituelle, qu'est-ce qui, dans les conditions de vie, est responsable d'un tel symptôme ? Notre but n'est bien évidemment pas de traiter en profondeur d'une question aux aspects multiples comme celle-ci, nous essayons juste de déterminer dans quelle proportion notre regard peut contribuer à cette compréhension.
Nous y sommes aidés par l'expérience de Herman et Mack, en 1975 [155], que Gérard Apfeldorfer reprend ainsi : « [...] *on donne aux sujets de l'expérience un repas constitué de crèmes glacées sans limitation de quantité, précédé ou non d'un ou deux milk-shakes. Les individus ayant une régulation alimentaire satisfaisante mangent moins au repas après avoir consommé deux milk-shakes. Mais d'autres personnes réagissent différemment : elles mangent davantage après deux milk-shakes.* [...] *Elles le justifient par le fait qu'ayant désobéi à leurs interdits, il ne sert plus à rien de se restreindre : c'est l'effet de transgression de l'interdit ou "abstinence violation effect".* » [156]

On constate d'emblée que tous les ingrédients propres à la récompense artificielle sont là réunis : la maîtrise du plaisir est évidente, autoriser ou interdire, sur des commandes intellectuelles extérieures, la consommation de denrées, et cela même à la tutelle de la suppression du déplaisir lié à la grosseur, pour des motifs médicaux et/ou esthétiques ; si les mécanismes de contrôle sont trompés, c'est sans doute dans le refusement de répondre aux signaux de faim par des mets d'une autre nature que ceux qui se signalent par l'appétence ; tout ceci amène à la frustration, et donc à l'effet délétère, le décompenser.

Cette restriction cognitive, dans ce cas alimentaire, par l'alternance de rétention et de décompensation qu'elle imposait, est responsable du déséquilibre par l'instauration d'un *cercle vicieux* : le mécanisme en deux temps ci-dessus décrit se succède à lui-même chronologiquement, resultant en une récompense artificielle succéssive. Ce que nous avons juste à ajouter, c'est que ces restrictions ressortent également de la récompense artificielle en ce qu'elles sont une tentative, *réglée depuis l'extérieur*, pour maîtriser les effets délétères produits par des aliments et des comportements alimentaires eux-mêmes déjà emprunts d'une telle propension.

Et ce qui est ici remarquable, c'est que la récompense artificielle accommode ainsi la possibilité du conditionnement à boucle longue, défini au chapitre 4, en vue de la maîtrise hédonique. Le conditionnement est censé opérer à une gestion optimale d'énergie, par le déclenchement automatisé d'une réponse suite à la survenance d'un stimulus interne ou externe caractérisé : plus encore, le *conditionnement adapté* favorise le rapprochement d'avec les conditions de satisfaction via la boucle courte et autonomisante, le *conditionnement inadapté* d'avec celles choisies pour leur artificialité, en instituant un allongement de la boucle régulatrice par un tiers – ce qui semble bien le cas ici.

En outre, le conditionnement amène à une *catégorisation* des stimulus en vue d'une optimisation de la réponse lors de la surrection d'un besoin. La récompense artificielle fait également appel à cette aptitude à catégoriser l'environnement, mais en découpant celui-ci selon le degré de fascination que ces constituants peuvent exercer sur les sens, autrement dit, leur capacité à s'affranchir de l'alliesthésie.

C'est aussi l'occasion de réinsister sur la notion d'autonomie : la courtesse de la boucle régulatrice, autrement dit la rapidité du signal-retour, est directement dépendante de l'instance de laquelle provient ce dernier ; si cette instance est le sujet même, la boucle sera courte et donc efficace, si elle lui est extérieure, elle en sera d'autant plus longue et réduite dans sa rétribution – comme nous le relevons ici.

5) Vie émotionnelle

Si l'on s'en tient à la fonction que nous avons essayé de dégager quant aux émotions, à savoir que celles-ci étaient la traduction consciente de l'histoire de besoin, on n'aurait aucune peine à voir le mécanisme émotionnel comme un sens, non pas spécialement dirigé vers l'extérieur à l'instar des cinq sens traditionnels, mais vers l'intérieur, vers les besoins et ce qu'il advient à ceux-ci : leur satisfaction ou leur frustration, tout cela étant, évidemment, le fruit de l'interaction organisme-environnement et au service de l'homéostasie.

L'on a tort, croyons-nous, lorsque sont opposées science et philosophie ; nous espérons avoir clairement exprimé notre point de vue à ce sujet dans le chapitre 1, en énonçant que ces deux champs de la pensée s'agrémentent l'un l'autre. Or voici que, pour ce paragraphe, nous lorgnerons plus du côté de la philosophie, en espérant que par ce détour soit apportée une réflexion étoffant notre propos.

Il nous est donc demandé, à cette fin, s'il se fait des plaisantes, positives, de joie, d'allégresse, et cætera, qui ne soient pas en adéquation avec une intégrale expérience de satisfaction.

Il vient alors à l'esprit une catégorie de personnes pour lesquelles une délectation toute particulière est donnée par l'accomplissement d'activités foncièrement volontaires où leur vie propre est menacée, mise en sursis, et où leur organisme est poussé, afin de se soustraire à l'anéantissement, jusqu'à ses plus ultimes limites.
On se demande bien à quel besoin pourrait répondre une mise en danger de l'existence, si ce n'est pour sauver celle d'autrui, puis aussitôt, on se remémore que les toxicomanies se rattachent elles aussi à une menace délibérée de l'intégrité physique, même psychique, contre un gain substantiel de plaisir.
La remarque s'en vient que ces comportements, tendant à précipiter l'individu vers le trépas, sont une illustration de la pulsion de mort, plus encore d'une pulsion de mort dirigée contre soi, vers l'autodestruction ; mais ce constat ne nous éclaire point sur le motif qui rendrait ceci compréhensible que seuls certains sont versés à de telles pratiques et vont à périr par elles ; est également laissé dans l'ombre un éventuel rapport à la récompense artificielle et, au final, un principe régissant l'orientation des êtres vers la préservation ou la destruction.

Il nous faut alors nous rappeler le livre de Jean Liedloff. [96]
De la même façon que pour les toxicomanes, Liedloff explique l'intrépidité par la nécessité de « se sentir vivant », sensation n'ayant pas été acquise durant l'enfance dans l'intimité des éducateurs, mais étant perceptible justement à l'âge adulte lorsque la vie est hypothéquée.
Il en irait donc de même pour *l'amour du risque*, et ces deux usages, la tèùérité et la toxicomanie, liés par la quête de sensations fortes, seraient bien conjonctures de récompenses artificielles où ces émotions hautement plaisantes vont à la transcendance mais leur effet potentiel jusqu'à la mort.

La maîtrise de l'hédonisme s'y révèle dans le vouloir des délices juxtaposés à de telles menaces – délices qui firent défaut aux temps où ils auraient dus paraître dans les bras et les jeux avec les aimés ; et ce par quoi les mécanismes de contrôle sont trompés est, pour la drogue, un mimétisme biochimique, pour la prise de risque, dans le cas de sports extrêmes par exemple, l'activation somesthésique du corps en mouvement dans l'espace et la décharge d'adrénaline. N'est-ce pas à cela que l'enfant préfère jouer ?
Quant à ceux qui courent après le succès, nous savons bien ce qui est aspiré là-derrière, ils veulent être aimés maintenant comme ils auraient tellement aimé être aimés alors, l'identité de perception apparaissant évidente. L'amour n'est-il pas la nourriture de l'esprit ?

Malheureusement, l'altération de l'intégrité voire la mort peuvent compter parmi les conséquences fâcheuses.

Une dernière étude de cas sur les émotions : nous vîmes au hasard de l'Internet la vidéo d'une jeune fille mise dans un état de joie intense alors qu'on lui offrait un paquet cadeau dont, visiblement, elle avait déjà deviné le contenu ; déballant son présent, sa joie s'agrandit jusqu'aux larmes lorsque, finissant par ouvrir un large coffret, elle déballe le fusil que celui-ci renfermait.

L'adolescente fut donc transportée au comble de l'euphorie par l'acquisition d'une arme à feu, et nous sommes fort nombreux à avoir partagé cette expérience, surtout dans la toute première jeunesse, d'une offrande très réjouissante quel qu'en fut l'objet.

Quel besoin s'en trouve, même incomplètement, par cela satisfait, même par ce qui peut ôter la vie ? Au fil de nos investigations, nous nous sommes maintenant habitués à distinguer, à côté d'une composante artificiellement récompensée, *le besoin réel dont la satisfaction est briguée*, même si ceci se conduit au moyen d'éléments qui ne sont pas totalement adaptés à un tel dénouement.

- Ne sous-estimez point l'utilité, le besoin même, que pourrait représenter l'armement pour l'Homme démuni : il est par cela aidé au chasser et renforcé dans son autopréservation !

- En ce cas, cette réaction devrait être la même pour tous les individus accédant à ce type de bien, ce qui n'est pas le cas. Qui plus est, on ne voit pas comment un outil, même fort utile, pourrait porter à une telle passion. Cette réaction rappelle en fait les caprices des enfants, exprimant une attente ardente pour un objet, sans que celui-ci semblât apparemment en corrélation avec une quelconque satisfaction ; s'il leur est refusé, leur peine est grande et leurs revendications tapageuses, s'il leur est accordé, leur ravissement se fait immense, mais toujours la réponse émotionnelle se montre en disproportion avec la nature de la lubie.

On se doute que rien n'est aléatoire ou sans raison en psychologie, et l'analyse rapporte que le souhait s'est dirigé sur un substitut d'objet de satisfaction devenu inaccessible. On réitère ici que, de façon certes plus amortie, dans la force de l'âge, l'achat compulsif peut revêtir ce rôle fantaisiste – confer § 1) c), et nous voudrions en donner ici un commentaire. Ce dernier, assurément, s'efforce de réduire la dépossession, mais la nécessité de se défrustrer renvoie à l'origine de la frustration elle-même, laquelle, lorsqu'elle excède une certaine mesure, est un signe de l'inadaptation des conditions de vie.

À ce titre, l'objet du caprice n'est pas en soi apte à donner la satisfaction, il doit pourtant, afin de provoquer l'exaltation, se trouver dans un rapport pratique et/ou symbolique avec l'objet absent.

Dans la phase transitionnelle de Donald Winnicott, l'objet transitionnel, la peluche-fétiche, représente la mère et sert à rendre l'expérience de l'éloignement moins douloureuse – c'est-à-dire réduire la peur.

Sous le nom de caprice se classent donc tous ces objets ou personnes qui sont d'autant plus attendues qu'elles demeurent inaccessibles ; cela est parce que toute satisfaction complète est ici impossible, cela tient aussi au caractère, nous le verrons, compensateur de la fantaisie, et qui, enfin, lorqu'elle est gagnée, découvre une telle limitation – c'est alors la *déception*.

Le caprice et l'objet du caprice se rangent donc bien dans la catégorie de la récompense artificielle : les mécanismes de contrôle émotionnels réagissent par la joie, selon notre hypothèse, étant donné le lien pratique ou symbolique qui l'unit à l'objet de satisfaction manquant, ainsi sont confondus les mécanismes de contrôle ; ceci afin de produire du plaisir en lieu et place de la frustration, par elle-même désagréable, donc de *maîtriser le déplaisir de frustration* ; la conséquence délétère tient au fait même que la satisfaction entière n'a pas eu lieu, qu'en plus les conditions requises pour elle se retrouvent maintenant dissimulées sous le travestissement de l'idole après laquelle il fut tant soupiré – le véritable objet de satisfaction demeurant inconscient et inconnu, mais surtout : inatteignable... l'on perdure ainsi dans le cercle vicieux de la compensation.

Ce tour d'horizon paraît nous avertir que, finalement, ce n'est pas seulement le plaisir qui peut être trompeur, mais le phénomène émotionnel dans sa globalité – constitué des quatre axes de Cabanac – ; on voit en effet mal comment le doudou *en soi*, l'arme *en soi*, l'audace exagérée *en soi* pourraient être des satisfactions régulatrices, elles n'en sont qu de partielles.

Et pourtant, l'on se permettra de concéder que *seule la composante hédonique, donc le plaisir, est trompeuse, et non l'affect propre à l'émotion*, c'est pourquoi plus un plaisir est artificiel, plus il serait vécu comme lacunaire ou néant, et de compléter : *l'émotion agréable, lorsqu'elle accompagne une récompense artificelle, serait la marque du montant de satisfaction qui va néanmoins si fréquemment avec un tel comportement* – amour, reconnaissance, réalisation personnelle, et cætera.

D'une certaine façon, la jeune fille en pleurs reçoit bien l'amour qu'elle espérait – elle fait maintenant partie du groupe de ceux qui ont une arme –, l'intrépide perçoit bien qu'il est vivant – chose qui ne lui avait pas été permise en son tout jeune âge –, pareillement chez l'héroïnomane qui conçoit le sentiment d'amour ou le drogué qui éprouve une si grande extension de sa conscience, le consommateur ressent bien l'apaisement et l'appartenance sociale, l'auditeur des sons de la nature trouve bien là son délassement, et ainsi de suite.

Mais comment l'affect serait-il plus fiable que l'hédonisme ?

On soumettra au débat que cela se doit aux structures nerveuses en question : le système limbique contre le circuit de renforcement, car les formants entrant en jeu, la complexité, l'élaboration corticale, la mise en place possiblement plus récente du premier doivent rendre plus difficile et moins probable l'interposition d'un stratagème destiné au gain de plaisir. [11]

Nous avons en outre remarqué que, dans nos exemples d'étude, c'était bien souvent sur le circuit de récompense que s'exerçait l'effet hédonique.

6) Médications et effets secondaires

La théorie de la récompense artificielle regarde le déplaisir comme la conséquence d'un comportement inadapté qui lui est antérieur, cette antériorité pouvant être proche ou lointaine.

Cette déduction n'est, à notre avis, raisonnable que sous certaines conditions, nous en voyons déjà deux : la première prend soin de rejeter toute circonstance non anthropique qui pourrait être impliquée dans la causation du déplaisir : on pense, dans les démonstrations les plus tonitruantes, à des bouleversements géologiques, terrestres ou climatiques, dans la mesure où ceux-ci auront été préalablement dissociés de toute relation à l'activité humaine ; la seconde en ceci qu'un certain montant de déplaisir peut bien être éprouvé et que, par ce biais, nous nous soustrayons, après l'avoir identifiée, à sa source, autrement dit, en agissant favorablement sur sa cause, et plus cette réaction pertinente est rapide, moins le déplaisir en sera élevé.

Ainsi, ayant été prises ces précautions, nous avons de bonnes raisons de croire que tout comportement artificiellement récompensé engendrera une perturbation, systémique, à la fois interne et externe au système-référence, et qui se traduira pour l'individu, par la surrection d'un déplaisir explicable par les perturbations causées aussi bien au milieu intérieur qu'au milieu extérieur.

Quoi qu'il en soit, la régulation adaptée est ce faisant perturbée par ces dispositions, par ailleurs dans une mesure plus ou moins grande. Schématiquement, on a donc : la maîtrise hédonique a pour conséquence un effet délétère, ou encore, un effet délétère doit trouver sa source dans un comportement d'une telle tendance, et finalement, *la maîtrise de plaisir aboutit à une souffrance, un déplaisir*.

Si la cause d'un tel déplaisir n'est pas supprimée, c'est-à-dire la récompense artificielle remplacée par un comportement adapté, de nouvelles dispositions doivent être prises pour réduire cette déplaisance, *dispositions qui à leur tour ne pourront que ressortir d'une nouvelle récompense artificielle* – étant donnée la persistance de la cause : ceci est l'exposé général du mécanisme en deux temps précédemment retracé, qui trouve une nouvelle et profonde illustration dans certains engagements propres à la pharmacologie, aux *remèdes* – qui ne sont autres que les compensations coïncidant aux pathologies –, et plus précisément dans les effets indésirables de médicaments.

D'abord, examinons de plus près les neuroleptiques, ou antipsychotiques, dont l'objectif thérapeutique est la réduction, idéalement la disparition, de symptômes psychotiques : délires, hallucinations, agitation, et cætera.

L'attribut partagé des neuroleptiques est leur action antagoniste sur les récepteurs D2 postsynaptiques, des récepteurs à la dopamine du système nerveux central – l'action sur d'autres monoamines sera ici mise de côté.

L'intérêt médical de cette inhibition est son action au niveau de la voie mésolimbique, souvenons-nous-en, voie impliquée dans le renforcement positif ; ce atténuant, les neuroleptiques préviennent les symptômes dits positifs : bouffées délirantes, hallucinations... L'abaissement de l'activité mésolimbique, par l'apaisement des émanations émotionnelles, aboutit à la résultante escomptée.

On est déjà, à ce stade, en capacité d'isoler la première composante de la récompense artificielle, la confusion des mécanismes de contrôle cellulaire, puisque dès qu'un élément exogène s'interpose entre le neurone pré- et postsynaptique, dans l'intention d'élever un plaisir ou de réduire un déplaisir, le second est trompé dans l'information que lui fait parvenir le premier, il se comporte *comme si* de stimulation il n'y avait pas, alors qu'il y en a bien une, mais il n'est plus en mesure de la recevoir, en tout cas moindrement.

La maîtrise hédonique est facile aussi à distinguer, il s'agit de l'amoindrissement du déplaisir inhérent à une pathologie.

Or les effets latéraux indésirables des neuroleptiques de première génération, ou typiques, sont à relier à la non-sélectivité de l'effet antagoniste sur les récepteurs D2 de la voie mésolimbique ; inévitablement, les molécules actives de ces psychotropes inhibent d'autres voies dopaminergiques, telle la voie mésocorticale, entraînant un renforcement des symptômes négatifs – émotions négatives –, ou bien la voie nigrostriée du système extrapyramidal, d'où une inhibition motrice caractérisée par un « pseudo-Parkinson ».
D'autres troubles apparaissent, comme une dérégulation hormonale, et, à plus long terme, étant observée une régulation positive du nombre de récepteurs D2, l'influence inverse, une hyperactivité motrice.
Les effets délétères, dans ce cas effets secondaires, viennent alors d'être, en partie, présentés. [157] [158]

Afin de palier à ces impondérables relatifs à la voie extrapyramidale, les neuroleptiques de seconde génération, ou atypiques, ont été mis au point : leur fonction antagoniste, cette fois, est mixte, dopamine D2 et sérotonine 5HT2A.
Brièvement : dans la voie mésolimbique, l'effet 5HT2A est faible et celui D2 fort, ce qui revient au but recherché précédemment, la régression des symptômes positifs ; dans les autres voies, mésocorticales, nigrostriée, l'effet 5HT2A est puissant, or le blocage de ces récepteurs dans ces zones abouties, au contraire, à une libération locale de sérotonine, combattant également les symptômes négatifs – dépression, isolement... – ainsi que les effets indésirables extrapyramidaux.
L'expérience clinique tend toutefois à prendre acte d'effets latéraux indésirables à long terme induits par les molécules atypiques, avec entre autres des dyskinésies tardives, imputables à la régulation positive du nombre de récepteurs dopaminergiques nigrostriés dans l'axe extrapyramidal. [159]

Gardons quand même en mémoire que ces observations sont de nature générale, une moyenne de la population traitée ; ainsi, les effets aussi bien primaires que secondaires sont sous l'étroite dépendance de la nature exacte de la molécule utilisée, la sensibilité et l'histoire du patient, la posologie, et cætera.

Enfin, il faut savoir que les neuroleptiques agissent également sur d'autres classes de récepteurs – muscaciniques M1, adrénergiques $\alpha 1$, histaminiques H1 – de façon variable, et donc que d'autres effets indésirables que ceux précités peuvent se faire jour, au niveau psychique : agitation, convulsions, maux de tête… [160] [158] et physiologique : surpoids, sécheresse buccale, agranulocytose… [161]

Prenons un autre fait de la pharmacopée. Les antihistaminiques H1 utilisés contre les allergies agissent comme des antagonistes de l'histamine sur les récepteurs H1, réduisant les effets de cette dernière, notamment bronchodilatateurs et immunitaires ; la réaction allergique, non seulement source de déplaisir mais aussi de danger pour l'organisme si elle se fait trop intense, s'en trouve alors d'autant minimisée.

Latéralement, ces antihistaminiques exercent aussi leur répercussion sur les récepteurs H1 cérébraux, surtout au niveau de l'hypothalamus postérieur ventrolatéral intervenant dans la régulation de l'éveil, ce qui a pour conséquence la facilitation de la somnolence comme effet indésirable. [162] Il faut cependant noter que des molécules de deuxième génération ont été mises au point, avec une diffusion moindre dans le système nerveux central, et donc un effet de sédation affaibli.

D'autres thérapeutiques œuvrent à la modération de symptômes : les hypotenseurs réduisent l'hypertension, les tranquillisants calment l'agitation, l'arsenal pharmaceutique à l'aide des diabètes régule la glycémie, et cætera ; ce faisant, ils restreignent le déplaisir qui leur est attaché.

De ces deux études de cas, on s'avise d'un caractère constant dans la médication : l'effet attendu est une suspension du *déplaisir de symptôme*, quelle que soit la nature et la localisation de ce dernier ; ce déplaisir peut aller jusqu'à l'évitement de la mort du sujet. C'est tout comme si la confusion d'un mécanisme de contrôle microscopique, cellulaire, tel qu'un récepteur membranaire, aboutissait, fractalement, à la confusion du mécanisme de contrôle hédonique macroscopique : ainsi ne souffre-t-on plus, *ainsi n'est-on plus en peine ou endolori, alors la recherche de la cause importe moins et peut être différée.*

Cependant, on croit que nous n'avons toujours point visé par eux l'élément causal, et on donne pour indice que l'arrêt du traitement s'assortit de la réapparition des symptômes – ou alors la résilience du sujet a été excédée.

Nous tenons en effet pour important de répéter, ce qui du reste est connu, que le médicament estompe la sensation de déplaisir mais ne porte pas systématiquement son action sur la causation de la maladie. Ainsi, dans les psychoses, l'hypersensibilité émotionnelle que jugulent les psychotropes – entre autres résultats – est-elle causée par un excès local en dopamine ; remontant le long de la chaîne causale, on se demande maintenant qu'est-ce qui, à son tour, a induit ce déséquilibre, et cætera. On est donc confronté à la question de l'étiologie.

Cette recherche de la véritable cause du mal, et la suppression de celle-ci, est le réel enjeu, et ceci pose le double problème de son identification et des moyens de son abrogation.

À ce titre, les neuroleptiques atypiques nous font remarquer qu'ils atténuent, par rapport aux neuroleptiques typiques, les effets indésirables immédiats et à courte échéance, mais ces composés peuvent induire des répercussions métaboliques à plus long terme sous forme aiguë – comme une sensibilité accrue du système cardio-vasculaire. [163] [158]

Nous reviendrons sur ce point au dernier chapitre, mais déjà assumons la conjecture générale que *l'allongement de la boucle régulatrice par le retard du signal hédonique négatif – retarder au plus loin le déplaisir en somme – est un facteur rendant encore plus difficile la compréhension de son mobile.* Le raisonnement est identique en ce qui concerne les antihistaminiques de deuxième génération, et ainsi de suite.

Cette incursion est également l'opportunité de se questionner sur la proportion idéale de cette boucle régulatrice : on soupçonne que le signal de plaisir/déplaisir, avertissant de l'adéquation de l'acte au besoin, doive être le plus proche que possible, dans l'espace et dans le temps, du comportement qu'il qualifie, autrement il serait d'autant plus difficile d'en dégager le sens, surtout concernant une affliction pour laquelle aucune cause imminente ne peut être inférée.

Toute entreprise curative qui ferait disparaître la sensation déplaisante sans intervenir sur sa cause se rangerait dès lors, nous espérons l'avoir convenablement démontré, elle-même sous la bannière de la récompense artificielle.

Il n'est en cela absolument pas inédit de considérer la maladie comme un déséquilibre, nous le comprenons à l'aide de l'homéostasie, et, de même, nous savons que la médecine traditionnelle chinoise voit l'affection comme une disproportion énergique entre le Yin et le Yang. Ainsi, un approfondissement peut être ici tenté : *c'est la contexture des conditions de vie de l'individu, renfermant des récompenses artificielles ou non, et de quel type, qui est responsable du déséquilibre, la récompense artificielle étant le facteur déséquilibrant.*

Nonobstant, du côté des secours apportés par ces remèdes, on placerait volontiers la possibilité de réduire les désagréments et la souffrance alors que, justement, la provenance de ceux-ci n'a pu être identifiée ou leurs incidences annulées.

7) Comparaison avec les machines

Examinons à présent comment les machines sont édifiées selon un principe autorégulateur semblable à celui qui fonde les organismes vivants ; ces entités artificielles ont également des mécanismes de contrôle – capteurs, sondes –, des centres intégrateurs – que l'on pense aux processeurs informatiques –, des signaux d'alerte – les voyants d'une voiture –, des effecteurs – les bras d'un robot –, et ainsi de suite.

Les systèmes artificiels, ceux donc conçus de la main de l'Homme, doivent eux aussi être soumis aux lois de la régulation cybernétique en vue de leur fonctionnement optimal.
Ainsi, une voiture possède de nombreux sous-systèmes de régulation, dont la marche amène à des manques que l'automobiliste, alerté par des signaux lumineux ou sonores, se doit de combler contre l'usage adéquat de son véhicule : le niveau de carburant, d'huile de moteur, la température du moteur, et cætera.

Mais à l'égal de toute autre machine, l'idée que les signalements du tableau de bord sont l'annonce d'une nécessité devant être remplie de façon appropriée, et présageant d'une dysfonction, *n'est pas matière à générer un état de tension*, et n'aboutit point à un rejet de ce qui sonne au contraire comme une évidence.

Les tubes de Pitot sont ainsi un des mécanismes de contrôle des avions ; ils estiment la vitesse de l'appareil par comparaison de la pression statique et de la pression totale auprès du fuselage. Ce calcul est bien évidemment capital pour l'équipe de pilotage et l'adaptation de la puissance des moteurs.
Or voici que plusieurs accidents mortels ont été mis en relation par les enquêteurs avec un défaut de fonctionnement de ces sondes – présence de gel, de givre, de poussières ou d'insectes à l'extrémité. Ces conditions défavorables ne permettraient plus de piloter correctement car l'information qu'ils apportaient aux centres décisionnels était erronée, ce qui a pu dans les cas les moins favorables conduire à l'écrasement, comme celui du vol Rio-Paris qui s'abîma dans l'Atlantique le 1er juin 2009. [164] Les illustrations, là de même, seront multipliées à l'envie.

Les mécanismes de contrôle des machines peuvent donc tout aussi bien être trompés, mais, ainsi que dans l'exemple qui précède, ils le sont bien plus souvent par *accident*, car la réorientation au gain de plaisir en est évidemment absente.

C'est que ces systèmes-là sont de bien faible complexité rapport à ceux du monde vivant : puisque l'Homme en est l'artisan, il en connaît tous les rouages, un revers dans la régulation est alors facilement identifiable. Mais plus encore : les dispositifs anthropiques ne rentrent point dans un rapport d'opposition avec les comportements potentiellement inadaptés que l'espèce humaine peut avoir envers elle-même, l'Homme et l'automate étant deux entités de nature différente.
La tension psychologique n'a donc presque pas de chance d'éclore et l'on confond très vite la source du mal – à moin de « tromper » les mécanismes de contrôle d'un appareil artificiel en visant le plaisir délié, e.g. en débridant un engin afin d'en accroître la puissance.

8) Outil ou récompense artificielle ?

Et voici que notre hypothèse de la récompense artificielle, que l'on avait au départ extirpée des propositions de Michel Cabanac afin de mieux comprendre en quoi des « plaisirs inutiles », tels que les exhausteurs de goût ou les drogues, pouvaient se confondre, rappelle sans cesse cette même constellation triangulaire : maîtrise hédonique, confusion des mécanismes de contrôle et effets délétères qui se retrouveraient dans un nombre de considérations et de situations bien plus grand que celles prises comme point de départ ; notre crédit envers cette hypothèse s'est donc par cela étoffé.

Éloignée de nous est la croyance que tout produit de l'activité intellectuelle se comporte par nature comme un perturbateur de ceci ou de cela, autrement dit qu'il ne puisse être qu'une récompense artificielle. Nous avons d'aileurs fait le choix du terme d'outil pour qualifier n'importe laquelle des dispositions résultant d'un exercice de l'intelligence et allant dans le sens qui soutient les processus régulateurs déjà mis en place auparavant. Ceci exige alors qu'en aucune façon les différents mécanismes de contrôle ne soient portés à confusion, et implique par là une non-maîtrise de la sensation hédonique, une guidance *par* le plaisir plutôt que *pour* le plaisir, et enfin, suppose absente toute influence malheureuse.

Pour le plaisir, l'acte est inspiré par une pensée, par le plaisir, il l'est suggéré par une sensation.

Devant l'immensité de la tâche, on ne se risquera, pour le moment, à n'évoquer qu'un unique cas d'outil, celui du port de vêtements lorsqu'est devenu nécessaire de se protéger du froid. Mettant tout de suite de côté tout inconvénient revenant à la qualité du tissu ou la poursuite esthétique, on ne voit que comme avantageux l'isolement thermique et l'évitement consécutif de ses méfaits.

Mais même à partir de ce point, le doute nous assaille ; si cette assistance est trop fréquente, ne risque-t-elle point, en retenant la surface cutanée hors de portée des rayons du soleil ou excessivement coupée du contact de l'air ambiant, d'apporter avec elle quelque désagrément ? Rien que la synthèse de vitamine D appelle l'énergie photonique, même si l'exposition des bras et des jambes sur une certaine durée peut suffire à cela.

Et plus encore : malgré le dénuement que représente la faible densité de sa pilosité, la perception de froid, étant donné l'adaptation des espèces à leur milieu, ne devrait être qu'occasionnelle dans une telle situation ; si le revêtir, étant exclue toute réflexion sur la pudicité, se faisait nécessité vitale, on mettrait en doute que ce groupe d'Hommes se trouvât dans un lieu auquel il est adapté – et l'on rappelle que les régions chaudes d'Afrique d'où serait originaire l'humain va facilement de pair avec la nudité.

Malgré tout, dans ce dernier cadre, en effet, la défense contre une fraîcheur occasionnelle par la confection vestimentaire se verrait donc qualifiée, d'après notre terminologie, d'outil.

Ce n'est sans doute point la seule constitution des instruments ingéniés par l'esprit et la main humaine qui détermine son caractère artificiel ou non ; notre analyse a révélé que les mécanismes de contrôle pouvaient être abusés par l'existence d'un décalage entre l'acuité de ceux-ci, et l'on propose que ce degré de sensibilité soit l'aboutissement du labeur d'adaptation entre espèces et environnement, et la qualité, la quantité ou la diversité des stimulus avec lesquels ils entrent en contact.

L'usage, la fréquence, les interactions avec d'autres éléments, tous ces paramètres se concentrent pour faire, bien plutôt, qu'une innovation soit ou non une récompense artificielle ici et maintenant, comme nous venons de la voir avec le vêtement.

En réalité, la *récompense artificielle est peut-être un instrument sachant distinguer perturbateurs et non-perturbateurs*, selon le moyen de la confusion des mécanismes de contrôle des processus régulateurs et dans le but de la maîtrise hédonique – avec, enfin, l'effet de ce dérèglement.

De façon générale, face à l'hypothèse de la récompense artificielle, on se demande si toutes les créations actuelles ou anciennes ne devraient pas être repassées au crible de cette clairvoyance.

D'ores et déjà, on laisse au lecteur maintenant familier de cette conception, la liberté de renouveler sur les objets de son choix ce jeu d'esprit et son jugement averti.

À partir de là, la pensée est libre de se mettre en quête : les moyens de transports ne rendent plus inaccessibles aucun espace de la Terre, conquête qui s'étend maintenant à l'espace, les moyens de communication abolissant la distance ainsi conquise ; la médecine allonge la durée de vie et console des maux ; l'éducation et la formation accroissent sans cesse le savoir des Hommes ainsi que leurs compétences ; les arts quant à eux émerveillent leurs esprits ; la vêture affranchit du froid, quand l'abri protège des colères de la terre... bref, les perspectives sont larges !

Si nous avons pu affermir notre position quant à la récompense artificielle grâce à ces quelques illustrations, l'on se souvient tout de même que ses précédents paraissent peu nombreux – sauf envers l'addiction et la toxicomanie, où la notion de leurre est régulièrement évoquée –, surtout à considérer qu'il s'agit là d'un phénomène commun : les travaux nous ayant servi de base sont principalement ceux de Cabanac, de Blumenthal ainsi que ceux de Wadley et Martin.

Une remarque pour terminer ce chapitre. Tout à l'instar des processus régulateurs non-comportementaux, les processus régulateurs comportementaux sélectionnent les actes selon l'avantage qu'ils apportent aux individus qui les exécutent.

La récompense artificielle, en une certaine façon, profite également à ceux qui l'on sélectionnée, en ce que la perception plaisante est maîtrisée, un profit certes de court délai étant attendue l'apparition ultérieure de symptômes.

Or sans la capacité de transmission, celui qui parviendrait à une innovation pareille n'en ferait bénéficier qu'un nombre très restreint de ses semblables et l'emporterait avec lui dans la disparition. La récompense artificielle est un fait de culture, donc transmise par le filtre de l'éducation.

Une célèbre observation éthologique va dans le sens de cette supposition : le lavage des patates douces fournies en nourriture à des macaques Japonais, lesquels vivaient reclus sur une île et se voyaient approvisionnés par hélicoptère ; les aliments tombaient alors sur le sable, ce qui enduisait ceux-ci de ces grains très certainement désagréables à mettre en bouche.

En 1953, il fut constaté qu'Imo, jeune femelle du groupe, lavait ses patates dans l'eau douce d'un courant à proximité ; une fois propres, les téguments se trouvaient débarrassés du sable, et donc bien meilleurs à ingérer. Rapidement, ce protocole se transmit à ses camarades de jeu, puis à d'autres femelles, et enfin aux mâles dominants, tant et si bien qu'au bout d'une dizaine d'années, le lavage des patates était devenu une habitude de groupe.

Mais entretemps, au cours des maintes opérations de nettoyage qui eurent lieu, certains singes firent le constat que le lavage à l'eau de mer apportait encore davantage à la dégustation de ces patates douces en vertu de la salinité de celle-ci. Cette coutume fut donc, pour le plaisir qu'elle procurait et l'avantage sur la palatabilité, retenue comme un trait culturel groupal. [165]

Et si la controverse de cette description porte davantage sur le medium de transmission du savoir entre les singes, la motivation à la nouvelle acquisition technique compte, pour nous, tout autant.

Sommes-nous ici les spectateurs des prémisses d'une récompense artificielle chez une espèce parente de l'Homo ? Effectivement, l'assaisonnement salin est fascinant pour le goût et son accès ô combien facile en bordure de mer…

Mais notre interprétation ne serait pourtant pas que ces primates en posassent de la sorte la première pierre, à tout le moins, pas sous son influence unique, car on a tôt fait de constater que l'île qui les enclot n'est point leur habitat naturel, mais qu'il est celui qui leur a été donné par des expérimentateurs soucieux d'en faire l'étude.

Cette modification de cadre, cette instauration d'un milieu au moins partiellement inadapté ne peut que pousser, dans ce que nous avons conceptualisé comme compensation, à une recherche d'hédonique falsifié ; c'est ainsi qu'il faudrait, à notre avis, évaluer les modifications comportementales observées chez des individus retirés du milieu sauvage au profit de la captivité.

Finalement, ces macaques sont là pour nous redire la minceur qui isole l'outil de la récompense artificielle, le continuum qui les rassemble tout à l'inverse, et nous remettre en mémoire le poids du cadre sur le basculement d'un versant ou de l'autre.

Quoi qu'il en soit, il s'agit certainement là d'un phénomène véritablement très ancien : les aliments assaisonnés, la consommation de plantes, de substances hallucinogènes, tout ceci concerne bien des cultures et traverse bien des époques.

Alors on se laisse aller à croire que sur un autre terrain que celui de la science, par d'autres manifestations de l'esprit que la raison et le jugement, une tendance telle que la récompense artificielle a dû déposer sa trace parmi les pimes créations humaines : nous voulons dire parmi les mythes de ses origines, et cela est ce qu'il nous revient maintenant de pénétrer.

Perpignan,
juin 2016.

VII.
LA RÉCOMPENSE ARTIFICIELLE DANS QUELQUES COSMOGONIES

Où sommes-nous exactement sur le chemin de notre raisonnement théorique ?
D'abord, dans notre quatrième chapitre, nous avons posé une problématique : comment débrouiller le paradoxe du plaisir selon lequel, d'un côté, de nombreux indices portent à croire que ce dernier est le signal biologique d'un comportement utile à l'organisme, tandis que de l'autre, des observations aisées montrent qu'au nom de celui-ci, moultes actions sont conduites dans la direction de la dégradation de l'homéostasie.
Pour en tenter une élucidation, nous avons rassemblé, dans les chapitres suivants, des informations issues des sciences physiques, aussi de la physiologie et de la psychologie, dans l'espoir affiché que de leur réunion naîtrait une hypothèse qui éclairerait nouvellement la question.

Il nous a, pour cela, bien été secourable de partir d'un point précis, les discussions menées par Michel Cabanac, un des premiers à conceptualiser l'alliesthésie, sur ce paradoxe et qui touchent au plus près à notre sujet.
Nous avons fait l'essai, en y faisant fructifier ces autres connaissances, de structurer l'idée, apparemment la plus vraisemblable, selon laquelle il existerait chez l'Homme une tendance psychique intrinsèque à mettre les progrès de sa cognition, de sa dextérité et de sa culture à la solde de modifications environnementales lui permettant de maîtriser la sensation hédonique par le moyen d'une confusion faite aux mécanismes de contrôle de processus régulateurs constitutifs.
Ce mécanisme, que nous avons choisi de désigner « récompense artificielle », avec les trois volets qui ensemble forment sa définition complète, n'a, à ce que nous en savons, pas été de cette manière exposé en d'autres lieux. Il a toutefois déjà été largement ébauché dans l'article de Wadley et Martin, lequel fut de grand concours dans notre enquête.

Mais le constat se doit d'être tout de suite assorti d'une tempérance ; nous voulons signifier : pas été exposé comme théorie biologique, n'a pas subi une conceptualisation qui le porte au degré de la compréhension intellectuelle.
Or, comme l'hypothèse d'un inconscient ne peut raisonnablement plus être écartée, et, par ailleurs, puisque celui-ci, nous le savons également, fait sienne la coutume de laisser son emprunte parmi les édifications de l'art, nous tenons peut-être là une

voie d'entrée pour la quête de traces de la récompense artificielle dans des œuvres préexistantes, mais maquillées par l'usage du symbole.

Dans son interprétation de la « Gravida » de W. Jensen [166], Freud conclut que ce sont les mêmes principes inconscients – déplacement, condensation… – qui régissent des sorties aussi diverses que le rêve, le lapsus, l'acte manqué, la maladie psychique et la création. Dans cette optique, on ne sera pas étonné de retrouver dans les productions folkloriques les traces d'un procédé qui, de toute évidence, œuvre depuis si longtemps à l'abri de la conscience.

Il ne doit au demeurant pas être surprenant que cet inconscient, dans son immensité, renferme une connaissance clairement établie de mécanismes que son pendant, la conscience, n'a pas encore, par ses efforts d'entendement, transformé en produit élaboré.

Point ne serait inattendu que l'inconscient collectif de l'humanité n'ait en son sein l'information qu'un procédé tel que la récompense artificielle ait été mise en place par une susceptibilité particulière de l'être humain depuis le fond des âges. On espère voir poindre en certains endroits les traits de cette inclination.

Vers où orienter, dès lors, nos explorations ? L'art est un terrain si vaste qu'un choix s'impose par l'obligation.

Cette tâche peut nous être allégée en prenant acte du fait que, bien que nous ignorons actuellement à quand peut bien remonter le commencement de la récompense artificielle, nous présupposons qu'il reste fortement lié au développement de la civilisation – on le reconnaît déjà avec la pratique de l'assaisonnement des plats, par exemple –, c'est pourquoi nous allons nous tourner vers les récits mythologiques s'attachant à décrire la naissance de l'humanité, dans l'expectative d'y trouver matière pour nos réflexions.

Ces récits, en tant que créations littéraires, appartiennent bien au champ des œuvres artistiques et sont suffisamment anciens pour éviter toute interférence avec les sciences contemporaines lors de leur rédaction.

Les récits maintenant interprétés seront, successivement, un extrait de la Genèse biblique, ensuite le mythe sumérien d'Enki et Ninhursag, puis la théogonie grecque avec Prométhée et Pandore, la narration d'Aristophane issue du Banquet de Platon, le mythe des Races, enfin d'autres apparentés, la Genèse dans le Coran et l'Épopée de Gilgamesh ; pour la plupart de ces mythologies, l'avènement de l'espèce humaine est la thématique centrale. L'ordre de présentation retenu s'oppose à la chronologie des rédactions respectives ; nous estimons que cela a peu d'importance pour la compréhension mais facilite au contraire l'argumentaire.

Dans ces contes et paraboles, nous nous attendons, encore une fois, à trouver une forme symbolique de la récompense artificielle, aussi sera-t-il nécessaire de transcrire du langage de l'inconscient à celui de la conscience les formes qui çà et là nous seront offertes.

A.
LA CHUTE DANS LA GENÈSE BIBLIQUE

Le péché des origines est la récompense artificielle

De références particulières à l'immense exégèse à laquelle ce court texte a donné lieu, il n'en sera point faites ici de nombreuses, nous ne nous baserons que sur quelques notions étymologiques ou historiques, pas plus que cela ne sera prescrit.

Avant que de débuter, posons d'emblée le contenu de notre pressentiment : *le péché des origines, qui trouve dans ce texte sa forme dans la consommation, par Ève puis par Adam, du fruit interdit de l'Arbre de la Connaissance du Bien et du Mal, est une figuration de la récompense artificielle ; c'est autour de cet acte que se noue, sous le couvert de l'allégorie, ce que vécurent de déterminant les Hommes à un moment précoce de leur histoire, qu'ils vivent encore aujourd'hui, et dont leur subconscient a gardé la trace.*

Plutôt que de discuter les éléments dans l'ordre du récit, venons-en directement à cet Arbre de la Connaissance du Bien et du Mal. Sur celui-ci, le texte ne nous apprend pas grand-chose quant à son origine ou sa fonction, seul son nom et l'interdit unique que Dieu a fait peser sur lui : celui de ne point en manger les fruits.

Il faut d'abord signaler que dans le texte original en hébreu, les mots employés pour « bien » et « mal » sont, dans cet ordre, « thov » et « raa », et signifient dans cette langue tout autant « bien » que « bon » et « mal » que « mauvais » – autrement dit, ces deux mots peuvent être adjectifs ou adverbes.

Et si l'on veut bien se référer alors au couple bon/mauvais en français, un lien avec le plaisir et l'alliésthésie commence déjà à apparaître, ainsi que l'alternance perpétuelle entre le bon et le mauvais.

Par suite, quelles sont les conséquences de la consommation de ce fruit défendu ? Citons le texte [Notre version de travail est la Bible de Jérusalem, une version traditionnelle de l'ouvrage ; 167] :

« *Alors leurs yeux à tous deux s'ouvrirent, et ils connurent qu'ils étaient nus ; ils cousirent des feuilles de figuier et se firent des pagnes.* » (Genèse 3:7)

Ce désillusionnement est à mettre côte à côte avec la prophétie du serpent, juste un peu avant, à propos du fruit de cet arbre :

« *Le serpent répliqua à la femme : "Pas du tout, vous ne mourrez pas ! Mais Dieu sait que, le jour où vous en mangerez, vos yeux s'ouvriront et vous serez comme des dieux, qui connaissent le bien et le mal".* » (Genèse 3:4-5)

– réponse à la protestation d'Ève contre la tentation de goûter l'aliment dont Dieu lui avait prohibé le manger.

À la lumière de la récompense artificielle, *on ne saurait s'empêcher de voir dans « connaître le bien et le mal », un équivalent de « maîtriser le bon et le mauvais »*, de faire confusion aux mécanismes de contrôle en rendant

bon, par des manipulations appropriées, ce qui est indifférent voire mauvais au départ... manger le « bon » fruit n'est autre que de succomber à la récompense artificielle.
Repensons aux exhausteurs de goût, lesquels nous ont servi de point de départ, aux stupéfiants, et à tous les exemples étudiés au chapitre d'avant ; c'est donc bien cela, d'après nous, que le « connaître » désigne : faire advenir le bon, le plaisir, et s'affranchir du mauvais, du déplaisir, non plus seulement au gré du fonctionnement des processus régulateurs, lesquels induisent le plaisir pour signaler l'utilité, mais bien aussi sur l'injonction de la conscience, l'*exigence de plaisir*.

Pourquoi, dès lors, imputer à Dieu, ou aux dieux – la marque du singulier ou du pluriel a, nous le verrons, son sens –, cette connaissance et perdurer dans la volonté qu'elle demeure cachée aux Hommes au point d'en condamner l'acquisition ?

Les dieux sont une représentation des processus régulateurs

Une longue digression s'impose ici pour argumenter ce problème non sans influence. Voici notre orientation : il faudrait remonter au germe le plus lointain que nous soyons en mesure de décrire et de comprendre, il s'agirait de la création de l'Univers lui-même et de son évolution.

Aujourd'hui, la théorie la plus vraisemblable concernant ces questionnements est celle dite du Big Bang, au service de laquelle se trouvent d'autres concepts – la théorie de la relativité, la théorie des cordes, et cætera.

En résumé, la physique actuelle, selon une concordance entre modèles théoriques et observations, aperçoit, pour ce qui concerne l'histoire de notre univers, une époque où celui-ci, il y aurait environ treize à quinze milliards d'années, était tout entier condensé en une fort petite unité qui aurait subi une gigantesque expansion, ou phase d'inflation cosmique, très peu de temps après un point zéro, repère d'initiation.

Ce qui reste d'une immense portée pour nous est que cette matière, et l'antimatière qui l'accompagna, n'est point dénuée de toute capacité d'action, elle n'est pas restreinte à une simple existence inerte et à ses caractères physiques : masse, charge, spin, et cætera ; non, ces particules sont le siège de mouvements et interagissent les unes avec les autres, sortes de *pulsions primitives*, les principes intrinsèques présidant à ces mouvements étant les forces fondamentales.
On en dénombre aujourd'hui quatre : l'interaction forte, faible, électromagnétique et gravitationnelle ; ce sont elles qui animent la matière dans son ensemble, qui fondent les réactions physiques et chimiques, à petite, moyenne et grande échelle, et il ne sera pas de notre intérêt ici de considérer en quoi ces puissances disparates seraient d'essence commune, ainsi qu'essaye de le démontrer la science physique actuelle.

Entre 10^{-32} et 10^{-12} seconde après le Big Bang, la température chuta au-dessous de 10^{12} Kelvins, les quarks s'assemblant sous l'effet de l'interaction forte pour donner les premiers nucléons : les protons et les neutrons. Les protons forment les noyaux d'atomes d'hydrogène, puis, l'interaction forte agissant uniquement au niveau du noyau atomique, fut induite la concaténation de protons – malgré la répulsion coulombienne – et de neutrons, par exemple, deux protons et deux neutrons forment les premiers noyaux atomiques de l'hélium – c'est la nucléogenèse.

Il faudra ensuite attendre à peu près 380 000 ans pour que la complexification poursuive son chemin, lorsque la température s'est suffisamment abaissée, au-dessous de 3 000 Kelvins, les conditions furent alors propices au déploiement de l'interaction électromagnétique : les électrons se positionnèrent autour des premiers noyaux d'atomes, les électrons libres sont donc raréfies, ce qui laisse aussi l'opportunité aux photons, qui ne sont plus piégés par les particules électroniques, de se diffuser dans un espace devenant transparent – c'est la recombinaison.

À la suite d'une nouvelle pause d'environ 100 millions d'années, c'est à la gravitation d'entrer en scène. Les grains grossissant de matière attirent à eux les plus légers, la voie est libre pour la formation d'astres ; parfois la quantité de matière agglutinée est telle que la masse, grandissime, du corps qui en résulte provoque une réaction de fusion nucléaire – deux noyaux d'hydrogènes fusionnent pour donner un noyau d'hélium avec dégagement de chaleur et de lumière – réalisable grâce à la température extrême due à la pression – les premières étoiles viennent de naître.

Les atomes inédits formés au cœur de l'étoile sont dès lors assez lourds pour la faire exploser en une supernova, propulsant dans l'espace ses atomes fraîchement formés – les plus légères des étoiles se transforment en naines blanches, évacuant plus doucement leur contenu.

Les planètes vont, enfin, pouvoir apparaître, toujours sous l'interaction gravitationnelle amalgamant ces molécules, combinaisons atomiques plus lourdes, par définition, que les atomes seuls qui les constituent, sans compter que l'univers continue de s'expandre, et donc de se refroidir.

Ces dernières étoiles, avec ou sans planètes en orbite autour d'elles, se rassemblent en galaxie ; c'est ainsi que naquit notre soleil il y a environ quatre milliards et demi d'années, en bordure de la Voie lactée.

La Terre entra en scène dans le même temps, il y a cinquante-six milliards d'années environ. Ce globe était prédisposé à voir la vie grandir sur son sol : gravitation permettant de retenir les gaz et en faire une atmosphère protectrice, distance idéale du soleil pour maintenir de l'eau liquide, cette eau antérieurement présente dans les matériaux constitutifs de la terre ou acquise par chute de comètes.

Gigantesque boule de feu d'abord, à l'image de l'univers où elle prend place, notre planète se refroidit progressivement, de la périphérie vers le centre, l'eau s'y liquéfie en océans, mers et lagunes : en fait, c'est dans ces lagunes que la vie va se constituer peu à peu.

Au cœur de ces dernières se trouve une argile élémentaire, dont la composition ionique facilite la rencontre de molécules et favorise ainsi la réaction entre elles ; l'hydrogène, l'ammoniac, l'oxygène atmosphériques ainsi que l'activité électrique sont aussi des facilitateurs de formations moléculaires. Les premières bases azotées de l'ARN – Acide RiboNucléique – et acides aminés – constituants des protéines – font leur apparition dans ces formations lacustres des premiers temps.

Ensuite, il faudra attendre 500 millions d'années pour que des organisations micellaires, basées sur l'affinité de molécules pour leur solvant aqueux, émergeassent et n'enferment en elles les toutes premières briques de la matière vivante, des protocellules dont le dedans devient de plus en plus autonome et individualisé, bientôt capables de pérenniser cette organisation interne propre par une reproduction asexuée : l'ADN – Acide DésoxyriboNucléique –, est le support de l'information nécessaire à la reconstruction de ce milieu et à sa transmission. Ces premières cellules vont ensuite, pour certaines, s'assembler en une matrice fonctionnelle où chacune se différencie quant à son rôle propre.

Tout comme au cœur des immenses étoiles furent assemblés les atomes, au centre de ces minuscules micelles les molécules s'enchaînent, grâce au squelette souple à base de carbone, en des macromolécules structurantes et fonctionnelles, protéines, lipides, glucides, matériel à partir duquel toute vie ultérieure sera fondée. Elle n'aura plus qu'à suivre son chemin, poussée dans l'amélioration de ses fonctions par l'adaptation incessante nécessaire à son maintien et la sélection dans un milieu mouvant et fluctuant.

Les formes de vie les plus adaptées se verront donc accordées le privilège de la reproduction, d'abord simplement mitotique et clonale, puis sexuée et incroyablement innovante, et ainsi la transmission des molécules porteuses de l'information favorable, ses gènes.
L'avènement de la reproduction sexuée avec deux sexes parmi la population fait reposer les forces de cette évolution non plus seulement sur les mutations géniques transmissibles par mitose, mais par l'extraordinaire brassage intrachromosomique puis interchromosomique qui fait du descendant un être génétiquement unique – à l'exception notable des jumeaux monozygotes.

C'est au cours de ce périple qu'à partir d'un ancêtre commun supposé, LUCA – Last Universal Common Ancestor –, les bactéries, les archées et les eucaryotes, végétal et animal, prendront leur voie, d'abord dans l'eau, puis en milieu aérien, la composition de l'atmosphère étant devenue compatible avec la vie – l'ozone protège d'une partie des rayons du soleil, le dioxygène permet de dégrader les sucres et fournir de l'énergie.

Dans l'élaboration des organismes vivants, l'homéostasie se fait encore plus nettement qu'ailleurs : les réactions chimiques d'abord, puis comportementales, au sens le plus large, ensuite, la façon dont l'individu agit et réagit, sont toutes tournées vers la création et le maintien d'un état particulier, dans d'étroites limites, lequel représente les conditions optimales de

fonctionnement. La recherche de l'équilibre, présente dès les débuts de cette aventure, voit avec l'homéostasie une de ses tournures les plus délicates.
Le plaisir et l'alliesthésie ont trouvé leur place dans cette longue histoire de l'univers. [168]

À présent, nous pouvons mettre un terme à ce récit et le raccorder à notre préalable discours : nous nous demandions pourquoi une si lourde condamnation pesait sur la connaissance du Bien et du Mal, alors même que cela élevait les Hommes au rang de dieux ; pourquoi alors cette largesse ne serait-elle point consentie à ces créatures ?
Peut-être trouverons-nous la réponse dans le recoupement de notre savoir sur la genèse de l'univers, de notre terre et de la vie, avec l'hypothèse ci-développée, celle de la récompense artificielle.

Prenons le problème au niveau de l'équivalence entre les Hommes et Dieu, ou les dieux, si nous savons bien ce qu'est un Homme, que faut-il entendre par « Dieu », quelle essence se cache là-derrière ?

Eh bien, nous mettons à profit l'idée que *Dieu, ou les dieux, ne sont autres qu'une représentation imagée des processus d'autorégulation*, lesquels sont à l'œuvre depuis l'instant initial et qui présidèrent à la structuration et à la complexification jusqu'au vivant, puis à l'Homme, et c'est aussi vraisemblablement par ces mêmes processus que cette longue histoire se continuera.

En effet, depuis l'agrégation des premiers quarks pour former protons et neutrons, la nucléogenèse, la création des étoiles, des planètes, les premières formes de vie, leur évolution et leur maintien, nous avons à faire à un mouvement de *complexification de la matière*, une création de néguentropie, une partie d'elle s'assemblant en unités de plus en plus englobantes, mais chaque palier de cette évolution, à bien y regarder, est relié au suivant et au précédent par des forces, des poussées, au départ les seules quatre interactions fondamentales, qui amènent les éléments en présence à réagir spontanément ensemble selon des lois intrinsèques et ainsi à bâtir des structures de plus en plus ordonnancées, ce qui implique que *la structuration, plutôt que d'être aléatoire, est fort bien* régulée *par ces forces qui en firent la confection* – le structurer fait en cela régulièrement émerger de nouvelles fonctions : *toute force physique, tout principe physique spontané est conséquemment un processus régulateur*.
On donne pour preuve de cette régulation *eutropique*, c'est-à-dire visant toujours l'équilibre idéal, que le processus est continu, même s'il est marqué par des interruptions, il ne régresse point : chaque maillon est donc *conforme*.

Posons alors une équation établissant l'équivalence entre « les dieux » et les processus régulateurs, qui, par l'organisation et la régulation qu'ils imposent, créent des structures dont la complexité va croissante.

Cette hypothèse trouve un soutènement au travers de plusieurs indices :

a) Dans les cultures gréco-latines, où le polythéisme était de mise, chaque divinité se trouvait attachée à un « processus de régulation » particulier.

Si l'on considère les douze dieux qui peuplent le mont Olympe, on ne peut qu'être mis en face du fait que ceux-ci se voient régner sur des domaines de l'existence qui ne sont que les besoins des peuples qui ont forgé ces mythes et pour lesquels une satisfaction, donc un plaisir, était attendu.

Ainsi, plusieurs de ces instances divines se rapportent à la nourriture et à la boisson : Déméter, Artémis, Bacchus ; à l'amour et l'union amoureuse : Aphrodite, Héra ; à la création et l'inspiration artistique : Apollon et Athéna, sous l'aspect de la stratégie à la guerre ainsi qu'à la pensée ; Arès quant à lui se rattache à l'agressivité dans la conquête de territoires et de protection de la patrie, de même qu'Héphaïstos avec le façonnage des armes, Hermès protégeant les commerçants et voyageurs, soit, finalement, autant de réponses comportementales : l'alimentation, l'amour, la création, la violence, l'échange et l'exploration : tous ont trait à des besoins humains, sources de plaisir, ils sont donc processus régulateurs comportementaux.

On pourra tenir un contrat semblable avec les autres divinités comme Hypnos pour le sommeil, ou Tecknè, pour la technique et l'invention de nouveaux outils et de nouvelles techniques.

À côté de ceux-ci se trouvent encore des dieux plus spécifiquement liés à la terre ou aux événements naturels ainsi qu'au climat : Poséidon qui domine les flots, Zeus les cieux, Héphaïstos les volcans, une autre divinité encore, Éole, pour les vents, Hélios le soleil, et cætera, soit des processus régulateurs géophysiques.

Dans la généalogie complexe de ces dieux grecs apparurent Ouranos, le Ciel, et Gaïa, la Terre entre les divinités primordiales. Sorties de l'œuf du chaos originel, cinq personnalités divines sont présentées au total par la théogonie grecque d'Hésiode : outre Ouranos et Gaïa, Nyx, déesse de la nuit, son frère Erèbe personnifiant les ténèbres et Éros pour l'amour.

Or, du Ciel et de la Terre naquirent les titans, parmi lesquels Cronos et Rhéa, qui a leur tour engendrèrent Hestia, Déméter, Héra, Hadès, Poséidon et Zeus. Ces déités pré-Olympiennes, on le remarque, ont toutes à voir avec des phénomènes desquels sont encore exclus tout le raffinement de la civilisation : la maisonnée, la terre nourricière et la moisson, le féminin, le monde souterrain, la mer...

Ces caractères divins ont à leur charge des forces purement physiques, les mouvements de l'eau et des vents, l'abondance de la floraison, l'activité souterraine, ou des fonctions vitales et basiques de l'existence, telles la constitution et l'organisation du foyer, le rapport à la féminité, la récolte agraire.

Ce n'est qu'à la génération suivante que virent le jour Apollon, Athéna, Arès, Hermès ou Bacchus, ayant respectivement à demeure les arts, la sagesse, la guerre, le commerce et la culture viticole, toutes les attributions et occupations civilisées propres à l'homme et aux plus hauts degrés de ses fonctions, des forces aussi morales.

La parentèle des divinités Grecques semble suivre la chronologie selon laquelle les processus régulateurs ont été mis à contribution dans l'auto-organisation de l'univers : les ténèbres, la lumière, les cieux et la terre ; puis les principes fondamentaux de la vie, la nourriture du sol, les soubresauts terrestres, les océans, la sociabilité ; enfin, les sophistications de l'âme humaine, l'art, la pensée, la sagesse mais aussi la guerre.

En résumé, *les divinités gréco-latines se réfèrent chacune à un processus régulateur, en serait une personnification par laquelle ces peuples ont trouvé le moyen de représenter les forces concourant à l'organisation, à la satisfaction ou au contraire à la frustration de leurs besoins, et surtout un substrat grâce auquel il devient possible d'interagir avec et d'influer dessus.*

b) Il a été souvent mis en rapport les premiers versets de la Genèse avec les étapes de la création de l'univers telle que la science moderne la décrit au travers de la théorie du Big Bang, la plus consensuelle à ce sujet.

Les six jours de la création, selon l'interprétation, dirons-nous, physique, révèlent aussi une cohérence, surtout si l'on tient bien compte des deux verbes utilisés pour rendre l'idée de production : d'un côté « bara », signifiant « créer » au sens plein, « former », « faire naître » de l'autre « asah », traduit par « faire », mais comportant dans son champ sémantique le montrer, le célébrer, la mise en ordre.

Dans genèse 1, « bara » a trois occurrences : le commencement (Genèse 1:1), la création de la vie animale (Genèse 1:21) et la création de l'homme (Genèse 1:27). Toutes les autres circonstances sont décrites par le verbe « asah ».

Il est vrai que le parallèle ne manque point d'intérêt, moyennant une interprétation des termes principaux :

« *Au commencement Dieu créa le ciel et la terre.* » (Genèse 1:1)

Le ciel et la terre devraient se comprendre comme, respectivement, l'espace de l'univers et la matière – la terre non comme planète particulière, mais comme matériau.

« *Or, la terre était vague et vide, les ténèbres couvraient l'abîme, l'esprit de Dieu planait au-dessus ses eaux.* » (Genèse 1:2)

Ici, les eaux viendraient à la place du magma primitif, lequel est bien une sorte de « soupe » originaire ; cette étendue était bien aussi ténébreuse, car les photons étaient encore piégés ; la matière, enfin, se trouvait bel et bien vague, car informe, plasmatique et vide, c'est-à-dire exempte des structures stables.

Dieu dit : « *"Que la lumière soit" ! Et la lumière fut.* » (Genèse 1:3)

Dans ce troisième temps, celui de la lumière qui apparaît, on est tenté de voir, si l'on peut dire, la période où le jeune univers refroidit au-dessus des 3 000 Kelvins, les électrons entrent en orbite autour des premiers noyaux de la néoglucogenèse par le biais de l'interaction électromagnétique devenue libre d'agir ; ainsi transparent, l'espace laisse le champ disponible pour que les photons, la lumière, telle que nous la connaissons, entre en scène.

Le deuxième jour, la séparation des eaux supérieures et inférieures par le firmament se comprend mieux, là de même, en voyant dans le vocable « eaux » un fluide dépourvu d'organisation et de structure, comme cela a été prétendu pour la brume cosmique. Ici, il y a une individualisation entre la masse, encore informe, de ce qui constituera notre planète d'avec le restant de la matière, les cieux en ligne de démarcation.

Le troisième jour, sur cette terre en formation, le liquide amené à constituer mers et océans se sépare de la roche se formant sous l'effet du refroidissement progressif du magma terrestre, ce même refroidissement permettant la condensation de la vapeur d'eau en eau liquide.

Ce jour-ci, la vie éclot déjà par le règne végétal, la terre se couvre de verdure et d'arbres fructueux. La photosynthèse a effectivement été première dans les structures lacustres puis océaniques, en remplaçant graduellement le dioxyde de carbone atmosphérique par de l'oxygène, préalable à l'épanouissement de la vie hors de l'eau et la colonisation rapide des continents par la végétation, de plus en plus diversifiée.

Le quatrième jour semble poser une difficulté d'ordre chronologique, où le soleil, la lune et les étoiles n'interviennent, notamment le soleil, qu'après le végétal, tirant pourtant son énergie de cet astre. On peut également se demander ce qui, auparavant, marquait le jour et la nuit.

Nous nous rallions à l'opinion que c'est à travers l'emploi du verbe « asah » qu'il est plus convenable de regarder les événements séparant Genèse 1:1 de Genèse 1:2 ; ce n'est pas tant qu'ensuite des plantes et des êtres végétaux se sont composés soleil, lune et étoiles, mais plutôt qu'ils sont apparus dans le firmament, d'où le verbe montrer, et ainsi devenus des repères nettement visibles.

En effet, c'est la végétation qui a peu à peu transformé la qualité de l'atmosphère, passant de bruineuse à limpide, suite à l'appauvrissement en dioxyde de carbone et en méthane.

Au cinquième jour, la vie animale s'épanouit, d'abord dans les mers, puis dans les airs et sur la terre.

La reproduction est le moyen par lequel ce grouillement d'espèces se perpétue et emplit l'espace, ce qui avait déjà été esquissé avec la verdure et les arbres : « [...] *donnant selon leur espèce des fruits contenant leur semence* [...] » (Genèse 1:12).

En effet, les oiseaux ont évolué à partir de sauriens terrestres, les ptérodactyles ; les amphibiens ont eux été les premiers à conquérir le sol ferme. Par ailleurs, le milieu aquatique fut bien le premier terreau de la vie et de sa diversification.

Ce n'est pourtant qu'au sixième jour que les animaux terrestres investissent les continents : les bestiaux, bestioles et bêtes sauvages.

Bien qu'en soit la vie terrestre devrait s'être logiquement développée avant celle aérienne, cette nouvelle étape, par le foisonnement qu'elle souligne, décrirait l'explosion des espèces de mammifères suite à la disparition des dinosaures à la fin du crétacé.

Et c'est l'Homme qui clôt le labeur de Dieu, mais ce qui est précisé ici, c'est que cet Homme est à l'image d'Elohim :
« *Dieu dit : "Faisons l'homme à notre image, comme notre ressemblance, et qu'il domine sur les poissons de la mer, les oiseaux du ciel, les bestiaux, toutes les bêtes sauvages et toutes les bestioles qui rampent sur la terre".* » (Genèse 1:26)
Cette ressemblance entre Elohim et Homme est à mettre en corrélation avec un verset de la Chute ; faisant suite au péché par Ève et Adam :
« *Puis Yahvé Dieu dit : "Voilà que l'homme est devenu comme l'un de nous pour connaître le bien et le mal !"*». (Genèse 3:22).
Il ressort de ceci que *l'Homme ressemble à Dieu, mais n'est point son égal, car dès lors qu'il veut se faire comme lui, il commet un pêché et s'en voit expulsé du jardin d'Eden.*
Cette subtilité est très certainement riche de sens, mais il nous manque encore un élément pour en faire voir une plus complète interprétation.

C'est donc par un enchaînement de séparations que procède Elohim, entre lumière et ténèbres, eaux supérieures et eaux inférieures, mers et continents, finalement entre ce qui est doué de vie et ce qui demeure inerte.
C'est bien aussi par séparation que se structura la matière : de la brume homogène des débuts de l'univers se particularisent des agencements particulaires, et ainsi à chaque étape de la complexification : formations stellaires et telluriques, émergence de la vie, et cætera.

Voici qu'à nouveau se manifeste à nous notre fidèle harangueur, pour déclamer :
- Ainsi, n'est-il point teinté de vanité, voire source de fourvoiement, que d'être dans la résolution de faire coïncider absolument le discours scientifique avec le texte biblique ou de tout autre mythe ? Cette intention ne brise-t-elle pas l'objectivité de l'herméneutique ?
- À dire vrai, là gît bien un danger pour l'exégète : faire dire à l'écrit ce qu'il en souhaiterait comprendre, encore et toujours vient nous hanter l'issue terrible de l'objectivité du scientifique.
Pourtant, que toutes les interprétations se valussent, nous le rejetons expressément, car la recherche de vérité cesserait aussitôt, pis encore, il n'y aurait plus de vérité du tout, or cela est en contradiction avec la présence, dans le réel, d'un ordre et des lois présidant à cet ordre ; or il doit y avoir également des lois qui ont présidé à l'écriture de la Genèse, comme pour toute création, resserrant de la sorte le champ des interprétations possibles.

L'astrophysique et la mythologie telle que celle de la Genèse partagent l'objet de l'origine du monde, et deux faits manifestes s'offrent à l'observation : d'abord, que les hypothèses, encore en développement, proposées par la science moderne sont d'un haut degré de congruence avec l'observation et la prévision ; ensuite, que les manuscrits bibliques exercent depuis longtemps et

sur un nombre d'individus extraordinairement élevé, une attraction des plus remarquables, attraction appelant elle-même une explication.
Si nous sommes dans le pressentiment qu'un lien étroit existe bien entre la démarche scientifique et mystique, plus encore, entre la récompense artificielle et la Genèse, cette supposition doit être dans la mesure d'apporter une contribution à la compréhension du rapport que ces deux voies entretiennent.
Une bonne hypothèse est à la fois simple et puissante, c'est-à-dire dans l'habileté de rendre compréhensible à elle seule un grand nombre de phénomènes tout en recouvrant au moindre matériel conceptuel.

On ne saurait méconnaître une similitude certaine entre l'ordre des bouleversements décrits dans le chapitre 1 de la Genèse, rédigé par un peuple vraisemblablement dépourvu de technologies de pointe et le savoir contemporain ; il est vrai également que la correspondance apparaît d'autant plus claire que l'on remplace en français certains mots que la traduction traditionnelle a retenu, par d'autres qui appartiennent au champs sémantique de son correspondant hébreu, aboutissant à une meilleure compréhension globale.

Car c'est bien globalement que l'on saisit la similitude, point n'est besoin de chercher le plus petit détail d'un côté ou de l'autre : le concordisme ne se révèle alors d'intérêt que si l'on se base sur des éléments généraux.
Et Hubert Reeves de s'interroger : « *Après tout [...] nous sommes nous-mêmes composés de la poussière du Big Bang. Peut-être portons-nous en nous la mémoire de l'univers ?* » [167]
Si cette mémoire est constituante d'un inconscient collectif, et puisque l'inconscient s'exprime par une langue symbolique, en plus des rets de la traduction, nous avons bien à effectuer la retranscription d'une perception depuis son exécution inconsciente jusqu'à sa compréhension consciente.
En tous les cas, l'identité est suffisamment frappante pour fortifier l'assimilation entre Elohim et les processus régulateurs dans la mesure où ces deux récits génésiaques brossent le tableau d'un épisode commun.

c) Sur le nom de Dieu : dans la Genèse biblique, le substantif traduit par « Dieu » en français dans les versions classiques – Traduction Œcuménique de la Bible, la Bible de Jérusalem, Bible Second – est le nom « elohim ». Deux particularités nous intéressent ici : sa signification étymologique renvoyant à la puissance, et sa déclinaison au pluriel.

« Elohim » est formé sur la racine « el- », qui en est aussi la forme abrégée, son singulier étant « eloha ». Le nom hébreux « alah » signifie, entre autres, « déclarer » ou « jurer », et est lui aussi basé sur la racine « el- » modifiée en « al- ». « El-allah » désigne donc celui qui demeure fidèle et conserve son Alliance, concept ô combien important dans les récits bibliques. « El- » est en outre associé à la notion de puissance, de force, Elohim désigne « celui qui est fort », « puissant » et même « fidèle ». [169]

L'étymologie de puissance et de force, ainsi que la forme plurielle corroborent ainsi notre hypothèse : les processus régulateurs sont bien des forces organisatrices, leur puissance est la capacité à justement faire s'assembler entre eux des éléments primordiaux vers des états de complexité supérieurs, *les constructions ainsi établies sont le réceptacle de cette puissance*.

Elohim bénit – « barak » en hébreu – l'Homme, cette bénédiction, comme le montrent les significations associées à « barak », comprend « le bonheur », « le bien » – on note aussi la racine latine « bene- » dans la « bénédiction » –, également le don de force, et c'est ainsi, dans la langue courante, que l'on bénit quelqu'un lorsque l'on a pour lui le souhait qu'il soit rempli d'ardeur. Une fois encore, la force est à la fois structurante et résultante, elle apparaît comme le fruit des organisations produites par les Elohim-processus régulateurs : ce qui par eux est bâti se voit assigner la vigueur propre à ce que ces lois ont forgé.

La pluralité a quant à elle fait beaucoup gloser. Le pluriel de majesté, comme le « nous » de modestie français employé dans certaines circonstances, est exclu par les grammairiens puisqu'il n'est apparu que plus tard dans les langues qui en font usage.

En fait, la régullation est bien plurielle, de plusieurs natures, on peut penser aux interactions fondamentales, avec leurs rayons d'action, nous l'avons vu, différents en pratique, aux lois de la physique, qui plus est, les systèmes les plus sophistiqués, comme les systèmes vivants, sont le siège de bien d'autres mécanismes de régulation, eux-mêmes de plus en plus complexes et élaborés à partir des premières forces à l'œuvre dans l'univers, parmi lesquels les comportements.

C'est que, d'un point de vue historique, la tradition occidentale est en train de passer du polythéisme, hérité des cultures antiques, au monothéisme encore en usage aujourd'hui ; cette transition, plutôt que de s'effectuer brutalement, s'est réalisée progressivement, en laissant des traces de surface dans les textes qui sont le support de la coutume religieuse.

L'on a aussi avancé que l'on pouvait voir là l'application de la trinité : le Père, le Fils et le Saint-Esprit. Ailleurs, on suppose l'énergie, la structure et l'information comme existant simultanément, l'un de ces trois aspects de la matière prenant le pas sur les autres selon les conditions ; c'est bien, enfin, par des échanges d'énergie, de structures et d'informations que s'auto-organisent et s'autorégulent les systèmes, grâce aux effets des forces à l'œuvre au sein de la matière.

Il peut donc être reconnu en Elohim un équivalant des processus régulateurs : le Père est l'énergie massée dans la structure, le Fils, et portant une information de par son existence même, le Saint Esprit.

D'un point de vue exégétique, plus spécialement celui orienté vers l'assimilation de Elohim aux processus régulateurs, il peut très bien s'agir d'une variante dans le saisissement du principe même de l'auto-organisation et de l'autorégulation : *des forces distinctes au champ d'action propre ou bien, mais avec équivalence, un seul élan, une unique puissance, l'union de l'ensemble des processus régulateurs en un même concept* – Dieu singulier.

N'omettons pas, enfin, que c'est par la parole qu'Elohim est créateur, ou plus précisément, et à notre sens, organisateur ; le verbe hébreux est « amar » qui, en plus de la signification de « dire », a dans sa polysémie le « demander », voire l'« ordonner ».

C'est donc une interpellation expresse qui rappelle le *déterminisme* avec lequel agirent les forces primordiales de l'univers ; comment, à leur suggestion, les premiers éléments en composèrent de plus complexes de façon, non pas hasardeuse, mais bien réglée.

C'est que la *conscience* était tout à fait moindre dans ces structures et n'adviendra que par la vie, pour s'agrandir jusqu'à l'Homme ; sans conscience ils sont seuls à œuvrer pour la complexification de la matière, les processus régulateurs sont en ces temps les uniques déterminants de la création.

Eu égard à l'interdit de la prononciation du nom de Dieu – Yahvé, issu du tétragramme YHWH – nous en rendons compte d'après le caractère *transcendant* des processus régulateurs ; ceux-ci, au fond, n'ont besoin d'être connus, mais sont consacrés, sont objet de culte et de respect en raison de leur immanence et de leur éternité, et « dont on ne doit prononcer le nom » car on ne peut, ainsi que nous le défendons, les faire siens, les maîtriser, sans blasphèmer, or nommer, c'est déjà s'approprier – confer les noms que donne l'Homme aux animaux dans la Genèse.

d) Dans la tradition Kabbaliste du Zohar [170], le tout premier verset de la Genèse est interprété, pour ne s'intéresser qu'à lui, d'une façon non sans complémentarité avec ce qui vient d'être dit.

Le Tikouné Zohar va, dans l'une de ses interprétations, dans le même sens, en découpant « bereishit » en « baruch » d'un côté et « hit » de l'autre. La racine « ros -» se rapporte au chef, quant à « hit », il s'agit d'une préfixation pronominale, « hitbara » vaut alors « il se créa ». De fait, Elohim est également renvoyé en position d'objet direct, ce qui du reste est doublement cohérent avec, primo, sa position postposée au verbe, l'hébreu n'indiquant pas le cas grammatical par désinence, et deuzio, le singulier du verbe face au pluriel d'Elohim.

L'absence de « et » elle ne surprend pas, car cette particule se place entre le verbe et son sujet si ce dernier est précédé de « ha », l'article défini – ou bien dans la théorie des phases d'Adamzewski, c'est un opérateur de phase deux, il thématise le substantif qui le suit. [171]

Le premier verset de la Bible devient donc : « Au commencement, il se créa Elohim, avec les cieux et la terre ».

Henri Atlan, dans l'un des films documentaires qui lui sont consacrés, reprend bien ces idées, en appuyant sur le fait qu'en outre, aucun aspect personnel ou individuel n'émane d'Elohim, c'est plutôt une auto-création ou création à partir d'un principe premier qui se dégage de l'analyse. [172]

De plus, il rappelle une vision du Dieu assez proche de celle de Spinoza, pour lequel « *Deus sive Natura* », « *Dieu ou bien la nature* ».
Dans son « Éthique », Spinoza en vient effectivement à cette conclusion par l'observation et la déduction de ce que la substance ne peut être produite par autre chose qu'elle-même, contrairement à Descartes pour qui Dieu existe per se : Spinoza en déduit le principe immanent d'engendrement de toute chose : « *La puissance qui permet aux choses singulières, et par conséquent à l'Homme, de conserver leur être, est la puissance même de Dieu, c'est-à-dire de la Nature.* [...] *C'est pourquoi la puissance de l'homme, en tant qu'elle s'explique par son essence actuelle, est une partie de la puissance infinie de Dieu, ou de la Nature, c'est-à-dire de son essence* ». [173]

Il est bon de préciser finalement que *la nature, et l'Homme, ne sont pas exactement Dieu, sinon* l'expression *de Dieu ou d'Elohim, la manifestation de son pouvoir créateur*. Nous demeurons donc dans une consubstantialité entre Dieu, les dieux, Elohim et les processus régulateurs par lesquels la matière s'organise et évolue.

e) Une lecture nous a récemment porté vers un texte a priori non apparenté directement à l'étude du religieux, mais réservant quelques aphorismes qui, à l'aune de tout ce qui précède, méritent d'être collectionnés. Ce sont de nombreuses études de rêves, en particulier de rêves enfantins, dont traite le livre (« *Sur l'interprétation des rêves* » de Jung) [174] menées par Jung et ses collaborateurs au cours d'une série de séminaires.
On ne craindra rien de ce que ces citations sont extraites de leur contexte sans que celui-ci, par ailleurs fort riche, mais bien compliqué à retranscrire, ne soit rapporté. Elles devraient tout de même apparaître pertinentes au lecteur.

Ainsi :
- « *Dans l'antiquité on ne disait pas non plus "Je suis épris de quelqu'un" mais on attribue cela aux dieux, à Éros. On est cinglé par un démon. Pas moi, mais « le dieu en moi ». Je suis un enthéos.* [= inspiré par la divinité] » (page 252)
La divinité comme essence des processus d'autorégulation voit ici une belle illustration dans la croyance antique.
- « *Deum te esse scitare* », « *Prends conscience que tu es un Dieu* » (rappel d'un dicton latin par N .W. Bächtold). (page 232)
Nous préciserions : « l'expression de Dieu », « l'image de Dieu », plutôt que son identité, car dans cette subtilité en apparence tatillonne réside tout l'enjeu de la question qui va venir.
- « *Mais quand on est honnête, on doit toujours douter de sa capacité à savoir ce qui est bon et ce qui est mauvais. Décider en dernière instance de ce qui est bon et ce qui est mauvais est un attribut divin.* » (au sujet de l'interprétation d'un rêve sur la turba, par Splittgerber). (page 288)

Mais laissons la conclusion à Reich : « *Et lorsque Dieu ne représente rien d'autre que la personnification des lois naturelles qui gouvernent l'homme et en font un élément du processus naturel universel, alors – et alors seulement – la science naturelle et la religion se réconcilient.* » [175]

Il se pourrait bien que soit partagé ici le sentiment que, une fois encore – où est donc notre critique ? –, l'on peut bien faire dire aux mots ce que d'eux nous voulons entendre et que l'on transforme le texte jusqu'à en extirper le sens attendu. Seulement, ce n'est point un seul des éléments ci-discutés qui se fait le contrefort de l'argumentation, c'est l'ensemble de ceux-ci, et la *cohésion*, l'homogénéité se dégageant du tout.
Or, les diverses observations vont dans un sens commun, celui de l'homologie entre Elohim et les processus régulateurs à l'origine de l'organisation et de la régulation, à la fois dans le mythe biblique, mais aussi dans d'autres cosmogonies.

Isch et Ischa, masculin et féminin, ou les deux protagonistes de l'histoire

Cette dernière hypothèse ayant été, à l'avis nôtre, suffisamment étayée, il est temps de refermer cette parenthèse pour en revenir à la Genèse. Déroulons alors l'action, ayant en tête notre définition originale de Dieu, jusqu'au moment où le visage de l'interdiction se profilera devant nous avec netteté.
La glose tombe maintenant sur l'« homme » et la « femme », les deux personnages principaux de ce drame, et nous avons alors affaire à trois mots dans le texte hébraïque : « adama », « isch », et « ischa » :

- « adamah » signifie précisément « le glaireux », « le terreux », et désigne l'Homme au sens global, l'être humain tiré de la terre par Elohim,
- « isch » renvoie en hébreu à l'homme, entité masculine distincte de la femme,
- « ischa » à la femme distincte de l'homme.

Il ne souffre pas une opposition trop forte contre la remarque que dans le second chapitre de la Genèse, les occurrences de « homme » et « femme » dans les traductions françaises classiques et qui trouvent dans le texte original pour équivalents Isch et Ischa, ne sont pas les représentants du mâle et de la femelle de l'espèce humaine.

Quoique le chapitre premier soit considéré comme un ajout au chapitre deux qui le suit, et donc de rédaction postérieure, on est en droit de penser que les auteurs ont voulu donner une cohérence au récit, ce qui a motivé l'écriture de ce chapitre premier, et que dans celui-ci, sans ambiguïté, les deux genres de l'espèce humaine sont créés simultanément :
« *Dieu créa l'homme à son image, à l'image de Dieu il les créa, homme et femme, il les créa.* » (Genèse 1:27)
Il serait alors contradictoire que, même si le chapitre second constitue une sorte de détaillé du précédent, le mâle humain soit créé nettement avant la femme.

- Mais Ish et Isha ne sont-ils point les vocables par lesquels l'hébreu donne à voir un homme et une femme ?

- Si, mais il n'est pas exclu par cela de concevoir à la place une opposition interne à l'être humain, à l'Adama, en dehors du sexe de ses individus, mais qui aurait tout de même trait au genre, nous pensons à « masculin » et « féminin ».

Sur le masculin et le féminin en philosophie chinoise, le Yang est le principe *émetteur* qui matérialise, concrétise l'aspiration de l'être là où le féminin, le Yin, est le principe *récepteur*, qui capte, reçoit l'inspiration de l'être pour que, alliée avec le masculin, ils deviennent « une seule chair », une force créatrice par l'inspiration divine féminine, puis la matérialisation de celle-ci par le masculin générateur.

On s'est bien demandé pourquoi parler de féminin pour les qualités réceptives de l'être, et de masculin pour celles ayant trait à l'émission, et que de l'union des deux il serait créé. L'évidence suppose que tout cela se rapporte à l'engendrement du nouvel individu, acte créateur par excellence et qui préside à cette naissance, et dans lequel la femme est effectivement réceptrice et l'homme émetteur.

D'une certaine façon, ce serait sur un cas particulier, celui de la reproduction, qu'aurait été fondée la terminologie, cas pour lequel les différenciations anatomiques propres aux deux sexes trouvent leur usage. C'est peut-être, finalement, dans la régénération de l'espèce que le masculin de l'homme et le féminin de la femme trouvent leur plus forte expressivité.

Dans la légende du Graal, la lance et le calice sont respectivement symboles du masculin et du féminin. De plus, la symbolique onirique associe sans contraste ces objets à l'homme et à la femme, sans doute pour des motifs morphologiques anatomiques qu'il est inutile de préciser.

Est-ce à dire qu'en soit l'homme porte un plus grand développement de masculin et la femme de féminin ? Possiblement car, l'androgynat individuel, indubitablement existant, se retrouve aussi au niveau de la communauté, laquelle abrite au final les deux sexes.

Dernièrement, la traduction de Chouraqui indique que c'est bien sur le glaireux que tombe le sommeil duquel naîtra Isha, ce ne peut donc être l'homme en tant que mâle opposé à femelle, c'est un événement qui concerne plutôt l'humanité toute entière.

Revenons-en au texte. La création d'Ischa est donc à la fois postérieure à celle d'Isch et réalisée à partir de lui. Il est par conséquent moins vraisemblable de voir dans la création d'Ischa celle de la *femme* à partir d'une côte de l'*homme*, car alors il devrait lui en manquer une, ce qui n'est point le cas, que l'émergence, dans l'humanité, d'un nouveau *côté* signifié par Ischa – le mot hébreux « tsalà » a en effet pour sens aussi bien « côté » que « côte », et dans ses autres applications il est plutôt traduit par « côté », confer Exode 25:12 ou Rois 6:5 –, répondant à un manque, comme l'exprime Genèse 2:20 : « *L'homme donna des noms à tous les bestiaux, aux oiseaux du ciel et à toutes les bêtes sauvages, mais pour un homme, il ne trouva pas d'aide qui lui fut assortie.* »

Nous comprenons en fait à leur place *masculin* et *féminin*, qui conservent certes un rapport marqué à « homme » et « femme », tout en étant d'une plus grande adhérence avec d'un côté (!), le texte original, de l'autre la logique du récit.
La création de Isha dans le deuxième chapitre de la Genèse renverrait alors à une dissociation qui s'effectue en l'Homme où un « côté » de lui-même, pourtant déjà présent, s'individualise pour entrer dans une dualité complémentaire qui ensemble forment Adama, comme le montre Genèse 2:23 : « *Alors celui-ci s'écria :"Pour le coup, c'est l'os de mes os et la chair de ma chair !"* [...] »
On peut donc comprendre *la création de Isha comme le développement du côté féminin de l'humanité*, à l'heure où celle-ci, du lignage animal qui est le sien, devenait petit à petit humaine et trouvait ce faisant, à côté de sa part instinctive, son écot affectif et sensible dont on suppose chez elle la proportion plus élevée que chez les autres espèces d'animaux.

On reconnaît par ailleurs l'anima et l'animus de la psychologie analytique, voilà un des commentaires des plus classiques sur la genèse d'Ischa.

Le serpent, vecteur de la tentation

La tentation est symbolisée dans le récit par le dialogue entre Ève et un serpent, représentation phallique par excellence.
La chute correspond donc à l'outrepassement de l'interdit par Ève puis par Adam, sous l'influence du serpent, plus précisément après que celui-ci a parlé avec Ève, et elle seule.
Ainsi est le rapport entre le serpent et Ischa : *c'est effectivement sous l'influence d'une partie du masculin – le serpent-phallus – que l'Isha transgressera l'interdit.*

Se rattachant à la conception que le phallus, plus que de la masculinité, est le symbole de la *virilité*, l'assimilation du mythe avec la récompense artificielle devient de plus en plus probante : « viril », de par son étymologie fondée sur le latin « vir », pour « homme », renvoie au masculin ; pourtant, son sens moderne a glissé, probablement dans le même temps que la culture qui l'emploie, pour désigner une forme de puissance inhérente au masculin : l'homme viril est celui qui reste dans l'affirmation et la contemplation de sa propre puissance sexuelle et sociale, lesquelles sont, d'ailleurs, fréquemment liées l'une à l'autre, et celui qui a l'avantage en amour l'a souvent aussi dans les affaires de la communauté.
Alors aisément, la signification de la virilité se rassemble toute entière en un seul aspect, celui de la *domination*, qui a pour corrolaire la *posséssion*, d'abord sur autrui par l'imposition de sa force, ensuite sur le moi, et particulièrement sur les affects : certains sont contenus quant à leurs expositions, d'autres sont surexprimés à l'instar de la colère ou de la joie de la victoire dans la compétition et l'affrontement.

Dès lors, il n'y a plus aucun effort de l'esprit à fournir pour faire ressortir le lien qui unit le mythe du péché des origines d'un côté et de l'autre la récompense artificielle scientifiquement déduite : *si la récompense artificielle consiste en une exigence de plaisir, alors ceci est, non pas du ressort de la masculinité comme fonction de l'Homme, mais de la virilité comme tendance humaine à imposer le caractère hédonique à un stimulus qui, par le jeu de l'alliésthésie, n'en serait point pourvu, et, si pour ce faire, il est nécessaire d'abuser les mécanismes de contrôle, nous ne pouvons distinguer ici qu'une domination sur la régulation constitutive, sa maîtrise en un mot.*

Juste un peu plus tôt, nous avons défini la masculinité à l'aide du concept d'émetteur, de l'ancrage dans le réel de ce qui est révélé à l'être par son ouverture, sa réceptivité féminine ; or, c'est tout comme si à côté de cela s'était, à un moment que l'on ignore encore et pour des causes tout aussi inconnues, particularisée une sous-instance masculine, fascinée par sa capacité propre à déclencher une sensation plaisante selon son vouloir, et qui demeure dans l'exigence du gain de plaisir ; *ici gît la domination première, l'initiation de la prise de pouvoir : celle de transformer, d'aménager son environnement pour qu'un gain de plaisir puisse en être acquis.*

Si l'émergence d'Ischa secondairement est d'après cette métaphrase de plus explicite, il ne nous reste plus qu'à la mettre côte à côte, si nous pouvons dire, avec la récompense artificielle : *le serpent serait l'équivalent d'une tendance du pôle masculin à dominer et à sommer de l'environnement le plaisir, et ce au moyen de la ruse* :
« *Le serpent était le plus rusé de tous les animaux que Yahvé Dieu avait faits.* » (Genèse 3:1)
Or dans cette ruse, nous authentifions bien évidemment la confusion des mécanismes de contrôle, dont le mandat est pourtant l'équilibration : il a été mis en vedette le rôle premier de l'intellect dans ce processus supposé, et c'est par la mise au point d'un comportement élaboré, d'une rouerie, que celui-ci parvient à la maîtrise hédonique ; ainsi serait la matoiserie du serpent.

Mais on ne sera pas dans la mésinterprétation suivante : à ce sujet, on lit justement dans la Genèse, en plusieurs passages, la présence du verbe « dominer », par exemple, dans le premier chapitre, lorsque l'homme fut créé, Dieu dit à son adresse (Genèse 1:28) :
« [...]*"Soyez féconds, multipliez, emplissez la terre et soumettez-la ; dominez sur les poissons de la mer, les oiseaux du ciel et tous les animaux qui rampent sur la terre."* »
On se propose de comprendre l'équivalence française « soumettre », et du même coup « dominer » au sens littéral, comme « soumettre » = « mettre sous », pour protéger, pour veiller dessus ; ce serait plutôt comme si Dieu avait donné aux Hommes le soin de sauvegarder les espèces vivantes qui l'environnent, et qui peuplent la terre à ses côtés.
La compréhension de « soumettre » comme « dominer » ne peut être que postérieure à la récompense artificielle et se faire son obligé.

La concupiscence est l'initiation de la récompense artificielle

Poursuivons. Dieu avait proscrit le manger du fruit de l'Arbre de la Connaissance du Bien et du Mal. Mais
« *Le serpent répliqua à la femme : "Pas du tout ! Vous ne mourrez pas ! Mais Dieu sait que, le jour où vous en mangerez, vos yeux s'ouvriront et vous serez comme des dieux, qui connaissent le bien et le mal".* » (Genèse 3:4-5).
« *Qui connaissent le bien et le mal* », nous assimilons donc : qui pénètrent le bon et le mauvais, qui sont dans la capacité de faire advenir celui-ci ou disparaître celui-là à volonté.

Et *« La femme vit que l'arbre était bon à manger et séduisant à voir, et qu'il était, cet arbre, désirable pour acquérir le discernement.* » (Genèse 3:6)
Voici que le plaisir à voir l'arbre est déjà le prime effet du succomber : *la pulsion scopique est peut-être la toute première proclamation de la récompense artificielle*, car elle est lourde d'implication, elle représente *la séparation d'avec l'Autre en tant qu'il peut être imprévoyablement tantôt pourvoyeur de plaisir, tantôt pas* – elle décide à l'inverse : « Tu m'apporteras du plaisir ».
Cela est à différencier – à mettre en regard ! – du regard qui relie à l'Autre, particulièrement dans l'émoi amoureux, où la vue de l'aimé suffit à déclencher une sensation plaisante, plus, une émotion rayonnante qui finit par envahir tout le corps, et alors il n'y a d'attente autre que cet instant et un *respect* mutuel dans un regard *contemplatif.*[1]

Le regard dans la relation amoureuse est à cet égard tout à fait remarquable, et l'on sait en distinguer au moins deux manifestations : d'un côté, l'amour peut se révéler au travers d'une émotion jubilatoire irradiant tout l'être, comportant une dimension sexuelle, c'est-à-dire une tendance spontanée au rapprochement avec le responsable d'une telle exaltation – nous devrons en effet reconnaître, mais bien plus tard, que l'Amour pur est le seul langage par lequel s'exprime Dieu ; de l'autre, l'individu pris comme objet de l'attention est vu uniquement comme sexuellement attrayant, avec une scission entre le sentiment amoureux et la sexualité, où seule cette dernière subsiste – c'est ainsi que nous « matons » l'Autre, avec les deux sens que ce verbe réunit si justement en un seul.

Dans les deux cas c'est bien le regard qui s'est arrêté sur quelqu'un ou sur quelqu'une, ou encore quelque chose, et c'est bien aussi du plaisir que relève l'observation, mais nous souhaiterions faire comprendre que malgré ces similitudes, l'attitude est fort différente. Il s'agit de l'opposition entre le plaisir

1. Pour en revenir aux additifs alimentaires, certains, comme le dioxyde de titane (E711), sont employés afin de pigmenter des bonbons et autres sucreries, opération à travers laquelle l'on dénote également la vue dans la maîtrise du plaisir. C'est ainsi que l'on attend de Dieu qu'il nous exhausse !

pleinement couplé à un sens biologique et celui qui, même partiellement, s'en est dégagé. On aura d'ailleurs noté la spontanéité d'un coup de foudre et le caractère prémédité des situations où il est possible de guigner l'Autre, comme avec la pornographie.
La difficulté à départir les différentes essences du plaisir vient probablement du fait que, justement, c'est toujours cette apparence, celle du plaisir, qui est objet de perception et que selon le principe de plaisir, nulle indication n'est plus forte dans le psychisme que celle qui conduit à la maximisation de celle-ci.

Dans le verset qui nous intéresse, l'arbre est qualifié de « séduisant » et de « désirable », le lien avec la concupiscence est donc évident, et cela n'est autre que la conséquence de l'abandon à la récompense artificielle, à la maîtrise hédonique. Nous interprétons donc Genèse 3:6 comme la première *concupiscence*, la pulsion de regarder cachant derrière ce regard le guet du plaisir, la jouissance potentielle que le contact avec l'objet lorgné après pourrait nous offrir, ainsi est la convoitise. Or ce plaisir est déjà disjoint de son but présumément premier : indiquer qu'un comportement est tout adapté à la satisfaction.

Différencions donc soigneusement deux extraits : « *agréables à voir* » et « *bon à manger* » ; pour l'un, il s'agit là d'une référence aux végétaux peuplant l'Eden, et pour l'autre, à propos du fruit défendu, il est dit que « *la femme vit que l'arbre était bon à manger et séduisant à voir* » (Genèse 2:9 et Genèse 3:6 respectivement).
Dans le premier cas, l'arbre est « agréable à voir », c'est-à-dire beau, tandis que dans le second, il est « séduisant » ; la distinction nous semble être celle que l'on vient d'évoquer : le sentiment de beauté suscité par un stimulus en accord avec un besoin contre la perception que, par interaction avec ledit stimulus, pourra naître un montant de plaisir « gratuit », moyennant quelque abus des sens, donc délié partiellement du besoin, un tel stimulus est *séduisant*.

La nature exacte du « fruit défendu » n'est du reste pas précisée par le texte, mais l'on fait classiquement de lui une pomme. La traduction latine de la Bible ne serait pas indifférente à cela : le terme de « malus » désigne dans le même temps, dans la langue de Virgile, un pommier et un mauvais arbre ; par ailleurs, « pomum » se rapporte au fruit en général.
Dans de multiples mythes antiques ou médiévaux – les Pommes d'or des Hespérides, la légende du roi Arthur –, la pomme est tantôt source de bon – immortalité, beauté, guérison –, tantôt de mauvais – discorde, mort –, et surtout de tentation, ce qui n'en fait pas une candidate illégitime au fruit de l'Arbre de la Connaissance du « Bon » et du « Mauvais », croquer la pomme devient donc synonyme de *céder à la tentation,* donc à une quelconque forme de récompense artificielle… et c'en est alors pour notre pomme !

Choir en voulant s'élever

La problématique fondamentale était de tirer bien au clair l'interdiction adressée aux Hommes de ne point, par la consommation du fruit de l'Arbre de la Connaissance du Bien et du Mal, s'élever au niveau d'Elohim – ainsi serait manifeste le rapport entre péché et récompense artificielle.

Mais dès maintenant, si nous tenons l'énoncé de la récompense artificielle d'une main, et de l'autre l'hypothèse qui voit en Dieu une représentation des processus régulateurs, enfin, si, d'un seul mouvement nous les réunissons, une acceptation nouvelle se dessine : le péché des temps premiers est le passage à l'acte, la concrétisation de la tendance à la maîtrise hédonique, et il s'ensuit que *la raison, par l'ensemble des lois et coutumes dont elle est l'auteure et qui déterminent ce qui est bon et ce qui est mauvais pour l'individu et ses semblables, se substitue ce faisant aux processus régulateurs spontanés et devient donc un nouveau Dieu.* En conséquence, *devenir comme un Dieu est l'équivalent de se faire l'égal des processus régulateurs, se faire* un *processus régulateur.* Ceci est le premier *orgueil humain.*

Se faire Dieu est donc prendre la place de processus de régulation plutôt que d'en représenter la libre affirmation.

Recordons-nous Michel Cabanac, « La cinquième influence ». L'auteur y avance que, jusqu'à l'émergence progressive de la conscience, l'univers s'est structuré et s'est complexifié sous l'influence des interactions fondamentales ; or l'apparition de cette conscience, alliée des structures musculo-squelettiques, est apte à modifier l'environnement et ainsi à continuer l'œuvre de la complexification qui s'opère dans la matière, alors, puisque le plaisir préside à cette régulation comportementale, il devient de fait une cinquième influence.

Mais *la cinquième influence, cette continuité dans la complexification au travers de la vie, ne peut être effective que* par *le plaisir, qu'en étant guidé par lui plutôt qu'en le gouvernant, et les êtres vivants, aussi conscients qu'ils fussent, ne sont pas des processus de régulation mais leur… fruit, là résiderait leur vraie nature, ils ne sont pas des dieux mais au service des dieux* – telle est la nuance.

- Voyons : approfondissons la relation entre le péché des origines et la maîtrise hédonique ; quelle parenté peut-on établir entre la consommation du fruit défendu et le plaisir ?

Vous avez en effet montré que la récompense artificielle repose sur un comportement modifiant l'environnement à sa propre fin, comme la création d'objets – l'appeau – ou la fabrication et l'extraction de substances addictives – drogues ; mais dans le récit de la Chute, Ève n'agit en rien sur son entourage, elle ne fait que se saisir d'un de ses éléments spécifiques sans être impliquée dans une quelconque modification !

- Cette remarque est pour nous l'opportunité de noter la portée symbolique du mythe, et de trouver une signification au-delà de lui. Ni Ève, ni Adam ne sont créateurs de l'arbre et des fruits qu'il porte, ils ne font, en effet, que manger

l'un d'eux. Le fait est, dans un premier temps, qu'Ève va transgresser l'interdit – le seul qui soit mentionné au demeurant – posé par Dieu.
Nous ne voyons pas là un interdit moral car la morale est acquise et n'existe pas encore, nous voyons plutôt cet interdit comme une *impossibilité physique, la punition mécanique n'ayant d'autre face que l'effet délétère.*

Le péché est donc l'infraction d'un interdit, celui de remplacer par l'activité intellectuelle les processus régulateurs instinctifs, compréhensibles comme lois de la nature, lois divines, et quand bien même le péché ne serait représenté que comme l'ingestion d'un aliment, cela n'empêche pas que vienne à la place de cette figuration un comportement plus recherché, même si quant à l'acte d'Ève et d'Adam, ce ne fut que de tendre la main.

Cela nous mène donc directement à une remarque étymologique supportant encore un peu plus le parallèle entre récompense artificielle et mythe de la Chute.
Sur le péché dont nous traitons, il n'est pas sans intérêt de remarquer que son correspondant hébreu, le mot « chatta'ah », a, dans cette langue, une signification particulière qui n'est pas rendue par le nom de « péché ». « Chatta'ah » renvoie au fait de « manquer un but », de « passer à côté de sa cible » – comme un guerrier qui raterait de sa lance le cœur de son ennemi – ou même de « tomber » – le rapport à la Chute apparaît alors d'autant plus clairement.
S'il fallait l'expliquer, on dirait que la perspective théorique a présenté la récompense artificielle comme résultant en une mutation, celui du plaisir, qui perd une partie de sa fonction, signaler l'utile, pour devenir un but en lui-même ; l'analogie avec le péché est alors toute apparente : le but initial du plaisir est manqué au profit d'un but nouveau, le plaisir pour soi. Et plus encore, le manquement est double, car, à ce dernier, s'ajoute celui de la pulsion : son objet ne sert plus uniquement à la satiété, mais également au gain de plaisir, dès lors, *la pleine satisfaction, qui est le but de toute pulsion, est partiellement manquée elle aussi, le plaisir comme objectif n'étant pas une propriété biologique – d'où l'apparition d'une déliquescence.*

Mais allons plus loin et essayons de comprendre par contraste : comment le plaisir joue-t-il son rôle de régulateur en-dehors de quelque tentative de maîtrise ; imaginons un être placé au sein d'un écosystème, lequel renferme dans sa constitution tous les éléments et toutes les conditions nécessaires à la satisfaction des besoins de cet individu-système ; il lui faudra alors être placé dans une disposition d'esprit, une attitude, que l'on qualifierait volontiers d'ouverture, où, en quelque sorte, l'individu s'efface pour se mettre au service, par son comportement, de ses signaux hédoniques, *cette attitude-là ne décide pas à l'avance du comportement favorable à adopter* – ce n'est alors plus prendre un plaisir aux dieux !
Si nous rappelons ce que nous avons conclu sur les émotions et leur fonctionnement, disons que c'est grâce aux mouvements qui découlent de la perception des affects que le comportement le plus adapté a lieu ; il en

résulterait un équilibre du milieu intérieur et du milieu extérieur, la satisfaction synchrone des besoins internes et « externes ».
Dans le chapitre 4, intitulé « *Dieu remet à l'Agneau les destinées du monde* » (dans la version de Jérusalem), l'agneau nous paraît représenter, par sa symbolique si usuelle de l'innocence, l'état d'ouverture autorisant la perception et l'adéquation aux processus régulateurs ; de là peut-être sa proximité avec Jésus-Christ, le fils de Dieu, lequel pour être ainsi, doit certainement se trouver dans un tel état, une telle disposition d'esprit.

À l'opposé de cette humeur se trouve celle qui appelle du milieu un gain de plaisir, alors que celles-ci ne sont propres à aucune satisfaction. Ainsi un comportement préalable est requis, une transformation particulière, une action sur l'écosystème.
Cette exigence de plaisir amène à sa maîtrise, qu'il advienne ici et maintenant, grâce à des conditions prédéterminées, ou bien que cesse sur-le-champ le déplaisir causé par tel autre stimulus.

Au demeurant, chez Freud, c'est par l'enchaînement des perceptions plaisantes et déplaisantes que l'être des tout premiers temps de la vie fait peu à peu le départ entre le monde intérieur et le monde extérieur, le dedans et le dehors : « *Cet être sera rapidement en mesure d'effectuer une première distinction et de parvenir à une première orientation. D'une part, il sentira des excitations auxquelles il peut se soustraire par une action musculaire (fuite) : ces excitations, il les met au compte d'un monde extérieur ; mais, d'autre part, il sentira aussi des excitations contre lesquelles une telle action demeure vaine et qui conservent, malgré cette action, leur caractère de poussée constante ; ces excitations sont l'indice d'un monde intérieur, la preuve des besoins pulsionnels.* » (pages 14-15) [16]
Dans notre terminologie, nous reconnaissons ici l'alliésthésie comme étant, d'après l'auteur, la prime expérience par laquelle le sujet se structure et représente l'épreuve permettant, non seulement de se différencier du monde extérieur en tant que moi propre, mais, plus encore, d'introjecter les sources du plaisir, donc, en cette période précoce, de reconnaître en soi l'Autre plaisant à la fois comme part du moi mais aussi comme distincte, finalement *la dissemblance entre lui et moi* ; enfin, qui dit reconnaissance de l'alliesthésie dit également *reconnaissance de l'Autre comme sujet, et non comme objet*, l'Autre est soit bon, soit mauvais, donc autonome, autonome comme moi, entier, et non simple objet de mon souhait.

C'est assez certainement dans le degré de réussite ou d'échec de cette opération que se déterminera la capacité d'ouverture et de réceptivité du sujet, une fois parvenu à la maturité, à ses perceptions sensorielles et alliesthésiques ou, à l'inverse, à une forte propension pour la maîtrise hédonique, qui, à n'en pas douter, n'est point équivalente entre tous.
Mais, pensons-nous pour l'instant, chacun, dans le milieu qui lui fut propre, a été poussé, dans une certaine mesure au moins, à cette maîtrise et à se libérer des signaux de l'alliesthésie.

Venons-en à l'énoncé de l'interdit, qui ne perpètre face à cela rien de moins qu'une menace de mort : (Genèse 2:16-17)
« *Et Yahvé Dieu fit à l'homme ce commandement : "Tu peux manger de tous les arbres du jardin. Mais de l'Arbre de la Connaissance du Bien et du Mal tu ne mangeras, car le jour où tu en mangeras, tu mourras certainement".* »

L'interprétation de la Chute à l'aide de la récompense artificielle demeure là encore valable et trouve un nouveau point de confirmation, voici comment. La suite du mythe nous donne en effet une précieuse information : il n'est pas question de mort biologique, de cessations des activités vitales, puisque même après la concrétisation de la désobéissance, ni Isch ni Ischa ne meurent ; au lieu de cela, ils sont tous deux chassés du jardin d'Eden, où Isch fut originellement placé et Ischa créée. Cette expulsion est encore symbolique, nous devons donc recourir à notre hypothèse pour essayer de lui donner un sens plus tangible : que meurt-il en nous-mêmes ou en-dehors de nous-mêmes avec l'émergence de la récompense artificielle ?
Nous proposons : l'*altérité* de l'Homme, l'altérité en Homme.

Dans ce cas, de fait, le plaisir est intellectuellement recherché et provoqué pour lui-même, alors que dans l'attitude d'ouverture, supposément la plus convenable aux processus régulateurs, ce sont les besoins et eux seuls qui président, par la réaction pulsionnelle, au comportement suite à l'amorce du plaisir, alors signe d'utilité. Disons-le d'une autre manière encore : la récompense artificielle pousse à la domination de l'environnement pour que soit maîtrisable le plaisir, or dans cet environnement, c'est-à-dire ce qui se trouve hors du moi, l'Autre est *objet*, le moi lui impose la production d'un gain de plaisir ; opposément, la réceptivité tient le même environnement, ce même autre, comme *sujet*, c'est-à-dire comme entité propre et distincte du moi, finalement, comme alliesthésique, tantôt plaisant, tantôt déplaisant, donc en-dehors de la maîtrise du moi.

L'altérité meurt donc bien avec l'apparition de la récompense artificielle : l'Autre devient un objet ayant perdu son autonomie dans l'attente faite du gain de plaisir. Il s'agirait donc, si nos intuitions étaient portées à la confirmation, d'une relation fort différente au monde extérieur que représente cette *perte d'altérité*. Cela explique également la connaissance du bien/bon et du mal/mauvais, le mot hébreu pour « connaissance », « iadah » est dérivé de l'équivalent hébreu de « main » : c'est donc la connaissance pratique, acquise avec les mains, l'expérience, le verbe a aussi les sens de « discerner », et même « pénétrer » ; pénétrer le bon et le mauvais, tel est alors le pouvoir conféré par la récompense artificielle, rendre les sensations indépendantes du besoin et réglées plutôt par l'intellect, ceci exclut l'Autre comme sujet à part entière, dont l'existence profonde ne peut être connue, discernée, qu'au travers de la sensitivité et de l'alternance alliesthésique.

Il suffirait de rajouter ici que la convoitise, comme celle exprimée par le regard outrepassant l'altérité, est la tendance même à la maîtrise hédonique. La convoitise de l'Autre, qu'il soit un élément animé ou inanimé, nous semble incompatible avec le fonctionnement optimal des processus régulateurs, car la concupiscence est une exigence de plaisir de la part de l'Autre, et de ce fait même lui ôte dans l'immédiateté sa reconnaissance en tant qu'égal libre, c'est-à-dire, suivant les lois de l'alliésthésie, l'imprévisibilité d'être bon ou mauvais ; dans le même temps, la perception de l'alliésthésie est mis à mal par cette *attente* et s'amoindrit autant que celle-ci gagne en intensité.

En réalité, dans chacune des fois où l'homme agit en s'élevant à la hauteur de Dieu, il conviendrait de s'interroger sur le sens premier d'un tel épisode.

Par exemple dans l'intrigue de la tour de Babel, les Hommes ensemble unissent forces et volontés afin d'ériger une tour atteignant les cieux, c'est à dire portant défiance à Dieu. Si l'on s'intéresse maintenant à la sentence divine, voici l'observation faite par Dieu voyant l'édifice rapprocher son faîte de la voûte céleste : (Genèse 11:6-7)

« *Et Yahavé dit : "Voici que tous font un peuple et parlent une seule langue, et tel est le début de leurs entreprises ! Maintenant aucun dessein ne sera irréalisable pour eux.*
Allons ! Descendons ! Et là, confondons leur langage pour qu'ils ne s'entendent plus les uns les autres". »

Dans un premier temps, l'unité des Hommes est vue par Dieu comme une source de toute puissance, quand dans un second celui-ci sanctionne leur œuvre, la tour de Babel, par la confusion, autrement, la perte de cette cohésion. C'est ici une autre façon de signaler la perte de l'altérité, non plus au niveau individuel, comme dans la Chute, mais au niveau collectif : le désir d'atteindre Dieu – étymologiquement on a : « bab- », « la porte », et « -el », « Dieu » –, de se faire égal à lui, c'est-à-dire de se faire une force de régulation propre, cela s'ensuit de l'incapacité à communiquer avec l'Autre, et *nous interprétons cette incompréhension comme la dégénérescence empathique et le repli sur soi qu'implique la dégradation de l'altérité et de l'échange.*

Cette rupture-là est pour nous la mort dont parlait Dieu.

L'on trouve également, dans d'autres passages, une allusion au péché, comme à Sodome. Par exemple, dans Ezéchiel16:49-50, Dieu s'exprime au prophète en ces termes :

« *Voici quelle fut la faute de Sodome ta sœur : orgueil, voracité, insouciance tranquille, telles furent ses fautes et celles de ses filles ; elles n'ont pas secouru le pauvre et le malheureux,*
elles se sont enorgueillies et ont commis l'abomination devant moi, aussi les ai-je fait disparaître comme tu l'as vu. »

Dans le livre des Juges le verset :

« *Le péché est la transgression de la loi* ». (Juges 3:4)

Nous proposons que la loi – de Dieu – soit une vision unifiée des lois physiques, plus spécialement de la physiologie pour ce qui concerne l'Homme, selon lesquelles seul l'équilibre homéostatique doit être atteint ou restauré.

Un des caractères de la récompense artificielle, qui plus est, est qu'elle doive être transmise d'une génération à l'autre par la culture et la capacité à recevoir et inculquer les us et coutumes et donc à les perpétuer. Nous le disons parce que l'observation nous l'impose : la descendance n'a point à réinventer la culture à chaque fois et cela se retrouve aussi dans le verset suivant :
« *Car tous ont péché et n'atteignent pas à la gloire de Dieu.* ». (Rois 3:23)
De même :
« *Par un seul homme, le péché est entré dans le monde, et par le péché la mort, et ainsi la mort s'est étendue sur tous les hommes parce que tous ont péché.* » (Rois 5:12)
L'interprétation peut être limpide à l'aide de ce que nous avons déjà discuté sur la « mort », le « péché » et sa perpétuation.

Enfin, un dernier verset sur le péché extrait de l'histoire de Jacob :
« *Chacun est tenté quand il est attiré et amorcé par sa propre convoitise. Puis la convoitise, lorsqu'elle a conçu, enfante le péché ; et le péché, étant consommé, produit la mort.* » (Jacob 1:14-15)

La conscience trouve en elle-même sa propre limite

Pour être complet, il nous reste à interpréter le fait non anecdotique que ce soit Ischa qui transgresse en premier l'interdit de Dieu, que ce soit auprès d'elle, et non d'Isch, que le serpent exerce son influence et goûte finalement aux plaisirs que Dieu punit.

Isch et Ischa figurent une dualité très certainement fondamentale. Jusqu'alors, nous l'avons prise comme l'opposition masculin/féminin étant donné la proximité des termes Hébreux avec la notion d'homme et de femme – entre autres.

Il manque cependant l'élément qui expliquerait pleinement l'apparition si tardive d'Ischa par rapport à Isch. On peut bien penser, en effet, que la féminité de l'humanité se soit développée en même temps que l'espèce et, en tant que fonction, avec l'accroissement de l'organe cérébral.

L'unique moyen de lever le voile sur cela est sans doute de se reporter à ce qui est dit sur la création d'Ischa (Genèse 2:18) :
« *Yahvé Dieu dit : "Il n'est pas bon que l'homme soit seul, il faut que je lui fasse une aide qui lui soit assortie".* »
Ischa répond donc à une nécessité, celle de rompre la solitude d'Isch. C'est donc Ischa qui instaure l'altérité pour Isch. Auparavant, Elohim avait bien créé les animaux, qui du reste furent un par un nommés par Isch, mais il restait, comme ce verset-ci l'indique, un défaut, ce qui rappelle bien l'opposition duelle entre Isch et Ischa, donc le nécessaire équilibre entre les deux. Pourtant les animaux n'avaient pas suffi à combler son vide. Ce n'est qu'en Ischa qu'Isch reconnaît un égal.

Ici, les bêtes sauvages et les oiseaux du ciel (confrère Genèse 2:19) ne sauraient être compris comme le règne animal, car celui-ci est antérieur à l'humanité. Dans la symbolique, et particulièrement dans les rêves, la bête sauvage vient à la place des impulsions animales archaïques tandis que les oiseaux sont là pour remplacer les dispositions les plus élevées de l'esprit. Le texte accorde une importance particulière au fait que l'Isch donne un nom à ces entités, bestiaux et oiseaux.

À ce stade, on doit faire intervenir la glose selon laquelle le chapitre deux de la Genèse exprime une partie de sa valeur si l'on y conçoit la description d'une croissance de la *conscience* qui prend place en l'Homme, conscience de l'étendue de son monde intérieur autant que du monde extérieur, et des lois qui régissent ces deux territoires. Nous nous risquerons même à pousser la paraphrase jusqu'à discerner dans *le féminin l'expression la plus haute de cette conscience de soi*, car le féminin est par essence la réceptivité, situation de l'esprit que nous avons déduit comme étant celle qui permet aux processus régulateurs de trouver un état optimal d'activité.

Le deuxième chapitre de la Genèse serait alors l'histoire des prises de consciences successives de l'humanité, qui vont sans arrêt croissantes, *s'étayant peu à peu sur le sol des instincts, non pas pour les remplacer, mais bien pour coexister avec eux*. Et ce serait par conséquent tout cela qu'il y a dans l'Isch et l'Ischa : le masculin et le féminin, le fond instinctif et la conscience du moi, de l'Autre, véhiculée par la parole, l'émergence d'une communication orale elle aussi plus complexe, qui ouvre à la connaissance à cet Autre, autre que moi.

Dès lors le nommer prend toute sa place : baptiser les bestiaux et les oiseaux, c'est-à-dire ses instincts les plus profonds aussi bien que ses aspirations les plus hautes serviront à les intégrer au soi, à les rendre conscientes et à les associer comme parts constitutives du moi.

Dès lors Isha devient vulnérable à la maîtrise hédonique, aux paroles du serpent qui sait qu'en elle se loge l'opportunité de la récompense artificielle.

Quant au couple Isch et Ischa, avec l'Ischa sortie de l'Isch, il est bien le dernier progrès de l'humanité, non seulement le masculin/féminin, mais aussi l'altérité, l'humanisation par le dialogue, le langage, la conscience qu'il existe un Autre, l'Ischa distinct et différent de soi et pourtant de même nature – la chair de ma chair – et unis par le verbe.

L'effet délétère comme conséquence du péché

La conséquence du péché est le renvoi par Dieu d'Adam et d'Ève hors de l'Éden (Genèse 3:23), précédé par l'apparition d'un certain nombre de maux – outre la honte : la douleur de l'enfantement, la convoitise envers le mari et la domination de ce dernier sur sa femme, le travail du sol, le retour à la poussière ; il y a donc une incompatibilité entre ce péché et l'évitement de ces désagréments.

En traduisant ores cela dans un vocabulaire que nous sommes accoutumés d'employer, on dira que la récompense artificielle, par les modifications qu'elle impose sur le monde, aboutit par nature à des incommodités, étant donnée la

constitution même de la matière, des forces qui la font agir et de la perturbation qui pèse ainsi sur les processus de régulation.
C'est ainsi que nous concevons et gardons dans notre mémoire que *Dieu ne punit point mais seuls les êtres humains se punissent eux-mêmes par leurs agissements.*

À partir de Genèse 3:7, le récit expose les conséquences de la consommation du fruit de l'Arbre de la Connaissance du Bien et du Mal, mais nous ne voudrions que commenter ici ce verset 7, car la prudence nous est imposée par la restriction de notre savoir sur la récompense artificielle, et si, dans cet ouvrage, nous avons pu en soumettre une définition complète, nous sommes dans l'ignorance de sa portée, entrevoyant à peine ses implications, voilà pourquoi il serait malvenu d'essayer de comprendre toute la suite de cette parabole.

La honte devant la nudité est la rupture de l'altérité

Genèse 3:7 nous précise :
« *Alors leurs yeux à tous deux s'ouvrirent et ils connurent qu'ils étaient nus ; ils cousirent des feuilles de figuier et se firent des pagnes.* »
Ceci est bien sûr à mettre en contrepoint de Genèse 2:25, quelques lignes plus haut, avant la commission du péché :
« *Or tous deux étaient nus, l'homme et sa femme, et ils n'avaient pas honte l'un devant l'autre.* »
« Eyram » est le terme hébreu traduit par « nu », il se rapporte aussi aux organes génitaux, à la nudité et à la honte ; dans Genèse 2:25, cette nudité va de soi semble-t-il, et n'est, justement, pas associée à un sentiment de honte.

Le niveau de lecture le plus trivial est celui qui se rapporte à la *pudeur* et au masquage des organes reproducteurs, fonction dévolue aux pagnes. On ne saurait retenir dans ce cas l'avantage de la protection thermique souvent attribuée comme première aux vêtements, n'étant nullement question de froidure dans le texte, encore moins un simple pagne n'est-il capable de fournir une telle assistance.
D'une autre façon, l'Homme n'est alors plus à l'image des Elohim-processus régulateurs, et le dénuement n'intervient qu'après le péché originel, lorsque le contact avec Dieu s'est rompu.

Afin de fonder une réflexion quant à cette incommodité soudaine pour le nu, sans doute faudrait-il se rapprocher de ce que nous avons déjà pu déduire du regard acquis à la maîtrise hédonique, car si ce n'est contre le froid, *c'est contre ce regard porté sur les parties génitales en particulier que l'étoffe de feuilles doit protéger* : une résolution probable en est que si mon regard se peut assujettir l'Autre à mon exigence de plaisir, le transformant de sujet libre en objet asservi, *je suis alors moi aussi susceptible d'être soumis et privé de mon autonomie par le regard d'autrui à mon encontre*, et le rempart le plus simple contre cela est le recouvrement des aspects et zones de l'être qui seraient les plus à même de déclencher un tel regarder, la génitalité figurant au premier rang de celles-ci.

On sait par ailleurs que la tradition du voile, dans les pays où il est porté, a pour fonction de cacher à la vue des autres hommes le corps de l'épouse, principalement la chevelure, laquelle n'est point déchargée d'une symbolique sensuelle et érotique.

Dans ces dissimulations, il appert déjà la maîtrise du plaisir et des pulsions qui lui sont associées, avec une ouverture se proposant à nous : *la bienséance, censée esquiver la gêne, et ici représentée par le port des pagnes, n'a d'autre but que d'éviter le basculement de la maîtrise hédonique, comme le regard concupiscent, dans un excès* destructeur.

Ainsi, ce serait un sentiment de honte, et derrière, une peur, qui conduit à la rupture de la transparence dans la relation altère entre les individus ; plus largement, c'est l'environnement tout entier qui devient le moyen d'accéder à la maîtrise hédonique, et plus largement encore, c'est la rupture d'avec Dieu qui se traduit par la perception du dénuement, et l'impression d'isolement s'associe alors avec cette rupture de l'altérité.

C'est donc bel et bien lorsque l'intellect en vient à maîtriser la valeur hédonique – le bon et le mauvais –, puis ensuite à délimiter ce qui est bien de ce qui est mal – la morale et la loi –, qu'il devient comme une divinité ; la contrepartie de ce pouvoir est la Chute, l'éviction du jardin d'Eden, le lieu où tous les processus régulateurs restent dans leur domaine d'adaptation.

Tout à l'opposé est la *nudité*, l'absence de masque, de dissimulation d'une quelconque partie du corps, et dans un sens plus abstrait, elle est aussi le non-camouflage des motions qui animent l'esprit ; elle représente donc un état de transparence physique et psychique, qui peut aisément glisser d'un niveau à l'autre d'organisation : transparence de l'Homme envers lui-même, transparence aussi envers l'Autre, envers la nature, envers les Elohim-processus régulateurs.

L'Alliance entre Dieu et les Hommes est une tentative de réparation du péché des origines

L'Alliance est réclamée aux Hommes par le biais de prophètes – Noé et Abraham dans la Genèse –, et cette Alliance se trouve réalisée dans l'observance de rituels particuliers, selon la grâce accordée à ceux qui suivent les commandements divins et s'épargnent le châtiment qui frappe ceux s'écartant de ce droit chemin en se dérobant à ces préceptes.

On identifie derechef l'unification des forces autorégulatrices, le principe même de l'autorégulation, dans les particularités de l'Alliance, le processus régulateur accordant à l'acte favorable à l'autorégulation le plaisir, voire la jouissance, mais à celui qui la met à mal le déplaisir, voire la souffrance.

Ainsi, dans Genèse 9:12-13 :

« *Et Dieu dit : "Voici le signe de l'alliance j'institue entre moi et nous et tous les êtres vivants qui sont avec vous, pour les générations à venir : je mets mon arc dans la nuée et il deviendra un signe d'alliance entre moi et la terre".* »

Dans les mythes religieux, l'arc-en-ciel est régulièrement le symbole du lien entre ce qui est supérieur et ce qui est inférieur, entre le haut et le bas, en plus de représenter la puissance naturelle et la paix. Dans la Bible, on retrouve par exemple l'arc-en-ciel dans le livre d'Ézéchiel où il prend l'aspect de la gloire de Yahé (Ezéchiel, 1:28), ou dans le livre de l'Apocalypse, l'arc-en-ciel encerclant un trône céleste (Apocalypse 4:3). De même, dans l'Hindouisme, le Bouddha descend sur terre par un escalier qui est aussi un arc-en-ciel.

De ces commentaires ressort l'Alliance entre le haut et le bas, le divin et le terrestre ; du point de vue que nous avons adopté, cela se comprend comme l'effloraison des processus régulateurs dans l'édification de constructions matérielles de plus en plus complexes, jusqu'à la vie et l'Homme lui-même, le divin étant ces processus, ces lois mêmes, le terrestre les structures qui en sont la consecration ; la puissance et l'harmonie sont alors les prérogatives de telles structures.

La Chute suivie de la catastrophe du Déluge portera ainsi aux rituels corrélatifs à l'Alliance divine – circoncision, sacrifices ; confer *infra* sur le rituel religieux –, mais voici que *la seule Alliance possible est celle qui se constitue autour de comportements emmenés par le plaisir, conservant ainsi à distance la récompense artificielle ; et alors les rituels religieux deviennent les suppléants symboliques de ceux qui se trouvent dans l'incapacité d'entretenir une telle distance, donc de peser sur la cause de leurs souffrances.*

Le Diable symbolise l'inclination à la maîtrise hédonique

On ne saurait se dispenser d'une étude, même superficielle, du rapprochement indéniable entre le serpent et le diable.

Dans la Genèse en effet, l'envoûteur serpent n'est pas mis en relation avec la figure, peut-on dire archétypique, du diable tel qu'on se le représente. Pourtant, dans le dernier livre de la Bible, l'Apocalypse, cette relation est explicitement faite, dans le verset Apocalypse 12:9 :

« *On le jeta donc l'énorme Dragon, l'antique serpent, le diable ou le Satan, comme on l'appelle, le séducteur du monde entier, on le jeta sur la terre et ses Anges furent jetés avec lui.* »

La proximité entre le « dragon » et le serpent ne réclame pas beaucoup de discussion, ce sont des reptiles. Et en ce qui concerne « l'antique serpent », « le séducteur du monde entier », il y a aussi peu de doutes sur son identité au tentateur qui sévit déjà auprès d'Ischa.

Ce que nous voulions simplement indiquer, c'est que nous ne reconnaissons pas comme le fait d'une coïncidence la similarité du sens étymologique du « péché », advenu par le serpent, et du mot « diable » qui le qualifie ici.

De fait « diable » est un vocable issu du grec « diabello », signifiant « celui qui divise » ou « celui qui désunit ». La désunion multiple correspondrait à celle qui éloigne l'Homme des lois divines ou celle qui suit la perte d'altérité. En poussant l'analyse encore plus loin, « diable », se décompose en un préfixe, « dia- », et d'une racine, « bolos », le préfixe grec « dia- », fréquent en français, a pour sens « à travers » ou « séparer », « couper », et quant à « -bolos », cette racine désigne « le but » : « diabolique » a donc pour signification « qui coupe, qui éloigne du but ». Le caractère « diabolique » du serpent de la Genèse se déduit de ce que nous avons déjà souligné sur le « péché » et corrobore un peu plus notre lecture.

C'est contre cette ascendance diabolique que préviennent les fidèles gargouilles de Notre-Dame de Paris, ascendance dont il est incontournable de se défaire avant d'accéder à l'Esprit Saint – les annonces de l'être. Les temples sont d'ailleurs des lieux où règnent toutes les conditions voulues – calme, obscurité, beauté – pour se mettre à l'écoute de telles annonces. Semblablement, les exercices spirituels d'Ignace de Loyola seraient un moyen d'atteindre l'état d'esprit qui rend plus accessible le discernement requis pour effectuer les meilleurs choix, s'écartant ainsi des allèchements « diaboliques ».

L'opposition est intéressante car dans la Bible, Satan est bien un ange, mais lequel s'est rebellé contre Dieu : « Satan », du trigramme hébreu STN, évoque la défiance, la diffamation ; ainsi, dans Isaïe 14:12-15 on peut lire :
« *Comment es-tu tombé des cieux, Astre du matin, fils de l'Aurore ? Comment as-tu été jeté par terre, toi qui vassalisais toutes les nations ?*
Toi qui disais en ton cœur : "J'escaladerai les cieux. Par-dessus les étoiles de Dieu j'érigerai mon trône. Je siégerai sur la montagne de l'Assemblée aux confins du septentrion.
Je monterai au sommet des nuages, je m'égalerai au Très-haut."
Mais tu as été précipité au shéol dans les profondeurs de l'abîme. »

« Angellos », en grec « le messager », est celui qui avertit, qui prévient, comme l'archange Saint-Michel qui annonce à Marie qu'elle porte le fils de Dieu, l'avertissement de la chute de Sodome par deux anges, encore celui qui arrête le bras infanticide d'Abraham alors qu'il allait tuer son fils ; en somme, si les anges sont une figuration des messagers entre Dieu et les Hommes, dans notre optique, entre les processus régulateurs et les Hommes, nous transformions simplement « messagers » en « messages », puis « messages » en « perceptions », pour proposer que *l'ange représente une perception sensorielle*, à l'instar de l'émotion liée à un ou des processus régulateurs.

Le diable serait, dès lors, bel et bien un « ange déchu », si l'on reconnaît dans la fascination que la récompense artificielle exerce sur nos perceptions sensorielles, la perception diabolique, l'attraction atélique, insoumise à l'alliesthésie que le contrôle biologique dicte en vue de son fonctionnement optimal.

Un souvenir d'enfance rappelle que, dans le livre « *Tintin au Tibet* » [176], se trouve une magnifique illustration de ce qui se dessine comme le dilemme de l'être humain. Brièvement, à cette étape du récit, Tintin, Milou, le capitaine Haddock et leur guide, Tarkey, sont en mission dans les montagnes Tibétaines pour retrouver Tchang, un ami de Tintin porté disparu au cours de l'écrasement d'un avion dans les massifs du Tibet.
Le froid est intense, et, au cours d'une halte, une avalanche se déclenche et bloque les équipiers, excepté le fidèle chien. Tintin, d'incapable de marcher, griffonne un message de détresse sur un papier et envoie Milou le porter au plus prompt à une lamaserie qu'il avait aperçue depuis leur point de repos. Milou, sachant la vie de son maître et de ses compagnons en jeu, fend l'air pour arriver le plus rapidement possible au monastère, mais en route, ô hasard fabuleux, il tombe sur le plus splendide des os que jamais il n'ait vu. Comme l'on sait, Milou est très friand des os à ronger, il s'agit donc d'une veine pour lui, veine qui l'entraîne dans une profonde alternative et un embarras certain : porter la missive au plus vite pour sauver ses camarades ou profiter de cet os exceptionnel qu'il ne retrouvera pas de sitôt – il ne peut les étreindre tous deux dans le même temps.
Il hésite donc entre d'un côté, remplir le plus efficacement sa mission de sauveteur, et de l'autre, ronger son os d'exception ; les deux situations sont motivées par le plaisir, le premier à être au service d'une fonction, le second à succomber au gain hédonique : nous disons cela pour ce dernier cas, non pas parce qu'il se ferait plus de grandeur d'âme à secourir ceux qui se trouvent dans le péril qu'à satisfaire un besoin dont on est soi-même le direct bénéficiaire, mais parce qu'il est plus probable que le mâchouillement de l'os soit un plaisir de fascination, découplé d'une téléologie biologique, et que c'est précisément cette fascination qui permet de rentrer en concurrence avec le sauvetage.
Ainsi, au bas de la page 45, la deuxième vignette dépeint, trouvons-nous, très sensément la situation : Milou se trouve, émerveillé, devant son os – confer *supra* l'approfondissement sur le regard –, le papier dans la gueule, et, au-dessus de lui, sont représentés, à sa droite, un Milou-ange, ailé et bleu vêtu, lui répétant : « *Hola Milou !... Ton devoir !... Le message !...* », et à sa gauche un Milou-démon, tout en rouge et la queue tridentée, s'exclament : « *Bah ! Bah ! Le message, il attendra ! Mais un os pareil, ça ne se rencontre pas tous les jours !* »[1]

On peut enfin s'interroger sur la place de Jésus-Christ dans la légende Biblique : il n'est autre que le fils de Dieu ; cela implique qu'il soit donc un être pour lequel tous les « elohim » fonctionnent optimalement, et que par conséquent, chez lui soient développées et portées à leur niveau le plus haut ses fonctions potentielles.

---

1. Ce dilemme révèle d'autant plus sa signification lorsque l'on connaît dans quelle dissension morale de l'âme se trouvait Hergé pendant la création de ce tome…

Son appellation de « Christ » est une référence directe à sa nature messianique, elle est l'équivalence en français de l'hébreu « mashia'h » qui signifie « messie », et étymologiquement « l'oint du Seigneur » – mais qui pourtant n'en fut jamais aussi proche !
Cette onction, dans sa considération symbolique, n'est pas seulement le dépôt de l'huile sur le corps, c'est la transmission des attributs divins en l'être ; Jésus est alors celui pour lequel nombre de processus régulateurs sont dans leur état de fonctionnement optimal, ou, d'une autre manière, chez qui la récompense artificielle, la tendance à la maîtrise hédonique est moindre ou carrément absente.

Sans entrer dans le débat de déterminer si Jésus-Christ fut ou non un humain ayant inspiré le mythe, est-ce alors pour cela que le Christ est paré de tous les dons du corps et de l'esprit ? Nous croyons que la question mérite au moins d'être posée.

L'antéchrist, au sens de l'opposé du Christ fil de Dieu, et assimilé au Diable, rend bien compte par contraste du sens dégagé de ces symboles ; par exemple dans 2 Thessalonicien 2:3 4-4 :
« *Que personne ne vous abuse d'aucune manière.*
Auparavant doit venir l'apostasie et se révéler l'homme impie, l'Être perdu, l'Adversaire, celui qui s'élève au-dessus de tout ce qui porte le nom de Dieu, ou reçoit un culte, allant jusqu'à s'asseoir en personne dans le sanctuaire de Dieu, se produisant lui-même comme Dieu. »
Dans ces deux versets, « *l'Homme impie* » est représenté comme se mettant « *au-dessus de Dieu* », « *se produisant lui-même comme un Dieu* », en adéquation avec ce que déjà nous avons retiré de l'imagerie du divin.

<u>L'Apocalypse, ou le renouveau des dieux</u>

À l'égal du mouvement d'un cercle qui se referme sur lui-même, le tout dernier livre de la Bible, le récit de l'Apocalypse, présenté par son auteur l'apôtre Jean comme une révélation, voit l'affrontement entre deux puissances opposées :
« *Alors une bataille s'engagea dans le ciel : Michel et ses Anges combattirent le dragon.* » (Apocalypse 12:7)
Peu auparavant était apparue, juste avant le dragon, une femme :
« *Un signe grandiose apparut au ciel : c'est une femme !* » (Apocalypse 12:1)

Ainsi, c'est tout comme si les protagonistes du début du récit de l'histoire étaient revenus pour l'achever.
Si l'on abrège à l'extrême le contenu de l'Apocalypse, l'action s'agit de la victoire de Dieu, incarné dans Jésus-Christ, sur l'antique Serpent, le Diable ou le Satan. (Confer derechef Apocalypse 12:9)
Ce triomphe est mené par celui qui est le fils de Dieu, celui qui trouve élevé en lui son plus grand potentiel, sur le Diable, dans lequel nous avons cru reconnaître la maîtrise hédonique : en effet, d'aucun qui est fils de Dieu a vaincu et peut encore vaincre sur le Diable.

Et c'est le féminin qui s'exécute ici à nouveau, afin de s'arracher à la Chute qu'il avait lui-même causé ; n'y a-t-il pas, en effet, que la conscience elle-même pour amender les errements de la conscience ?

Ce serait cela la « révélation » de l'Apocalypse : ayant peu à peu repris sa place initiale, à l'issu du combat eschatologique, la récompense artificielle devient consciente et s'intègre alors à l'esprit humain.

Car la possibilité de la récompense artificielle, cette latitude, même limitée, octroyée par la biologie même, ne va pas sans soulever quelques interrogations philosophiques.

Je fus à titre personnel récemment impliqué dans une conversation qui avait glissée, lors d'un dîner, jusqu'à ce sujet tout particulier, car, à propos du péché, l'un des convives demanda quelque chose comme ceci : « *Dieu n'avait-il pas créé l'Homme sous le legs de la perfection, pour que celui-ci se retrouve ensuite dans la possibilité de commettre le péché ?* »... il remplace alors notre discuteur !

En effet, l'occasion du péché survient par deux conditions qui, dans le mythe, se trouvent réunies : d'abord le fait que l'arbre dont il ne fallait manger le fruit se trouve à portée, il se situe dans la terre d'Eden et pas en-dehors loin de l'accès de la main humaine ; ensuite, une disposition de l'être humain à la transgression, fut-ce sous une influence extérieure à lui.

Pourquoi avoir placé en Eden l'arbre par lequel advient le malheur ? Très certainement faut-il, pour envisager une réponse, revenir à la théorie : la perturbation des mécanismes de contrôle est une possibilité physique se trouvant, plus qu'à nulle autre espèce animale, accessible à l'Homme, en raison de ses facultés intellectuelles, de sa dextérité et de sa culture – cela, nous sommes pressés de l'admettre.

Pour l'heure, encore une fois, seule la spéculation est permise, et la nôtre est que, bien justement, *les afflictions qui sont conséquentes à la récompense artificielle sont malgré tout une source de connaissances, connaissances des conditions qui y pourvoient, connaissances des mécanismes qui y contribuent.*

Entendons : s'il est bien une autre tendance de toute pensée ordonnée, c'est, lorsqu'il advient un déplaisir atteignant le seuil de la souffrance, qui plus est si cette expérience est répétée, d'en rechercher la cause ; or, n'est-ce point l'ambition d'amoindrir la douleur qui poussa à l'étude de l'anatomie et de la physiologie, ou encore l'apaisement des tourments de l'esprit qui amena à la découverte des couches les plus profondes de celui-ci ? On ne peut savoir si une telle connaissance aurait été acquise hors de cette impulsion, ni d'un autre côté dénier qu'elle en découle. La faisabilité de la récompense artificielle se confirmerait, à très long terme, comme une opportunité d'instruction pour peu que celle-là soit abandonnée pour un retour à la manœuvre eutropique des processus régulateurs.

Ce savoir n'est-il pénétrable que de la sorte ? Certainement pas, mais il est de toute manière une des voies qui y débouchent. Car il nous faut bien convenir que Dieu créa avec tout le reste le creuset de la récompense artificielle.

Il est des plus probables que celle-ci ait son départ en les débuts éloignés de l'humanité ; quand et comment, nous l'ignorons bien évidemment à ce stade primitif de nos recherches, c'est pourquoi nous parlons simplement pour l'instant de tendance. On peut bien croire toutefois que toute intelligence tendrait à faire de même ici ou ailleurs, maintenant ou alors.

L'Arbre de la Connaissance du Bien et du Mal placé devant nos yeux n'est alors ni plus ni moins que l'épreuve de la liberté.

La Jérusalem Céleste, le Monde Nouveau serait de ce fait le monde qui a dépassé la récompense artificielle, qui a rétabli pour chacun de ses occupants, et du coup tout ce qui les environne, le cadre adapté chargé de leur structuration et de leur évolution ; mais ce dépassement, s'il devait revenir à un quelconque état antérieur sur le plan matériel, point n'en serait ainsi sur le plan informatif et culturel, car dès lors aurait été acquise, en définitive, *la connaissance de la récompense artificielle elle-même*, sa potentialité et ses conséquences.

Est-ce de cette façon que ce texte préfigure l'advenir humain ?

Si nous nous sommes livrés à une si longue délibération sur la Genèse, et plus particulièrement sur la Chute, c'est non seulement car nous avons voulu partager l'impression que dans ce mythe résidait, sous les replis du symbole, la mécanique de la récompense artificielle, mais pour un autre motif encore.

Ce dernier tient à l'influence du mythe sur notre culture Occidentale, puisqu'il en est, avec l'ensemble des écritures saintes, au fondement, et chacun a pu remarquer qu'aujourd'hui encore, à côté de la science moderne qui déploie elle aussi toute son énergie à lever le voile sur le préambule du monde et du genre humain, il demeure une source de vérité pour un grand nombre.
C'est justement dans ce contexte que l'intersection entre scientifique et folklore révèle toute sa valeur : les investigations didactiques, la raison, ne peuvent que pousser vers la valeur pragmatique de la Chute et de bien d'autres écrits religieux, mais symbolique n'est point imaginaire et dénudé de sens, alors nous proposons que *les tenants de la véracité de ces légendes ont une nette endoperception qu'elles enferment des exactitudes sur l'Histoire de l'humanité, et probablement qu'au premier rang de celles-ci siège la récompense artificielle*.

La surestimation fondamentaliste, quant à elle, doit bien se résoudre à l'aide de mécanismes inconscients, parmi lesquels l'élévation, l'idéalisation de la figure paternelle au rang de Dieu doit trouver sa place.

B.
LE MYTHE SUMÉRIEN D'ENKI ET NINHURSAG

Il est d'abord recommandé de lire ou de relire les textes dont il est ici question pour une plus grande aisance dans l'intelligibilité des commentaires. On comprendra, qui plus est, que pour des raisons de place, ils n'ont pu être reproduits ici. Seuls les vers, versets ou phrases les plus importants seront retranscrits.

Dans le mythe d'Enki et Ninhursag [177], écrit par les Sumériens environ 3 000 ans avant Jésus-Christ, on a effectivement affaire à un conte des origines où nombre d'éléments sont également présents dans la Chute. On nous raconte ici l'histoire de deux divinités, Enki et Ninhursag, dans le pays de Dilmun, décrit comme « *splendide* » (vers 2 à 9 – version 2015). Or cette contrée est infertile et privée d'eau, voilà pourquoi Enki, à l'aide de son pénis, creuse un puits (vers 66 et suivants) dans la terre-mère et l'irrigue de sa semence.

Puis, il conçut avec Ninhursag une fille, Ninnisi (vers 75 et suivants) ; de même, il étreignit cette enfant sur les injonctions de « *son homme de confiance* », Isimu (vers 91), laquelle, à son tour, enfanta NinKura (vers 108). Par deux fois encore, Enki engendrera, par le sein de sa fille précédemment procréée, Ninimma d'abord, puis Uttu ensuite (vers 127h et 127bb).

Seulement voici que cette dernière est mise en garde par la déesse-mère, Ninhursag, qu'il se fait un homme « *aux aguets dans le marais* » (vers 130) – il s'agit bien sûr d'Enki.
Uttu se réfugie alors dans un jardin lorsqu'Enki s'approche, elle demande alors à ce dernier de lui rapporter concombres, pommes et raisins sur leurs branches. Enki s'enquiert de cette tâche mais, avant de s'en retourner auprès d'Uttu pour la poursuivre de ses assiduités, *se travestit en jardinier*, se faisant passer pour lui, chargé de toutes les vivres demandées (vers 168 à 172).

À cela, Uttu est « *remplie de joie* », « *sautille de joie* » (vers 178), est « *ivre de bonheur* » (vers 179) – mais pourquoi donc une telle réjouissance à voir le jardinier ? ; à ce moment, selon toute vraisemblance, Enki se jette sur elle et la viole, car ainsi, elle crie : « *Oh ! mes cuisses, Oh ! mon corps, Oh ! Mon ventre !* » (vers 186)
Ensuite de ces hurlements, Ninhursag retire d'Uttu la semence inopportune d'Enki, dépose celle-ci en terre, de laquelle croît huit plantes, dont *la toxicité n'a alors d'égal que le pouvoir guérisseur* pour le malade (vers 188 à 195).

De nouveau, Enki s'adresse à son homme de confiance, Isimu : « *Le destin des plantes, moi, ne devrais-je pas le décréter ? Quelle est donc celle-ci, quelle est donc celle-ci ?* » (vers 197, 198)
Isimu nomma alors chacune des pousses, lui en cueillit, avant qu'Enki ne goûta chacune d'elles.

De cela, deux incidents se produisirent : Enki « [...] *décréta le destin des plantes, il connut leur nature intime* » (vers 217) – une note de traduction précise que littéralement, le texte dit : « *il les connut dans leur cœur* ». S'ensuit : « *Ninhursag jura alors par le nom d'Enki : "Je ne poserai plus sur lui [mon] regard-de-vie jusqu'à ce qu'il meure !"* » (vers 218 et 219)

Mais Enlil, le frère d'Enki, afin de sauver son frère, s'en va supplier la grâce de Ninhursag (vers 221 à 239) ; celle-ci accepte une rédemption, se rend à lui et donne le jour à huit divinités guérissant les huit maux qui accablaient le malheureux Enki par l'absorption des plants toxiques : le crâne, la chevelure, le nez, la bouche et les flancs, la gorge, le bras, les côtes, chaque organe se libérant des douleurs qui l'affligeait.

Plus tard, Enki et sa demi-sœur Nintan créeront le genre humain...

C'est ainsi que nous pourrions faire la synthèse de ce mythe, inscrit il y a quelque 5 000 ans sur argile. Étant donné notre longue dissertation sur, d'une part la récompense artificielle, et, d'autre part, les éléments qui pourraient s'y rapporter dans la Genèse, notre présent commentaire sera bref, d'autant que les concordances s'affichent avec clarté.

Le premier point à débattre est certainement ce qui se met en esquive derrière Isimu, « l'homme de confiance » d'Enki. Celui-ci doit vraisemblablement être une instance régulatrice car c'est lui qui pousse son maître à l'action, comme l'inceste avec ses filles, mais on ne décèle là de traces d'affections particulières, sachant que l'inceste est un fait courant dans bon nombre de mythologies, y compris la Bible – que l'on fasse souvenir de Lot et de ses filles après qu'ils eurent quitté Sodome ; par ailleurs, cet acte peut bien être interprété, surtout entre les dieux, de façon symbolique.
Enki est bien pourtant, à cet instant-là, « *aux aguets* », trahissant sans doute concupiscence de sa part. Dans leurs premières relations, il est difficile de dire que cela est défavorable, en revanche, il est certain que la motion vers Uttu est artificiellement récompensée, elle ne comporte pas la réciprocité qui sied à un échange foncièrement biologique – il s'agit d'un viol –, donc Isimu représente ici le serpent de la Chute – hélas, là où l'on s'attendait en fait à trouver la tentation par Isimu, dix lignes de la tablette ont été cassées et donc perdues.

Là où change la situation, c'est quand Uttu se trouve avertie par la déesse-mère de la présence « aux aguets » d'Enki et donc du danger qui pèse sur elle. Trouvant refuge dans un jardin, et afin d'accéder malgré tout à elle, Enki se fait passer pour le jardinier, c'est-à-dire, ni plus ni moins, fait acte de duperie à son égard ; quant au motif poussant à passer outre au refus manifeste d'Uttu, il est, nous semble-t-il, assez clair : d'abord, lorsque l'on a pris connaissance de la tradition qui le lie à ses descendantes, ensuite parce qu'il est bien précisé qu'Uttu a « *des formes épanouies* » (vers 144), rien donc ne camoufle plus le gain de plaisir, fondé en ceci au moins qu'Uttu n'est pas consentante, parachevant tout cela par le stupre d'Enki devant les charmes de sa fille.

À cet égard, la version sur laquelle nous travaillons nous donne, vers 168 : « *Enki s'aveugle, saisit son bâton* », avec en note l'hypothèse que les jardiniers « *étaient souvent aveugles* » ; d'autres traducteurs proposèrent encore « *il se maquilla les yeux en vert* » (version 2013). On retient dans tous les cas le vœu de se rendre semblable au maître du jardin pour abuser, à tous les sens du terme, d'Uttu, par le stratagème de l'analogie – et cela est pour nous lourd... de sens !

Les deux appuis théoriques de la récompense artificielle se trouvent non seulement en présence ici, mais bien couplés l'un à l'autre pour peu que l'on ne méconnaisse plus dans l'apprêtement d'Enki la confusion des mécanismes de contrôle et dans la luxure la maîtrise hédonique.

C'est à ce moment qu'intervient la déesse-mère, Ninhursag, laquelle ôte le liquide séminal improprement reçu par Uttu et le dépose dans la terre. Ici doit être tenu un parallèle avec le début de la narration, car alors la terre de Dilmen n'était point assez fertilisée par l'eau, lacune à laquelle contrevient Enki grâce à son membre viril, dans l'éjaculation d'un « *immense manteau de verdure* » ; ici, au contraire, on le voit par la suite, les plantes générées par le sperme de son méfait sont vénéneuses, plus encore que cela, elles ont un caractère tout particulier : à l'indisposé elles font recouvrir la santé mais le bien-portant, le gaillard, elles le précipitent dans la douleur, alors comment négliger plus longtemps l'identité de caractère qui reconnaît une nouvelle fois l'alliesthésie ? C'est bien la quintessence de la régulation, la régulation comportementale par le plaisir, que pour un stimulus d'être favorable en état de besoin et défavorable lorsque celui-ci est absent ; or c'est toute l'expérience d'Enki, qui fait l'apprentissage de l'irrespect des signaux alliesthésiques.
Le vénéneux est en effet une très belle métaphore de l'alliésthésie. Si le venin peut être nocif ou mortel pour la victime, il est aussi bien salvateur pour le malade : certains médicaments sont bien des extraits de venins animaux ou végétaux, et en jouant sur la dose et sur une sélection conforme des molécules actives, le poison rapproche, selon l'état interne du sujet, tantôt de l'agonie, tantôt de la santé. Les plantes médicinales, à la fois bonnes et mauvaises, sont donc l'équivalent de l'Arbre de la Connaissance du Bon et du Mauvais. Et c'est alors qu'Enki connu les plantes « *dans leur cœur* », et nous ferions cette transcription : il les connut après avoir fait l'expérience que *ce qui est bon, plaisant, peut aussi être défavorable*, c'est-à-dire transgressée la barrière instinctive, il a percé la connaissance profonde du bon et du mauvais, fait surgir dans son intégralité la loi de l'autorégulation.

Et la rançon de cette connaissance est donnée dès la ligne suivante, à savoir que la déesse-mère, Ninhursag, jure de ne plus poser sur Enki son « regard de vie », et ce jusqu'à sa mort (vers 218-219) ; on retombe alors sur la menace de mort qui, dans la Chute, pesait sur le fruit interdit, défendu.
Du « regard de vie », on ne peut se défaire de la supposition qu'il correspond aux processus régulateurs quand ceux-ci ne sont point limités dans leur étalement. Ceci nous est d'autant plus permis que, dans son simulacre de

concordance avec le jardinier, Enki « *s'aveugla* » (vers 168), selon le terme original ; or, l'aveuglement est à mettre dans un rapport symbolique avec la castration – l'on a pas fait l'oubli du personnage d'Œdipe se crevant les yeux après avoir appris qu'il a marié sa mère ; si par castration nous entendons « *restriction des fonctions potentielles* », nous joignons le versant biologique : la confusion des mécanismes de contrôle devrait logiquement être accompagnée d'un effet délétère.

Il n'a pas échappé non plus qu'Enki est associé de façon ostentatoire au masculin, et c'est ici de même par une représentation masculine, l'homme de confiance Isimu, qu'à l'instar du serpent-phallus advient l'artifice, et ce à deux occasions : présumément pour le viol d'Uttu, et certainement lors de la consommation des plantes toxiques ; il envoie dans les deux cas Enki vers la récompense artificielle.

Finissons sur les paroles d'Enki au sujet des plantes, juste avant qu'il ne les consomme, il dit à Isimu : « *Le destin des plantes, moi, ne devrais-je pas le décréter ?* » (vers 198). Cela n'est alors qu'une autre façon de formuler l'exigence de plaisir, relative à la maîtrise de celui-ci, et nous n'exagérerions point en voyant derrière le destin le but, derrière les plantes les processus de régulation comportementaux, parfois favorables parfois défavorables ; quant au verbe « décréter », il n'appelle pas davantage de commentaires que son sens traditionnel ne le laisse entendre, cette demande serait à prendre comme une interrogation issue de la tendance à la maîtrise hédonique : « dois-je décréter, décider de mon intelligence du but et de la marche des processus régulateurs ? », ainsi transposerait-on ce vers.

L'on retrouve bien le lien avec le masculin tentateur, le serpent-phallus, avec l'homme de confiance faisant influence sur un individu au demeurant déjà fortement virilisé.

Autre point de comparaison entre les deux cosmogonies, hébraïque et sumérienne, le rôle focal de la sexualité et du manger : dans la Chute, la sexualité est suscitée par le serpent, le manger par l'arbre et le fruit ; chez Enki et Ninhursag, le sexe est le viol et l'alimentation la consommation de végétaux toxiques.

On peut être assez assuré que le premier fut inspiré par le second, mais cela ouvre malgré tout à ce que l'initiation, dans l'histoire naturelle des Hommes, de la conduite artificiellement récompensée a pu s'étayer d'abord sur ces deux types de comportements régulateurs.

Certes, ici, les deux fables divergent, même s'opposent-elles l'une à l'autre comme images dans un miroir : dans la Bible, c'est Ischa, la femme-féminin, qui commet l'offense à Dieu, chez les Sumériens, au contraire, la déesse-mère, Ninhursag, s'attache à réparer et à remédier aux abus d'Enki... Que doit-on y voir ? L'on pourait se plaire à dire que les rédacteurs Hébreux, dans leur adaptation, ont voulu, porté par un accès de misogynie, faire du coupable une femme, cela fut-il franchement volontaire, on ne saurait trancher. Peut-être d'autres lectures nous aideraient-elle à cela.

Nous n'en dirons pas davantage, d'abord car nous avons là atteint à peu près les limites de ce que l'on serait en mesure d'apporter, ensuite parce que l'essentiel a été dégagé : la récompense artificielle avec ses trois caractères indissociables, maîtrise hédonique, confusion des mécanismes de contrôle et conséquences sous forme d'effets délétères, de même que les ressemblances avec la Chute et la relation au masculin ; ainsi dit : la Connaissance du Bon et du Mauvais.

C.
THÉOGONIE GRECQUE : PROMÉTHÉE ET PANDORE, ARISTOPHANE, LE MYTHE DES RACES

Dans la coutume Grecque, la notion de péché trouve une équivalence lointaine dans l'hybris – et la divinité qui lui correspond –, c'est-à-dire la *démesure* quand elle se rapporte aux comportements, la passion pour les sentiments ; c'est le fait de vouloir davantage que ce qui nous a été donné. Alors, cette hybris féconde la colère des dieux, ou Némésis – là aussi représentée par une divinité éponyme –, qui punit tous les Hommes oublieux de modération.
Il n'est point difficile non plus de reconnaître ici la maîtrise du plaisir dans l'hybris ainsi que l'effet délétère dans la némésis. Voyons maintenant ce qu'il en est dans la mythologie.

1) Prométhée et Pandore

Les mythes grecs ne sont point avares en ce qui concerne notre sujet. Nous nous sommes basés pour cela sur les poèmes d'Hésiode, « Théogonie » et « Les travaux et les jours », tous deux ayant le projet de faire la narration des mésaventures des dieux et des Hommes, ainsi que de leur généalogie (notre traduction et celle réalisée et annotée par Paul Mazon aux éditions « Les belles lettres »). [178] [179]

Pour rappel, Prométhée est un Titan, fils de Japet, lui-même fils de Cronos et d'Ouranos, le Ciel et la Terre. Prométhée avait aussi un frère, Épiméthée.

Pour en arriver directement à notre point d'intérêt, voici ce que nous remémorons au lecteur : il y avait une querelle entre les dieux et les Hommes à propos du sacrifice d'un taureau : quels morceaux devaient revenir aux uns et aux autres ? Pour en venir à bout, Prométhée, qui avait déjà donné une première fois aux humains le feu pour palier à leur faible conformation, proposa que l'on fixa une fois pour toute la part revenant à chacun, en faisant choisir aux dieux toutes les parties de l'animal qui auraient leur préférence, laissant aux simples mortels le restant du sacrifié.

Mais Prométhée usa d'une « *ruse perfide* » (vers 541) qui est la suivante : il dépeça la bête, puis disposa d'un côté « *sous la peau, chairs et entrailles lourdes de graisses* » (vers 539 et 540), en prenant soin de recouvrir le tout avec le ventre du bœuf ; de l'autre côté, en un tas, il rassembla les os nus recouverts par la suite de graisse blanche (vers 541 et 542).

Donnant à Zeus la primeur du choix, la réaction ne se fit point attendre : « *De ses deux mains, il souleva la graisse blanche, et la colère emplit son âme, tandis que la bile montait à son cœur, à la vue des os nus de la bête, trahissant la ruse perfide* [...] » (vers 553 à 556). L'ire de Zeus trouve sa sentence dans la privation faite aux Hommes du « *feu infatigable* » (vers 561 à 564), lequel semble être un don permanent de Zeus.

Toutefois, dans la plus grande discrétion, Promothée « *déroba, au creux d'une férule, l'éclatante lueur du feu infatigable* » (vers 565 566) – selon certaines versions, la volerie se fit « *au plus fort du travail, dans la forge d'Héphaïstos* » (confer « Contes et légendes mythologiques » d'Émile Genest [180]), offrant ainsi aux humains et pour la seconde fois la précieuse flamme.

Or devant cette seconde bravade, Zeus commanda à Héphaïstos de tirer du sol « *un être tout pareil à une chaste vierge* » (vers 571 à 572), une femme qui sera Pandore, « *ce mal si beau* » (vers 585 à 586), « *ce piège profond et sans issue, destiné aux humains.* » (vers 590 à 591)
Et c'est dans « Les travaux et les jours » qu'est expliqué le méfait de Pandore, d'où il est dit : « *Zeus t'a caché ta vie le jour où, l'âme en courroux, il se vit dupé par Prométhée aux pensers fourbes.* » (vers 47 à 49)
C'est alors que, séduit par sa beauté, Épiméthée, pourtant prévenu du danger par son frère, accueillit la belle Pandore, du même coup la jarre qu'elle emportait avec elle et qui contenait les maux de l'humanité : la douleur, le travail, le vice, les maladies, et cætera... « *Mais la femme, enlevant de ses mains le large couvercle de la jarre, les dispersa de par le monde et prépara aux hommes de tristes soucis.* » (vers 91 à 95)

Telle est l'histoire de la boîte de Pandore, ainsi que, généralement, on la connaît. Nous arrêtons ici pour le sommaire de ce riche récit ; nous allons en faire maintenant quelques commentaires, dans la lignée de ce que nous avons extrait d'autres cosmogonies.

On pourra encore se permettre d'être rapides sur la démonstration de la récompense artificielle en elle-même : Prométhée cherche à tromper Zeus, le Dieu des dieux, et selon une hypothèse précédente, l'essence même des forces régulatrices ; si l'on se demande où se situe dans le mythe la maîtrise hédonique, on se convaincra peut-être que c'est dans l'intention du Titan de garder aux Hommes les meilleurs morceaux pour eux-mêmes, en tant qu'ils sont les meilleurs.
Le revers immédiat est le retrait du feu du privilège humain ; là, il est sans doute avantageux de s'en référer derechef à la symbolique : le feu est associé au masculin, sa disparition est donc toute semblable à la castration, nous nous permettrons encore une fois de comprendre cela comme la réduction du potentiel qui, jusque-là, était accordé – confer la honte devant la nudité et l'aveuglement d'Enki ; qui plus est, le feu représente la lumière, et il a été bien

documenté que celle-ci se rattache à la conscience, c'est alors comme si la tricherie à l'encontre du dieu dépossédait les Hommes de conscience, ou plus vraisemblablement d'une forme de conscience, et nous pensons alors à la perte d'altérité découverte dans la Genèse.
Les trois constituants, indissociables entre eux, maîtrise hédonique, confusion des mécanismes de contrôle et effet délétère, sont donc bien conservés ensemble.

Mais voici que l'histoire ne se borne pas là : Prométhée dérobe le feu pour le donner aux humains, la différence est par conséquent que celui-ci n'est pas *délivré* par Zeus, mais obtenu suite à un *vol*. La lumière acquise auprès de Zeus ne peut donc plus être de la même teneur que celle gagnée par le larcin Prométhéen – la confusion des mécanismes de contrôle est bien une sorte de vol, lequel porte aussi le seing de la confusion – il cache l'étincelle au creux d'une férule –, et qui, à l'instar du péché biblique, sera perpétré contre un châtiment divin, la belle Pandore, répandant le mal entre les Hommes.
Et c'est pareillement selon l'attrait envers ses charmes féminins que celle-ci trouve refuge auprès d'Épiméthée et au sein de la communauté humaine ; on y décèlerait l'attirance par la vue – confer le regard d'Ève sur le fruit défendu ou les formes avantageuses d'Uttu –, également la dispersion de la calamité par la femme, deux aspects communs avec la Genèse.

Cependant, si nous remplaçons « femme » par « féminin », nous retrouvons la relation étroite entre l'instance mise à mal et la féminité ; celui qui cherche l'abus, en revanche, est systématiquement l'élément masculin, le serpent phallique, Enki, Prométhée, l'instance masculine est régulièrement mise à la contribution de la farce poussant à l'excès.

Et il ne serait sans doute pas inutile, si l'on veut répondre à la contestation que c'est bel et bien « femme » qui est écrit, et non autre chose, d'approfondir la relation causale entre la récompense artificielle et la misogynie, laquelle semblait, même si un sens plus profond a pu être dégagé, ne pas être absente de l'esprit des rédacteurs de ces textes ! Néanmoins ceci sort du cadre immédiat de ce chapitre.

Revenons à un point qui nous préoccupe. Chez les Sumériens et les Grecs, on ne peut passer sous silence le fait que le comportement artificiellement récompensé est mené par les divinités Enki et Prométhée – alors que ce sont homme et femme, et femme d'abord, qui croquent le fruit de l'Arbre de la Connaissance du Bien et du Mal dans la Genèse. Une signification non dénuée d'importance doit bien s'embusquer là-derrière, et ce qui demeure en ces temps de réflexions balbutiantes, est le rapport étroit entre poussée vers la récompense artificielle et le masculin, cela toutefois est insuffisant.

Saisissons alors la question de deux côtés : de l'un, nous remarquons que Prométhée est la divinité qui, chez les Grecs, a engendré l'Homme à partir d'eau et d'argile, voyons donc ce dernier comme *fils de Prométhée et porteur de ses propensions* ; or, de l'autre côté, celui de l'étymologie, Prométhée est

bien composé du préfixe « pro- » pour « avant » et « -méthéas » pour « savoir », Prométhée avec sa progéniture sont alors ceux qui « prévoient », qui « savent avant », mais alors, que prévoient-ils si ce n'est... le plaisir !
Il est ainsi envisageable que Prométhée, père des Hommes, incarne aussi cette tendance auprès des autres dieux de l'Olympe. Ce point de vue se voit renforcé par la remarque qu'Enki est aussi à la source du genre humain, qu'il proposa de composer afin de servir aux dieux.
Ce serait par conséquent que ces « préhumains » s'abandonnent déjà à un penchant qui ne ferait que s'intensifier par la suite, comme Adam et Ève sont les procréateurs de la lignée humaine et transmetteurs du péché.

Dirait-on de l'humanité qu'elle se trouve dans sa phase Prométhéenne ?

2) Le Banquet de Platon

Une autre cosmogonie grecque antique est exposée dans « Le Banquet » de Platon. À en croire le récit d'Aristophane, les êtres humains furent primitivement ronds, sorte de boules, et androgynes, à la fois mâle et femelle. Leur perfection, rendue par la forme arrondie, n'avait d'égale que leur puissance : « *Cela dit, leur vigueur et leur force étaient redoutables, et leur orgueil était immense. [...] ils entreprirent l'escalade du ciel dans l'intention de s'en prendre aux dieux* ». (190b, traduction de Luc Brisson) [181]

Nous sommes maintenant accoutumés à reconnaître dans cette défiance l'inclination à la maîtrise hédonique, la substitution de la régulation spontanée par des mesures intellectuelles tournées vers le gain de plaisir.

L'effet délétère est manifesté ici derechef par la punition divine, laquelle sépara en mâles et femelles ces êtres surpuissants, réduisant ainsi leur verdeur et donc le mésusage de celle-ci. Or, ainsi séparées, les parties lacunaires tendent invariablement, poussées par l'émoi amoureux, à s'enlacer de nouveau en leur configuration originelle. On considère, une fois encore, comme plus explicite de comprendre masculin et féminin au lieu de mâle et femelle.

Et c'est effectivement le cas : la récompense artificielle scinde la psychée puis surinvestit le pôle masculin, dominateur, au détriment de son opposé. Dès lors, si celle-ci est de nouveau représentée par le conflit avec les dieux, l'état antérieur à tout cela est bien une complexion androgyne proportionnée, masculine *et* féminine, qui confère d'ailleurs aux êtres leur dynamisme tout particulier.

3) Le mythe antique des races

Le mythe des races, également présenté par Hésiode dans « Les travaux et les jours » [178], mérite de même une critique.

L'auteur annonce que le premier des âges de l'humanité était une « *race d'or* », d'or était la race humaine. Celle-ci était agrémentée de tous les bienfaits : « *Ils vivaient comme des dieux, le cœur libre de soucis, à l'écart et à l'abri des peines et des misères* » (vers 111 à 113 et plus encore) ; on aura

noté *la ressemblance avec les dieux mais pas l'équivalence*, renvoyant à la discussion sur le même thème au cours de la Genèse.
Ces Hommes vivaient « *dans la joie et dans la paix* » (vers 119 à 120). Les traducteurs, en note, précisent que : « *Le texte grec est plus expressif dans sa simplicité apparente : "contents" et "tranquilles"* ». Cela veut dire que les représentants de cette race sont satisfaits des biens qui leur sont accordés et qu'ils en jouissent paisiblement, sans se jalouser ni se battre. Ils ne connaissent donc ni le « *désir insatiable* » (« *xopos* »), ni la « *jalousie* », qui engendrent la « *démesure* », d'après les plus vieilles traditions de la morale grecque.

À cet âge d'or succéda celui d'« argent », et il en advint tout autrement des Hommes de la race d'argent : les voici égarés, justement par la démesure, qui les jette les uns contre les autres (note 2 page 90).
Ici est fait le renvoi aux vers 134 et 135 d'Hésiode sur la race d'argent :
« [...] *ils vivaient peu de temps, et, par leur folie, souffraient mille peines.* »

Il n'est pas grand effort à fournir pour reconnaître, de façon presque non-dissimulée, dans le premier cas le cadre adapté, le respect de l'alliesthésie, dans le second, leur outrepassement. Le passage de la race d'or à la race d'argent, pour se contenter de cette seule transition, serait ce non-respect des *limites*, donc de la fonction de régulation, laissant libre le questionnement : Prométhée est-il intervenu dans cette progression ?
La similitude avec l'exil du Paradis perdu, la sortie de l'Éden, est en outre obvie.

D.
UNE LÉGENDE CORANIQUE

La religion musulmane fit son apparition postérieurement au judaïsme, vers le septième siècle après Jésus-Christ. Le livre sacré des musulmans, le Coran, comporte lui aussi un épisode analogue à celui de la Chute dans la Bible. Adam et le Diable y trouvent place. Ainsi, il y est dit, après l'interdiction faite par Dieu à Adam de s'approcher d'un certain arbre :
« *Alors Satan leur chuchota, de sorte à leur découvrir ce qui de leurs parties honteuses leur demeurait jusque-là caché :"Votre Seigneur ne vous a interdit cet arbre, que pour vous empêcher d'être deux anges ou des éternels".* »
Et de leur jurer :
« *Je suis pour vous le meilleur des conseillers.* »
La contravention de l'interdit est ainsi rapportée :
« *Tous deux* [Adam et Ève] *en mangèrent. Alors leur apparut leur nudité. Ils se mirent à se couvrir avec des feuilles du paradis. Adam désobéit ainsi à son Seigneur et il s'égara.* »
Un peu plus loin, après la commission du péché, Adam et Ève de s'exclamer :
« *"Notre Seigneur", dirent-ils, "nous deux, nous venons d'être iniques envers nous-mêmes".* »

[182] (Sourate 7, extraits)

Nous retrouvons, par rapport à l'équivalent biblique, tous les ingrédients désormais usuels, la désobéissance du premier homme et de la première femme envers Dieu, sous la tentation d'une tierce entité, le manger du fruit, la mise sur un même plan entre Hommes pécheurs êtres divins – les anges –, ou dotés d'apanages divins – l'éternité –, également la honte envers les parties génitales. On remarquera toutefois que le texte ne distingue pas qui du couple initial tendit en premier le bras pour cueillir le fruit, ainsi que cela est clairement établi dans la Bible.

Relions sur un point cette version avec le mythe d'Enki où se manifestait aussi un « conseiller », lequel, tout comme ici, poussait la puissante divinité dans la récompense artificielle ; ceci est un point d'appui supplémentaire pour supporter l'identité entre ce conseiller Sumérien et le Satan des monothéismes.

Enfin, le plus subtil aspect du passage ci-présenté est peut-être le « [...] *nous venons d'être iniques envers nous-mêmes* », que déclare à Dieu le couple juste après son forfait. Nous y entrevoyons là, à nouveau, la rupture de l'altérité, « inique » à soi-même pouvant correspondre au non-respect de sa propre alliesthésie, donc une rupture avec soi en même temps qu'une rupture avec l'Autre.

E.
L'ÉPOPÉE DE GILGAMESH

La Chute telle qu'elle est narrée dans la Bible a, très certainement, trouvé inspiration dans des cosmogonies antérieures à elle. De la sorte, le Déluge, raconté lui aussi dans la Genèse, aurait été inspiré par le passage correspondant de l'« Épopée de Gilgamesh » – les Hébreux avaient en effet accès aux tablettes sumériennes, et le récit est fort semblable.
Ce document fut rédigé en langue Akkadienne en Babylonie, entre 1 700 et 1 600 ans avant Jésus-Christ. Tout à la fois postérieur à la légende d'Enki et issu du même contexte culturel, la Mésopotamie, l'apparentage est évident.

Dans cette épopée de Gilgamesh, il y a également un passage où se montre un fait saillant : il s'agit de l'initiation faite à Enkidou par la prostituée. Afin de tempérer la fougue d'Enkidou, « *celui des collines* », Gilgamesh envoie ce dernier auprès d'une courtisane aux délicieux agréments. Nous avons trouvé bienvenu de reproduire ici l'entièreté du passage afin d'en souligner la densité :

« *La courtisane enlève ses vêtements,*
dévoile ses seins, sa nudité,
et Enkidou se réjouit des charmes de son corps.
Elle ne se dérobe pas, elle provoque en lui le désir.
Elle enlève ses vêtements [à lui]

et lui Enkidou tombe sur elle.
Elle apprend à cet homme sauvage et innocent
ce que la femme enseigne.
Six jours et sept nuits Enkidou sans cesse
possède la courtisane.
Lorsqu'il est rassasié de ses charmes
il lève son regard vers ses compagnons
mais en le voyant les gazelles se détournent de lui
et les bêtes sauvages le fuient.
Enkidou est sans force,
ses genoux le trahissent
lorsqu'il veut suivre sa harde.
Affaibli, il ne peut plus courir comme autrefois
mais son cœur et son esprit sont épanouis.
Il revient s'asseoir aux pieds de la courtisane
et regarde longtemps son visage.
La courtisane parle à Enkidou,
il écoute, attentif :
"Tu possèdes maintenant la sagesse,
tu es devenu comme un dieu
pourquoi avec les bêtes parcours-tu la plaine ?". [...] »
[183]

Nous nous permettons de penser que le tableau croqué ici dépeint l'union charnelle en partie orientée vers le gain de plaisir, et cela se confirmerait ensuite par plusieurs indices, d'ailleurs remarquablement consistants avec les autres mythes ci-avant décortiqués.

En un premier lieu, Enkidou est auparavant « *sauvage et innocent* », état qui trouvera son terme avec cette relation ; l'innocence, nous en avons déjà touché mot en attribuant à ce vocable un état de l'esprit propice à percevoir et respecter les signaux alliésthésiques ; la récompense artificielle ne peut, en revanche, se contenter d'un tel état de l'être car elle anticipe la sensation hédonique dans le stimulus en tant que tel, ici même, la fille de joie.

En un second lieu, et conformément à ce que nous avons déjà exprimé, se maintient le rôle du sens visuel, non pas sur l'aliment comme Ève avec le fruit, mais dans la relation sexuelle la plus intime, le regard sur les contours et la morphologie de la jeune et belle femme qui invoque immédiatement en Enkidou l'excitation la plus haute.

Troisièmement, alors qu'Enkidou met fin à de longues journées d'ébats, deux séquelles font rapidement suite : l'une interne, la fatigue qui l'empêche de suivre sa harde – on ne se contentera pas d'y voir l'éreintement consécutif à l'effort physique –, et l'autre externe, les gazelles se détournent de lui, les bêtes sauvages le fuient, son rapport avec la nature animale est rompu et, manifestement, il n'est pas exagéré de dire que le lien avec le milieu sauvage a trouvé son point de rupture dans cette étreinte amoureuse.

Le quatrième et dernier lieu en découle immédiatement : se produit une chose nouvelle, son esprit est épanoui, la courtisane le nanti même d'avoir gagné la sagesse. Cette mise à niveau d'Enkidou et de Dieu, ensuite de cette relation, ne peut donc qu'affermir notre compte rendu

Tout ceci s'accole à nos précédentes propositions de la façon qui suit.

L'on a pu faire l'exégèse de cette transformation comme l'humanisation d'Enkidou par la femme – à l'image d'Ève humanisant Adam en instaurant le dialogue –, le faisant passer de la bestialité à l'humanité, lui faisant également sentir les bienfaits de la civilisation, mais nous voudrions nuancer ce propos.

Il y eut sûrement un bénéfice pour Enkidou dans l'échange affectif, mais ce dernier n'allait pas seul, il était accompagné d'une partie maîtrisée du plaisir, comme en témoigne cette double scission, interne et externe – effets délétères ; l'acte était devenu irrépressible après le regarder lubrique – méprise des sens ; quant à l'« *épanouissement de l'esprit* », nous le prenons pour ce que la récompense artificielle permet effectivement de conquérir : la fascination pour la capacité propre à dominer la perception plaisante, par-delà le lien avec le besoin, « *posséder la courtisane* » allant d'ailleurs dans le sens de cette dislocation – maîtrise hédonique.

Cette expérience fut donc à la fois initiatique pour Enkidou, dans l'amour à la femme, mais également artificiellement récompensée, avec l'éloignement de la sauvagerie, éloignement qui n'est pourtant pas un prérequis à l'évolution intellectuelle ni mutuellement exclusive avec elle.

L'on aurait alors ici en fait une belle illustration de la récompense artificielle dans la sphère de la sexualité.

Il sera tenu pour improbable que ne soit du simple fait du hasard, non seulement que les éléments constitutifs de ce que nous avons décrit et dégagé comme récompense artificielle soient également présents dans les mythes cosmogoniques les plus anciens, à peine recouverts par le voile du symbole, mais aussi que ces éléments soient récursifs d'un récit à l'autre.

La maîtrise hédonique par la confusion des mécanismes de contrôle, la perte de l'altérité, l'épreuve consécutive, tout cela a été, rien qu'à l'aide d'un décodage psychologique classique, réuni dans plusieurs de ces chroniques des premiers temps.

Que l'on soit tenté de trouver émoussées nos positions par consigner que ces mythes sont inspirés les uns des autres, et l'on se convaincra de ce que, justement, par la conservation sous diverses apparences de ces mêmes expériences profondes, ces récurrences sont le signe que ces dernières parlent au cœur des Hommes et représentent pour eux un trait fondamental et décisif.

Il est vrai que de nos dires, certains sont déjà frappés par l'estampe des temps passés, la concupiscence dans le péché Édénique a bien été signalée par Luther ou Augustin de Nippone – auteur, du reste, de l'expression « *péché originel* » au destin fameux ; toujours fut contradictoire au concupiscent le sage, plein d'« innocence » et prompt à l'ataraxie, rempli aussi de balance entre la passion et la raison.

Bien plus récemment, Marie Balmary reconnut le problème de l'altérité dans la Chute, et selon la psychanalyste hébraïsante, l'interdit divin est celui de renoncer à « *manger l'autre* », autrement, à nier sa différence et finalement son existence : ainsi s'opposent le « *bon connaître* », respectueux de soi et d'autrui, au « *mauvais connaître* », la différence des sexes entre Adam et Ève serait dès lors prise pour le prototype du « *différent* », lequel se retrouve fusionné dans la consommation du fruit et du destin commun réactionnel. [184] Cela coïncide assez bien avec nos vues – mais la distinction que nous portons en est encore occultée.

Car notre contribution est de faire apparaître les liens entre ces mythes et les observations et connaissances scientifiques, alors que nous avions trouvé, grâce à celles-ci, unis ensemble les caractères de la récompense artificielle ; en plus, au sujet du « pécher », on a pu dégager de ces disciplines un outil rationnel permettant de délimiter son champ d'application, de départir ce qui en ressort de ce qui en est exclu, division qui n'avait point été pratiquée par les annotateurs antécédents.

À refermer notre voyage à travers quelques mythologies des plus populaires, il en reste un épisode qui ne pouvait se trouver négligé en rapport à la récompense artificielle, c'est celui du cheval de Troie, dans lequel des guerriers Grecs, portés par Ulysse, se réfugient dans un cheval factice mais pourvu des plus beaux étalages afin de pénétrer par ruse dans la ville et d'en prendre possession. Cette intrigue reprend à elle seule tous les enjeux de notre problématique, la représentance intégrale de la « mêtis »...

F.
RÉCOMPENSE ARTIFICIELLE ET FAIT RELIGIEUX

Il faudrait sûrement se départir de l'idée selon laquelle, lorsque l'un ou l'autre d'entre nous, au terme de ses prospections, déclare avoir mis en lumière (divine !) un élément qui jusqu'ici n'avait pas totalement quitté l'ombre, alors il trouverait dans les mythes antiques ou religieux, ou quelque œuvre de l'art, une confirmation de sa pensée, moyennant une interprétation qui lui serait propre.

C'est pourtant, en substance, ce que nous avons risqué dans le présent chapitre – toutes les fables, fréquentes et à la fois représentées en des localisations et des époques diverses, où les Hommes bravent la puissance divine, suivi d'une immanquable sentence, sont le fruit de la perception, symboliquement retranscrite, de la récompense artificielle ; ce n'est certainement pas un exercice condamnable, mais à entourer de prudence, surtout quand de si nombreuses tentatives nous ont précédés.

Pour faire écho au relativisme, abordé au premier chapitre, ce que nous voulions simplement exprimer, c'est que toutes les interprétations ne se point égales, certaines sont fausses et d'autres sont plus justes, mais pourtant encore si peu en adéquation avec la réalité ; en fait, cela n'exclut pas non plus la surinterprétation, la coexistence de plusieurs explications valables, éclairant des niveaux différents d'organisation, et reliant les causes multiples d'un unique phénomène.
Comment donc être en mesure de reconnaître la validité d'une interprétation ? C'est à coup sûr grâce à des liens tissés entre le prévisible de la théorie et l'observable de la pratique, liens rendus de plus en plus convaincants par l'accumulation de ceux-ci, alors tous orientés dans une commune direction, et formant finalement un ensemble logique, prévisionnel et stable.

Ainsi, la compréhension de Dieu comme la réunion des forces qui structurent et régulent les formations de la matière est une perspective qui semble s'accorder sur bien des points que nous avons ci-abordés, et peut-être sur plus encore ; pour cela il sera requis de s'avancer davantage, et d'un côté dans l'affinement théorique, et de l'autre dans l'exploration des textes religieux.

Mais la croyance religieuse n'est ordinairement pas tant un objet de raison que d'émotion, laquelle culmine dans ce que l'on dénommerait le sentiment océanique fréquemment raccordé à la *foi*. Ce sentiment dénote à l'individu qu'*il fait un avec le tout*, et cela s'insère avec facilité dans la relation entre les processus régulateurs et leur représentation dans le divin : la régulation homéostatique de l'individu-système, comme de tout système, s'effectue via un ensemble complexe et incessant d'échanges permettant la satisfaction, l'équilibration, et, au final, le développement des fonctions contenues en germe chez lui. C'est à ce titre qu'il fut dès le départ mis en avant que le système était, au fond, un point d'entrecroisement de flux de structures, d'énergies et d'informations, délimité par une frontière ; on peut surprendre ici la relation du « Un » – le système – au « Tout » – l'environnement – avec lequel se produisent ces échanges, qui en temps normal convergent vers l'harmonieuse mesure.

C'est ainsi que, si Dieu représente bien les processus régulateurs, ceux-ci étant justement la connexion entre le Un et le Tout, alors *celui s'en remettant aux lois de Dieu, c'est-à-dire aux impulsions régulatrices alliesthésiques, c'est-à-dire, en dernière instance, aux lois de la nature, celui-là est très probablement dans la plus pure et authentique liaison à Dieu, à son milieu, tout comme la goutte d'eau se confond au beau milieu de l'océan*.

De cette façon, le haut degré de béatitude et de jouissance que la psychologie prête aux tous premiers temps de la vie, à la période intra-utérine, aux instants de contacts rapprochés avec la mère qu'entretient le nourrisson, ainsi qu'à l'allaitement, celles-là sont peut-être parmi ces dispositions instinctuelles les mieux respectées dans la culture humaine moderne, où la récompense artificielle a le moins creusé son sillon, et il doit s'agir de comportements hautement déterminants pour la structuration future, donc des processus régulateurs de premier plan dont la vitalité, d'autant plus qu'elle est précoce, se dépose sous la trace mnésique d'une grande félicité avec laquelle il s'agira désormais de renouer – on se reportera aussi au chapitre 1 de « Malaise dans la civilisation » [185] et au commentaire de Freud à propos du courrier de Romain Rolland.

Pour conclure cette partie, il serait intéressant de mettre côte à côte cette interprétation de la déité avec la théorie freudienne du fait religieux (voir « Malaise dans la civilisation » [185], « Totem et Tabou » [186], et « L'avenir d'une illusion » [187]).

Considérons : « *Il* [l'Homme] *s'était forgé de longtemps une représentation idéale de l'omnipotence et de l'omniscience qu'il incarnait dans ses dieux. Il leur attribuait tout ce qui semblait inaccessible à ses souhaits ou qui lui était interdit. On peut donc dire que ces dieux étaient des « idéaux culturels ». [...] Maintenant, il s'est beaucoup rapproché de l'accession à cet idéal, il est lui-même presque devenu un dieu. L'Homme est pour ainsi dire devenu une sorte de « dieu prothétique », vraiment grandiose quand il revêt tous ses organes adjudants ; mais ceux-ci ne font pas corps avec lui et ils lui donnent à l'occasion encore beaucoup de mal.* » (in « Malaise dans la civilisation »)

C'est en effet par la technique, au cours du développement de la civilisation, que les Hommes ont essayé et poursuivent encore dans ce sens leurs efforts de rendre possibles de telles capacités : moyens de transport, thérapeutiques, activités scientifiques, stockage de données de plus en plus immense, et caetera.

Mais plus généralement, l'auteur se réfère à Dieu comme à une idéalisation céleste du père terrestre, Dieu le Père, à une transposition de ce dernier depuis la terre jusqu'aux cieux, et voit dans le désaide infantile, dans le besoin de protection et d'amour de l'enfant envers son père, à tout le moins le représentant paternel, le prototype de la religiosité, puisque tout comme le père, Dieu est en même temps celui qui protège, qui dédommage les bonnes actions comme il châtie les plus effrontées et les moins vertueuses, il est ensuite celui sans qui notre existence ne serait pas, enfin, non moins que le père pour le petit enfant, Dieu a les attributs de l'omniscience et l'omnipotence.

Loin de voir là une concurrence avec nos vues, nous trouvons plus précisément un avis complémentaire avec celui qui voit la conception du Dieu comme le représentant des forces organisatrices et qui repose sur une perception inconsciente de la réalité de ces forces, seulement comprises en tant que telles sur le plan conceptuel par les avancées les plus récentes de l'activité scientifique ; on peut postuler à cet égard une sorte de commémoration endogène dans laquelle se trouve enfoui le savoir que des puissances immuables ont mené à notre constitution.

Il se pourrait donc que la récompense artificielle se révélât être un outil d'entendement du fait religieux, et, dès à présent, le rapport avec la thèse de Freud nous apparaît clairement.

Déjà, la remarque ne saurait être évitée que dans un cas comme dans l'autre, la notion de régulation est au centre de la fonction du Dieu-père : récompense ou punition selon l'accord du comportement à des règles préétablies.
Il n'y a plus, alors, qu'à dérouler ce fil, pour présumer que l'endoperception des forces créatrices s'est vue agrémentée, à partir d'un certain temps de la culture, d'une auréole que l'on pourrait traiter d'« émotionnelle », émotions névrotiques liées aux circonstances structurantes de l'enfance et au cours desquelles la relation au Père trouve tout son enjeu. Dieu est devenu un Père.

Sous quelle impulsion, en définitive, une telle projection a-t-elle bien pu avoir lieu ? Il ne fait que peu d'hésitation quant au fait que l'alternance éducationnelle récompense/punition, retrouvée dans les processus régulateurs comportementaux sous forme de bon/mauvais, a, par similitude, joué un rôle facilitateur et servit de point d'appui à la projection du père sur ce système.
L'association entre les processus régulateurs et le Père devient d'autant plus compréhensible que ce dernier porte, surtout dans un contexte patriarcal, la tâche de guider l'enfant dans l'apprentissage du bon et du mauvais. C'est là la nature même de l'archétype « Père » chez Jung, ou « complexe Père », dans lequel l'enfant fonde l'espoir qu'il lui montre la voie la meilleure, la plus juste, parmi tout ce qui peut être favorable ou défavorable.
Mais l'introduction de la récompense artificielle aurait pu faire glisser cet apprentissage vers « ce qui est rendu bon grâce à l'abus des mécanismes de contrôle », et plus uniquement « ce qui est bon, plaisant, car répondant adéquatement au besoin ». Au final, *la récompense artificielle entraînerait le déplacement de la fonction structurante du Père relative à ce qui est biologiquement bon ou mauvais vers une attitude relative à ce qui est bien ou ce qui est mal, en un mot, à la morale*.

Car si devant Dieu l'adulte est en détresse semblablement à l'enfant devant son père, *si, finalement, l'individu d'âge mûr a conservé ce trait infantile de besoin d'amour et d'assistance qu'il implore auprès d'êtres divins, c'est que les conditions qui furent les siennes au cours de son développement n'ont pas été suffisamment favorables pour donner pleine vitalité à toutes les fonctions qui l'auraient rendu autonome* – nous redirigerons le lecteur vers la définition de l'autonomie au chapitre 3 –, autonomie qui semble pourtant être l'apanage de l'adulte ; et voici que cet être-là est encore un enfant quant à l'extension de ses capacités, et la conjecture s'achève par la présomption que c'est la récompense artificielle, par la collection de ses effets délétères, qui n'a pu conduire qu'à une croissance limitée de cette autarcie.

Cet Homme-là aurait ensuite fondé la praxis religieuse qui serait en même temps que la dévotion aux processus régulateurs, une tentative pour reconquérir leur fonctionnement optimal ainsi lésé ;

En conséquence trouve-t-on un éclaircissement sur la variabilité interindividuelle dans l'adhésion à la coutume religieuse : qu'elle soit davantage le fait de certains plutôt que d'autres s'en expliquerait par l'ouverture et le respect des signaux alliesthésiques plus grands chez les seconds que chez les premiers. Effectivement, ceux qui, par leur cadre éducatif, ont trouvé un substrat à l'autonomisation, envers les choix qui sont indissociables de toute progression personnelle ou contre les revers que la vie peut bien imposer en retour, ceux-là ont d'autant moins la nécessité de rechercher dans la croyance religieuse la réactivation d'un gouvernail qui, chez eux, se manifeste de toute façon spontanément – sans omettre la variabilité génétique qui se tient derrière toute divergence biologique.

Or nous allons très bientôt soutenir que l'enfant réagira par l'agressivité à tout resserrement prématuré de sa naturalité – resserrement visant à faire rentrer cet être encore indompté dans le domaine de la récompense artificielle ; il aurait donc fallu instaurer des règles morales pour maîtriser non plus le plaisir ains le déplaisir engendré dans la communauté de l'enfant par cet accès de violence.

Le montant émotionnel permettant de réaliser la projection du père de chair et de sang sur la représentation régulatrice serait alors, en dernier lieu, celui s'étant dans la prime enfance dressé contre ces *restrictions pulsionnelles* imposées par ce parent et qui ne vont pas sans la récompense artificielle, sans la maîtrise hédonique, une haine coupable renversée en amour, ainsi que nous allons maintenant le défendre.

Perpignan,
octobre 2016.

La canalisation (« *Channeling* » en anglais) a donné lieu à de nombreux ouvrages, dont certains ont retenu notre attention. Ainsi :

a) Dans un autre registre donc, avec « Le livre des esprits » d'Alan Kardec [188], on trouve des passages qui se comprennent fort bien selon les points de vue que nous suivons dans notre théorie. Cet ouvrage est composé d'un ensemble de questions posées par des médiums et des réponses apportées par des entités spirituelles appelées Esprits. Relevons quelques citations :

« *Question 1 : Qu'est-ce que Dieu ?*
- Dieu est l'intelligence suprême, cause première de toute chose. »

« Intelligence suprême » et « cause première » font pour nous également référence à la force auto-organisatrice, à son essence, à la fois comme principe premier, et comme principe régulant la marche de l'univers.

[...]

« *Question 614 : Que doit-on entendre par la loi naturelle ?*
- La loi naturelle est la loi de Dieu ; c'est la seule vraie possible pour le bonheur de l'homme ; elle lui indique ce qu'il doit faire ou ne pas faire, et il n'est malheureux que parce qu'il s'en écarte. »

[...]

Sur ceci, il n'est besoin renchérir ! Bien que cette monographie soit de langue française, on rappelle la proximité, mais aussi la dissemblance, entre les paires d'adjectifs et d'adverbes suivantes : bon/bien et mal/mauvais, pour ce qui suit :

« *Question 630 : Comment peut-on distinguer le bien et le mal ?*
- Le bien est tout ce qui est conforme à la loi de Dieu, et le mal tout ce qui s'en écarte. Ainsi, faire le bien, c'est se conformer à la loi de Dieu ; faire le mal, c'est enfreindre cette loi. »
[...]
« *Question 633 : La règle du bien et du mal, que l'on pourrait appeler de réciprocité ou de solidarité, ne peut s'appliquer à la conduite de l'homme envers lui-même. Trouve-t-il, dans la loi naturelle, la règle de cette conduite et un guide sûr ?*
- Quand vous mangez trop, cela vous fait mal. Eh bien ! C'est Dieu qui vous donne la mesure de ce qu'il faut. Quand vous la dépassez, vous êtes puni. Il en est de même de tout. La loi naturelle trace à l'homme la limite de ses besoins ; quand il la dépasse, il est puni par la souffrance. Si l'homme écoutait en toute chose cette voix qui lui dit assez, *il éviterait la plupart des maux dont il accuse la nature.* »

On retrouve ici une illustration claire de l'alliesthésie, ainsi que la tendance à enfreindre cette alliesthésie et en récolter un mal. Il est donc intéressant de noter que les messages obtenus par canalisation vont dans une direction assez semblable à ce que nous dictent la logique et la rigueur scientifique.

b) Les « Dialogues avec l'Ange » [189] sont un corpus de conversations, de même, avec des êtres spirituels. On peut lire, dans l'entretien 31 (avec le maître de Hanna), la déclaration suivante de l'Ange de la Mesure :

« *La punition et la récompense,*
vous les portez en vous-même.
Si vous remplissez votre *mesure – vous croissez.*
Sinon – vous dépérissez. »

Gitta Mallasz

c) Dans les « Conversations avec Dieu » [190], on peut lire ces paroles, « émanant de Dieu » :

(Tome I) *« S'il existait un seul péché, ce serait celui-là : de te laisser devenir ce que tu es à cause de l'expérience des autres. C'est le "péché" que vous avez commis. Vous tous.* »

(Tome III) « *Je suis l'Être* Suprême. *C'est-à-dire le Suprême... être. Je ne suis pas le* résultat *d'un processus : Je* suis *le processus même. Je suis le créateur, et Je suis le processus* par lequel Je suis créé. »

Neale Donald Walsch

d) Les « Récits d'un voyageur de l'astral » rapportent du guide qui accompagne l'auteur lors de ses sorties hors du corps : [191]

« *Je te le répète : honore, étudie mais ne cherche pas à dominer car, alors, le fruit de ton désir pourrait bien devenir la cause de tes tourments.* »

Daniel Meurois & Anne Givaudan

D'autres parutions enfin :

e) Dans les « Contes de ma mère l'Oye » [192], l'auteur nous écrit, à propos de deux contes, l'un « Jupiter et le Métayer » de Jean de la Fontaine, l'autre « Les Souhaits ridicules » :

« ... *mais tous les deux* [récits] *vont à dire que les hommes ne connaissent pas ce qui leur convient, et sont plus heureux d'être conduits par la Providence que si toutes choses leur succédaient selon qu'ils le désirent.* »

Charles Perrault

f) « *Le grand secret de la vie est d'apprendre à vivre en harmonie avec les lois de la nature. Les lois de la nature sont des principes divins et sont là pour guider et diriger l'Homme.* »

Abel Allen

g) Aussi, Maria Montessori a marqué de son emprunte la façon dont un cadre environnemental pouvait rendre bienfaisant l'apprentissage aux enfants. Méditons cette citation de sa part :

« *L'orgueil a été le premier pécher de l'homme ; cette substitution à Dieu a été la cause de la misère de toute sa descendance.* »

in « L'enfant » [193]

Et bien d'autres encore !

Il n'est dorénavant plus nécessaire, pense-t-on, de commenter ces citations.

Section C.

De futures orientations

VIII.
SUR LES IMPLICATIONS DE LA RÉCOMPENSE ARTIFICIELLE

Une dernière fois, faisons le point sur notre itinéraire, alors que ce premier essai touche à sa fin. Nous sommes partis d'une situation problématique : alors que tant d'indices tendent à faire de la sensation de plaisir un signe d'utilité biologique, il est de nombreuses conjoncture où celui-ci se produit suite à un stimulus se révélant nuisible ; puis, après s'être dotés d'outils appartenant aux sciences physiques – la systémique, l'autorégulation –, à la physiologie – homéostasie, servomécanisme –, et à la psychologie – hédonicité, alliesthésie –, nous avons formulé une hypothèse afin de rendre plus compréhensible ce paradoxe du plaisir, à savoir : *l'Homme possède une tendance à la maîtrise mentale de la sensation hédonique, à laquelle il accède par une confusion faite envers les mécanismes de contrôle de ses systèmes régulateurs, dans un mouvement le plus souvent de nature inconsciente, et grâce à une combinaison de capacités lui étant récemment décernées par l'évolution biologique qui peut lui faire modifier drastiquement son environnement – cognition, pouce opposable, transmission culturelle ; enfin, il résulterait de tout cela un effet délétère en quelque sorte machinalement induit par la perturbation du cours adapté de processus régulateurs.*

Cette hypothèse, extraite à partir des travaux mêmes de Michel Cabanac, a ensuite été testée sur divers faits de la quotidienneté, sur des incidents banals et accoutumés de l'existence, tels que nous tendons à les expérimenter dans notre culture, et à chaque fois, nous avons pu renforcer notre assurance en elle dans la mesure où se retrouvaient régulièrement et indissociablement mis ensemble les trois critères définitoires de ce que nous baptisâmes la récompense artificielle : *maîtrise hédonique – perturbation des mécanismes de contrôle – effet délétère*.

Et, pour finir, nous nous sommes livrés à une étude de mythes cosmogoniques de différentes cultures, croyant que s'y dissimulaient également ces trois traits, mais sous le couvert de l'allusion. À ce titre, cette instruction se révéla des plus fructueuses.

Ainsi, nous avons fait l'essai de vérifier notre hypothèse aussi bien dans des affectations concrètes qu'allégoriques afin de faire rentrer en congruence ces indications éparses.

Dans cet ultime chapitre, nous allons mener une tâche d'une autre sorte : jusqu'à présent, nous avons rassemblé du matériel théorique et pratique, d'abord dans le but de formuler une conjecture la plus adéquate, ensuite pour en mener l'expertise ; mais dès maintenant, alors même que bien des confirmations manquent encore, nous demandons au lecteur de trouver d'ores et déjà notre conjecture validée en pensée.
Partant de là, nous sommes prêts à mener une investigation des implications que pourrait dès lors avoir une réalité psycho-physiologique humaine telle que la récompense artificielle. C'est alors nécessairement dans nos trois directions d'intérêt que va se poursuivre notre enquête : en psychologie, en physiologie, puis jusqu'en physique.
- Mais à quoi bon s'adonner à un tel ouvrage tant que la supposition de départ n'a même pas été plus que cela soumise à d'autres jugements et sanctionnée par d'autres expérimentations ?
- En fait, nous n'y voyons pas là un simple exercice de l'esprit, mais également le dernier moyen d'en tester la résistance ; effectivement, si une hypothèse peut aussi servir la compréhension spéculative de phénomènes autres que ceux qui l'inspirèrent, côte à côte avec la confirmation expérimentale, nous voyons là une occasion supplémentaire d'accorder conviction à une telle estimation.
En outre, cela permettrait de distinguer un certain nombre de sujets auxquels nos travaux peuvent se rattacher, directement ou indirectement, ainsi les axes de recherche ultérieurs se dessineraient plus distinctement, de même que les manipulations à l'aide desquelles les conjectures seraient éprouvées.

Par cela même, nous tirons un trait entre ce qui suit et ce qui précède : la minutie et la prudence de la démarche scientifique, nous l'allégeons un tantinet en lui adjoignant une mesure d'intuitions dont les connexions logiques à leur entourage théorique sont encore lâches et plus tard à vérifier. Gageons qu'au moins la route soit tracée.

Il est maintenant temps de rapporter une longue histoire.

A.
IMPLICATIONS DANS LE DOMAINE PSYCHOLOGIQUE

1) Une vision de l'autorégulation en milieu adapté

Il serait sans doute bienvenu d'initier ce tour d'horizon des implications psychologiques de la récompense artificielle par une présentation du fonctionnement des comportements autorégulés tels qu'ils auraient été génétiquement engrammés, selon le savoir dont nous disposons actuellement à leur propos. Ensuite nous nous livrerons à un travail de reconstitution, dans laquelle une espèce vivante serait complètement adaptée à son milieu de vie, et essayons d'imaginer comment les processus régulateurs œuvrent dans de telles conditions.

Tout d'abord, deux remarques à propos du patrimoine génétique des êtres vivants. Premièrement, il est porteur de l'information structurale et fonctionnelle des individus, nous regrouperions tout cela par dire en définitive que *le matériel génétique supporte l'information des fonctions organiques potentielles*. De ce point de vue, ce sont ces dernières qui sont transmises suivant les générations, d'un système vivant à un autre, les gènes sont alors le support matériel d'une telle transmission. Deuxièmement, ce patrimoine coévolue avec l'environnement au sens large, tout ce qui circonscrit l'individu, cette coévolution est nommée « théorie de l'évolution des espèces » par la biologie, et selon cette théorie, l'environnement n'en retient que les membres aux gènes les plus adaptés à lui, les plus aptes à y survivre, puisqu'alors leur succès reproducteur, ou valeur sélective, est plus grande.

De ce simple rappel, nous poursuivons : pour passer du statut de potentielle à effective, une fonction engendre des besoins et en requiert satisfaction ; ces besoins sont en fait la nécessité d'une interaction particulière avec cet environnement – les modifications internes réclament en effet une reconstitution environnementale –, laquelle modifie alors adéquatement, sous l'égide du plaisir et si le couple biotope/génome est congruent, l'agencement organique dans le sens du développement de la fonction : ainsi s'évalue la satisfaction du besoin.

Dans une situation moins favorable cependant, la satisfaction est incomplète, voire inexistante, les conditions environnementales étant dans l'impossibilité de répondre au besoin optimalement, le corollaire immédiat de cela devrait être une incomplétude des fonctions adjointes.

Ces exigeantes conditions de satisfaction, nous pouvons en dresser une classification. Une première bipartition s'effectue entre les satisfactions actives et les satisfactions passives ; les premières ne sont possibles qu'au prix d'une dépense énergétique mise à la contribution d'une modification du milieu propre à la suppression du besoin ; quant aux secondes, elles s'accomplissent d'elles-mêmes, suite à des variations spontanées et cycliques caractérisant l'écosystème, le jour et la nuit, les saisons, lunaisons, auxquelles les espèces se sont soumises, ou bien caractérisant la biophysique, le passage d'ions à travers un canal, et cætera.

Au sein même du premier groupe, celui des satisfactions actives, une nouvelle dichotomie se peut faire. La modification de l'environnement par l'individu même suit en effet différentes modalités, en fonction de l'instance qui régule et coordonne la perception du besoin d'un côté, et la réaction adéquate de l'autre, en somme ce que nous avons appelé le processus régulateur.

Si nous nous reportons directement au cas de l'Homme, il s'ensuit que la matière nerveuse est le principal centre de régulation, mais en son sein, se distinguent encore les structures corticales – associées à l'élaboration consciente des perceptions et le contrôle principal de la musculature striée squelettique –, et les structures sous-corticales – associées à des mécanismes autonomes et régulièrement inconscients, mais aussi émotionnels, au contrôle de la musculature lisse et cardiaque, ainsi que les systèmes glandulaires.

Devant le choix comportemental, le système nerveux est guidé par le plaisir, avertisseur d'utilité biologique, qui en outre, selon la formule consacrée de Cabanac, est la monnaie commune lui permettant de hiérarchiser les besoins entre eux et de déterminer lequel se montre prépondérant pour la satisfaction, lorsque plusieurs ne peuvent être satisfaits simultanément.

Cette action plaisante – mais néanmoins sérieusement pilotée par ce plaisir –, est une pulsion, dont la *représentation* s'attache à dépeindre l'imagerie telle qu'elle surgit à la conscience en tant que représentant pulsionnel, cette représentation pouvant bien aussi, notons-le, demeurer inconsciente.

La représentation de la pulsion en est donc l'aspect qualitatif, « *son expression psychique* » rappelle le « Vocabulaire de la psychanalyse », là où l'*affect* est celui quantitatif, sa charge émotionnelle, positive ou négative, qui « pousse » à l'action. En somme : la représentation est liée à l'objet de la pulsion, à cela par quoi elle est satisfaite, en un mot, ce sur quoi se porte la *revendication* ; la verbalisation, le passage de la représentation de chose à la représentation de mot chez Freud, le signifié chez Lacan, est la prise en charge par la cognition, et donc le langage, que telles conditions apporteraient telle satisfaction. Le plaisir/déplaisir n'est par conséquent pas une émotion, mais une propriété de l'émotion.

L'affect, immanquablement associé au plaisir/déplaisir, en est la signalétique – redisons que l'émotion, contrairement à la représentation, est nécessairement un événement conscient – exhorte à l'initiation du comportement, le plaisir allant de pair avec la satisfaction, le déplaisir avec la frustration.

Cet affect et la représentation qui l'accompagne, sont investis d'un certain montant d'énergie psychique, le *quantum d'affect*, c'est la force poussante de la pulsion. Nous mettons tout de suite celui-ci en relation, d'un côté, avec la grandeur du besoin, et de l'autre, avec la capacité des conditions à y répondre et se proportionnant à ces deux critères

La représentation, l'affect, et le quantum d'affect sont tous trois au service de la pulsion et de son efficacité en tant que, respectivement structure, information et énergie. La conjonction de ces trois constituants, à la fois qualitatifs et quantitatifs, opère alors une modification dans une double direction : vers l'extérieur et vers l'intérieur, mais dans un unique dessein, la satisfaction, encore et toujours.

Vers l'extérieur, car il s'agit d'infléchir l'environnement jusqu'à ce qu'il corresponde aux conditions satisfaisantes ; cela peut être la mobilité du corps lui-même, pour le fourrageage, la mise à l'abri (autoconservation), le rapprochement des semblables (sociabilité), ou bien la modification directe du milieu : la confection d'outils, la construction d'un logement, la création artistique. L'usage orienté de l'énergie musculaire est donc rendu seul

responsable de ces modifications, quand bien même elles ne concernent qu'un changement de position, ou la recherche d'une conjoncture particulière, comme dans la préparation au sommeil.
On nous contestera d'ailleurs que, pour reprendre la situation du sommeil, les mécanismes neurochimiques qui aboutissent à l'endormissement ne sont point, eux, de nature pulsionnelle, pas plus que les réactions biochimiques impliquées dans la digestion, et d'autres encore, non, ceux-ci sont purement autonomes, en revanche, ce qui ressort bien de la pulsion, ce sont lesdites dispositions prises par le sujet afin de rendre possible, même optimales, ces réactions autonomes ; cela est, dans le premier cas, la mise à l'écart du bruit et de la lumière, l'adoption d'une position de détente, dans le second, la consommation d'aliments choisis. Les processus physiologiques du sommeil et de l'alimentation sont donc bien aussi pulsionnels.
Vers l'intérieur, dans le même temps, par la décharge dans l'innervation, non plus motrice, mais végétative, glandes et muscles lisses, car l'émotion modifie la physiologie immédiate, ainsi que nous l'avons décrit au chapitre 3, en plus de la perception purement psychologique. Ajoutons à cela la modification de l'attitude faciale.
Nous affirmons donc la mutualité des interactions organisme-environnement.

Quant au *choix de l'objet* de la pulsion, selon nos précédents axiomes, il devrait être tout à fait *judicieusement élu*, lui aussi dans son double rapport à la nature du besoin et à la capacité satisfaisante du stimulus, *dans le recevoir et le donner* ; nous dirions : être supplétif avec lui. Est au final octroyé de fait aux instances sensorielles le rôle de repérer dans les milieux interne et externe les éléments sur lesquels une action constituerait un agrément.

On n'a peut-être pas suffisamment insisté jusque-là, en psychologie, sur l'importance directrice du besoin dans la survenue des pulsions et le choix d'objet, ou, dit autrement, la finalité biologique des comportements. Les travaux de Cabanac nous décident à rectifier cette négligence.
La source est dès lors l'instance organique marquée par le manque, le besoin, et le but pulsionnel est l'annulation de ce dernier, sous l'égide du plaisir. Les pulsions ne sont en fait que les démonstrations concrètes de ces besoins.

Retenons donc l'axe Besoin-Pulsion/Émotion. Celui-ci joint l'émotion à *la pulsion en tant qu'entité régulatrice de l'appareil psychique*. La pulsion se tourne toujours vers l'ordre, même lorsqu'elle paraît le contrarier – confer *infra*.
L'émotion est alors la représentance consciente de l'histoire de besoin, à savoir que les émotions « chaudes », joie, liesse, et cætera, sont le signal d'une satisfaction, et que les émotions « froides », tristesse, peur, colère, sont différentes modalités d'un état de frustration ; on renverrait le lecteur, d'une part à la Communication Non-Violente (CNV) de Marshall Rosenberg [8], et d'autre part à la théorie de la frustration-agression de John Dollard, Neal E. Miller et collègues. [194]

Si enfin, on se rapporte à la première expérience de satisfaction et à son caractère conditionnant, il n'est plus qu'à lui donner le rôle d'un raccourci psychique acquis pour un besoin dont la satisfaction est donnée par un comportement stéréotypé, il n'est plus exigé à chaque fois qu'un tel besoin se présente de rechercher les conditions de satisfaction comme si cela était la première ; grâce à une trace mnésique, le lien est préétabli, traduit en économie énergétique. (Confer l'article « What is emotion ? », par Michel Cabanac, [17]) Cela est devenu admissible par l'accumulation des expériences et de l'effet plaisant qui en résulte, les objets de satisfaction étant ainsi catégorisés et plus aisément reconnaissables.
Rappelons que les processus régulateurs, dans leurs conditions d'adaptation, optimisent la dépense énergétique dans la mesure où celle-ci est exclusivement allouée à l'assouvissement et que la boucle de régulation est la plus courte et la plus rapide : l'individu est pour lui-même son propre agent régulateur, en un mot, il est souverain.

Permettons-nous, à présent, la fantaisie consistant à s'imaginer une espèce adaptée à son milieu de vie, ce dernier demeurant relativement stable, garantissant ainsi cette adaptation ; lorsque ces individus sont agités par un besoin, il se fait obligatoirement des conditions de satisfaction de portée aisée, et lorsque celles-ci sont captées par les sens, leur congruence avec ledit besoin déclenche la réaction émotionnelle-pulsionnelle en vue du contentement ; or voici que maintenant, cet environnement, sous l'influence de forces dont la provenance n'importe pas ici, a changé au point que ces conditions bienvenues se trouvent temporairement hors d'atteinte, contrairement à l'adaptation, le besoin ainsi frustré atteint dès lors une intensité croissante *qui le rend perceptible à la conscience sous forme d'une sensation de malaise* ; il faudra alors que celui-là, averti de la sorte, parte en quête de conditions plus satisfaisantes et ce jusqu'au soulagement.

Voici donc, par définition, qu'*un individu adapté à son milieu y trouve les conditions nécessaires à la satisfaction de l'ensemble de ses besoins, par activité ou par passivité, donc au déploiement plénier de ses fonctions, et dernièrement, de son potentiel* ; à cela toutefois nous excluons un événement ponctuel, cataclysmique, perturbant à plus ou moins longue échéance ce milieu, cette exclusion étant légitime théoriquement car alors, toujours par définition, un tel événement n'appartient plus au cadre adapté – lequel sera réinstauré ensuite de l'absorption de la perturbation.
On imagine, hormis cela, que les impulsions motrices pulsionnelles identifient sans contrainte leur objet qui entre sans encombre en contact avec lui ; en fait, *aucune tension ne devrait durablement précéder la satisfaction* puisque ce milieu renferme toutes les conditions admettant d'y parvenir, et de la sorte, *le besoin encore naissant trouve déjà satiété*. Ce n'est qu'en l'absence prolongée d'une telle issue que la tension s'exonderait comme le signalement de l'inadaptation.

Les affects positifs sont le signal de la réussite de ce processus – mais plus encore : *la joie précéderait la satisfaction, car cet être est ainsi structuré que repose en lui la certitude que celle-ci est inévitable*, de même que la jouissance qui lui correspond.

Or un environnement complexe étant aussi variable, il ne peut que promettre une fluctuation autour de l'optimum, et occasionnellement, les conditions étant moins favorables, les affects négatifs seraient le sceau d'une inadéquation partielle et temporaire entre les besoins et la capacité du milieu à les assouvir.

On voit alors dans l'appareil émotionnel un précieux instrument d'adaptation et d'orientation dans le monde, donné aux espèces qui le possède.

La réponse comportementale, dans ce cadre, gère avec efficacité l'autorégulation par un état d'ouverture du sujet à ses signaux alliesthésiques, à ses perceptions émotionnelles en fin de compte. Si l'on nous permet cette terminologie, nous dirions que ces individus sont *structurés alliésthésiquement*, c'est-à-dire à chaque instant aptes à s'adapter sans résistance à un changement d'objet, signalé par l'appareil émotionnel, suite à un changement concordant de besoin.

L'extinction du besoin, selon notre schéma, marquerait aussi la dissipation du plaisir, ce qui laisserait supposer un état de neutralité émotionnelle jusqu'à la satisfaction d'un nouveau besoin, et cætera. L'attention intérieure corrige rapidement ceci en relevant l'état de *bien-être* qui s'ensuit lorsque le comportement a cessé mais qu'il était si bien dirigé qu'il en a répondu de façon optimale à l'expectative de l'être. L'arrêt du comportement satisfaisant concomitant de la liquidation du besoin n'annule probablement pas le plaisir, mais, selon la description des émotions par Cabanac, en modifie plutôt la qualité – l'axe X. [17]

Ne laissons pas supposer que l'état émotionnel n'est pas permanent, il y a, assez sûrement, toujours une émotion à la conscience, avant, pendant et après la satisfaction, que celle-là soit complète ou parcellaire et ce, dans la mesure où, comme nous le pensons, l'émotion est la traduction consciente de l'état de besoin. L'hédonisme, l'intensité, varient au cours de ces étapes, mais c'est peut-être la qualité de l'émotion qui sera définitive pour elle, là où se trouverait l'information sur l'état de satisfaction, la plaisance, quant à elle, indiquerait l'adaptation de la réponse au besoin et l'intensité le degré d'éloignement de l'équilibre qui se trouve corrigé ou aggravé par ce comportement.

Terminons – l'émotion marquant une satisfaction comporte au moins deux localisations : un plaisir local, au niveau de l'organe-frontière où a lieu le contact avec les conditions de satisfaction, nommé zone érogène (confer *infra*), et un plaisir global, délice envahissant l'entièreté du corps et de l'esprit. Il est à soupçonner que dans l'expérience de satisfaction complète, l'un ne va jamais sans l'autre, le premier se focalise sur l'organe d'échange, le second sur le bénéfice accordé ainsi à l'organisme. Voilà pourquoi ce plaisir-là est multidimensionnel, mais non le plaisir artificiel ainsi – que nous le disions.

Nous avions fait un premier bilan, au chapitre 2, de la spontanéité et de l'autonomie surtout dans un cadre physique. Retrouvons-les ici appliquées à la biologie. Le concept de spontanéité est tout autant hasardeux qu'il est utile pour notre étude. Les deux points se traitent simultanément : remettons en mémoire que d'après le Trésor de la langue Française, elle est un « *mouvement premier qui ne doit sa cause qu'à lui-même* », ce qui impose de savoir pour chaque action que nous observons si elle est « *première* » et n'est due « *qu'à elle-même* », donc définir une limite plaçant d'un côté ce qui est spontané et de l'autre ce qui ne l'est point. Mais qu'est-ce qui, au final, peut bien être qualifié de spontané, ne pouvant être dû qu'à lui-même ? Sur quel critère poser son appui ?

Si nous prenons l'exemple d'un fumeur accoutumé, pour celui-ci, sortir son paquet de cigarettes et son briquet, puis se mettre à fumer en rentrant chez lui ou en d'autres circonstances, est spontané au sens d'habituel, de machinal, et pourtant nous ne le considérerons pas comme réellement spontané, et ne le confondrons point avec cet usage. Voici pourquoi : *un comportement ne serait spontané que s'il pointait uniquement vers la pure satisfaction, et donc point une tentative de compensation, car en effet, au sens de la régulation, seul le besoin, derrière lequel se trouve une fonction en latence, est sa propre cause et n'est redevable qu'à lui-même*.

Celui qui est spontané est donc celui qui n'est soumis et ne fut jamais soumis à une importante inhibition – confer chapitre 2 § 24.

La spontanéité, ramenée aux processus régulateurs, se définit comme l'innéité de la capacité à élire l'objet de la satisfaction sans le secours d'une entité extérieure. C'est-à-dire encore que l'individu-système est apte par lui-même à retenir les actions les plus propices.

Par contre, il reste tout dépendant de son environnement au sens large, car en lui seul se trouve toutes conditions de satisfaction.

Mais il est indéniable que cette autonomie spontanée est étroite, bien qu'elle doive être en puissance dès le début de la vie, n'est pas la même entre le nourrisson, totalement subordonné à son entourage, et l'adulte accompli.

Ainsi : a priori, toutes les dispositions du milieu qui ne permettent pas, ou qui permettent incomplètement, une telle fin, ainsi que tous les mécanismes de compensations alors induits se cachant derrière l'apparence du naturel et de la spontanéité, seraient précisément *antisponstanés*. Et bien que l'hypothèse du milieu adapté soit une reconstruction a posteriori, celui-ci ne verrait des individus qu'il abrite presque que des actions spontanées et fort peu souvent entravées dans leur croissance.

Les processus régulateurs sont donc *spontanéistes*, aptes à diriger leur empire vers la sélection des bons comportements ; également, la récompense artificielle, la frustration d'abord, puis la compensation ensuite, ne sont point spontanéistes puisqu'elles présélectionnent à la fin du gain de plaisir des conditions où l'hédonisme est facilité, se distanciant du besoin vu comme déterminant de la régulation, et défini comme premier agent de la spontanéité.

2) Satisfaction, frustration, compensation et restauration

Nous faisons donc cette distinction de fond, à partir de l'image reconstruite d'un environnement virtuel adapté à ses espèces : adaptation contre non-adaptation. L'environnement adapté permet aux individus la satisfaction suffisante de l'ensemble de leurs besoins, et garantit donc le développement de toutes leurs fonctions, en vertu de la coévolution entre espèces et environnement ; la non-adaptation est l'impossibilité de cette conjoncture idéale, sur une échelle de temps réduite ou étendue, et quelle qu'en soit la cause – en particulier, qu'elle soit anthropique ou non-anthropique.

De là, la *satisfaction* est la réponse appropriée à supprimer le besoin, et l'insatisfaction partielle ou totale, en est l'incapacité. La *frustration* est la perception consciente de cette insatisfaction, et traduite, selon hypothèse de l'histoire de besoin, en émotions puis sentiments négatifs : tristesse, colère, désolation, désorientation, et cætera, soit au final un montant de déplaisir.

Que le refus à la satisfaction soit transitoire, et la cause de celui-ci est annihilée, le malaise de la frustration se résorbe de fait ; mais dans la considération où cette même cause s'éterniserait, il ne peut être lutté contre le déplaisir de la frustration que par un nouvel élément, appelé compensateur, et grâce auquel une nouvelle décharge de plaisir est dispensée, amoindrissant ce faisant l'inassouvissement.

Tout cela peut sembler bien banal, mais la récompense artificielle apporte à ces poncifs une neuve dimension : la maîtrise du plaisir engendre un déplaisir qu'il s'agit alors lui-même de maîtriser, *le compensateur, dans cette tâche, doit donc pourvoir du plaisir également selon des modalités artificiellement récompensées*, c'est-à-dire en confondant *de nouveau* les mécanismes de contrôle – les mêmes précédemment perturbés ou bien d'autres encore –, ce qui apparaît comme une condition sine qua non au statut de *compensation*, sinon, nous aurions affaire à une satisfaction véritable. Nous en avons tenté l'illustration au chapitre 6.

La plupart du temps néanmoins, la compensation assume la part minimale de satisfaction pour la survie. Il importe de ne pas laisser de côté cet aspect-là de la compensation, qu'elle est presque toujours un minimum satisfaisante ; en fait, récompenser artificiel et satisfaction y sont hybridés avec la même intrication que deux liquides miscibles sont ensemble mêlés.

Il se comprend mieux, par cette analyse, la motivation pour la récompense artificielle. Cette compréhension se gagne par la séparation entre le but et le moyen pris pour atteindre ce but.

Le toxicomane est assez sûrement dans l'accord avec les lois de la vie s'il recherche les impressions du contact primitif avec la mère, car ceci est un dû à tous les Hommes, il n'est point là de superfluité. Or voici que ces conditions d'existence précoces lui ont refusé ce droit, ont forgé le manque et exposé à

la quête de la compensation, que, en vertu de leur chimisme, certaines substances peuvent offrir.
Mais il demeure que le seul moyen adapté à l'obtention de ces impressions extasiées, caution du développement et évitant toute symptomatique, est le seul contact amoureux ; la drogue en procure de semblables par un subterfuge biochimique, mais les effets délétères flagrants dénient là toute possibilité de satisfaction vraie.
En somme : la toxicomanie est *un moyen inadapté d'accéder à des sensations qui ressortent de la satisfaction dans un milieu adapté*, ainsi est notre conclusion, et nous pensons qu'il en est ainsi pour toute compensation. Par elle, les perceptions quêtées après sont donc un but biologiquement légitime, mais par une solution impropre à cette même biologie.

La compensation peut donc être soit un gain de plaisir amoindrissant la sensation du symptôme – accoutumances –, soit une modération de déplaisir – remèdes. Dans tous les cas cependant, elle est une *fixation à un pseudo-équilibre*, authentique équilibre déplacé dont seule, vraisemblablement, la levée des comportements artificieux peut permettre le délaissement.
Nous pourrions dire par conséquent que la compensation n'a d'autre objectif que de *minimiser la sensation de frustration par la ruse hédonique dont ît cette même frustration, et ainsi de suite* – c'est notre récompense artificielle succéssive, consécution dont le nombre de paliers n'est pas ecnore limité.

À ce chapitre, un examen de souvenirs nous fait remémorer ainsi fréquemment envers certains aliments, le dilemme suivant : la mémoire renferme conjointement l'information que ce produit possède une haute valeur hédonique, mais également celle qu'il est au commencement d'un ou de plusieurs effets indésirés par le sujet – la crainte de grossir par exemple –, on entre alors dans le schéma de la *tentation*, qui doit plus généralement son énonciation à *la tension éclose de la connaissance parallèle du plaisir et de la nuisance qu'apporte le commerce avec un certain objet* ; alors tantôt nous cédons à cet appel afin de sauver un certain montant de plaisir, tantôt nous lui opposons une résistance farouche, alléguant ce faisant les effets funestes et tant appréhendés – cet objet est par conséquent *aliénant*. La tentation est l'affrontement de la tension.
Mais l'abandon à l'objet de la tentation se conçoit si aisément : c'est que dans l'adaptation, dont nous portons tous la mémoire, il faut *toujours* céder au plaisir, car alors celui-ci n'est jamais insidieux.
Nous hypothétisons de cette façon que ce tentateur ne peut être qu'un compensateur, et que dans un environnement adapté, une espèce ne rencontre jamais ce type de choix : plaisir et bénéfice sont nécessairement mariés, les travaux de Cabanac et collaborateurs plaidant largement en cette faveur.

Il ne sera par ailleurs rien apporté de nouveau par la mise en rapport du mode de vie consumériste et la nécessité de compensation – se reporter encore au chapitre 6 –, encore que nous puissions déjà adjoindre que la

récompense artificielle soit à la base de l'obstination pour la compensation – la satisfaction n'étant par ce chemin jamais atteinte.
Ce point de vue rend également plus distinctes les conséquences écologiques de l'industrie : *la mise en place, la fabrication, qui plus est vastement, d'un objet induisant une récompense artificielle ne saurait que dégrader le lieu de sa production et/ou de sa consommation*, n'ayant point négligé qu'un élément façonné et dommageable pour le moi l'est aussi pour son environnement. Il se dessine là une triple et vaste étude civilisationnelle des besoins insatisfaits, de leur relation à la récompense artificielle, et des moyens de compensation dont on s'est ensuite doté, les objets sur lesquels se focalise la consommation devant en effet générer eux aussi une équivoque des sens.

C'est alors comme si *la compensation devenait elle-même un besoin*, bien que nous nous refusions à la qualifier comme tel, le besoin seul étant au service de la fonction, mais elle est une nécessité pour l'individu-système pris au piège d'un éternel mécontentement, afin de palier à l'absence de conditions idéales.

La compensation nous découvre également une voie vers la pénétration de l'accoutumance hédonique : en effet, une fois consumé le plaisir artificiel, la perception du manque s'épanouit de nouveau, telle une fleur qui ne périt jamais. C'est de cela que provient le « tapis-roulant hédonique » sans fin, ce dénuement à combattre toujours, qui est le fatum de l'accoutuméhédoniste.

La *compulsion* et la dépendance envers le compensateur trouvent dès lors leur source dans l'impossibilité systémique de, justement, procéder à la restauration, et s'il on sent souvent la passion sans savoir par où elle a commencé, si d'aucuns sont « esclaves de leurs passions », c'est bien selon le blocage dans ce nouvel équilibre, cette métastabilité appuyée sur la récompense artificielle. Le plaisir pousse effectivement à la suspicion dès lors qu'il engendre le besoin insatiable de sa répétition. [195]

À côté de la satisfaction, de la frustration et de la compensation, on pourrait enfin, pour l'esprit au moins, adjoindre la notion de *restauration*, que l'on définirait aussitôt comme une réponse adaptée à un manque considérablement accru du fait que cette plénitude a longtemps été suspendue par suite d'une variation inadaptée de l'entourage, prorogation qui trouve son point final avec la restauration.

Une considération en passant : du plaisir comme utile, nous avons logiquement déduit que ce dispositif constitutif excluait qu'il puisse être procuré pour lui-même, *le plaisir n'étant pas en soi un besoin*. Pourtant, assortissons ceci d'une nuance : il n'est point irrecevable de prétendre que, dans l'environnement adapté, la régulation pulsionnelle apporte quotidiennement son lot d'expériences de satisfaction, et par conséquent une dose appréciable d'hédonisme, en quelque sorte naturellement associée à ces conditions ; la frustration devient donc doublement rapportée à l'insatisfaction d'une part, à l'abaissement général du niveau de jouissance d'autre part et à l'obligation de corriger celui-ci.

C'est ainsi que l'on déchiffrerait la difficulté de mesurer un allongement d'espérance de vie chez les pratiquants d'un régime comme celui de la restriction calorique. Cette pratique pourtant, en réduisant l'apport d'aliments délétères et donc souvent artificiels à notre sens, réduit de même, et avec logique, les signes avant-coureurs de maladies cardio-vasculaires ou de diabète de type 2, régulièrement associés à l'alimentation traditionnelle ; néanmoins, puisque les observateurs ont encore du mal à corréler cela à une vie réellement allongée, l'on se risquerait à penser que c'est parce que l'austérité, qui plus est de longue durée, emporte avec elle une part d'hédonicité si indispensable à l'équilibre psychique, et sonne alors par d'autres prétextes, tels accidents ou suicides, le glas des plus appliqués. [196]

Ce que nous allons maintenant comprendre se rattache alors à l'étendue de ce plaisir garant de l'autorégulation : car il est en acte ce que nous désignerons comme sexualité.

3) Le plaisir et sa liaison à la fonction sexuelle

Sur une délimitation de la sexualité, il faut d'abord souligner que la psychologie lui donne une acception bien plus vaste que le sens commun, qui tend à la restreindre et la confondre avec la génitalité, l'activité des organes génitaux.

Il est vrai que la sexualité est étroitement liée au plaisir, mais plus spécifiquement aux zones érogènes, ce qui laisse soupçonner une fonction dans l'autorégulation, puisque que ces parties privilégiées produisant du plaisir se situent à la surface, donc à l'interface entre corps et environnement. De ce point de vue, tous les organes des sens, y compris l'entièreté de la surface cutanée et les muqueuses, sont susceptibles de générer un tel plaisir érotique.

Mais cela n'est pas tout ; la théorie Freudienne voit à la base de ces processus l'énergie libidinale, et reconnaît son influence bien au-delà des manifestations purement génitales, comme le coït ou la masturbation, et cela de trois côtés : d'abord, dans l'étayage précoce de la sexualité sur la fonction d'autoconservation, ensuite avec l'inhibition quant au but de la composante sexuelle pourtant à l'œuvre dans le lien social et en particulier dans l'amitié, enfin l'aptitude à la sublimation, orientant alors la libido vers des activités élevées, à l'image de l'art ou de la science, ou de même une activité psychique comme une simple pensée (la langue elle-même ne nous fait-elle pas parler de « masturbation intellectuelle » ?).

En plus, si l'on accepte l'idée d'une libido comme facteur économique des pulsions sexuelles, et selon l'extension conférée à ce concept, on retrouve une libido orientée aussi bien vers le moi – libido du moi – que vers les objets extérieurs – libido d'objet –, alors on en déduit que les pulsions d'autoconservation – alimentation, défense, … – sont autant de teneur sexuelle que celles rapprochant d'autrui ou tournant vers la sublimation.

De la sorte, la notion de sexualité se voit élargie des seuls organes reproducteurs à toute activité plaisante, nous la reconnaissons dans bien des situations auxquelles elle semblait pourtant étrangère : l'alimentation, la fraternité ou la création, et regardant aussi bien le moi que l'Autre.

Finalement, on doit attribuer à la fondation de tout acte hédonique la pulsion sexuelle, dont l'ascendance se déploie de l'acte génital jusqu'aux plus hautes émissions de l'esprit, en passant par l'autoconservation ; à l'inverse, *cela dit que tout plaisir fait liaison avec la sexualité*, ainsi qu'elle est décrite.

S'intéressant au plaisir et à ce qui en advient dans la psyché, il en reviendra assurément à considérer ce qu'il s'ensuit de la pulsion sexuelle, de l'énergie associée, la libido, et de l'amour, le sentiment accordé envers l'objet satisfaisant cette même pulsion. Or cette sexualité régulatrice, énergie pulsionnelle, n'est point laissée à elle-même, elle est administrée selon des mécanismes bien distincts.

4) Mécanismes psychiques de défense et maîtrise hédonique

L'observation quotidienne suffit à nous rappeler qu'il n'en va point toujours ainsi, et l'investigation psychologique ne fait que confirmer cette prime conception : la réalité s'oppose dans une certaine mesure à la satisfaction sans restriction, le principe de plaisir est limité par le principe de réalité. Mais cela semble contrevenir à notre portrait de l'autorégulation adaptée.

Cependant, à la lumière de notre exploration, deux remarques d'importance doivent ici s'insérer : en premier lieu, si dans le milieu adapté le plaisir signe bien l'utile, la satisfaction du besoin, et si ce besoin lui-même est au service du développement individuel, alors cette limitation ne doit point être excessive, sinon elle en viendrait à amoindrir les capacités effectives ; en second lieu, assumons le constat que *l'Homme lui-même, par l'arrangement qu'il fit de son environnement, constitue une part prépondérante de cette réalité limitante*, et qu'il n'y a pas, loin s'en faut, que les forces surpuissantes de la nature qui viennent battre en brèche certaines impulsions humaines. Nous le savons, ces facteurs limitatifs anthropiques ont trait aux coutumes, aux lois, aux interdits et aux impératifs sociaux, bref à ce qui dans un groupe humain est imposé ou proscrit, dans une moindre mesure, à ce qui est recommandé ou déconseillé.

C'est à ce niveau d'analyse que selon nous se greffe la récompense artificielle, car, loin d'en avoir cerné tous les rouages, il nous semble qu'en dernière considération, ces pratiques sociales restrictives s'originent en elle. Et peut-être que, malgré tout, quelques hypothèses peuvent déjà être jetées à cette adresse, au moins au niveau individuel, pour en tenter plus tard une extrapolation au niveau collectif.

Nous avons annoté que dans les « pathologies de l'autorégulation », si on nous en permet la tournure, lorsque dominent manque, et donc excès, étaient toujours corrélés trois traits : a) le but inconscient d'assujettir la perception hédonique à la volonté, b) par une confusion faite aux mécanismes de contrôle de processus régulateurs, c) avec l'apparition proche ou lointaine de dommages dus à la perturbation de ladite régulation.

Insistant sur l'aspect hautement spéculatif de ce qui va suivre, disons que, superficiellement, on suspecte que *les mécanismes psychiques de défense soient les premiers agents de la « maîtrise hédonique »*, laquelle a pour énoncé synonyme « maîtrise des pulsions » dès lors que l'on a donné à la pulsion une visée autorégulatrice et au plaisir le signal de l'achèvement de cette autorégulation.

Et de ces caractères de la pulsion : poussée, but, objet et source, nous disons que la récompense artificielle modifie, en tout premier, le but, lequel passe de la satisfaction au gain de plaisir, et secondement, l'objet, afin d'accéder à une telle intention.

Parmi ces mécanismes de défense, le refoulement psychique en est le plus illustre, mais d'autres ont également pu être mis à jour par la psychanalyse : renversement de la pulsion en son contraire ou retournement sur la personne propre, lesquels doivent même agir primitivement, avant le refoulement, le surmoi étant de formation plus tardive.

Donc, si maîtrise du plaisir il y a, nous sommes poussés à croire que cette tendance passe par un *renoncement pulsionnel*. Le lien entre renoncement pulsionnel et récompense artificielle, quoi qu'il doive bien des fois remonter loin dans l'enchaînement causant, s'entendrait déjà à établir que *la perpétuation du plaisir au-delà de l'alliesthésie doit bien conduire, d'un côté, à la surestimation de certains comportements – ceux-là même facilités par la confusion sensorielle –, et donc, d'un autre côté, au déroutement des élans qui échappent par leur substance à cette possibilité*. Les mécanismes de défense doivent entrer en jeu ici dans la rétention du caractère poussant de ces dernières pulsions inapaisées.

Que l'on nous demande illustrations plus factuelles de cela et l'on fera référence au travail – que nous allons tantôt analyser de façon assez détaillée – ou à l'éducation et l'école, comme agents de renoncement à d'autres occupations plus ludiques, encore au mariage lorsqu'il contingente la vie sexuelle.

D'une certaine manière, les exhausteurs des goûts surinvestissent la pulsion pour certains aliments et se termine par le délaissement d'autres. L'addiction tout autant renchérit certains agissements au détriment d'autres encore, et cætera.

- Mais un certain degré de renoncement n'est-il pas indispensable à la vie sociale ?

- Une fois de plus, oui, si cette mesure est suffisamment faible pour s'accorder avec l'adaptation. Or, le groupe faisant en soi partie de l'environnement, il est également une force avec laquelle le sujet coévolue. De la sorte, *la satisfaction propre est aussi satisfaction sociale*, et lorsque l'individu se réalise, il fait croître avec lui les membres avec lesquels il est libidinalement lié. Un renoncement capable d'éveiller un symptôme est donc exclu de ce schéma, et

n'est qu'un visage supplémentaire de la récompense artificielle – celui-là nuirait d'ailleurs à ces deux entités.
C'est en fin de compte au travers du regard de Reich que nous concevons le mieux ce principe de réalité, dans une dimension plus proche de l'adaptation : « *Le "principe de réalité" n'était pas en contradiction avec le principe de plaisir ; il indiquait tout simplement que la nécessité du moment oblige parfois l'individu à remettre à plus tard la réalisation de certains plaisirs.* » (Wilhelm Reich, in « L'analyse caractérielle », [197])

Néanmoins, cela ne conférerait point à la récompense artificielle la source de ces mécanismes défensifs, lesquels n'existeraient alors plus que sous son influence ; nous trouvons à l'opposite bien plus raisonnable le point de vue les voulant constitutifs du psychisme humain, mais appliqués en une mesure ici plus grande consécutivement à ce penchant et servant son objectif.

Et l'on compléterait volontiers : en milieu adapté, ces mécanismes psychiques ajourneraient la réalisation, par leur inaccès à la conscience, de pulsions lorsque les conditions ne sont point tout à fait favorables à leur satisfaction ; c'est que, étant donnée la variabilité importante d'un écosystème complexe, fut-il propice à l'espèce, celui-ci doit bien, sur de brèves périodes de temps, se montrer un peu moins favorable à cela ; en reportant ce processus jusqu'à de meilleures dispositions, les mécanismes de défense auraient ainsi permis une meilleure satisfaction et fait plus tardivement économiser à l'organisme l'énergie qui, précisément, aurait dû être réinvestie pour le complet apaisement.
Le processus secondaire accomplit une gestion du processus primaire, mais absolument rien ne signifie que cette gestion se mène en soi dans le sens d'une excessive inhibition.

En tous points, *la récompense artificielle serait peut-être seulement une variation de dose, de degré, elle ne crée point de mécanisme sinon qu'elle réforme ceux qui sont déjà en place*, la seule différence étant que, entre l'environnement adapté et celui inadapté, dans le second, la défaveur contextuelle est persistante.

Du reste, nous avons identifié une ou plusieurs conséquences délétères comme condisciples récurrents de la maîtrise hédonique, celles-ci étant les effets et celle-là leur cause.
Dès lors qu'un symptôme accompagné d'un montant de déplaisir s'impose au moi, il contrecarre le penchant de celui-ci à l'homogénéité, et doit par conséquent y trouver place comme partie constituante. Pour l'individu tout comme pour le corps social s'ouvre le travail de la réduction, dans l'idéal de la suppression, de ce symptôme, et celui de la prévention de sa réapparition. Mais si *la maîtrise du plaisir aboutit bel et bien à une somme de déplaisir*, cette dernière doit à son tour être maîtrisée parce qu'elle contrevient violemment au principe de plaisir et crée une tension dans l'espace psychique.

Toutefois, ce second temps n'a lieu que si la cause du symptôme demeure introuvée et inabolie ; or, on imagine que *cet état de fait est favorisé*

par la tendance à la maîtrise du plaisir, laquelle n'est certainement pas prête à délaisser son privilège, maîtriser l'hédonisme, sans opposer çà la plus grande résistance.
C'est à ce titre, comme nous l'avons vu avec la médication, que ces effets néfastes sont repoussés spatialement et/ou temporellement du lieu et du moment du comportement artificiellement récompensé, il est alors ardu de relier celui-ci à ceux-là – ce qui est un caractère de la récompense artificielle succéssive.
Et c'est ici que rentre en jeu, à notre avis, la dissonance cognitive, dans la mesure où les éléments « comportement hédonique » et « connaissance de ce que ce comportement est nuisible » ne peuvent décemment cohabiter le même esprit sans y éveiller une puissante tension, amenant bien souvent au rejet de ladite connaissance. Or, ce mécanisme en deux temps sera jugé performant si, sans remettre en question la falsification hédonique, il éloigne tant et si bien le symptôme que même un jugement attentif n'apercevrait plus le lien entre les deux. C'est ainsi que se pratique la *rationalisation cognitive*.

Cette rationalisation va subséquemment acheminer vers trois grands types de conduites face à ce nouveau cadre : l'ascèse, l'épicurisme et l'hédonisme.

5) Ascèse, épicurisme, hédonisme : leur rapport à la récompense artificielle

Il y a donc, devant le plaisir, plusieurs types de comportements vérifiables. On nous pardonnera la superficialité de cette présentation, ne gardant que la quintessence de chacune de ces philosophies pour notre analyse, que nous tenons néanmoins pour compendieuse.

C'est ainsi que l'ascète recherchera une forme de probité dans la continence, la pudicité et l'évitement du plaisir, là où l'hédoniste ne montre que peu de rétentions et s'adonne gracieusement à toutes les formes et à toutes les occasions de jouir qui se présentent à lui. Une position médiane et prudente est trouvée dans l'épicurisme où, déjà, se fait une distinction entre plaisirs et plaisirs : dans un premier temps, les plaisirs en repos, conduisant à une absence de trouble et à l'ataraxie, sont mis à part des plaisirs en mouvement, qui éloignent de cette paix intérieure ; dans un deuxième temps, Épicure va plus loin en différenciant les plaisirs naturels et nécessaires[1] – boire, manger, dormir, par exemple, lorsque cela répond à la soif, à la faim et au sommeil –, les plaisirs naturels et non-nécessaires, identiques aux précédents, mais rehaussés d'une intempérance laissant saisir que le comportement agréable se trouve forcé, et, enfin, les plaisirs non-naturels et non-nécessaires, l'attrait pour la richesse, l'appât pour la célébrité, les honneurs, l'hégémonie, voire des suppliques irréalisables, comme l'espérance d'immortalité.

1. La « nécessité » est ici prise pour notre « besoin ».

Cette dernière classification paraît méritoire à qui s'est fait connaisseur des différents degrés de connotation biologique que peut recouvrir le plaisir.

Notre apport consiste simplement en l'élaboration d'un instrument théorique capable de discerner rigoureusement naturalité et non-naturalité, nécessité et non-nécessité, plaisir trompeur et plaisir salvateur.

Notre espèce vivant dans un environnement adapté ne devrait expérimenter que des plaisirs naturels et nécessaires ; en ce qui concerne la plaisance naturelle mais non-nécessaire, le simple outrepassement de l'alliesthésie qu'elle représente doit se faire assez rare dans ce contexte, et en tout cas non durable ; plus encore les plaisirs non-naturels et non-nécessaires seraient exclus de ce cadre environnemental, ceux-ci préfigurant le récompense artificielle succéssive que nous avons déjà cartographiée, cette catégorie de plaisirs appartenant à la compensation.

Tout ceci ouvre les portes au discernement de la vie de l'ascétique et de l'hédoniste : ce dernier prétend que le plaisir est ce qui sied le mieux à l'être humain, qu'aucune raison suffisante ne se dresse contre lui et ne peut justifier de sa privation ; le premier s'en éloigne au contraire et le blâme même, y voyant une débauche de l'âme.

En réalité, chacun apporte avec lui sa part de vérité sur la fonction hédonique : en soi, le plaisir est rattaché à la régulation comportementale, au système pulsionnel, mais voilà qu'au-devant de l'intelligence, il tressaute et perd de sa fiabilité, peut être gagné pour lui-même, disturbant de fait cette autorégulation. Ce serait à cela que réagit l'ascète, par l'endoperception d'un danger dans le plaisir en lui-même, et surtout dans les plaisirs que prône pourtant son groupe social – il s'en conserve en les couvrant tous de semonces, *ne sachant départir les nécessaires* des *non-nécessaire* ; quant à son antagoniste, il conteste à cela le défaut d'exonération qui, cela est vrai, a cours dans un cadre adapté.

En conclusion : l'hédoniste reconnaît donc le rôle de premier plan occupé par le plaisir dans la vie psychique et, au final, dans l'autorégulation ; l'ascétique, quant à lui, reconnaît la nocuité de ce plaisir, car, nous le savons maintenant, celui-ci peut bien être trompeur.

Et bien que par sa déviation, l'ascète s'évite le piège d'un plaisir non conforme, *tous deux coupent au plaisir véritable*, celui de la satisfaction introublée, qui n'est égalé par aucune récompense ou renonciation que ce soit.

Ainsi, reconsidérons la *vulgarité* sous cet angle : est vulgaire celui qui affiche avec affectation son penchant au gain de plaisir, surtout en matière de sexualité, ce qui est rendu sous ce qualificatif par ceux qui, au contraire, s'en abstinent.

L'hédoniste et l'ascète se renvoient continûment la balle qui pourtant devrait être placée au centre.

On terminera quand même par souligner que tous deux ont investi des formes propres de récompense artificielle : l'ascétique renonce à bien des satisfactions par peur de la bévue – qu'il ne saurait toutefois expliciter –, non qu'il soit exempté de besoins, mais sa sensibilité singulière l'accule dans

l’anxiété chaque fois que le fourvoiement menace (confer *infra* notre théorie sur l’angoisse) – maîtrise du déplaisir ; l'hédoniste pourchasse lui souventefois la plaisance dans des comportements compensateurs – maîtrise du plaisir –, il moque d'ailleurs fréquemment ceux qui s'en privent, afin de limiter la dissonance cognitive que l'ascète, lui renvoyant cela comme un miroir, ferait naître en lui – maîtrise du déplaisir.
Tous font, en définitive, usage des mécanismes de défense pour dénier une partie de la fonction de l'hédonisme. Une démesure afin de fuir une démesure contraire.

Et si symptôme il doit y avoir dans ce déséquilibre, alors quel visage peut prendre l'insistance soutenue de ces deux expositions ? Pour le jouisseur, il devrait y avoir tous ceux que nous avons examinés auparavant, et sûrement d’autres encore, mais tirons parti de ce que, pour l'ascète, cela est l'angoisse.

6) L’angoisse

Par angoisse, nous nous référons à l’épreuve psycho-physiologique, émotionnelle, du sentiment d'un danger imminent mais paradoxalement inidentifiable, couplé à des manifestations corporelles typiques : tachycardie, resserrement respiratoire, suffocation, sensation d'étouffement – d'où son nom –, de sudation, de nausées, et cætera.

Dans la conception métapsychologique traditionnelle, on propose que l'angoisse soit un signal de danger émis par le moi, que ce danger provienne de l'extérieur – péril – ou bien de l'intérieur – motion pulsionnelle inexprimable – dans la seconde topique freudienne. [14]

Mais quel danger peut bien représenter une motion pulsionnelle ? Se rapportant d'abord à l'étude d'un sujet d'âge mûr, disons que son moi est poussé à l'usage de mécanismes de défense car, au lieu d'un plaisir allant normalement de pair avec l’éconduction pulsionnelle, le comportement requis pour cette satisfaction produirait au contraire du déplaisir, perception ô combien indésirable, amenant alors à l'évitement ; or, par ensuite, que nous apprend sur ce point la psychologie, que ce déplaisir n'est point « spontané », il résulte, tout autrement, du seing laissé par des expériences passées au cours desquelles le monde extérieur a refusé cette même satisfaction, encore plus exactement : *cette satisfaction a été mise en concurrence avec la dévolution d'amour à l'heure où cet adulte, alors enfant, fut poussé à une telle alternative par ses éducateurs bien aimés, et a mené à l’inhibition*. C'est la sédimentation de ces refusements, introjectés dans l’instance surmoïque, qui élabora plus tard l’angoisse.

On s'avise en effet fort bien de ce qu'un travail trop intense des mécanismes de défense fasse barrage à la régulation adaptée en ceci qu'alors un nombre excessif d'impulsions ne peuvent atteindre leur but.

Voici ce que nous nous contenterons alors de dire à propos de l'angoisse : il doit gésir dans l'histoire de l'individu angoissé une ou plusieurs occasions pour lesquelles l'appareil psychique a été poussé, sous cette contrainte du monde extérieur, à mettre en marche ces défenses dans une mesure qui outrepasse le cadre de l'adaptation, afin d'obtenir un compromis entre les contraintes internes et celles externes ; il est donc suggéré que l'angoisse soit un signal, certes de danger, mais nous avançons encore que : *l'angoisse est mobilisée face au gain de plaisir, elle est une* réaction *au plaisir délié, et alors ce danger contre lequel elle prévient est la malfonction des processus de régulation dans des conditions où celui-ci fait irruption.*

Le danger interne était jusqu'ici décrit comme une tension entre une pulsion en provenance du ça et les prescriptions surmoïques. Osons alors étendre notre conception : *l'exigence du renoncement aux pulsions spontannées, lequel nous supposons effet de la récompense artificielle, puis engrammé dans la structuration du surmoi, formant ainsi son système de valeur, sa morale, est le facteur causal de l'angoisse, en estimant la pulsion, comme partie intégrante du mécanisme régulateur, insusceptible d'une quelconque visée autre que celle de l'équilibre.*

Une contrepartie à la formule de Cabanac serait donc : le plaisir spontané signale l'utile, le déplaisir signale le nuisible, et, entre tous ces signaux de déplaisir, l'angoisse annonce la déviation des processus régulateurs vers le gain de plaisir par le courtcircuitage des mécanismes de régulation adaptés, tels que nous les avons ci-décrit.

C'est ainsi, par la réciproque, que nous donnons corps à une de nos premières intuitions qu'il se fait un rapport de causalité entre récompense artificielle et angoisse : *un comportement tourné, même dans une incomplète mesure, vers la maîtrise du plaisir, est passible de la surrection d'angoisse, relatant de la sorte le découplage d'avec la significativité biologique du plaisir.* C'est de la sorte que *l'angoisse est l'antithèse de l'orgasme*, un mouvement de rétractation là où la jouissance est expansion, ainsi que le décrivit Reich.

Mais le problème de l'angoisse, même d'enrichi par cette hypothèse et vu sous l'angle de la régulation, est encore si vaste qu'il mériterait à lui tout seul une présentation séparée à laquelle nous devons ici nous dérober, et nous sommes en outre bien conscients de n'en traiter ici qu'un aspect réduit.

- Eh bien, vous n'êtes plus là en accord avec les faits de l'observation ! Si la récompense artificielle est aussi fréquente que vous le sous-entendez, par le manger, par l'accoutumance, par la drogue, la plupart d'entre nous devraient être manifestement angoissés, alors pourquoi ce désagrément n'atteint-il qu'une frange restreinte de la population, et encore à certaines occasions seulement, alors que tant d'autres, pourtant tout aussi enclins au gain de plaisir, sont épargnés par cette peine ?

- Il est certain que le seuil de déclenchement de l'angoisse doit varier en fonction de la sensibilité propre des personnes. Mais cela, effectivement, n'est point un apport suffisant. Afin d'être plus exhaustifs, nous invoquerions un autre mécanisme, celui de la tolérance.

7) Tolérance

Est-on déjà par ce rappel forcé d'abandonner notre supposition sur l'angoisse ? Peut-être pas si rapidement, cela grâce à l'assimilation avec un processus que nous connaissons bien en physiologie : la tolérance immunologique. En effet, le système de défense immunitaire sélectionne très spécifiquement les entités contre lesquelles une réaction est régentée ; tout d'abord, les éléments du soi, sauf situation pathologique, sont naturellement épargnés par celle-ci, et ensuite, entre tous les antigènes pouvant être cible immunologique, certains, ayant déjà été identifiés, peuvent se voir exemptés d'une telle réaction inflammatoire dans ce que l'on nomme donc une tolérance immunologique, son contraire, l'hyper-réactivité, étant nommée anaphylaxie. Chez la femme enceinte, la tolérance permet par exemple d'éviter le rejet du fœtus, considéré comme un non-soi par l'appareil immunologique de la mère. De façon plus générale, une des conjonctures favorables à la tolérance est la permanence et l'abondance de l'antigène auprès de ou dedans l'organisme, celui-ci devenant impossible à éliminer profitablement car sans cesse de retour ; une telle prédisposition évite donc une dépense d'énergie dans la poursuite d'un but inatteignable, de même qu'à éviter les dégradations tissulaires causées par l'ampleur que prendrait une si grande répartie. [198] [199]

Le rapprochement que nous faisons avec les mécanismes de défense de l'appareil psychique est comme suit : dans un contexte excessivement défavorable pour l'assouvissement, l'atermoiement de celui-ci se prolonge démesurément, et de même que l'insatisfaction, le sentiment de frustration croît d'autant. Cette capacité adaptative, tant dans le soma que dans la psyché, à instaurer une concession entre l'exigence interne de satisfaction et l'impossibilité externe à y consentir nous conduit à étendre la notion de tolérance à tous les sous-systèmes qui composent l'organisme, en particulier aux mécanismes de défense du moi, reconnaissant en eux un processus de « tolérance psychique », apaisant, dans le compromis de la névrose, l'irruption d'angoisse, pourtant attendue, d'après notre présupposé, dans le contexte de la récompense artificielle.

Ainsi, en conditions pérennement adverses, la tolérance, dans l'accord entre réaction de défense et maintien structural et fonctionnel, laisse place à la survie grâce à un équilibre déplacé par rapport à celui qui adviendrait en conditions adaptées – la névrose n'est-elle pas endémique ?

On se représenterait la situation par une métaphore simple : le feu s'est déclaré dans un immeuble, par ailleurs muni d'une alarme à incendie ; celle-ci retentit alors logiquement mais, pour certaines raisons, on ne peut venir à bout des flammes, alors on coupe l'avertisseur, ramenant un calme provisoire, jusqu'à ce que, l'ignition propagée, la superstructure finisse par se collapser.

Nous soumettons au débat que l'angoisse est une sortie, partielle ou totale, durable ou transitoire, de l'état de tolérance psychique, une rétorsion au gain de plaisir, authentifié par l'organisme comme menace du point de vue de l'autorégulation. La souffrance intolérable de l'angoisse serait dès lors due à la brusque réapparition, peut-être immédiatement exagérée, du signal d'alarme sous l'effet d'un stimulus, souffrance qui s'était jusqu'alors tu *non car la menace était absente, mais par la tolérance même*.

Gardons aussi en tête que les plus précieux des êtres sont les plus sensibles : dans n'importe quel domaine, la situation de *sensibilité* est celle par laquelle les effets délétères se montrent plus rapidement et de façon exacerbée, car alors : *la sensitivité est un état instable de tolérance*. Par cela, la sensibilité est un moyen de communiquer aux membres du groupe des symptômes à venir dont il devient ce faisant moins coûteux de prendre connaissance.

Il ne nous reste plus maintenant qu'à clore la boucle théorique : la tolérance serait mise en place dans un contexte persistamment impropre à l'allègement de certains besoins éconduits en pulsions ; alors nous invoquons, eu égard à un tel aménagement, la récompense artificielle, laquelle pousse à la transformation du cadre de vie à en maîtriser le plaisir, ce qui, ainsi que précédemment supposé, restreint les possibilités de satisfaction.

Si tout ceci devait s'avérer, on comprend bien qu'un immense travail bibliographique serait indispensable pour relier l'un et l'autre, l'environnement présent qui jette dans la tolérance, et l'histoire humaine qui a abouti à celui-ci.

8) Le rituel religieux

L'entérinement de cette tolérance pare-angoisse devient, on le devine, rapidement prioritaire. Des moyens d'y parvenir, le *rituel* en est à coup sûr un de premier plan.

Nous aimerions simplement faire une remarque le concernant. Ses formes sont très diverses d'une civilisation à l'autre, et il y a fort à parier que les cycles de la nature, jours et nuits, saisons, lunaisons, sans cesse de retour, ont offert un substrat de choix pour l'établissement de rituels dans les cultures humaines – tout comme pour les mécanismes de défense, il pourrait bonnement s'agir du surinvestissement d'un trait suite à une perturbation des mécanismes de contrôle. Les rites sont en fait plus ou moins lâches et exigeants, mais ils culminent, au niveau social, dans les cultes religieux, et au niveau individuel, dans la névrose de contrainte, qui en est son pendant privé. On se fondera sur le constat que toute activité religieuse est érigée autour de ces commandements, dont il faut faire l'observance de façon régulière ou dans des situations données, et de proscriptions absolues, afin de demeurer dans l'union divine.

Seule nous intéresse maintenant la mention que le compassement qui singularise le rituel trouve son ascendance dans le déplaisir qu'il prétend combattre, en empêchant sa résurgence si celui-ci n'était point mis à exécution. Ce déplaisir est expressément de l'angoisse nous disent les psychologues, souvent exprimée sous forme de sentiment de culpabilité, et dispensée par le moi quand, en état de tension, il fait face aux incompatibles attentes entre, d'un côté, les revendications issues du ça, et de l'autre celles du monde extérieur ou du surmoi.

On se résumerait ainsi : l'angoisse, et le rituel qui est une des méthodes pour la combattre et maintenir la tolérance, en revient à un niveau élevé de réclamation de la part du surmoi, et, finalement, du monde extérieur, puisque ce surmoi n'en est que la représentance interne. Ces réclamations du monde extérieur sont, en définitive, des renoncements exigés par les garants de l'autorité, dont nous venons juste de tenter d'esquisser leur provenance, leurs liens avec la position affective infantile et avec notre hypothèse.

Nous n'allons d'ailleurs pas sans connaître à ce sujet la tentative énergique que mena Freud pour expliquer le fondement même du fait religieux, et partant du rituel, grâce à la théorie de la horde primitive. Selon elle, à l'aube de l'humanité, les premiers Hommes vivants alors en hordes, aurait été commis le meurtre du père, mâle dominant toute la peuplade et privant les autres de l'accès aux femelles, par la réunion de ses fils avides de vengeance, et constituant de la sorte la coulpe originelle, partant, le début du sentiment de culpabilité, car ayant perpétré ce forfait, les rejetons, qui aimaient leur père en même temps qu'ils le haïssaient, en conçurent de la peine et, en souvenir de ce crime premier, auraient instauré le totémisme, évoluant par la suite en polythéisme puis monothéisme. [185]
L'anthropologie moderne n'a pas pu avaliser cette explication, du moins au sens strict et concret.

Cette autre version du péché premier aurait-elle, tout de même, une portée symbolique, ou serait-elle purement et simplement infondée et sans utilité pour la science ? À la suite des mythologies que nous avons scrutées au chapitre précédent, nous dirions qu'il s'agit seulement là d'un mythe de plus à interpréter. Et pour cela, après toutes les données qui ont été collectées jusqu'à présent, il n'y a plus gros effort à concéder : ce mythe de la horde primitive se raccorde en fait particulièrement bien à l'herméneutique de la Genèse que nous avons déjà posée.

Reconsidérons la fonction symbolique du Père : de même que l'alliesthésie, par la modification de la perception hédonique, instaure les bornes du comportement adapté, selon l'orientement bon ou mauvais que ces actions emportent face à l'autorégulation, de même le Père, face à l'enfant plus faible que lui, marque, par sa tutelle, l'obligation de ce qui est à entreprendre, l'arrêt de ce qui était jusque-là consenti, et l'évitement de ce qui tombe sous la coupe de la pure interdiction, selon la valeur de bien ou de mal que sa culture morale prête à ces actions.
Dès lors que l'on a accordé à ce Père d'être un emblème de l'alliesthésie, il n'y a plus alors qu'à conclure : *le meurtre du Père en ces temps primitifs est la liberté prise par les Hommes sur la régulation alliesthésique suivant la tendance et par le moyen de ce qui a été nommé la récompense artificielle.*

Si le meurtre du Père ne représente rien d'autre que d'avoir occis l'alliesthésie, et qu'une des conséquences de cela est une rupture relative d'avec le fonctionnement régulateur adapté – repérable par un ou plusieurs symptômes –, se comprennent immédiatement le sentiment de culpabilité et la détresse des fils, distanciés de fait de l'optimalité, ainsi que le rituel religieux, qui devient par conséquent une tentative de recontact symbolique, *mais uniquement symbolique et non effective*, avec celle-ci, ayant d'ores et déjà admis que l'objet du culte, le totem, ou Dieu, ou même les dieux, étaient les représentants psychiques des forces régulatrices de la nature, présentement malmenées.

Il est donc fondé comme réquisit de célébrer ce que l'on a perdu, à savoir le rapport plein et entier avec le Dieu-processus régulateurs, et dont on pressent l'absence dans la souffrance et la culpabilité, c'est cette absence de liaison au divin qui est ressentie dans l'angoisse ; *le rituel religieux entreprend donc subsister dans l'Alliance, d'effacer ce péché des origines, mais sans agir sur ses causes, et ce, une nouvelle fois, car cela confronterait à la dissonance cognitive.*

Il se montre alors ici l'écart entre la prescription donnée par la religion dans le rituel d'un côté, et la modification du cadre environnemental que requiert la restauration de la satisfaction de l'autre ; or *le rituel lui n'a en définitive que peu d'influence sur le cadre*, c'est là toute la limitation de la religion.

Cependant, avec l'optique qui fut nôtre voulant que « Dieu » évoque en fait les processus régulateurs, la déité rentre enfin dans le champ de la sensibilité, et il devient alors admissible d'agir sur ces derniers et par-delà sur les causes de dérégulation.

Mais le cérémonial religieux ne consiste point en n'importe quelle action, il doit être dirigé vers ce qui justement a été égaré. La *prière* en est par exemple un parmi les plus fondamentaux ; alors, *nous postulons que la prière est une pratique visant en particulier à restaurer l'ouverture psychique nécessaire à une perception adéquate de l'alliesthésie, de l'état émotionnel et intuitif* dont la quotidienneté nous bannit si ordinairement. C'est de cette manière qu'elle relie vers le haut.

De là à proposer que dans le projet de toute démarche religieuse se tient la recherche, sans cesse à renouveler, d'un contact avec les signaux sensoriels négligés produits par les processus régulateurs, il n'y a qu'un pas, un pas que l'on ne nous blâmera pas de franchir puisque que celui-ci n'a que le caractère de la présomption.

Du reste, Freud lui-même avait bien rapproché Dieu et le Père [186], nous n'avons fait que franchir un pas supplémentaire dans cette direction en le rapprochant de l'alliesthésie et des processus régulateurs.

- Mais voyons, pourquoi donc un Père, venant pour l'alliesthésie, aurait-il était si oppresseur et castrateur ?
- Cela tient sans doute plus de l'évidence de ce que certains primates ou d'autres espèces comme le cheval, ont pu vivre et vivent encore en hordes organisées autour d'un mâle dominateur, observation qui servit de base au « mythe » lui-même. La rébellion des fils redit quant à elle, mais confusément,

la masculinité cherchant à prendre le pas sur le géniteur de l'humanité, et s'illustrant à travers la maîtrise du plaisir – disposer des femelles.

Le meurtre du Père, croquer la pomme, posséder la courtisane, il y aurait au final analogie entre toutes ces figurations du « péché originel » : l'affranchissement partiel de la régulation biologique sous la fascination que peut susciter la récompense artificielle.

La culture se serait chargée de transmettre les modalités rendant possible la maîtrise du plaisir, dont l'angoisse est une suite, et conséquemment l'impératif religieux.

Mais ce rituel n'est jamais qu'un élement en réaction à la privation qui dérive de la maîtrise hédonique. Plus généralement, celle-ci s'indique postérieurement par un désir.

9) Sur le désir

Dès son étymologie, affiliée au verbe latin « desiderare » signifiant « regretter l'absence de l'astre » dans la langue des augures cherchant la prophétie dans l'observation des étoiles, le *désir* renferme l'idée du manque, du remord pour un quelque chose qui fait défaut, « la nostalgie de l'étoile perdue et l'aspiration à la retrouver » ; chez Platon également, « *on ne désire que ce dont on manque* ».

De ce point de vue, on serait incité à compléter ceci en concédant que le manque est la marque du besoin, que ce manque trouverait un amoindrissement au contact d'un objet, l'*objet du désir*, qui serait alors confondu avec l'objet de satisfaction, rassasiant et défendant de fait la régulation… mais tel ne sera pas notre exposé.
En effet, ce n'est point un simple manque que caractérise le désir, c'est plus une *absence*, colorée de nostalgie, d'une déclinaison du ciel vers la terre, un manque qui se prolonge.

Cela nous amène à consentir que le désir porte le sceau de la compensation, que *l'objet du désir est un compensateur*, et que le débordement envers lui, si caractéristique du désir, se comprend ainsi : une compensation n'étant pas capable de satisfaction, le besoin n'est jamais vraiment comblé par l'objet du désir, de là affleure la compulsion et la dépendance envers celui-ci. C'est pour cette raison que « *Le désir n'a pas de repos* » d'après Robert Burton. [200]

- Allons ! Ne peut-on pas désirer ce qui est réponse au besoin ? Qu'est-ce qui peut bien rabattre le désir vers la compensation ?
- On tenterait, bien qu'avec la plus extrême prudence, de se frayer un tel chemin : *le désir est une expérience consciente présumant qu'un objet très spécifique comblerait un vide* ; cette résolution intellectuelle concilie sur l'heure le désir avec le gain de plaisir.

Car aussitôt que *la volonté de jouissance* s'empare d'un objet, elle n'emporte pas seulement avec elle l'altérité, le spontané, l'équilibre, *elle fait s'évanouir le ravissement même qu'elle espérait tant*, car *le plaisir véritable n'est abordé que devant l'effacement du désir et de la maîtrise qui lui échoit.* C'est ainsi que le plaisir authentique est le seul vouloir de Dieu, il est une terre sans chemin, dont la conformité des conditions peut uniquement en laisser l'approche.

- Comment donc un besoin peut être amené vers sa satisfaction sans le commissionnement par une perception consciente de désir et d'attrait, de plaisir à venir ?

- Si l'on en revient au milieu adapté, remémorons-nous que sa définition impose que la pondération soit toujours accessible ; le manque propre au besoin n'atteint par conséquent jamais, ou tout à fait occasionnellement, le seuil de l'incommodité, même de la douleur, qui ferait progresser ce manque jusqu'à la conscience. Il en va également ainsi pour des processus non-comportementaux, comme la digestion, le fonctionnement viscéral en général : leur activité ne devient audible que lorsqu'elle est perturbée, et ressentie alors comme douloureuse.

Nous nous sommes autorisés à penser qu'au sein du milieu adapté, les conditions de satisfaction sont, soit immédiatement disponibles, soit aisées dans leur accessibilité, et que dans tous les cas, l'élection de l'objet est toujours accomplie avec la perspicacité qui convient à cela.

Néanmoins, en se déportant de ce cadre bien précis en faveur d'un cadre inadapté, le défaut dans la satisfaction doit atteindre un montant tel qu'il fait irruption dans des couches supérieures d'élaboration cognitive, en tant qu'attention intérieure, cela sûrement en raison du danger qui guette alors l'individu.

La prévisibilité du plaisir dans le désir est alors conquise par la mémorisation d'expériences antérieures où tel stimulus, telles conditions ont marqué par leur caractère hautement hédonique *et* le désir de la réinstaurer ; or, dans notre vision absolue, toute prévision est impossible, car non seulement le besoin présent est inconnu, mais plus encore, et a fortiori, le besoin futur.

Dans l'adaptation, l'attraction vers les conditions de satisfaction est un item du présent, ne se fait point le rejeton d'un souvenir, d'un passé projeté dans un futur, mais une jouissance instantanée, ancrée dans l'actualité du sujet. De cette manière, *la récompense artificielle brise notre rapport naturel au temps*, en échangeant la perception d'un présent éternel contre l'espérance qu'un plaisir fané éclose à nouveau dans un avenir à naître, alors devenu objet de toutes les obsessions.

C'est pour cela que cet objet du désir découvre son insipidité dès lors que son contact a révélé sa nature compensatrice, alors que toute la déléctation s'était portée sur la période d'*attente* précédant ce contact, car à ce momen-là la certitude était encore grande que cet objet fût celui tant attendu, celui de la satisfaction véritable. Ceci est le cercle vicieux de la compensation, le cercle vicieux du désir.

Ce n'est pas pour autant que les traces mnésiques conditionnantes n'ont aucune partition à jouer dans la régulation comportementale achevée, ces expériences s'empreignant profondément dans la psyché, mais alors *ce qui est répété avec elles est la propension à la réceptivité et à l'éconduction de la pulsion, tandis que la compensation et le désir se focalisent sur la réitération du contact avec un objet prédéterminé* ; ici se démarquent nettement les deux types d'expérience : la première est braquée sur la pulsion et son accueil, la seconde sur l'objet et sa poursuite.
Cette conscientisation de la pulsion est alors tout ce que nous taxerons de volonté véritable, d'*envie*.

Comme nous l'avons estimé à plusieurs reprises, il doit, cela dit, exister une parenté au moins symbolique entre la nature de l'objet du désir et celle de l'objet de satisfaction manquant, comme pour le caprice ou le rituel, il serait étonnant que ceux-là ne soient point liés d'une quelconque manière.

L'un dans l'autre, derrière le désir se voile la compensation, derrière la compensation l'inatteignable satisfaction. C'est de la sorte que nous concevons Lacan : « *Le désir est la métonymie du manque à être* ».

10) Dépendance

La dépendance devient tout logiquement le lien qui s'établit face à l'objet du désir, en partie récompensant, en partie décevant.

Au cours de notre étude au sujet de la toxicomanie, sur laquelle nous nous sommes particulièrement basés pour forger l'hypothèse de la récompense artificielle, nous avons été dès le départ confrontés à la dépendance que les drogues peuvent attirer.
Physiologiquement, on a éclairé un tel comportement par une variation du nombre de récepteurs postsynaptiques, ce qui réclamait en contrepartie un accroissement en proportion de la quantité consommée ; voilà une interprétation de l'accoutumance.

Mais ce qui est remarquable, c'est que le compensateur en général, qui peut donc facilement devenir accoutumant au nom desdits mécanismes physiologiques, varie dans sa qualité et dans sa quantité d'un individu à l'autre, d'une période à une autre, plus encore, en moyenne, d'une culture à l'autre. On ne peut en effet qu'être frappé par le fait que certains peuples ont un accès facile à certains stupéfiants naturels et rares sans en faire abus dans des conduites toxicomanes.
Le caractère héréditaire, comme pour l'angoisse, ne doit sans doute point être écarté ; toutefois, la variation interculturelle nous le fait ici restreindre puisque la formation semble jouer un rôle prépondérant, voici ce que nous apprend l'anthropologie sur la dépendance. [201] [202]

Comment donc clarifier ce « choix d'objet compensatoire » ? Notre intuition est qu'*il doit exister une analogie entre la nature du compensateur et la nature du besoin frustré qu'il dédommage*. Nous soulignons donc la double attenance de l'addiction à un besoin particulier pour lequel l'assouvissement faillit et à attirance envers un objet possédant une connexion, un rapprochement avec le stimulus satisfaisant. Le rapprochement présenté par Liedloff entre sensations à la prise de drogues et sensations précoces de peau à peau s'inscrit bien dans ce cadre, et d'autres peuvent êtres pareillement tentés : le goût du risque contre le non-sentiment de vie, les télécommunications contre la peur de la solitude... on se risquera à universaliser ainsi : *le compensateur reproduit artificiellement l'impression affective qui serait celle de la satisfaction correspondante*.

Or c'est là, selon nous, l'explication de la dépendance : puisque le compensateur est un simulateur auprès des sens – ce faisant une nouvelle récompense artificielle –, il n'est point condition de satisfaction, alors *au travers de la compensation est perpétuellement enviée la satisfaction du besoin à l'aide d'un élément qui en est proprement hors de capacité, d'où la dépendance entraînée par ce dernier*.

Quant à l'incompétence à se défaire de la compensation malgré ses effets délétères notoires, elle se ramènerait, d'un côté à l'absence de conditions de satisfaction, de l'autre à la dissonance cognitive qui combat avec acrimonie un tel entendement.

Finalement, la neurologie, par la description du circuit de renforcement, des voies sérotoninergiques et dopaminergiques, des neurorécepteurs et neurotransmetteurs, ne nous offre point la cause, mais bien la *mécanique* de la dépendance, cause revenant à la psychologie et résidant dans l'histoire de besoin, laquelle s'accorde aux variations mesurables de ces comportements.

Et pourtant, c'est assurément toujours le bonheur qui est convoité, même derrière les agissements les plus destructeurs, car de plus en plus, ils font, en vérité, entièrement sens.

11) Confort et bonheur

C'est en s'appuyant sur la thermorégulation que Michel Cabanac entreprend une réflexion sur le confort et le bonheur. (« La quête du plaisir ») [12]

L'auteur part du constat que le stimulus chaud procurera du plaisir à l'hypothermique et du déplaisir à l'hyperthermique – inversement pour le froid. Mais le cas le plus intéressant est celui du normothermique, étant donné que, si l'on peut dire, le « besoin thermique » de ce dernier est déjà gâté, il ressent comme déplaisant quelque variation de température que ce soit, vers la chaleur ou vers la froideur. En conséquence, selon Cabanac, cet état est qualifiable de « *confortable* », et de généraliser le confort à « *un état d'indifférence subjective vis à vis de l'environnement* ».

La satisfaction se fait savoir à la conscience par le plaisir, et ce tant que dure le comportement convenable et, parallèlement, le besoin ; or, lorsque celui-ci disparaît, le plaisir trouve normalement son achèvement. Le ressenti ainsi obtenu serait donc, pour ce qui concerne un paramètre particulier, un état de *confort*, et n'importe quelle circonstance susceptible de le troubler serait aussitôt perçu comme déplaisant. En somme : le plaisir est transitoire et dynamique, le confort, sous les meilleurs auspices, une condition stationnaire.

Qu'advient-il en dehors de l'activité physiologique, pour des motivations psychologiques par exemple ? Sur ce point, Cabanac extrapole les données de la physiologie et subsume le couple plaisir/confort à celui de joie/bonheur, en ce que la joie est la réaction positive au comportement adapté, et le bonheur l'état résultant de celui-ci.

Suivant l'architecture théorique que nous esquissâmes tout au long de notre recherche, nous serions portés à globalement soutenir ces vues, tout en en ajustant certains aspects.

Tout d'abord, on n'essayera point d'avancer dans la compréhension du bonheur en séparant l'Homme d'un côté en soma et de l'autre en psyché, croyant qu'il s'agit au contraire d'une manifestation où convergent tous les constituants de l'individu, et où celui-ci ne s'entend plus que dans son entièreté ; on s'abstiendra donc de considérer le couple plaisir/confort comme ressortissant au corporel, et le couple joie/bonheur à la vie psychique. L'hypothèse de la voie finale commune comportementale impose effectivement que tous les comportements, qu'ils satisfassent le corps ou l'esprit, soient tous étalonnés sur la perception hédonique.

Ensuite, lors de notre étude sur les émotions, nous avons avec Cabanac reconnu le plaisir comme une des quatre dimensions de l'émotion dont la joie est un représentant. Ainsi : *la joie, avec sa composante plaisante, serait donc le signal complet de l'adaptation du comportement au besoin, et le bonheur la résultante des satisfactions* – ce que nous avions jusque-là qualifié de bien-être.

Le bonheur, quant à lui, est du reste tout simplement défini comme « *un état de pleine satisfaction* » pour le Robert, le Trésor de la Langue Française fait également référence à une « *satisfaction totale* ». Ces définitions convergent donc bien vers la relation entre « bonheur » et « satisfaction » des besoins.

À notre avis, le tropisme artificiel peut apparaître comme affectivement « vide », c'est-à-dire délié, non seulement de sa finalité biologique, mais aussi de la plénitude propre à la joie, censée relever cette liaison, ainsi qu'au bonheur qui s'ensuit, alors privés de leur affect : *la récompense artificielle sépare de fait la composante hédonique de la composante affective*, le plaisir se focalisant sur la structure organique qui en est source, mais sans se propager à l'entièreté de l'être. La récompense artificielle séparerait donc le plaisir de l'affect pour ne multiplier que le premier, et plus cette surestimation est importante, plus le second devrait décliner – pour presque tourner à l'émoi négatif lorsque l'abus se fait démesure. Tel est en tout cas notre présent sentiment.

Cela se passe tout comme si le circuit de renforcement était devant les structures limbiques la mire de l'artefact. (Confer chapitre 6 § 5)

Toutefois, il ne nous paraît point injustifié d'avoir, dans les pages qui précèdent, utilisé le concept de plaisir au lieu de joie, pas injustifié non plus de perdurer dans ce choix, car en effet, ainsi que nous l'avons exposé, nous sommes incités à croire que la récompense artificielle dissocie le plaisir des autres constituants émotionnels et tend à ne le générer que lui seul.

C'est alors qu'un critique intérieur incite à poser le problème de l'*inconfort* : nous avons recours au plaisir facilité, semble-t-il, pour réduire une sensation d'inconfort, un déplaisir ressenti sous forme de mal-être plus ou moins prononcé, plus ou moins distinct, lequel est combattu par des comportements dont la plaisance est quasi-automatique, comme avec certaines nourritures, nos dépendances ; cette réduction de l'inconfort est donc un *réconfort*, une atténuation de la sensation de vacuité. Ces activités auraient donc pour but de *compenser un ensemble d'états de spoliation par la création du confort*.

Nous donnons, à partir de cela, une nouvelle définition du confort : *ainsi que la joie avise de la satisfaction et édifie le bonheur, de même le plaisir délié retrouvé dans la compensation institue le confort*. C'est en effet de cette façon-là que nous comprenons les paires, si justement mises en lien par Cabanac : plaisir et confort d'un côté, joie et bonheur de l'autre ; *plaisir délié et confort caractérisant la compensation, joie et bonheur la satisfaction*. Mais satisfaction et compensation sont tellement souvent emmêlées, et le confort si facile à confondre avec le bonheur, que notre plus grande circonspection est là réclamée.

Finalement, le bonheur serait une sommation spatiale et temporelle des expériences de satisfaction rétribuées par la joie. Et l'on conçoit Chamfort sans plus de problèmes : « *Le plaisir peut s'appuyer sur l'illusion, mais le bonheur repose sur la vérité*. »

On ne peut, maintenant, plus s'empêcher de demander si, étant constatée l'incessance des processus métaboliques et des obstinations de l'esprit, il y a jusqu'à la mort une succession de besoins et de satisfactions, donc une enfilade de joies toujours ranimées, ou bien si l'adaptation entre le biotope et l'espèce amènerait, à force de corrections, au mutisme de tous les besoins. L'ataraxie, le Nirvana, seraient alors une sorte de contrepoint du confort ; dans les conditions d'adaptation, cette absence de nouveaux appels laisseraient alors uniquement place au bien-être, au sentiment de bonheur.

À côté de cela, nous avons vu le rituel comme une première séquelle, dans le contournement de l'angoisse, de la maîtrise du plaisir. Mais nous ne nous sommes pas encore prononcés sur l'hédoniste, chez qui d'ailleurs il en est fréquemment une autre, plus turbulente encore, qui est le penchant à l'agression.

12) La pulsion d'agression

Le devoir de philosophie demande au lycéen : « Est-on méchant parce qu'on est malheureux ? ». La coexistence de pulsions de mort à côté de pulsions de vie, du Thanatos à côté de L'Éros, est constamment renouvelée à la critique.

Il n'est point indifférent, à ce chapitre, que, dans notre pays ainsi que dans d'autres régions du monde, l'époque soit si pleine de tourments et empreinte d'une violence latente toute sensible, ne faisant que majorer notre intérêt pour elle.

À l'image de n'importe quel comportement, l'agression doit trouver avec l'aide de la procédure scientifique un éclairage sur ses fondements, les lois psychologiques qui la sous-tendent ainsi que la causalité qui la fait émerger. La doctrine de l'innéité du mal, du caractère animal de l'être humain auquel la violence serait redevable, est rapidement malmenée par quelques simples descriptions : tout comme pour l'addiction, la variabilité interindividuelle et interculturelle n'est plus élucidée par une telle axiomatique. Il n'est pas inutile de rappeler que l'anthropologie fait état d'inconstances spatiales et temporelles dans l'incidence de la criminalité, ou même de l'agressivité, d'un groupe culturel à l'autre. [203] [204]

On ne cédera pas, tout de même, à la facilité d'embellir l'existence de quelques tribus, d'en faire des êtres exagérément sages et mesurés ; mais pareillement, on évitera l'esquive de ce fait psychologique que certains de nos congénères font montre d'une moindre hostilité, ce qui suffit en soi à invalider l'agression effective comme constitution humaine.

Partons maintenant d'où nous en sommes restés : l'attention attentive met rapidement à disposition un matériel expérimental si souvent répété, à savoir que la frustration est le terreau sur lequel pousse le germe de l'agression, et d'autant plus que l'on demeure en incapacité d'enrayer la lacune. Nous nous engagerions donc aux côtés de Dollard, Miller et collègues, et de leur théorie de la frustration-agression. [194]

Ce qui agite communément l'individu isolé peut-il ensuite si facilement être extrapolé aux peuplades troublées par la guerre, le terrorisme, sans subir de correction dû au changement de perspective ? Non, sans doute, mais il reste que le mécanisme essentiel de l'agression, qu'elle soit tournée vers un objet ou vers le sujet, perpétrée par l'Homme seul ou bien par la foule, doit subsister.

Par continuer de dérouler le fil que nous avons tiré avec l'alliesthésie, on serait pris de considérer le couple Éros/Thanatos, amour/haine, comme circonstance de plaisir/déplaisir, donc également au service de l'autorégulation et de l'homéostasie générale.

Ayant insisté sur l'élection de l'objet et sur l'importance de cette élection, d'abord pour la satisfaction, par suite pour la compensation, remarquons maintenant que l'objet de l'agression doit aussi bien que ceux-là être élu de façon à ce qu'il soit au service de l'autorégulation – nous nous trouvons sans cesse face à cette « affinité élective », les forces faisant et défaisant les structures moléculaires étant, probablement, de même espèce que celles qui poussent les êtres dans telle ou telle direction.

Il ne reste plus qu'à franchir un pas dans la conjecture : quel rapport entretient cet objet spécifiquement élu avec le besoin ? Une indication pourrait bien nous avoir été soufflée un peu plus tôt, à notre étude sur les émotions et leur rapport à l'histoire de besoin. Par le fait, cela laissait entendre que la colère, plus encore que fécondée par la frustration, était dirigée sur l'objet s'opposant à la satisfaction. L'enfant en est une illustration particulièrement prégnante en cela qu'il laisse plus librement que l'adulte cours à son mécontentement : il crie, pleure et hurle ordinairement après ceux qui le privent de son plaisir immédiat.

En élargissant, *la pulsion d'agression serait braquée sur l'objet contrariant la satisfaction, ou tout du moins entrant, comme pour la compensation, dans un rapport représentatif avec celui-ci.* L'agression tournée vers le sujet, ou plus exactement retournée vers lui, n'est qu'un deuxième temps : celui qui s'ôte la vie y fut acculé dans l'impossibilité de la prendre à autrui.

Il faut sans doute encore faire intervenir ici la génétique quant à la force des impulsions libidinales, couplée à une variation interindividuelle importante des conditions d'éducation, le tout, avec ces suppositions, étant peut-être apte à rendre compte de l'apparition du penchant à l'agression.

La pulsion d'agression ne coexiste donc pas, de ce point de vue, aux côtés de la pulsion amoureuse comme un double, une sœur siamoise inextricablement liée à elle. À l'inverse, l'agressivité émergerait *secondairement* de l'insatisfaction dans l'histoire récente ou plus reculée du sujet, elle croît en même temps que ce refusement, et est spécifiquement dirigée sur un objet – le blocage –, tout comme, en passant, l'est la pulsion de vie.

C'est tout comme si la violence comme fonction était ataviquement présente, mais n'était amorcée que dans des conditions défavorables à la bonne marche des processus régulateurs : *la violence est donc vue ici comme potentielle, et ne devient manifeste que dans des conditions où la restriction pulsionnelle atteint un seuil déterminé* ; derrière la pulsion de mort, c'est toujours la vie qui tend à s'exprimer. La dose de frustration qui sera imposée à un enfant par son monde extérieur est donc en soi la violence qu'il perpétuera plus tard – confer les travaux d'Alice Miller. [205]

Cela voudrait aussi dire, réciproquement, que tout inassouvissement ouvre de manière nécessaire la voie à l'agression, son absence factuelle sachant aussi être la suite d'une force inhibitive de souche sociale et pouvant donner lieu à de nouveaux symptômes névrotiques.

Or l'attention du psychologue avait sous un autre mobile été retenue par l'agression car, que celle-ci soit dirigée vers autrui ou son auteur même, elle provoque du déplaisir chez la cible ; or voici que nous n'avons eu de cesse que de corroborer, grâce aux travaux de Cabanac, l'hypothèse du plaisir signe d'utilité et du déplaisir annonciateur d'infortune, en précisant cependant que cela n'était exclusivement valable que dans des conditions adaptées ; similairement, de nombreuses données soutiennent qu'un comportement favorable pour un organisme produit dans le même temps des effets favorables pour le biotope, tout comme un comportement nuisible lèse *en même temps* l'organisme et son environnement, d'où l'on conclut que, dans une *relation* : un comportement plaisant *pour moi* signe bien l'utilité *pour moi*, mais également que si une de mes actions génère du plaisir *chez l'Autre*, alors cette action est utile *pour l'Autre*, et finalement, on s'attend tout à fait à ce que, *dans la réciprocité entre moi et l'Autre, le plaisir partagé soit le signe d'une satisfaction concomitante de besoins propres*.

Mais malgré cette prometteuse théorie, aussi bien le sadisme que le masochisme deviennent du coup inexplicables et incompréhensibles, car la déplaisance étant justement l'objet de tous les évitements, on voit mal comment elle se changerait en but pulsionnel.

Il faut cependant constater que le plaisir n'en est jamais absent, ni de l'un ni de l'autre. D'un côté, le sadique éprouve du plaisir à causer souffrance à autrui ; notre théorie est contredite çà en ce qu'on obtient alors le rapport : plaisir chez l'agresseur et déplaisir chez la victime en lieu et place du plaisir mutuel. De l'autre côté, le masochiste, à la fois sujet et objet, éprouve également du plaisir dans sa souffrance à lui.

Les deux sont donc toujours amalgamés bien plutôt que mutuellement exclus, à l'endroit où l'on s'attendait en fait à un plaisir d'assouvissement pur. La satisfaction de la pulsion d'agression procure donc, comme pour toute pulsion, une sensation plaisante, et ce n'est qu'à côté de celle-ci que de la déplaisance, interne ou externe, est produite.

Néanmoins, la jonction avec ce qui vient d'être énoncé n'est apportée, croyons-nous, qu'avec ce qui suit : *le but pulsionnel est toujours, non pas la satisfaction en soi ainsi que nous l'avons maintenant bien compris, mais l'autorégulation*. L'Éros parvient à cela en pressant *directement* le sujet vers la satiété ; l'agression n'intervient elle que lorsque cette éventualité profitable est empêchée par une situation moins généreuse, où l'énergie libidinale endiguée peut alors être dirigée devers la destruction de la résistance, et c'est donc *indirectement* qu'il est disposé, lui le Thanatos qui a alors pris la face de la violence, vers la pondération.

La récompense artificielle comme limitation pulsionnelle trouve ici son point d'amarrage : en peu de mots, *dans des conditions défavorables, ce serait régulièrement à la récompense artificielle que remonte l'enchaînement causal se terminant dans l'interposition d'un inhibiteur entre besoin et satisfaction*.

Le caractère autorégulateur de l'appareil psychique et des fonctions pulsionnelles s'éclaircirait d'autant si ce qui suit venait à se vérifier : partant du caractère conservateur de la pulsion, l'Éros aurait pour mission la structuration de tous les champs d'activité de l'individu, le Thanatos n'intervenant qu'au moment où l'Éros est battu en brèche, quelle qu'en soit, en

réalité, la cause, et de préciser : la récompense artificielle peut bien être une de ces causes.
Le Thanatos est à considérer comme un révélateur, à l'individu comme au groupe, que s'est insinuée dans le fonctionnement des processus régulateurs une disposition éloignant de l'optimalité.

Dans des conditions de faible frustration, toutefois, le montant d'agressivité devrait être lui-même assez faible. Mais quant à cet aspect, on prendra garde, en se penchant sur des études anthropologiques, à ne point se faire duper par un second effet qui, après l'inhibition de l'amour ayant conduit au soulèvement de la haine, consiste en l'inhibition à leur tour de ces productions morbides sous l'effet de facteurs sociaux prohibants – confer *infra*.
Ce second temps de refoulement peut, effectivement, donner à croire en apparence que le sujet n'est pas le lieu de telles intentions, qu'il reste tout calme et tranquille ; or, puisque ce qui est refoulé n'est point mort pour autant, nous devons apprendre à reconnaître ici et là les symptômes de cet état de fait qui ne manqueront pas, d'ailleurs, de faire surface.
En tous les cas, tout cela est très sûrement ce qui fit parler Jean-Jacques Rousseau en ces mots : « *L'Homme naît bon, c'est la société qui le corrompt* » [207], puisque, en effet, se trahit un métasystème social, fondé sur la récompense artificielle, qui sait retravailler les mouvements les plus spontanés afin de redessiner un être aux contours propres à la continuité de ce premier.
Cette dépossession de l'« État de nature » ne pouvait qu'engendrer une contre-réaction, le mouvement violent, comme tentative auto-régulatrice qu'il faudrait alors à son tour remanier.

Certes, nous rétorquera-t-on, ce n'est là qu'une ébauche de théorisation, mais une direction de recherche est donnée, même si, une fois encore, mais pour plus tard, des ajustements seront sommés afin de faire la transition entre l'incivilité la plus ordinaire et l'élan belliciste de nations, entre la violence irréfléchie et le forfait prémédité.

Enfin, sur l'agression, il est un autre point essentiel que même avec un souci de succinctеté, on ne saurait passer complètement outre : c'est que nous n'avons pas encore éclairci le cas si paradoxal du masochisme, dont le sadisme est le contrepied. L'article « Le problème économique du masochisme » de Freud [206] résume bien cette problématique, nous en reproduisons ici l'incipit :
« *On est en droit de trouver énigmatique du point de vue économique l'existence de la tendance masochiste dans la vie pulsionnelle des êtres humains. En effet, si le principe de plaisir domine les processus psychiques de telle façon que le but immédiat de ceux-ci soit d'éviter le déplaisir et d'obtenir le plaisir, le masochisme est alors inintelligible. Si la douleur et le déplaisir peuvent être en eux-mêmes des buts, et non plus des avertissements, le principe de plaisir est paralysé,* [...]. »

Voyons. Jusque-là, notre présentation a le mérite de la symétrie : l'amour est pour l'objet qui répond au besoin, la haine pour celui qui fait

barrage à cette satisfaction, et l'alliage des deux, amour et haine mêlés, si fréquemment soumis à l'examen, par exemple entre membres d'une même famille, serait alors à embrancher dans une double conduite de l'objet envers celui qui l'aime et qui le hait tout à la fois ; c'est qu'il est pour lui dispensateur de certains apaisements, mais en ce qui concerne d'autres appétences, il en rend au contraire difficile l'étanchement.
C'est pourquoi, selon Reich, qui avait du reste bien cerné l'origine sociale de la pulsion d'agression, le masochiste voudrait « *éclater* », car il subit simultanément ses humeurs constitutives au plaisir et ses inhibitions infantiles ayant émanées de ses bien-aimés éducateurs. Il se libère alors par son autoaggresion d'une tension assise sur une impression de culpabilité qu'un tiers – Dieu dans la religion – doit punir ; soumettons : ce sentiment de culpabilité remonte à la récompense artificielle, c'est le péché, la tentation, et de concert, l'endoperception du mécompte ainsi reprsenté. [174]
C'est la raison pour laquelle, toujours pour Reich, « *On hait le plus lorsque l'on est empêché d'aimer ou d'être aimé* ». [175]

Le sentiment de culpabilité est par là attribuable à l'ambivalence dans la capacité de satisfaction d'un objet envers un sujet ; la composante sadique venant en réaction à la frustration, *et le masochisme comme un retournement sur soi de la même hostilité suite au conflit avec la composante tendre, ou bien une lourde condamnation, venue de l'extérieur.*

Il ne nous reste plus qu'à considérer le sadisme et le masochisme en relation avec le comportement sexuel et génital. Voici ce que l'on met en avant à cet égard : il s'est glissé dans la qualité de l'échange amoureux le concours de la récompense artificielle, la pulsion d'agression devient susceptible de surgir alors que, dans l'intimité des amants, le rapprochement sexuel vise en partie au gain de plaisir – la généralisation du plaisir utile doit en effet prêter à la sexualité spontanée un but, ou ensemble de buts, parmi lesquels figure évidemment la reproduction. D'autres facteurs doivent entrer en jeu, et la réciproque n'est sûrement pas vraie, mais il serait fructueux d'approfondir cette proposition qui s'écoule de notre axiomatique.

Ne passons point sous silence, et pour terminer, une manifestation parente et connue sous le nom de « tristesse postcoïtale », ou dysphorie postcoïtale. On se souvient de la maxime due à Galien : « *Omne animal triste post coitum, praeter gallum mulieremque* ». Si l'on suspend son jugement en ce qui concerne le coq, quelques études statistiques supportent que les deux sexes sont atteints par ce phénomène : 32,9% des femmes déclarent en avoir été victime au moins une fois dans leur vie (dans la culture Occidentale, [208]), les hommes n'étant point épargnés non plus :
41% déclarent avoir déjà été touchés. [209] Toujours d'après cette source, nous tenons que l'abus sexuel précoce a peu de significativité mathématique, par contre, les auteurs pointent un autre facteur comme étant corrélé à la dysphorie postcoïtale : un patron génétique indiquant une tendance héréditaire. [209]

Quant aux symptômes décrits, ils retiennent notamment la mélancolie, le regret et souvent l'angoisse, survenant dans les cinq minutes à quelques heures suivant un coït, *paradoxalement ressenti comme plaisant*, mais non suivi de l'état de bien-être psycho-physiologique attendu ; peuvent aussi être caractéristiques le sentiment de gêne, voire de honte, l'irascibilité avec une tendance à l'agressivité. [210]

Or les influences biochimiques, comme une variation du taux de prolactine après la copulation, n'excluent pas non plus une explication psychologique – vue comme déclencheur. La tristesse postcoïtale se pourrait alors avoir entre autre événements causaux l'insertion d'un gain de plaisir dans la relation et devenir alors le représentant psychique du Thanatos. La sexualité a sans doute été dans ce cas prise comme objet de compensation.

Très certainement les pratiques sexuelles sont un terrain privilégié pour le glissement vers le gain de plaisir et il doit y avoir, en quelque sorte, une facilité intrinsèque due aux processus physiologiques en action ici, de même que pour le domaine alimentaire. Il faut une fois de plus conclure en assurant que d'autres motifs doivent entrer en scène pour aboutir à la symptomatologie ; on ne perdra toutefois pas de vue cet angle d'attaque.

Alors, dans la violence, l'unité du vivant est en fait rompue, le un devient deux et le un s'affronte au deuxième.

13) L'altérité

L'étude de la Genèse nous a déjà fait mentionner la question de l'altérité, en ce que la maîtrise hédonique rompt la relation alter entre le moi et l'Autre, cet autre devenu l'objet du désir et perdant ainsi son statut de sujet. Complétons maintenant que l'altérité tourne à l'aliénation par la dépendance acquise envers cet objet pris comme compensateur.

Quant au fantasme de toute-puissance, il prendrait également racine dans cette possibilité du gain de plaisir ressenti par l'individu comme la permission de l'asservissement à son désir de la production hédonique. Ce sentiment de toute-puissance devient alors cette jouissance que peut éprouver l'Homme à regarder sous l'influence de sa force le monde se courber dans le sens de sa volonté.

Mais cette altérité constitutive ne doit pas non plus corrompre notre jugement eu égard à la profonde *unité* du vivant, le vivant n'est qu'un, qu'un protoplasme au sein duquel d'infinies transpositions modèlent des individualisations, dont aucune n'est véritablement séparée des autres, car sinon elles en mourraient. Or cette unité se concilie foncièrement avec l'altérité en ce que *le caractère propre de chaque individuation doit persister, et non s'alléger comme avec la récompense artificielle, afin que les échanges salutaires prennent parfaitement place et protègent cette même individuation.* C'est à cet instant que l'individu se sent Un et Tout, goutte et océan, qu'il est le canal par lequel s'écoule le flux vital des processus régulateurs.

La rupture de l'altérité fait alors fallacieusement penser que les individus sont séparés et donc *individuels* – confer la discussion sur l'indépendance et l'autonomie au chapitre 2 § 22.

14) Le complotisme

Nous sommes habitués, à l'endroit de grands événements souvent dramatiques, à entendre quant à leur provenance, deux versions se mettre en regard : une version officielle, reconnue par les institutions faisant autorité en la matière, et une autre dite complotiste, ou théorie du complot, selon laquelle le malheur est arrivé, non par une extravagance du sort ou une malencontreuse méprise, mais par la malveillance d'une entité sociale, habituellement clairement identifiée, et qui aurait ainsi agi, tapie dans l'ombre, à son bénéfice propre et au détriment de l'intérêt commun – incidence même d'invidualisme. Cette entité sociale est variable, ce peut être une obédience religieuse, une classe sociale, une ethnie, voire des êtres non-humains, et cætera. La communauté jugée responsable n'est jamais celle, on le mentionne évidemment, à laquelle appartiennent ceux qui dénoncent le complot.

Certes, le complotisme n'est qu'un chemin qu'une forme de ressentiment trouve pour se livrer passage vers la lumière. Mais tout cela demeure insuffisant, et aussi bien nous traitons de crédule celui à qui ont échappé les intentions malévoles d'un tiers, mais est encore bien plus naïf celui qui croit avoir esquivé la naïveté et résolu l'affaire en se contentant d'attribuer à ce tiers un tel projet, car ce faisant il omet de partir à la recherche du prétexte de son animosité.

On l'aura compris, notre but n'est point ici de désigner de quel côté s'est glissée la vérité dans l'interprétation des faits, il doit certainement en résider une part d'un bord et de l'autre. Mais une théorie psychologique, comme toute autre, se doit tout justement de lever l'opposition des parties. La nôtre nous amène à *authentifier dans le complotisme une endoperception du mécanisme de la récompense artificielle*. Le complot revêt en effet les mêmes atours que celle-ci : il s'agit de la malice perpétrée par une instance sur une autre, tout comme Ève fut abusée par le serpent, tout comme Enki se grima en jardinier, tout comme, finalement, un fragment de psyché fait confusion à un autre pour en retirer un gain de plaisir au prix d'un symptôme ; tout comme cela, le mode d'action des comploteurs est la duperie, et, pour eux, le débouché est, aux dires de leurs détracteurs, un gain de plaisir sans fard : le pouvoir, la mainmise, l'argent, également la préservation de la richesse et du statut, au prix collatéral de la pauvreté, de la maladie, et, surtout, ce contre quoi luttent leurs opposants, de l'ignorance.

- Mais si la théorie du complot, ainsi que vous le prétendez, est la perception d'une réalité psychique, précisément que ce qui ourdit est ce fragment de psyché détournant vers le gain de plaisir le cours fluent des processus régulateurs, pourquoi donc y assimiler un groupe social et ne pas immédiatement y voir là la récompense artificielle à l'œuvre ?

- Sans doute, cette perception a subi une projection, selon un des mécanismes de base de la dynamique psychologique. Le motif de cette projection, nous l'accordons encore une fois à la dissonance cognitive, car dès lors que l'on admet la récompense artificielle comme une réalité humaine, trop humaine, dès lors cette réalité n'est aujourd'hui pour épargner personne, et que dans notre mesure propre nous tous y sommes confrontés. Cette reconnaissance court donc le risque de se montrer hautement opposite avec les conduites dans lesquelles nous nous plaisons, et risque fort d'élever une crispation psychique proportionnelle ; la projection permet un compromis, il y a une authentique appréciation, mais déplacée loin de son emplacement de départ, évitant la tension, mais conservant la perception. Cela est pourquoi ceux qui sont conspirationnistes envers une affaire le sont aussi pour beaucoup d'autres.

Le complotiste isole en fait des mécanismes pour une bonne part inconscients, mais qu'il adjuge ensuite indûment à une conspiration intentionnée.

Par exemple, la théorie des anciens astronautes développe de nombreux arguments, étayés par de non moins nombreuses comparaisons, tendant à montrer que des individus extraterrestres, dans ce cas-ci, sont venus ou sont encore sur notre planète, qu'ils ont, en des temps plus reculés, interagi avec l'humanité naissante pour en infléchir la destinée, offrant ainsi quelque révélation sur des aspects inexpliqués du genre humain.

Mais avant de chercher des réponses venues du ciel, faudrait-il avoir fait le tour de ce qui se trouve sur la Terre : examinons au départ ce qui se résout avec la physique, la physiologie, la psychologie, ainsi que notre contribution possible à cette dernière, et ce qui échappera à tout ceci requerra peut-être l'appui du néoévémérisme et de suppositions d'un autre monde.

Une dernière chose sur le complot : il est intimement lié au *secret*, il repose sur lui, et ceux qui luttent contre le complot veulent le faire voler en éclats pour révéler ce qui est caché.

On devine commodément que le but du secret soit de se délester de la dissonance cognitive que sa révélation engendrerait. La récompense artificielle est aussi un secret dissimulé à soi-même, une non-transparence à autrui, et peut-être la circonstance parvenant, entre autres, au complot ; il faut bien, d'ailleurs, qu'une telle circonstance existât, sinon la question du « Pourquoi le complot ? » serait indéfiniment repoussée. Identifier les comploteurs n'est donc, tout au plus, qu'une étape préliminaire.

Violence, individualité, complotisme, il a donc bien fallu que l'organe sociale réagisse afin d'éviter que ces dérives n'atteignent des stades mettant en péril son existence même.

15) Lois et coutumes

Une loi se définit comme le mouvement spontané adopté par un système dans des conditions déterminées, et donc déterminantes, émanant en quelque sorte de son essence et réglant ses relations avec les constituants de

son environnement. Pour le Trésor de la Langue Française, la loi est du reste une « *régularité générale constatable* », un « *principe général jugé comme déterminant les choses, les hommes, le fonctionnement d'un ensemble* » selon le Larousse.
Tout système physique est donc soumis à des lois, depuis le fragment de matière flottant dans l'espace, jusqu'aux édifices biologiques les plus compliqués. Le scientifique se donne en fait pour mission de décrire puis de manier ces dernières.

De ces lois physico-chimiques se sont érigés des systèmes biologiques, lesquels, en interagissant les uns avec les autres, ont formé des métasystèmes sociaux ; les groupes animaux et humains sont des occurrences de tels métasystèmes. À l'intérieur de ces sociétés humaines, travaillent donc ensemble les lois physiques, chimiques, physiologiques et psychologiques ; mais voici que l'Homme, par son degré de perspicacité, devient un cinquième palier de législation, en édictant des règles qui sont le produit de lui-même, de son activité intellectuelle. À travers elles, qu'elles soient tacites, proviennent de la coutume, ou bien revêtent les habits de la coercition, il semble que la motivation de ces principes soit toujours de sauvegarder un équilibre dans les rapports entre les membres, leur protection, leur développement, et, finalement, la perpétuation de l'organisation sociétale – elle agit en somme comme toute loi.

On l'aura déjà pressenti, tout l'enjeu est de cerner la part qui revient à la tendance que nous avons identifiée dedans l'émersion du corpus législatif, ou bien, d'une autre manière encore, apprécier lesquelles de ces lois sont *au service des processus régulateurs*, et quelles autres s'écartent de cette visée.

Côte à côte avec ce qui est valorisé comme usages et habitudes, retiennent surtout notre considération l'*interdit* qui, au fond, est la prérogative de toute loi, ainsi que les raisons d'être de cette interdiction ; car le psychologue sait que s'il se fait un interdit entre les Hommes, c'est parce qu'il existe dans leur cœur une inclination allant dans la direction opposée à commettre ce qui est justement proscrit, sinon on se figure fort bien que nul interdit ne serait exigé, la loi naturelle se suffirait à elle-même. Les sanctions humaines feraient d'ailleurs sûrement figure d'héritier du péché des origines – à notre sens bien sûr.

Ce qui se déduit avec aise dans la continuité de notre commentaire sur la violence, c'est que *les proscriptions ont pour objectif de maîtriser le déplaisir qui serait entraîné par l'irrestriction de l'agression, elle-même tributaire de la limitation pulsionnelle due à la récompense artificielle*.
Encore une fois, demandons à Reich de nous abréger : « *L'homme cuirassé puise à la source de ses pulsions secondaires les règles et coutumes destinées à les contenir.* » Et quelques lignes plus haut : « *D'où les mœurs rigides, les coutumes, les règles de bienséance, les lois, les astuces diplomatiques.* » [2]

Néanmoins, toutes les lois n'ont pas vocation à dompter l'agression. D'après nous, ces deux temps dont fait état Reich sont tous deux prompts à l'éclosion de législations particulières et divisés comme suit : en premier lieu, nous avons supposé que la maîtrise hédonique étrécissait les possibilités de satisfaction, or, ayant déjà fait état du phénomène de dissonance cognitive comme tension résultant du caractère inaccordable entre deux cognitions simultanées, nous sommes en droit d'escompter qu'*un groupe humain ainsi restreint du point de vue pulsionnel condamne avec véhémence le comportement qui consiste précisément à satisfaire une impulsion ordinairement disposée à la restriction, et cela afin d'enrayer le développement de cette tension cognitive* ; en second lieu, ainsi que juste exposé, *il s'agit de cantonner les effets déplaisants de la pulsion d'agression dérivée de cette précédente étape, par le moyen de la sanction et du châtiment.* À coup sûr, cela ne saura jamais expliciter la racine de toute loi, et nous sommes amenés à faire dès maintenant une distinction complémentaire pour élargir la portée de nos conjectures.

Mais dans une décision de complétude, un petit travail nous est encore obligé : dans les chapitres préalables, en effet, nous avons décortiqué des modalités de maîtrise du plaisir – exhausteurs de goût, toxicomanie – et de maîtrise du déplaisir – médications –, mais chaque fois les mécanismes de contrôle et la confusion qui les frappait ressortaient à l'appareil physiologique, or la loi et la punition qui accompagnent la transgression appartiennent à la sphère psychologique, et s'attachent donc à des mécanismes de contrôle constitutifs de cet espace.

Avons-nous ébauche de la nature de cesdits mécanismes de contrôle et de la possibilité de leur confusion ? Oui, une fois encore, grâce à la psychologie, laquelle nous fait garder en mémoire que le petit humain est un être en grand désaide, et que ce désaide n'est emporté que par l'amour et les soins de son entourage, de ces éducateurs qui protègent et structurent l'individu grandissant, ce besoin d'amour devant certainement demeurer un des plus forts des Hommes ; et voici que *la menace de la* perte d’amour *est le ressort essentiel poussant à la mise en branle des mécanismes de défense psychiques et au renoncement pulsionnel qui en procède.*
Ainsi, *les mécanismes de défense sont les mécanismes de contrôle psychiques*, cela coudoyant de près notre représentation de l'adaptation : dans un milieu adapté, le report de la satisfaction est par définition passager, restant dans l'attente de meilleures modalités pour elle, mais plus encore, ce report doit son dû à une défaveur accidentelle de l'environnement, là où les formalités aménagées sous l'influence de la récompense artificielle resserrent durablement le contentement.

Nous mettons alors en avant ce qui suit : le psychisme de l'enfant ressent que l'accomplissement de certaines de ses impulsions est mis en balance avec le don d'amour de ses aimés, aussi est-il amené à l'abandon de cet accomplissement, la pulsion étant alors déviée du chemin le plus court par les mécanismes de défense. Or ce balancement est par la suite enregistré dans l'instance surmoïque, ce qui conduit à la perpétuation de cet état, plus tard

encore, sa morale se sera édifiée sur ce renoncement : *est jugé comme mal ce que contre quoi il est ou il fut menacé de la perte d'amour.*
En somme, les mécanismes de défense empêchent, dans cette situation, la satisfaction *tout comme si* l'environnement se faisait accidentellement défavorable, mais ici, la défaveur n'est point un fait aléatoire du milieu, même social, elle est a contrario hautement ouvragée, partie prenante de la culture, elle est la perte de l'amour ; et elle n'est point non plus éphémère et se prolonge ainsi au long de l'existence, assez certainement.

Les mécanismes de contrôle, ici mécanismes de défense, sont donc bien amenés à une confusion se situant au niveau de la nature du danger qui les met en action : ce danger n'est plus une défaveur *externe* et contingente, mais une menace *interne*, l'appareil pulsionnel, dont la manœuvre est pesée avec la gratification affective. Le sentiment de culpabilité est par cela tourné devers certaines des motions pulsionnelles afin d'en refréner les exaltations inconvenues. L'angoisse est l'avertissement émotionnel de cette confusion, et vérouille ce système par la hantise du châtiment et de l'abandon.
Ainsi : *le surmoi, d'abord outil d'adaptation, est, dans cette conjoncture, réapproprié par la civilisation afin d'en assurer sa propre subsistance selon le procédé de la récompense artificielle.*

C'est au reste pourquoi tant de lois humaines sont rigides et conventionnelles, inflexibilité qui va si mal avec la souplesse alliesthésique. La civilisation en est venue à prendre la *rigidité* pour la *stabilité*, ce qui là aussi va si mal avec la vie.

- La loi, l'interdit, ne sont-ils point mis là aussi dans l'intention de prémunir de la perdition celui qui méjuge l'adversité ?
- Cela pourrait se concevoir. Mais un détail nous fait douter : celui qui ignore le danger l'avoisinant et qui doit en être averti depuis l'extérieur n'est pas parvenu à un haut degré d'autonomie ; cette frivolité peut s'apparenter à une impéritie dans la structuration d'un tel sujet, or nous avons vu dans les processus régulateurs les bâtisseurs de cette structuration. Nous chercherons plutôt de ce côté les préliminaires à la prévenance contre l'intrépidité – soit : une malstructuration de l'autonomie.
- Vous frôlez donc ici la contradiction ! Écoutez : si l'instance surmoïque réfrène certaines pulsions, pour en permettre un assouvissement retardé lorsque les circonstances seront davantage favorables, n'est-ce pas là une maîtrise hédonique, que vous tenez, dans votre hypothèse, pour pathogène ? Plus généralement, la maîtrise de ses impulsions n'est-elle pas un atout donné à l'Homme sur les autres représentants du monde animal, et qui prend en ceci part à son humanité, n'est-elle pas une preuve de son intelligence émotionnelle ?
- Tout d'abord, il faut insister sur la nature du surmoi ayant été structuré par une série d'expériences adaptées et qui en cela, s'il est amené à retarder la satisfaction, agit suite à la perception de conditions provisoirement non-

adaptées. La maîtrise, dans la récompense artificielle, est, répétons-le, une élaboration – ce qui n'est pas le cas de la précédente situation.

Mais aussi, vous ne vous trompez sûrement pas lorsque vous accordez à l'être humain une capacité à dominer, par son intellect justement, ce qui en lui le pousse dans une direction plus que dans une autre, c'est sur ce point que repose une bonne part de tout notre problématique.

En aucune façon nous ne dénions ce qui semble être un acquis de l'Homme, cependant, nous dépareillons *maîtrise* et *contrôle* : « maîtriser » signifie « se rendre maître, dominer », tandis que l'étymologie de « contrôler » nous renvoie à une action de vérification, de « contre-roller », c'est-à-dire de comparaison d'une écriture à celle d'un autre parchemin servant de référence – le « roller ». Ainsi, la différence de sens met bien en lumière l'écart de fond : le contrôle des impulsions permet de ne les faire accéder à l'éconduction que lorsque l'on a *contrôlé* que les conditions y étaient favorables, là où la *maîtrise* tombe sous la pression des facteurs précités.

- Très bien, mais quand par la maîtrise sont combattues de mauvaises inclinations, celles poussant au vol, au viol, au meurtre ou autres crimes, n'est-ce là quand même un privilège ?

- Le point de vue que nous avons défendu sur la pulsion d'agression est que celle-ci trouve sa provenance dans la frustration antérieure de besoins, donc dans une maîtrise pulsionnelle antérieure ; les interdits moraux qui pèsent sur ces exactions sont dès lors une tentative auxiliaire de l'organisation sociale, devenue nécessaire, afin de maîtriser le déplaisir qui serait causé par l'agression à ses membres. Ce métamécanisme en deux temps serait inenvisageable en milieu adapté.

À cette fin, ses jeunes représentants se voient, par l'autorité, privés de reconnaissance, disons d'amour, aussitôt que la bride retenant l'agression est relâchée, cela est traduit par la punition, l'inverse par la récompense. Nous considérons ce processus comme une confusion faite aux mécanismes de contrôle – les bien-nommés – affectifs, puisque le couple récompense/punition, translation du couple adapté bonheur/malheur, n'est plus attribué en fonction de l'adéquation des conditions à la satisfaction, *mais à l'aptitude à la rétention.* L'effet délétère est doublement constitué par la souffrance propre à cette rétention, ainsi qu'aux fonctions sous-équipées, et, par ailleurs, à la non-connaissance du ferment de l'agression qui s'ensuit.

La morale, l'intégrité, la gloire du bien et l'évitement du mal, par ailleurs autre construction intellectuelle, appartiendraient donc aussi à cette même dimension, autrement, par la spontanéité, point d'injonctions ne seraient priées, le principe de plaisir menant invariablement à ce qui est bon et à la distanciation du mauvais, du biologiquement favorable ou défavorable respectivement.

Au total, *la récompense artificielle et la morale procèdent d'un équilibre*.

- Vous tenez là une vision par trop simpliste où la souffrance n'aurait plus de place, et où l'amour aurait chassé toute possibilité d'animosité. N'est-

ce pas là une idéalisation ? Et même plus : n'avez-vous jamais remarqué, ou vous-même fait l'expérience, que le plaisir, que dis-je, le bonheur, pouvait suivre une période de grande détresse ? N'est-ce point également une de ses voies ?
- Vous répétez là le discours de ceux qui allèguent qu'ayant suffisamment vécu auprès des Hommes, le dessillement a frappé leurs yeux, et qu'ils n'ignorent plus la noirceur à laquelle peut tourner leurs âmes, que la candeur de l'enfance doit raisonnablement laisser place à la désillusion de l'Homme fait.

Théoriquement, on voudra bien nous accorder que rien ne vient en opposition à l'existence de *conditions de vie idéales* au sein desquelles l'accès au bonheur, et donc au développement du potentiel propre, est la règle, la souffrance son exception en une fugitive attestation.
À cela, on rétorque souvent qu'une telle vision est démentie par les faits, mais c'est sans prendre en compte *la relativité du cadre*, et nous prétendons, d'un côté, que le cadre adapté n'est point facilement accessible à cet observateur, de l'autre, on rappelle que l'étude anthropologique met bien en évidence des architectures sociales moins prédisposées à l'agression, pour se contenter de cet exemple, que la nôtre.

Il est du reste indubitable que, en certaines occasions, le plaisir soit enfanté par le dénouement d'une période tracassée, et nous ne dénions point non plus à la douleur d'être une précieuse source d'informations, précisément, lorsque celle-ci est due à l'inadaptation d'un comportement, l'information est la reconnaissance même ce cette erreur d'appréciation.
En revanche, l'allégation que souffrir et se battre soient le passage obligé à l'être heureux ne fait point sens au point de vue biologique, car, de toute évidence, *si le déplaisir est bien le signal de la dégradation de l'homéostasie et du développement, il ne saurait, en toute rigueur, se trouver réclamé à l'être de nuire d'abord à cet équilibre en vue de son efflorescence ultérieure*.
En outre, c'est seulement la cessation du souffrir qui est capable, en comparaison de la douleur et par la détente ainsi provoquée, de produire par contraste un effet de bien-être.

Ce sur quoi nous faisons converger nos efforts, ce sont les forces psychologiques entrant dans une attache de causale avec la souffrance. Bien entendu, tout ne peut incomber à ces dernières forces, et ainsi, toutes les attestations, parfois fort violentes, que notre planète est vivante, conjuguées aux menaces qui sont inhérentes à notre présence au cœur de l'immense univers, sont autant de sources de désagréments pour la vie sur cette Terre, mais quant à ceux-ci, nous ne pouvons vraiment faire que nous y soustraire, nous en accommoder, ou mieux, si le temps nous en est donné, de nous y adapter, là est la seule prise concédée à la vie sur ces phénomènes. On aura toutefois pris garde de s'assurer que nulle influence humaine n'est intervenue là-dedans.

Deux remarques nous semblent primordiales pour finir : la première que ce deuxième temps de la récompense artificielle culturelle, la législation, tout à l'instar de la médication pour la médecine, ne supprime pas la cause du déplaisir, et donc l'élément perturbateur, mais ambitionne de taire cet indicateur afin d'esquiver à la dissonance psychique – la *justice* est la sédimentation de ce second temps ; la seconde que l'on se défend bien de croire qu'un groupe libre de prédilections envers la récompense artificielle n'aurait ni règles ni lois, seulement que, si celles-ci se présentaient, elles seraient, répétons-le, *au service des processus régulateurs plutôt qu'elles ne se serviraient d'eux pour se hausser à la maîtrise hédonique*.

16) L'éducation et le travail

L'on nous reproche :

- Voilà, vous vous apprêtiez à prendre congé, à refermer votre argumentaire, alors que vous n'avez raisonné que sur la moitié du problème !

Vous nous avez dit : la règle présumée que le plaisir signe l'utile se voit opposer deux séries de réclamations, d'abord celles que l'on sait fort bien se trouver en présence de comportements plaisants mais délétères suite à l'écoulement d'une certaine période de temps, ensuite que s'annoncent comme inévitables des allants déplaisants, tels sont le travail et les tâches que nous commande pourtant la quotidienneté. Vous êtes donc partis du premier point, les « plaisirs inutiles », avez longuement disserté dessus, mais ensuite fort peu fut exprimé quant aux seconds, les « déplaisirs utiles »...

- Certainement fallait-il en arriver à ce moment plus indiqué du discours pour enfin en venir au travail, illustration la plus courante de « déplaisir utile ».

Commençons par une instruction étymologique : on nous en fait part de deux. Pour la première, le mot « travail » descend du latin « tripalium », désignant un objet de torture tridenté utilisé par les Romains afin d'admonester les plus frondeurs des esclaves ; pour la seconde, c'est le latin « trabs » qui est l'ancêtre de « travail » ainsi que de « entraver », « trabs » se référant à la tension ressentie par un animal « entravé », c'est-à-dire immobilisé de force, pour des soins par exemple.

L'on retrouve tout de même, et quoi qu'il en soit, *une résistance à vaincre* dans l'atteinte d'un but.

Pour le Trésor de la Langue Française, le travail est une « *activité humaine exigeant un effort soutenu, qui vise à la modification des éléments naturels, à la création et/ou à la production de nouvelles choses, de nouvelles idées* » – nous savons aussi que ces « nouvelles choses » se répartissent en biens et en services.

Nous avons déjà précisé qu'un effort est une activité à laquelle est allouée une grande quantité d'énergie, ne préjugeant pas pour autant de son degré de plaisance : un effort peut être agréable ou désagréable. Mais si cet effort en est déplaisant, et selon la réciproque de notre axiomatique plaisir = utile, on se retrouve en face d'un nouveau paradoxe qu'il se fait des besoins qui, pour être satisfaits, appellent l'acquittement d'une dose de déplaisir.

Cette définition s'appesantit en outre sur le fait que le travail modifie l'environnement pour en tirer une production. Cette énergie transformant le milieu résistant pour en extraire un produit est censée permettre d'accéder justement à la satisfaction du besoin. [211]

Il est en effet facile de montrer que le travail est, dans sa substance, attaché à la contrainte. À l'objection que bien des professions sont dispensatrices de plaisirs, à l'image des hautes activités intellectuelles, la science ou l'art, également les disciplines sportives, on fera d'emblée la mention que sur plusieurs points, ces mêmes métiers gratifiants, comportent un montant de déplaisir :

a) Premièrement, ils ne sont accessibles que via une formation mettant vigoureusement à contribution le corps et/ou l'esprit et qui, par son degré d'exigence, comporte des stades déplaisants ;

b) Deuxièmement, la tradition sociale, bien qu'elle évoluât en la matière, favorise plutôt l'exerce d'une seule profession à la fois, voire, il fut un temps pas si lointain, d'une seule profession tout au long d'une carrière, et comme

c) Troisièmement, la plupart des métiers sont régentés par un cadre réglementaire, assignant un nombre d'impératifs à remplir, souvent de façon répétitive et redondante dans une délimitation horaire donnée et plus ou moins flexible, la subordination en revenant à l'*inflexion*.

Nous n'insinuons point, tout de même, que le plaisir au travail soit inexistant, d'aucuns s'en revendiquent au reste, mais seulement que, par tout ceci, sa mensuration en est bornée. En fait, les deuxième et troisième annotations exposent que la rigidité, variable, qui ressort du cadre professionnel s'accorde mal avec la régulation alliesthésique, laquelle invoque au contraire un état d'ouverture, une disponibilité, une adaptabilité et une *plasticité* constantes dont *seul* le besoin est l'élément référent et directeur.
En outre, le plaisir qu'il peut être éprouvé en travaillant ne concerne non seulement qu'une part du temps d'activité de l'individu, mais également qu'une part de la population active. On connaît évidemment, en regard de l'objection qui nous est faite, la multitude d'hommes et de femmes en état de souffrance au travail, un mal qui va en grandissant. Ainsi, sur ces dernières années, 21% des Européens font état de stress lié à leur profession, prévalence qui grimpe jusqu'à 55% en Grèce (2012) [212] ; tout récemment, en France, l'épuisement professionnel semble guetter presque un travailleur sur deux. [213]

Nonobstant, voici notre embarras : la civilisation toute entière repose sur le travail, la croissance, la création de richesses, l'offre de biens et de services ; or comment concéder, après toute notre entreprise théorique, que le sort de tant d'Hommes trouve un de ses fondements dans des exercices qui soient même partiellement déplaisants ? C'est aussi que, la majorité des gens travaillant bel et bien, ils doivent y trouver un plaisir qui rend concevable cette allusion, mais comment adopte-t-on de plein gré un comportement contenant même une parcelle de déplaisir ?

Dans son même ouvrage, « La quête du plaisir » [12], Michel Cabanac invite une hypothèse afin de clarifier l'organisation hybride du travail, qu'il soit pourvoyeur tantôt de plaisir, tantôt de déplaisir. La revoici abrégée : d'abord, le travail étant un impératif biologique, il sied à chacun d'organiser sa vie active selon ses goûts et ses aspirations propres, ce qui se découvre comme tout à fait accordable dans le contexte sociétal contemporain ; ensuite, concernant le déplaisir dû à l'inflexibilité de ce cadre, elle est, d'après l'auteur, corrigée par les récompenses, décalées dans le temps et cédées en retour au travailleur par la société qu'il enrichit : l'argent bien sûr, et donc tout ce qui peut être acheté grâce à lui ; le sentiment d'appartenance, aussi la fierté de la vertu et du mérite ; en dernier lieu, l'admiration et les distinctions que peut se voir accorder celui qui a remporté de grands succès dans sa carrière ; voici donc que la somme algébrique du déplaisir immédiat et du plaisir différé, ce par quoi nous sommes récompensés par notre profession, cette somme, disons-nous, est positive, ce qui conduit bien à l'adoption dudit comportement en concordance avec le principe de plaisir.

Nous n'avons rien à objecter de particulier à ceci qui tient plutôt du fait d'observation ; en revanche, nous voudrions approfondir la glose qui en est prédiquée.

Tout d'abord, si la loi du plaisir utile est valable, répétons qu'elle a pour corollaire que le déplaisir signale le danger du point de vue de l'autorégulation, donc on ne peut concevoir comme explication suffisante qu'un plaisir à suivre, sous la forme d'une rétribution communautaire, puisse légitimer le déplaisir immédiat : on s'en est fait une conviction, le besoin, lui, ne se conjugue qu'au présent.

Il est, au vu de ce que nous avons de confirmé par l'expérience, bien plus raisonnable que *le plaisir certifiant un comportement biologiquement utile advienne le plus hâtivement possible après lui*, et si un déplaisir se manifestait en lieu et place du plaisir, ce même comportement devrait être envisagé tout de suite comme inadéquat.

Dans le travail, deux assignations diffèrent de ce schéma régulateur : d'abord, le plaisir qui le rétribue intervient après un *délai relativement long et dépendant de l'éducation*, ensuite, il est octroyé par *une instance externe à l'individu*, qui est le groupe. Ces deux attributs sont en fait appariés : que le plaisir transitât par une juridiction extérieure éclaire en soi que le temps mis à le percevoir soit allongé ; nous l'avons mentionné, c'est ainsi qu'est allongée la boucle spatio-temporelle de la régulation par le plaisir et le déplaisir, tout comme nous l'avons modélisé pour l'éducation, dont le travail n'est que le prolongement.

Tentons d'avoir une vision encore un peu plus limpide. Le déplaisir immédiat du travail se comprend, lui, aisément comme le signal que la régulation alliesthésique est mise à mal par l'astreinte propre au travail, on n'échappera désormais plus à la considération que *le travail est un*

renoncement à des activités plus hédoniques que lui, il est un renoncement pulsionnel.
Le plaisir différé, quant à lui, nous l'avons déjà mieux cerné : ce qui est dispensé en retour du travail est avant tout de l'amour (confer *supra*), lequel se voile à peine derrière l'estime et la valeur conciliées au travailleur zélé – la valeur travail – ; à côté de cela, la rétribution financière permet, elle, de garantir la satisfaction des besoins vitaux, nourriture, abri, puis loisirs, culture et divertissements, en un mot l'accès au confort (confer *supra*) et l'assurance de l'autoconservation.

En somme : le renoncement exigé par le travail, et le déplaisir qui l'escorte, est contrebalancé par l'accès à la satisfaction de besoins fondamentaux, amour et autoconservation, avec le plaisir qui ne manque pas d'aller avec ces derniers. Alors, amour et argent sont balancés avec le travail afin que le sujet adoptât le comportement paradoxal de perdurer dans une démarche déplaisante individuellement, mais, à une échelle inférieure, devenue et *perçue* comme indispensable à la survie du corps social.

Nous voici maintenant armés suffisamment pour préjuger que *le travail est lui aussi une récompense artificielle* : ainsi que nous nous sommes hasardés à le décrire dans le sous-chapitre à propos des lois, la confusion s'effectuerait de même au niveau des mécanismes de défense, conduisant à un report incessant de satisfactions autres puis une entrée consécutive en tolérance, et cela suite à une association produite au cours de l'éducation, celle qui rapproche le travail de la rétribution collective sous la forme d'amour et de confort.

Notre conviction est engouée par cette nouvelle caractérisation : concevons que dans les conditions adaptées, l'amour n'est point porté à la pénurie, il est *inconditionnel*, et ne se trouve pas emprunté comme menace en échange d'un quelconque renoncement ; en revanche, dans des conditions inadaptées érigées sous l'influence de la récompense artificielle, en tous les cas telles que nous pouvons les consigner aujourd'hui, il est *conditionnel*, et *les conditions de sa pleine attribution sont l'acceptation par le jeune enfant de ces renoncements sur lesquels sa culture s'est élevée* (« *L'amour conditionnel est un oxymore.* » [189])
Nul ne se sent en effet plus fort que celui qui est aimé, à ce qu'il n'en tressaille devant aucun roi, ni ne faiblisse devant aucune éminence ; mais cet autre à qui, au contraire, ce don est contesté, se trouve plongé dans un tel désaide qu'il ne sait que se mettre en quête de l'objet de son manque et se plier aux contraintes qui lui évitent la perte de ce qui fut si difficilement gagné.

L'appareil émotionnel interprète donc cette détresse *comme si le non-travail était inadapté*, l'inadaptation représentant une circonstance où l'amour pourrait être retiré ; suite à cette menace se produit le renoncement à des occupations préférées, puis le travail est intégré au système de valeurs ; enfin, la protection contre la dissonance cognitive est assurée par la déconsidération envers tous ceux qui ont échappé à ce procédé : de cette manière sont trompés les mécanismes de contrôle affectifs dans le cas du travail. Le travailleur en vient ainsi à autojustifier sa propre condition. La récompense est de cette façon artificielle.

Un tableau se dépeint alors – l'angoisse consécutive à la menace de la perte d'amour, cette conditionnalité-là, est le ressort conjoint par lequel la récompense artificielle s'applique psychiquement : elle porte l'enfantelet, avant l'adulte, à se subordonner aux lois, entre lesqulles il est promulgé d'apprendre, de travailler et de taire toute ardeur contraire à cela.

La maîtrise hédonique est, elle, simple à dépister : à se représenter que l'amour de reconnaissance soit décerné à l'individu par la communauté lorsque celui-ci met son énergie à la défense et à la prospérité de celle-là, alors on en revient à l'affirmation que le travail est une obligation vitale pour la société qui en fait la promotion, et ceux qui expriment un refus à cet égard sont conséquemment mesurés par elle comme une menace ; *le travailler est d'abord une maîtrise du déplaisir, le déplaisir de l'effondrement social* – ce qui surviendrait si tout le monde s'arrêtait soudain de travailler, il s'agit donc pour cette culture ni plus ni moins que d'un aménagement en vue de sa conservation.

- Alors il n'est plus question là de récompense artificielle ! Regardez comme toute vie défend avec acharnement sa subsistance, vous n'avez oncques affecté à cela de tels apparats !

- Cela est tout vrai, mais nous n'en avions point terminé avec notre argumentation. Car ici même est exhibé un critère supplémentaire qui est : l'effet délétère, là retrouvé dans la souffrance au travail. On se figure fort bien qu'en situation d'adaptation, le besoin de l'un doit congruer avec le besoin du tout, la satisfaction de l'un doit correspondre avec la satisfaction du tout. Nous répétons qu'alors, ce plaisir adapté signale en même temps une amélioration du milieu interne *et* du milieu externe.

Au contraire ici, nous avons affaire à une orientation opposée dans deux directions : vers l'intérieur, le déplaisir du travail proviendrait de ce que par lui se trouve empêchée la focalisation de l'énergie vers d'autres formes d'enthousiasme ; vers l'extérieur, il ne peut échapper que *l'altération écosystémique est d'une manière ou d'une autre le résultat du travail.*

Nous vérifions ainsi et une fois de plus notre loi : ce qui est bon pour moi est en même temps bon pour le milieu, ce qui est mauvais pour moi est de fait mauvais pour le milieu.

C'est pour ce même motif que l'environnement est senti comme « résistant » au travail et source de déplaisances, car ce qui en est extrait fastidieusement doit en fait être concordant avec la maîtrise hédonique.

Ensuite, cela est insuffisant, car le travail est aussi une maîtrise du plaisir. Que l'on clarifie : l'*ouvrage* et l'œuvre sont ce qui est acquis par l'effort plaisant, le *labeur* par l'effort déplaisant ; on se risquera donc déjà à avancer que *les fruits du labeur sont des compensations*, que c'est à cela qu'est dû le caractère immédiatement désagréable et rebutant du travail, et la contrainte de

sa perduration, bien que médiée par le tissu social, trouve plutôt son ferment dans le commandement, par la multitude, de ces éléments compensatoires afin d'accéder à leur équilibre hédonique.
Le travail s'analyse, en définitive, comme une *récompense artificielle simultanée*, en même temps de la plaisance et de la déplaisance, du point de vue du corps social.

Ce qui sépare par conséquent l'ouvrage du labeur, c'est la source de la motivation : la motivation intrinsèque mène à l'activité spontanée, les divers degrés de motivation extrinsèque sont commissionnaires de la récompense menant au travail.

Et nous nous permettons, malgré l'étrenne de nos recherches, de conclure : l'autorité, dans l'optique de sa conservation, redirige, selon les modalités de la récompense artificielle, l'énergie pulsionnelle dans le sens du travail tout comme celui de la jugulation de la violence ; ces deux types de planification auraient en commun la méprise des mécanismes de défense, s'agissant avant tout par cela d'éviter le déplaisir consécutif à l'effondrement de la *structuration sociale* telle qu'elle s'est bâtie, qui serait le résultat de la dérogation au travail et/ou du déchaînement de l'agression.

À ce titre, dans le dernier chapitre de « La quête du plaisir », Michel Cabanac en vient à investir l'éducation du rôle consistant à faire prendre conscience à l'enfant et à lui faire intégrer que, tout justement, certains déplaisirs étaient suivis de récompenses, et que donc ces derniers en valaient la peine d'après leur future rétribution. Il en va ainsi de l'école, du travail, de l'abnégation et du don de soi, des entraînements physiques ou intellectuels dans l'atteinte d'une performance, et cætera.
Ceci nous semble pourtant contradictoire, voire incompatible, avec les pages qui précèdent cet ultime chapitre et où l'auteur soutient que le plaisir signe l'utile. Encore et encore, notre point de vue est qu'au contraire, *c'est la sensation hédonique immédiate qui porte ce sens*, et tout allongement de cet anneau régulateur appartient, tel est notre pressentiment, à la sphère de la récompense artificielle.
Le gain de plaisir, et par suite la modération de déplaisir sont, par rapport à ce schéma, un débours non-optimal de l'individu-système, car est réduite ou retardée la satisfaction.

Et il est vraisemblable que la récompense artificielle allongeât par au moins deux chemins la boucle de la rétroaction régulatrice : le premier caractérise les « plaisirs inutiles », alors que le ou les effets délétères sont repoussés spatialement et/ou temporellement du lieu et de l'instant du comportement inadapté ; le second, eu égard aux « déplaisirs utiles », pour lesquels, par l'intervention d'une entité extérieure, une action déplaisante est tout de même adoptée grâce à la connaissance, acquise par l'instruction, qu'un plaisir plus grand, mais subséquent, sera accordé par celle-ci.
A chaque fois cependant, ce principe est dirigé par le souhait insonscient de ne point subodorer l'engrenage subreptice là-derrière.

Notre intuition première est donc conservée : dans les conditions adaptées, il reviendrait à l'éducation d'être le support des comportements spontanément plaisants, des signaux émanant de l'appareil pulsionnel, plutôt que de contraindre au renoncement au moyen de récompenses à venir, car dans ce milieu, *la récompense est le développement de la fonction* et le plaisir immédiat libre de tout symptôme : ceci est la seule monnaie de la vie. (Confer chapitre 4)

Et s'il est incontestable que le dur entraînement amène à l'*excellence*, soulevons les questions : un entraînement *utile biologiquement* ne devrait-il pas être un effort plaisant ? Le talent ne peut-il point être spontané ? Et encore : d'où vient l'aspiration à l'excellence ?

Ainsi, l'autonomie peut se perdre de deux côtés : d'abord lorsqu'une autorité externe prédomine – éducation, travail – ; ensuite quand un effet délétère alors engendré attire derechef l'intervention d'un tiers pour sa neutralisation – médication. L'individu n'est plus sa propre autorité.

- La dérivation de l'énergie libidinale des intérêts sexuels, par exemple, vers la sublimation n'est-elle pas requise pour l'édification d'une collectivité et l'élévation des êtres humains devers une destinée supérieure à celle de l'animal ?

- Certes, le processus de sublimation libidinale doit avoir maille à partir avec la vocation de l'Homme ni l'entretien de leur fédération, mais on n'accordera, avec Reich [192], qu'une dose de satisfaction directe, de la vie amoureuse en premier, de la réalisation personnelle en second, est préalable à la structuration de l'individu.

- N'avez-vous point, par tout cela, perdu de vue que certaines tâches sont absolument nécessaires à la vie et à la survie des Hommes ?

- La quête de nourriture, la construction et l'entretien d'habitations, des moyens de transports et de télécommunication, le soin aux malades et bien d'autres choses que chacun n'est pas sans savoir, sont parmi quelques illustrations de ces commissions qui paraissent indispensables à la communauté. Mais l'on se prend à s'imaginer que dans l'adapté, où les préférences des uns et des autres sont réglées par le plaisir spontané et l'alliesthésie, les *activités* et engagements entre les membres sont réparties instinctivement de façon à ce que se trouvent comblés, de même que pour l'individuel, tous les besoins du collectif. Et comme il n'y aurait plus de système compensatoire à forger, le travail serait de lui-même nul ainsi que le système économique qui le rémunère : l'argent est devenu une évaluation du renoncement.

Le système pulsionnel, lui, est infiniment plus subtil et précis que l'on veut bien souvent se l'imaginer.

- Mais voyons, le travail est aussi, même si ce n'est hélas pour la foule, un lieu d'épanouissement personnel, de découvertes et de contributions à l'ensemble... ne balayez-vous donc pas tout cela d'un revers de bras ?

- Nous l'accordons tout à fait, il faudrait en venir maintenant à l'étude du plaisir au travail. Il serait d'ailleurs peut-être prescrit de départir, dans le caractère plaisant du travail, la part revenant à la récompense artificielle via la motivation introjectée, et celle qui s'écrit *effectivement*, mais dans une proportion limitée seulement, dans le cadre d'une satisfaction, en réponse, par exemple, à un besoin d'apprentissage, d'évolution personnelle, de partage, et cætera. C'est ainsi que, est souvent répétition et guère création, là où la créativité est justement une essence de l'âme humaine. Mais ceux des Hommes qui de la sorte se montreraient aptes à une telle accomodation deviendraient finalement les *élites*.

La poursuite de notre travail (!) nous encourage à déchiffrer la nature des tribulations afférentes à la structuration d'une civilisation où un quantum de déplaisir est inévitable afin d'assurer son maintien, au lieu que seul le plaisir soit à la barre de sa génération. L'indispensabilité de l'école, du travail, des devoirs quotidiens, est à appréhender dans cette direction-là.

Généralement, on posera l'hypothèse ci-formulée : les « plaisirs inutiles » aussi bien que les « déplaisirs utiles » s'élaborent à partir d'un mécanisme commun, ils ont leur ascendance dans un ou plusieurs comportements antérieurs menés sous l'emprise du penchant à la récompense artificielle, le plaisir étant fallacieux dans les deux cas.

17) Technique et technologie

Nous réitérons que l'alimentation et la sexualité sont assez assurément les deux axes régulateurs sur lesquels s'étaya originairement la récompense artificielle. Il faut aussi dire qu'ils forment les deux grands groupes de besoins humains, et même qu'ils représentent les deux activités élémentaires d'un organisme vivant, la nutrition et la reproduction ; ces fonctions biologiques sont donc naturellement dispensatrices d'une forte affluence d'hédonisme. Faim et amour, ne sont-ce pas ici les deux plus grandes forces constituantes des Hommes ?
Les adjuvants chimiques pour la première, la pornographie pour la seconde seraient ainsi deux modalités d'accès, par leur intercession, au gain de plaisir. Les deux ont donc certainement été aussi les premières opportunités de compensation. Les mythes des origines que nous venons d'inspecter font, par ailleurs, largement référence aux occupations alimentaires et sexuelles.

Sur ce socle vient s'architecturer ce qui est fruit du travail humain : la technique et la technologie.
D'un côté, ces fabrications de l'Homme se veulent libératrices, émancipatrices, elles sont le moyen par lequel il s'élève peu à peu et avec peine au-dessus de la condition animale, s'affranchit des astreintes de la nature et d'une partie du contingentement de sa constitution, en direction d'un idéal donné pour son existence ; mais de l'autre, fascinant les foules, elles sont aliénation, acculent à la dépendance et à la solitude.

Une fois de plus, ces deux versions ont certainement leur part d'exactitude : une innovation porte bénéfice, au sens systémique, lorsqu'elle est *mise au service des processus régulateurs, soutient et développe les fonctions préexistantes sans les affaiblir, voire en instaure de nouvelles* ; mais *au sens de la récompense artificielle, le bénéfice est le gain de plaisir*, le coût, la survenue du symptôme.

Toute technique est par conséquent de force à faire vaciller du côté de l'artificiellement récompensé, plus spécifiquement en tant que compensateur. Et c'est la compulsion devers cet objet de compensation qui rend inévitable le souci de l'*innovation* puis le consumérisme – confer chapitre 6 § 1c.

Nous sommes donc confrontés au problème du *progrès* : une création est seulement un progrès relativement aux processus régulateurs, sinon, il est, selon notre théorie, soit un gain de plaisir, soit une modération du déplaisir de symptôme, il ne s'agit plus alors d'un progrès, mais d'un *profit*, parce qu'alors, il est profité du système de récompense déjà en place.

Une remarque sur le choix de ce qualificatif : « profit » se rapporte avec évidence au verbe « profiter », dont l'une des acceptions est « tirer parti », d'une situation par exemple ; c'est bien cela que réalise la récompense artificielle, elle « profite » du fonctionnement des processus régulateurs, basé sur l'hédonicité, en les réorientant devers le gain de plaisir.

Et l'on voudrait en effet détromper contre *le risque de confondre le gain de plaisir avec le progrès et son effet délétère avec la nature dévoyée des Hommes ou le fatalisme du sort,* sans voir le fil évanescent qui relie l'un à l'autre : la récompense artificielle. Le problème se résume ainsi : chacun peut faire l'expérience de l'hédonisme que procurent technique et technologie, or à quoi attribuer ce plaisir : est-ce un progrès ou bien un profit ?

Ainsi, depuis les premiers instruments configurés par les Hommes de la préhistoire, galets, silex, *choppers* et *shopping tools*, de leurs atouts dans la gérance des denrées alimentaires, dans la construction des habitations primitives, dans la défense face aux prédateurs, jusqu'aux confections technologiques dernières, nous aimerions croiser les connaissances historiques avec notre hypothèse afin d'apprécier sous quelles prééminences l'essor technique et technologique a subi son expansion.

À titre d'exemple, les moyens de locomotion et de communication, lesquels condensent de plus en plus l'étendue des contrées de la Terre, jusqu'alors inaccessibles, et bientôt de l'espace, lesquels agréent également le transfert d'informations sans l'entrave de l'éloignement, sont des capacités s'assortissant à celles déjà conférées par l'atavisme, comme le microscope et le télescope prolongent la vision et le sonar l'audition ; la question peut aussi être posée en termes de *respect*, de ménagement de ces habiletés ancestrales par les néoinnovations anthropiques : apportent-elles une compétence nouvelle sans brider celles qui sont antérieures ? Regardent-elles dans la même direction, ou bien les secondes font-elles avènement afin de contrebalancer un affaiblissement des premières ?

L'exploration du vaste monde pourrait tarir un besoin de connaissances et de découvertes – comme l'a noté Cabanac avec la curiosité –, mais en même temps, si souventes fois ces expéditions se doublent-elles d'une fuite ou se terminent-elles par une occupation des territoires allant dans le sens de leur dégradation, et la communication longue distance n'a, finalement, d'utilité que lorsque l'on se retrouvent éloignés ; l'écriture est un moyen d'échange et de stockage de données, comme elle se peut devenir fuite et obsession de son auteur : ce qui diffère entre les deux situations est toujours la présence, dans le cas défavorable, d'une frustration antérieure qui force à la compensation, donc à une nouvelle maîtrise hédonique.

Plus amplement encore, la technologie est donnée pour l'allégement voire l'exonération d'une contrainte ; un autre questionnement respectable consiste à se demander : d'où cette contrainte tire-t-elle sa provenance ?

Enfin, avisons, dans la mouvance transhumaniste, quels amendements à la biologie en sont redevables à l'étai des processus de régulation, quels autres, le cas échéant, le sont à la maîtrise du plaisir et du déplaisir.

18) L'art et le divertissement

L'art et l'acte de création ont-ils quelque chose à voir avec la récompense artificielle ? On ne peut se défendre de ce que l'agrément exercé par l'art sur le public est avant tout d'ordre émotionnel : ce que le contact avec des œuvres doit dispenser est la percée d'émotions, tout comme, d'ailleurs, d'autres affairements, tel le jeu, et cela au point que le jugement de ces œuvres s'assoit pour bonne part sur leur virtuosité au jaillissement de l'émoi.

Les émotions poursuivies dans l'art peuvent donc être des expériences devenues amoindries dans la vie quotidienne, encourageant à la recherche d'une tutelle dans quelque univers parallèle. L'exigence de l'artiste n'est-elle point d'imiter au mieux le réel aux yeux de l'affect ? Ici également, on gagnerait sans doute à se mettre à la recherche, dans l'art, du plaisir dû à l'imitation de celui redevable à l'inspiration pure et à la création.

Par quel mécanisme cela peut-il avoir lieu ? Saisissons-nous de l'exemple d'un film de cinéma narrant le malheur d'une mère désunie de son enfant par une fantaisie du sort ; on pleurera ici avec presque autant de sincérité qu'en assistant réellement à cette scène : c'est que les mécanismes émotionnels réagissent devant la fiction *comme si* le drame était véritable, rien ne les ayant préparés à distinguer, sauf à une époque récente, la factualité d'une si parfaite imitation de celle-ci qu'est la technique cinématographique.

Ceci n'est pas sans nous rappeler ce avec quoi nous sommes dorénavant habitués, le mime d'une molécule à l'encontre d'un récepteur, les mécanismes émotionnels étant maintenant les mécanismes de contrôle confondus, le vœu de la résurgence des affects est une maîtrise hédonique, un gain de plaisir, et quant aux effets délétères, au moins un peut être cité : la déréliction à laquelle peut acheminer, comme pour une drogue, la consommation d'œuvres, l'échappatoire que peut devenir la lecture, le visionnage de films ou l'activité vidéoludique.

Et bien que sa critique traitât avant tout du consumérisme, on ne peut s'empêcher de faire référence ici à Guy Debord et sa « société du spectacle »

[214] et, pour notre compte, nous reprendrions l'expression en la mettant en miroir de ce que nous avons retracé : le regarder est le sens premier de la maîtrise du plaisir. Et à y « regarder » de plus près, si l'on entend par « spectacle », « ce qui régale les yeux », beaucoup de dispositions de la civilisation sont « spectaculaires » : la quête du beau qui culmine dans le spectacle même où est recherché le plaisir visuel... il serait à trouver ici la part de compensation qui s'y cache.

Mais lorsque l'on en ôte les ostentations, les réalisations artistiques rapportent, avec constance, les privilèges les plus proprement humains : la vie, la mort, la maturation, les passions, la nature, et cætera ; l'artiste se met alors en quête d'une présentation dont la délicatesse, l'atticisme, invitent aux sentiments de sublime, d'émerveillement et d'extase, en un mot comme en cent, qui évoque une impression de *beauté*.

Cantonnons-nous, déjà, d'alléguer que *l'affect du beau est éveillé par l'art lors de l'identification, dans l'œuvre, d'une représentation appartenant aux conditions adaptées, à savoir, d'un schéma circonstanciel agréant une satisfaction embarrassée dans le cadre habituel, alors vécue par procuration par le spectateur et, il faut le croire, par l'artiste.* Cela rejoint la conception du beau comme dispensateur de satisfaction.

L'art se ferait alors mise en scène des dysrégulations survenues dans les processus régulateurs suite à la récompense artificielle. On ne se rapporte pas uniquement aux histoires racontées en roman, en opéra ou bande-dessinées, mais également à une peinture ou à un monument, un ouvrage étant toujours, quelque part, une histoire.

Nous ne nous livrerons pas ici à une analyse de cas, ce qui serait en soi l'objet d'une production à part entière, mais soutenons simplement que les grandes tragédies jalonnant l'histoire de l'art et ayant profondément laissé leur émargement dans une culture sont dans leur fond un expédient à la récompense artificielle, et de l'artiste on assurerait qu'il est doué d'une sensibilité telle qu'il est en mesure d'établir une connexion avec ces représentations-là, formant alors un matériel inconscient auquel il a accès.

Le créateur est donc ainsi structuré qu'il a un accès favorisé à ce contenu immanent, lequel est retranscrit dans sa création. C'est ainsi que se fonde la différence entre le *génie* et l'*exigence* ; car le génial est pur canal, le génie est nonchalant, il ne se prescrit nulle contrainte pour accoucher de son œuvre, là où l'exigeant, qui de même voudrait toucher au génie, se voit forcé à de multiples efforts tout rébarbatifs pour, souventes fois, ne faire que l'effleurer.

L'inspiration, médium par lequel advient la création, étant délestée de la diligence intellectuelle, elle trouve dans sa source un commerce avec des informations supposément en lien avec la quintessence des choses, des processus régulateurs.

Du sport comme compétition – devenu dans le noueau cadre le prototype du rapport à la nature –, et comme divertissement il en va de même ;

il s'agit pour les spectateurs de revivre pour un temps et par la commission d'un match par exemple, la grégarité qu'ils auraient ordinairement ressentie en conditions adaptées mais qui fut emportée lorsque la relation d'altérité fut pour eux brisée.

19) Affect et intellect

Si l'on décomposait l'esprit humain en un affect et un intellect, ce que l'on ne s'interdira point, du moins temporairement, on se verrait aussitôt confrontés à l'obligation d'en cerner les caractéristiques. Faisons ce rappel de ce que nous avons d'ores et déjà supposé : l'affect, plus vastement l'émotion, est la retransmission consciente de l'histoire de besoin.

Mais pour ce qui est de l'intellect, nous avons surtout fait mention de lui, jusqu'à présent, comme d'un perturbateur, d'un profiteur, comme d'un esprit malin leurrant les fonctions régulatrices constitutives, cherchant en cela un gain de plaisir ou une modération de déplaisir, et, ce faisant, troublant l'animation normale de l'autorégulation. Quel paradoxe pour le bien que les Hommes jugent pour eux-mêmes le plus précieux !

Ceux-ci ne peuvent en effet s'enorgueillir de se présenter comme les plus forts des animaux, ni même comme les plus rapides ou les plus agiles, moins encore comme les plus talentueux des nageurs ni des grimpeurs et ils sont incapables de voler... oui, mais à côté de tout cela, tout semble indiquer que chez eux la cognition domine sur tout le règne animal connu, que certains traits de son intelligence – créativité, anticipation, abstraction, … – sont chez eux plus épanouis que chez n'importe quel autre être vivant.
Nous ne glissons pas ici que le peuple animal soit doté d'une conscience en soi inférieure à celle des humains, seulement que chez ceux-ci prédominent des traits qui sont propices à la récompense artificielle, notamment la capacité de projection temporelle ou la transmission culturelle – sans pour autant leur être exclusifs. Au reste, il est indubitable que les animaux, dans toute la finesse de leurs âmes, surpassent bien des fois la sensibilité humaine.

Il faudrait donc bien que ces talents intellectuels eussent eux aussi leur rôle dans les processus de régulation, qu'ils fussent à leur service, au service de Dieu. Et cela d'autant plus que l'intelligence n'est pas un descendant de quelque récompense artificielle, bien à l'inverse, elle est à son départ, elle est de l'évolution et de la complexification du vivant.

Soyons prompts. Nous partageons l'appréciation que l'apostolat de l'intellect, lorsque celui-ci a dépassé l'écueil de la récompense artificielle, s'attache à conforter les processus régulateurs de la manière qui suit : *par la façon d'outils qui, dans leur utilisation, admettent de parvenir plus rapidement que le mécanisme inné à la satisfaction*, et que, procédant par ce moyen à une économie énergétique, celle-ci se trouve alors libre d'être allouée à de nouveaux buts, de nouvelles initiatives, dont seule, pour l'instant, l'imagination vient limiter la liste : la conservation d'autres espèces, de la vie même, de la planète, favoriser son épanouissement, sa prolixité, et cætera. Le plaisir serait alors uniquement sis sur les processus régulateurs et sur le prolongement de l'orientation qui est leur.

On ne fait plus preuve de novation lorsque l'on rapporte l'humanité à un être dans les âges de sa jeunesse ; avec la description de la récompense artificielle, peut-être est-on face à un apprentissage progressif et lent dans sa marche, celui des possibles de ces capacités intellectives, récemment étendues chez les humains, et dont la bienfaisance potentielle n'est enténébrée que par son inéluctable revers, celui de défaire d'un côté ce qui sur l'autre face peut être édifié.

20) Les conditions à la source de la causation

Succinctement, nous avons défendu la conception d'après laquelle les processus régulateurs aboutissaient à structurer les fonctions de l'individu, lesquelles préexistaient sous forme potentielle dans son information génétique. On suppose donc, en extrapolant, que tout dérangement dans cette régulation entraîne une malstructure dans une ou plusieurs fonctions – que le dérangement s'origine, du reste, dans la récompense artificielle ou ailleurs.

L'environnement et les êtres vivants qui le peuplent coévoluent en permanence vers une adaptation de ces fonctions à leurs conditions de vie. Se référant au néodarwinisme et à la théorie de l'évolution classique, le résultat de ces incessantes adaptations est enregistré dans le patrimoine génétique des espèces, on s'attend donc à ce qu'une espèce soit adaptée à cet environnement, et cela d'autant qu'elle occupe celui-ci depuis longtemps, qu'il est stable et que l'information génique en est préservée.
C'est pourquoi, *dans la recherche des causes de mauvaise structuration, on s'intéressera en tout premier lieu à l'environnent et aux modifications éventuelles qu'il pourrait avoir subi défavorablement, avant de considérer que c'est l'espèce qui est fautive et en situation d'inadaptation.*

Car on se remémore que le biosystème est tout comme un point à la confluence d'une myriade d'interférences, et que c'est dans la relation qu'il s'élabore, c'est par conséquent une faille dans ce process qui institue une malformation. Pour cette raison, nous serons d'autant plus prudents quant à la suivante distinction : *la cause, ou les causes, de la malstructure se trouvent dans les conditions au sein desquelles s'est effectuée la structuration de l'individu, fut-ce en un temps très reculé voire antérieur à lui, bien plutôt qu'elle n'est une de ses attributions.*
Que l'on comprenne ainsi notre jugement : si l'on verse dans l'alcoolisme par déficit physiologique en GABA, que cette consommation même réduit ce déficit, ce défaut neurologique n'est point la cause suffisante de l'addiction, cette cause étant ramenée aux conditions qui, si elles peuvent être détectées, ont préparé le manque, lequel, du coup, ne devint qu'un effet. [215] Semblablement pour les troubles de l'humeur et le métabolisme mono-amine oxydase (MAO) [216], et cætera.

En tant que molécule vectrice de l'information génétique, on supposera que l'ADN s'est vu confié la stricte information nécessaire au fonctionnement des processus régulateurs dans un cadre donné. En effet, la duplication, la réparation et autres opérations biochimiques qui ont lieu sur la macromolécule sont d'autant plus coûteuses énergétiquement que celle-ci est grande. Cette énergie se doit donc d'être optimisée. C'est pourquoi, tandis que le milieu structurant ne confrontait point ses occupants à départir deux situations – car celles-ci n'existaient tout simplement pas –, aucun moyen d'une reconnaissance de ce genre n'a pas intégrer l'information génétique.
La récompense artificielle, nous l'avons vu au chapitre 6, joue sur une telle limitation, tout comme avec le film qui se substitue si bien à la réalité.

Et quoiqu'une des capacités de l'Homme qui, du règne animal, domine chez lui est non plus seulement de s'adapter aux variations de son milieu, *mais d'agir sur ce dernier pour l'adapter à lui*, y compris un milieu dont il n'est pas originaire, nous nous figurons que l'adaptation génétique implique un certain délai, et si un changement, quel que soit sa provenance, survient plus rapidement que cette vitesse d'adaptation, une perturbation de l'autorégulation est à prévoir.

Ainsi, en vertu de la résilience des systèmes, le changement qui rendrait à la fonction sa structuration efficace, c'est-à-dire au plus approchant du potentiel génétique, serait une réinstauration des conditions où les processus régulateurs parviendraient à cette finalité, un tel renversement a été conçu comme une restauration. Mais si, au contraire, l'on s'en tient à intervenir sur l'individu-système, avec l'intention de rétablir un équilibre perdu, mais sans modifier ses conditions d'existence, donc sans agir sur la cause, on doit s'attendre à appliquer en fait un remède, à procéder à une modération du déplaisir inhérent à l'incomplétude du développement fonctionnel, et *faisant perdurer l'organisme dans l'état de tolérance* au sens que nous avons donné à ce mot.
Cela est comparable à tous les symptômes névrotiques s'échinant à parer l'angoisse, ou au mode d'action des antipsychotiques, pensons : dans tous ces cas, *la maîtrise du déplaisir fait passer l'entrée en tolérence pour la guérison.* Alors l'entente de la récompense artificielle est tenue à bonne distance du soignant comme du soigné.

21) Origine de la civilisation

Il a été défini comme *civilisation* toute culture formée sur la récompense artificielle – confer l'article de Martin et Wadley.
Et si la civilisation se distingue de la sauvagerie par son caractère second et intellectuellement disposé, elle est aussi la transmission de cette acquisition, son accumulation et son adaptation aux conditions de vie. Dans le cadre de la récompense artificielle, *les moyens de confusion hédonique aux mécanismes de contrôle – maîtrise du plaisir –, ensuite les remèdes en limitant les effets*

délétères – maîtrise du déplaisir – sont les ingrédients de cette transmission. L'intellect y est mis à contribution dans la mise au point de ces *procédés*.
Et en dernière considération : *la récompense artificielle est le conditionnement inadapté par lequel se produit et se reproduit la civilisation.*
C'est par ce renversement qu'il est devenu alliable de tenir pour normal du point de vue civilisé un agissement qui est dissonant du point de vue de la vie – le travailler, le parfumer sont maintenant des exemples.

Mais de nouveau, un paradoxe se dresse sur notre chemin.

- Comme cela, vous proposez que l'Homme ait créé pour lui-même, et au demeurant pour bien d'autres espèces, un environnement qui est moins propice à la satisfaction de ses besoins que ne l'était celui au sein duquel il est apparu et où son intervention n'avait encore laissé d'empreinte tangible. Quelle contradiction !

- Cette incompréhension se réduit lorsque l'on a pris bien en considération qu'il y a bel et bien un gain à tout cela : ceci est *la maîtrise du plaisir*. On nous relate que la civilisation a apporté le bénéfice du lien libidinal, l'attachement réciproque qui rend les êtres ainsi unis bien plus forts que celui qui est isolé contre une nature toute pleine d'intransigeances ; alors cette vie de société, par le secours qu'elle apporte, exige en retour un sacrifice pulsionnel qui trouve ainsi sa justification. Mais c'est excepter que *la grégarité s'ajoute à la liste des besoins puis des fonctions humaines, et que la sociabilité est dès le départ une satisfaction et non un quelconque arrangement de compromis, une satisfaction génuine ne demandant aucun sacrifice en retour*.

Enfin, la retenue nous a laissé distinguer qu'il n'y a certainement pas deux poids deux mesures : un acte marqué par la récompense artificielle doit comporter aussi son lot de satisfaction véritable, sinon la vie ne serait simplement plus permise, une partie seulement du plaisir doit être déliée. Cela n'empêche pas l'accoutumance de se mettre en place, ni la dysrégulation. C'est ainsi que se comporterait la civilisation : une part d'artifice afin d'accéder à une maîtrise hédonique, une part de satisfaction pour affirmer la vitalité.

Et si l'on voulait se représenter une falsification hédonique totale, la plus absolue, on aurait recours à l'expérience d'Olds et Milner, réalisée en 1954 [217], et au cours de laquelle un rat se voit implanter directement au niveau du circuit de récompense (dans le septum) des électrodes stimulatrices qu'il peut lui-même activer grâce à une pédale ; ce plaisir sur commande, si simple à obtenir, et en même temps si grand, devança alors la satisfaction des besoins vitaux, le boire, le manger, le dormir, autant que les animaux souvent en moururent. En dépit de la proximité d'eau et de nourriture, le rongeur préfère toujours la décharge procurée par l'action de la pédale, alors que *cette action n'est propre à satisfaire aucun besoin*.
Ici, le circuit de renforcement est directement stimulé, sans aucune intercession, il n'y aurait donc plus que l'épuisement cellulaire et synaptique qui serait capable de restreindre le processus, et par cela, on opinerait que cette expérience accomplit la récompense artificielle la plus achevée.

Pourtant, on se demande rapidement quel écart il y a entre cette expérience-ci et la toxicomanie, où des molécules se fixent directement sur les récepteurs du circuit hédonique. Cela doit se réviser à la considération qu'il y a alors bel et bien un intermédiaire, qu'est la substance stupéfiante elle-même, et que, par la technique, son accès fut rendu bien plus aisé qu'à l'état sauvage. Mais surtout, on se souvient que la toxicomanie est une tentative de compensation, de compensation affective plus exactement, parce que l'environnement n'a pas accordé toutes les situations enviables, et donc les perceptions de ces satisfactions ont également fait défaut. Notre raisonnement est de la sorte acheminé à concevoir que les rats sur lesquels a été conduit ce test sont devenus « accros » car leur espace n'était pas envers eux suffisamment pourvoyeur de contentements. La cage d'un laboratoire doit, en effet, affaiblir sa vivacité globale.
Le résultat serait-il semblable avec un rat sauvage ? Si cela était appliqué à l'Homme, qu'en adviendrait-il ? L'issue de cette expérience doit dépendre des conditions de vie de l'animal – confer l'expérience du *rat park* d'Alexander, chapitre 5.

Il demeure que l'espace civilisé nous semble restreindre la satisfaction à bien des égards : la vie affective paraît d'ailleurs particulièrement touchée, dans la limitation du contact mère-enfant, la restriction de la vie sexuelle, le contingentement exigé par la quête d'argent, l'affaiblissement qualitatif des aliments, et cætera.
Il nous revient de démontrer dans quelles proportions ces freins sont les obligés de la récompense artificielle.

22) Le scientifique et sa théorie

Jung avait déjà fait ce constat : la psychologie est une science particulière, en ce que son objet est également un sujet, ils sont tous deux confondus (« L'âme et la vie »). [1] La psychologie, et plus généralement toute la biologie, partagent cet octroi. De plus, le plaisir est un concept tout particulièrement à cheval entre la physiologie et la psychologie.
Comprendre un peu plus comment le plaisir est impliqué dans l'émergence des comportements revient par conséquent à *se* comprendre un peu plus également ; mais notre chronique vise surtout à déterminer comment l'Homme peut agir sur ses propres systèmes régulateurs pour en obtenir un gain de plaisir ou une modération de déplaisir, tout ceci à couvert de sa raison.

Il faut croire que définir la récompense artificielle comme nous l'avons essayé ici ne pouvait se concrétiser qu'à partir d'une époque toute récente : car à cette fin, il nous fut imposé d'être connaisseurs de la neurologie du plaisir, de la biochimie et de la biologie cellulaire à l'œuvre tandis que les mécanismes de contrôle sont trompés, également de la psychologie des profondeurs pour tout ce qui eut trait à l'esprit ; en somme, il a fallu se nourrir des avancements derniers de la science.

De surcroît, en ayant fait la démonstration de ce mécanisme dans des emplacements aussi distincts, du soma à la psyché, de la cellule à la culture, nous avons aspiré à forger une méthodologie d'analyse comportementale transversale qui puisse s'appliquer à toute circonstance, sans barrière d'échelle ni dérogation de caractère.

Et si l'on en venait enfin à confirmer que l'espèce humaine agit bel et bien sur elle-même et sur son environnement dans le sens d'une perturbation des processus régulateurs, que plus encore cette tendance s'est tant propagée par la voie de la culture qu'elle n'épargne aujourd'hui plus aucun de ses représentants, alors le chercheur, tout comme son lecteur réfléchi, se trouvent confrontés à ce qui dans leur vie propre tient de ce fait aux comportements de compensation, et, pour finir, à penser que ce qui leur avait été légué par l'éducation et déposé dans la quotidienneté comme une habitude, comme un allant de soi, doit être avec la plus grande méticulosité réexaminé avec le regard de celui qui a pris connaissance de la disposition de l'Homme au récompenser artificiel.

De nouveau, nos primes tourments font écho ici, après le long trajet que nous venons de parcourir, sous les traits de la dissonance cognitive, laquelle ne peut que faire une violente ingression chez celui qui abrite, par exemple, un conditionnement pour une activité de compensation, et, simultanément, la compréhension du caractère sournois de cette *habitude* ; il y a, en quelque sorte, conflit d'intérêt, ce qui apporte le risque que la prise en considération d'une telle constitution soit rejetée dans le double but du contournement de la tension et de pouvoir se maintenir loin de cette âpre compagnie : *l'émotionnel a pris le pas sur le rationnel.* (Confer chapitre 1)
De là la polarisation envers l'objectivité et la rationalité du scientifique, laquelle est alors une peur qui ne dit pas son nom.

Nous escomptons toutefois qu'émotion et raison, ces deux grandes polarités humaines, sachent à cet emploi que nous proposons retrouver un peu plus leurs convenables proportions.

Il se glisserait par là aussi une compréhension plus vaste du « narcissisme des petites différences », l'inimitié toujours latente qui oppose les nations entre elles, les voisinages entre eux, et cætera ; le fait se présente à nous qu'*est bien souvent dénigré par l'un le fait que l'Autre prenne du plaisir d'une manière différente de lui*, et une fois de plus, nous verrions en esquive la dissonance cognitive renvoyant au premier au travers du second que, disons-le, son compenser n'a point le caractère de l'universalité et, pis encore, qu'il se pourrait être encore mieux concordé avec le besoin, sans l'intermédiaire de la compensation. Nul ne semble plus accroître cette dissonance que de voir autrui porté à la délectation par un choix d'objet de nature différente – et nous rattrapons la rupture de l'altérité où de nouveau la demande envers l'Autre le transforme aussitôt en objet.
L'un dans l'autre, selon ces vues, le problème vient toujours de l'Autre, de l'extérieur, alors qu'il est facile de démontrer l'inexactitude d'une telle

position, la compensation étant assurément généralisée ; mais de nouveau, cela accomode et protège de la tension.
La pulsion d'emprise, à la fin, soubassement de toute guerre, est donc cette tendance à imposer par la force l'éloignement de tout item enclin à provoquer une telle inharmonie psychique.

Le choc des cultures, c'est donc l'affrontement révélant que le métasystème des compensations mises en place par un peuple n'est autre que compensateur, et non éléments de seule satisfaction.
Ainsi serait que celui qui diffère de moi élève aussitôt un embarras résolu par le rejet ou la projection, et fort peu nombreux sont ceux qui demeurent indifférents à la différence, voire sont attirés par elle. Autrui, dans ces circonstances, exige, afin de minimiser cette peine, mon identité à lui. Et tout pareillement, mon animosité envers l'Autre se rattacherait à la même solution.

Achevons en notifiant à quel point *l'Homme civilisé est ambivalent*, il est hétérogène quant à sa psyché : tour à tour il se consacre à l'assistance des processus régulateurs, et le voici à préserver la vie et défendre l'amour, à composer mille merveilles, quant à l'instant suivant il se donne entier à l'artifice, tout délibéré qu'il fut par sa culture, et le voilà à rompre la grande unité biologique, prêt au combat et à l'inconduite de son être.
Avec le descriptif de quelques implications de la récompense artificielle sur le terrain de la psychologie, nous avons possiblement su déchiffrer un peu mieux cette hétérogénéité.

B.
IMPLICATIONS AU NIVEAU PHYSIOLOGIQUE

Nous ne pourrons qu'être succincts dans le domaine de la physiologie, après avoir autant monopolisé le lecteur dans celui de la psychologie. C'est pourtant bien en physiologie que le concept d'autorégulation, et donc de dérégulation, fut en premier lieu décrit et théorisé quant aux systèmes vivants.

La prise alimentaire apparaît ici en première ligne de ce qui est susceptible d'être soumis à la récompense artificielle, nous l'avons vu avec les additifs alimentaires et l'assaisonnement ; jusqu'où cette tendance étend-t-elle là son influence, ici comme ailleurs, cela est enjeu de nos travaux futurs. S'ajoute à ceci tout ce qui a trait à la toxicomanie, même tout stimulus physique pouvant faire l'objet d'une dépendance ainsi que discuté plus avant, par un quelconque moyen : ingestion, inhalation, perfusion, et cætera.

D'autres considérations, enfin, ayant trait au milieu extérieur auraient peut-être aussi un lien avec la récompense artificielle : la dégradation écosystémique, l'altération de la barrière atmosphérique, la pollution chimique, sonore, visuelle, ondulatoire, bref, *tout ce qui en reviendrait aux problèmes écologiques serait un résultat de la transformation anthropique du milieu afin de le rendre propice au gain de plaisir*, et notamment par le travail. (Confer *supra* le § 17 de la partie A du présent chapitre)

De fait, la biologie n'ignore pas que de nombreuses pathologies, comme nous l'avons décrit avec le chlorure de sodium, sont des dysrégulations de grandeurs physiologiques s'originant dans la nutrition : qui du diabète de type 2, qui de l'hypercholestérolémie, qui de nombreux cancers ou maladies cardio-vasculaires. [218] (Confer le paradoxe du plaisir, chapitre 4)

Brièvement, dans la régulation des flux entrants et sortants de matière et d'énergie, les processus régulateurs physiologiques comportementaux qui sont abusés n'atteignent pas ou pas suffisamment longtemps la zone d'adaptation propre, à chaque instant, pour chaque variable, résultant en des manques et des excès.

Si des facteurs environnementaux font occurrer un désordre dans l'autorégulation, alors on s'attendrait à ce que celui-ci soit levé aussitôt que les conditions perturbatrices sont rectifiées et qu'est rétabli un cadre adapté.

Mais si tel n'est pas le cas, le remède apparaît alors comme, souvenons-nous-en, une nouvelle récompense artificielle, non seulement dans la mesure où il procède également d'une confusion des mécanismes de contrôle (confer le chapitre 6 pour l'étude des médications et effets secondaires), mais aussi parce que la visée est ici la modération de déplaisir du symptôme sans action sur la cause, laquelle se trouve dans l'inadaptation relative des conditions, en dernier lieu, un nouveau symptôme doit être attendu de ce processus désormais bien connu, poussant vers un nouveau remède selon le mécanisme en deux temps, et cætera.

En cela, nous nous inscrivons pleinement dans le paradigme de la nouvelle biologie, développée par Bruce Lipton aux USA. [219] On fait ainsi passer la détermination biologique du gène autocrate aux conditions environnementales de la cellule, lesquelles sont intégrées par ses récepteurs membranaires pour seulement, par la suite, induire des réactions spécifiques et moduler la transcription génique – à cet égard, l'épigénétisme joue d'ailleurs un rôle prépondérant. Le cerveau cellulaire n'est donc plus le noyau, renfermant le tout-puissant code génétique, mais bien la membrane plasmique, ajustant au gré des circonstances l'activation des gènes et des voies métaboliques.

Les auteurs, du reste, incluent de nombreux facteurs dans cet ajustement : physico-chimiques, alimentaires, ondulatoires, ou psychologiques, à travers ce qu'ils nomment les « croyances », et que nous comprenons comme la structuration psychique, émotionnelle, et dont l'effet sur la régulation de l'expression génétique semble de premier plan.

Quoi qu'il en soit, l'importance des conditions de vie, que nous avons tenté de répartir en conditions adaptées et inadaptées, trouve une convergence avec les hypothèses et les résultats de la nouvelle biologie, *où ces conditions se révèlent être le facteur du déterminisme du vivant.*

Nous sommes finalement de nouveau interrompus :

- Voici que vous avez braqué la lumière sur la capacité du plaisir à tromper, voilà tout ce que vous avez fait pour l'heure ; or vous n'avez encore rien dit sur une semblable capacité de sa contrepartie, le déplaisir !
- Certes, et en approchant de la finalisation de l'argumentaire, ce manquement théorique doit être corrigé. Traiter du plaisir avant le déplaisir était pourtant inévitable. Mais l'exigence logique nous rattrape bien vite et pose de décider si un déplaisir se ferait aussi le résultat d'une méprise au niveau des mécanismes de contrôle, tout comme le plaisir : aussi, le déplaisir peut-il être causé par des conditions pour autant tout à fait aptes à la satisfaction ?

Imaginons pour ce faire une situation parfaitement symétrique : prenons un aliment satisfaisant parfaitement un besoin nutritionnel, on attend de cette consommation qu'elle soit plaisante ; par une quelconque manipulation, une substance toxique se trouve mêlée à cette nourriture, la rendant désagréable au goûter... sommes-nous face à une récompense artificielle ? Immédiatement, nous répondons par la négative, *car la maîtrise hédonique va toujours dans le sens du principe de plaisir* – on ne peut, en vertu du principe de plaisir, souhaiter davantage de déplaisir, même, finalement, dans le masochisme, confer *supra* § 12 du présent chapitre.
Or un comportement pareil à celui-ci s'oppose à celui-là ; qui plus est, le déplaisir n'y est pas trompeur, car la seule présence de toxine, ou de tout autre élément capable d'induire le repoussement avec un aliment au reste approprié, suffit à justifier du déplaisir éloignant de l'insécurité.

Le déplaisir est lui aussi représenté par l'activation de structures neurales spécialisées, comme la substance grise périacqueducale, ou l'hypothalamus médian. Pourtant, si l'on stimule inopinément ces zones, c'est-à-dire hors d'une situation de danger, le déplaisir est au moins le signal de cette inopportunité, donc biologiquement sensé. Sur cette situation prototypique, on ne peut donc pas conclure à l'existence d'un déplaisir falsificateur.

L'élargissement théorique ne fait d'ailleurs qu'endurcir cette position : en ceci que dans l'acte même de faire confusion aux mécanismes de contrôle réside les conditions préparatoires à l'effet délétère, donc au déplaisir. L'élément déclenchant un déplaisir ne peut donc point être approprié à la satisfaction, par conséquent il n'y a pas non plus de réelle confusion possible. Quant au milieu adapté, étant donnée la congruence entre espèce et environnement, toute condition périlleuse devrait déclencher une sensation de déplaisir, à la condition, escomptons-nous, que dans la phylogénie, cette rencontre défavorable ait déjà eu lieu, et que comme telle, elle ait subi un engramme dans le patrimoine génétique.

Voilà qui ferait dire à Stendhal : « *Tout malheur ne vient que d'erreur et tout bonheur nous est procuré par la vérité.* » ! (in « Correspondance », Tome I)

C.
IMPLICATIONS AU NIVEAU PHYSIQUE

Au terme de notre itinéraire, il ne nous reste plus qu'à revenir au niveau d'abstraction le plus élevé, celui par lequel nous avions entrepris notre démarche. En adoptant le point de vue systémique, nous avions déroulé les concepts suivants : système, échange de structure, d'énergie et d'information, énergie, entropie, néguentropie, information, bruit, autorégulation, processus régulateurs, mécanismes de contrôle, état attracteur, spontanéité, autonomie.

Au préalable, la centralisation sur le besoin nous a inculqué, d'une certaine manière, une vision plutôt déterministe du vivant, où ce même besoin est *le* déterminant, et où la *liberté* véritable est celle de disposer de toute l'ouverture vers les conditions de satisfaction.

Dans leur milieu adapté, les processus régulateurs seraient disposés à établir la régulation via une dépense d'énergie minimale, or si la régulation est imparfaite et se traduit symptomatiquement, cette dépense énergétique optimale est hors d'atteinte : il en est ainsi dans la mesure où les échanges intersystémiques sont reconvertis en vue de la maîtrise hédonique, cela se déduisant au demeurant de la confusion des mécanismes de contrôle.
Toujours énergétiquement, les processus de régulation ont donc également pour mission de gérer et d'orienter l'*énergie biologique* lors de son écoulement dans les systèmes vivants, et de cet écoulement naîtra une structure ; cependant, avec la récompense artificielle, cette énergie est réattribuée à la maîtrise hédonique, d'où que cette nouvelle gestion aboutit à une mauvaise structuration – ou désorganisation.

De là, la spontanéité des échanges, guidée par les processus régulateurs, est remplacée par un processus intellectuel, se substituant à ces derniers et éloignant de leur optimalité les échanges de structure, d'énergie et d'information entre le système et son environnement. De manière générale : *la récompense artificielle redessine les flux de structures, d'énergies et d'informations à son propre compte*.

Ces échanges ont déjà été distribués en trois catégories : structure, énergie et information. Sur ces trois aspects de la matière, *il semble que ce soit la composante informationnelle qui soit la première sur laquelle influence la récompense artificielle* : en effet, la mésinterprétation faite par le mécanisme de contrôle conduisant à une stimulation du circuit de renforcement en disproportion du bénéfice biologique apporté n'est autre chose qu'une maltransmission de l'information depuis ce premier jusqu'au centre intégrateur. De la sorte, *la récompense artificielle est un bruit*, un retrait de sens par rapport à l'information captée par le mécanisme de contrôle, ainsi se traduit en langage cybernétique le gain de plaisir recherché.
En effet, au cours du deuxième chapitre, à l'aide du pseudo-paradoxe de Gibbs – selon que l'on considérât les deux gaz comme identiques ou bien comme des

variantes isotopiques –, ou l'expérience des fentes d'Yong, nous avons remarqué que la connaissance subjective d'un système influait sa perception du monde. La mésinformation induirait alors un décalage dans le rapport au monde et les réactions appropriées qu'il convient d'y mener. On comprend de même pourquoi ce malentendu aboutit à un comportement en soi inadapté, les renseignements produits suivant l'interaction mécanismes de contrôle-environnement étant marqués par un biais.

C'est à cet endroit que, s'ensuivant la confusion des mécanismes de contrôle, par le surpassement de l'empan des diverses variables, *le contrôle devient maîtrise*, c'est-à-dire que la maîtrise cognitive de l'hédonisme se greffe sur les processus de contrôle des grandeurs organiques.

La considération du travail nous fût, qui plus est, d'une grande aide : le moyen par lequel la récompense artificielle s'y accomplit nous a fait savoir que celle-ci allonge la boucle régulatrice, et dans le langage de la systémique, une telle boucle correspond à notre hystérésis, la durée séparant une variation de paramètre des réactions-retour dont dépend l'efficacité du système. Cette tactique *retarde l'hystérésis* du système et c'est ce retard même qui rend l'ensemble conciliable. Globalement : la récompense artificielle cherche à étendre toujours au plus cet hystérésis.

Poursuivons sur cette lignée : *la récompense artificielle est un bruit particulier en ce qu'il n'est point événement aléatoire ou fluctuant du milieu, point non plus quelque processus physique hasardeux ; tout au contraire, ce bruit-là est organisé et déterminé par une activité hautement réfléchie quoique son mécanisme échappât à la conscience.*
Ce nouveau bruit est donc à mettre en regard de phénomènes purement adventices, à l'image de brusques modifications climatiques ou de violents mouvements terrestres, qui de même sont d'autres bruits, qui de même se peuvent tant perturber les processus régulateurs que ceux-ci en deviennent incapables de rétablir, pour certains paramètres vitaux, des valeurs adéquates, mais dont la nature diffère en cela qu'ils sont fortuits, provisoires, et non le fruit d'une haute composition.

Ainsi, selon la théorie de la complexité par le bruit, celui-ci peut être déstructurant et se terminer par la destruction du système sur lequel il s'est exercé, mais à l'inverse, en réaction à cette première phase de désorganisation, le système peut non seulement se restructurer, mais plus encore, se réélaborer en un degré supérieur de néguentropie, d'organisation, en fait, à devenir résistant au bruit qui l'avait dérangé : en un mot, il a subi une *évolution* dans sa structure. [220]
La subtilité de la théorie de la complexité par le bruit se fait jour ici avec netteté, car elle suppose qu'une perturbation puisse se révéler génératrice d'ordre, moyennant l'écoulement d'une certaine durée ; encore : elle peut être une force évolutive, une puissance à l'ouvrage derrière les différents mécanismes présentés comme tels en biologie : mutation, recombinaison et dérive génétique, migration de population et sélection naturelle.

De quel côté ranger les si diverses faces de la récompense artificielle ? Sont-elles en mesure de faire évoluer les organismes ou bien ceux-ci sont-ils par son biais voués à l'extinction ? On croit bien que la réponse à ces questions de haute volée ne peut être obtenue a posteriori que par l'expérience et l'observation.

- Ne peut-on donc pas savoir a priori ?
- Cette dernière condition seule imposerait, il est vrai, un énorme recul spatio-temporel afin d'être conforté dans l'assurance de l'absence de détriments ; on se tournerait alors de bon gré vers le défaut apparent de toute contre-action sur les mécanismes de contrôle, instant où débute la procédure artificielle. Un autre angle d'étude peut-être plus profitable est celui qui scrute, derrière le comportement, *le repérage du besoin qui se trouve rempli, le bénéfice au sens régulateur*.

Mais si le bruit peut bien se faire structurant, n'importe quel germe de désagrégation peut-il alors être de taille à une telle prouesse ? Si la réponse est imprévisible, le doute quant à lui est toujours permis. Peut-on même recommander la récompense artificielle comme source de perfectionnement à une date fort éloignée ?

Nous nous bornerons à faire une remarque susceptible, tout de même, d'orienter la controverse : dans les systèmes de communication par exemple, le bruit, telle une interférence, se fait momentané, ponctuel, certains parasitages, comme ceux étudiés par Benoît Mandelbrot, sont même cycliques ; or *le bruit issu de la récompense artificielle est constant* dans sa pression sur les processus régulateurs, de par sa grande diffusion et sa longévité. Il paraît donc moins vraisemblable qu'un bruit pratiquant une pression permanente sur des systèmes soit propre à en autoriser la complexification, d'autant plus que c'est durant les périodes de cessation du bruit que le système peut bien trouver l'opportunité de se restructurer de sorte à s'aguerrir contre celui-ci.

Il y a un trop grand décalage entre le milieu constitutif et le cadre constituant. De cette façon, *la récompense artificielle s'opposerait à la complexification de la matière vivante*. La résilience des êtres vivants est par conséquent mise à l'épreuve de ce biais, et c'est aussi l'étendue de cette résilience qui dispensera le bénéfice casuel d'une telle adversité.

Toutefois, il nous faut approuver l'idée voulant que l'émergence, l'auto-organisation, ne naisse point uniquement du cahos, du dérangement, car nous suspectons que l'ordre puisse aussi surgir de l'harmonie, de l'équilibre, la spontanéité des lois physique à elle seule étant déjà un gros facteur d'organisation.

Et que l'on se souvienne également de la relation entre information et néguentropie : l'effet escompté d'une perturbation dans les processus de régulation, précisément sur leurs mécanismes de contrôle, est une malorganisation partielle du système, ce que l'expérience nous a confirmé par l'émergence mécanique des effets délétères.

L'ayant reconnue comme telle, la récompense artificielle serait donc un facteur de *désorganisation biologique*, certainement à l'échelle de l'individu-système, probablement, et nous nous en réservons l'étude pour plus tard, jusqu'à celle de la société-système. Les fonctions potentiellement prévues par la génétique devraient alors dans leur envolée être émoussées ou incomplète, mais pour l'heure, il s'agit d'une déduction purement théorique.

Tout compte fait, *l'Homme en est donc venu à troquer contre une aptitude nouvelle, celle d'être le maître de ses sensations hédoniques, une part de son autonomie et de sa spontanéité*, ayant ce faisant amoindrie l'efficacité de ses rétroactions autorégulatrices.

Que l'on y songe : l'expérience d'induction et déduction, la plus élémentaire peut-être de tout cheminement scientifique est aussi celle qui, au final, conduit à la récompense artificielle : si en réunissant des conditions toujours identiques, le dénouement de cette réunion l'est également, on est portés à croire qu'une propriété de l'être est ainsi mise au jour ; c'est, à l'image de cela, par remarquer qu'une conjonction de conditions amènerait régulièrement au plaisir, que l'intellect s'engage dans la voie de la récompense artificielle, alors que pour nous, ce raisonner peut devenir, encore une fois, objet d'égarement.

Le besoin d'un côté ainsi que le cadre au sein duquel il peut être satisfait de l'autre, sont à notre emploi les causes véridiques, reléguant les descriptions anatomo-pathologiques, comme la régulation du nombre de récepteurs synaptiques par exemple, au statut de corrélation.

Et dès le départ, nous avions rappelé que ce qui est observable et accessible à l'entendement par l'esprit de déduction est assez sûrement corrélé au cadre dans lequel ces observations prennent place. C'est comme cela que, si l'on considère comme « référentiel hédonique » les montants de plaisir et de déplaisir connus d'un sujet, on n'oubliera donc pas que ceux-ci sont, assez sûrement, dépendants de son cadre, et que seul le cadre adapté maximise les premiers et minimise les seconds.

Dans le fond, aucun plaisir découlant d'aucune récompense artificielle n'atteindra jamais la singulière profondeur, ni la vitalité, ni la délicatesse, d'aucune extase véritable.

Ainsi que maintes fois répétées par d'autres et reprises par nous, la synthèse et l'interaction des différentes sciences qui décortiquent le réel sont nécessaires pour une compréhension de ce dernier ; aussi ne nous étonnerions-nous point dans un sous-chapitre consacré à la physique de voir resurgir un concept de la psychologie.

Et voilà que la dualité Éros/Thanatos, débattue au plan psychique avec l'opposition pulsions de vie/pulsions de mort, trouve son expression particulière, chez l'être gratifié de vie, dans le battement de complexifications et de décomplexifications, de création successive de néguentropie et d'entropie : Éros agrège les structures élémentaires en structures plus élaborées et à la complexité supérieure, Thanatos à l'inverse désagrège les constituants ainsi assemblés en constructions plus simples. Le couple Éros/Thanatos est donc au service de la structuration des systèmes, dont ceux humains (confer l'exemple de la structuration des mains, [221]), et de l'augmentation globale d'entropie. (Confer le second principe de la thermodynamique)

Se limitant au sous-ensemble formé par la régulation pulsionnelle, la paire pulsions de vie/pulsions de mort devrait par suite être au service de la structuration somato-psychique, ce qui est bien le cas si l'on rappelle ce qui fut proposé seulement quelques pages en arrière à propos de la violence : *la pulsion d'agression est une rétroaction* successive à l'échec de l'Éros, et dont la visée biologique est la suppression des forces d'opposition à cette satisfaction.

Reprenant le déjà exposé, disons que *les processus régulateurs sont les serviteurs de la néguentropie suivant les voies de l'Éros et du Thanatos*, mais puisque nous sommes sommés par les faits de reconnaître, à côté des pulsions structurantes, « néguentropiques », « Érotiques », des pulsions déstructurantes, « entropiques », « Thanatiques », reprenons également que celles-ci sont, par leur focalisation sur l'obstacle à la satisfaction, et tout autant que les premières, des forces régulatrices – plus trivialement : la violence, allure particulière que peut prendre le Thanatos, est bien une tentative d'équilibration.

L'énergie libidinale est par le fait d'une unique nature, mais de divers moyens.

Il revient par là qu'*Éros et Thanatos sont tous deux au service de la régulation*, agissant selon les conditions de vie de l'organisme, et il n'est ainsi point surprenant que cette commune intention, commodément qualifiable d'utile, soit dans un cas comme dans l'autre signée par le plaisir, et la somme de déplaisir qui lui est adjointe à la violence est comprise comme l'alerte que les conditions d'éruption de celle-ci inquiètent la satisfaction et donc la régulation globale.

Toute pulsion est une force d'équilibration, et aucune ne vise en soi le désordre. Il n'y a pas de mauvaises pulsions, il n'y a que de mauvais cadres.

Que nous serions amenés à rapporter ce propos général au milieu adapté, et il nous faudrait déclarer que dans ce cadre, la satisfaction étant uniquement limitée par des facteurs environnementaux anthropiques ou non-anthropiques mais de nature passagère, l'agression aurait tôt fait de souligner une situation impropre et d'y mettre fin à brève échéance, accomplissant ce faisant sa fonction autorégulatrice.

Si maintenant nous nous rapportons à un autre milieu, celui pour lequel la récompense artificielle a servi de terreau, l'insatisfaction étant en quelque sorte constitutive d'un tel milieu, déclarons alors que l'agressivité doit être sans cesse mobilisée, toujours selon une fin aiguillée vers l'autorégulation, et inversement que derrière toute virulence doit toujours se camoufler une privation antérieure de contentement.

Ce que nous livre présentement comme nouveau le point de vue systémique est que puisque *tout système complexe doit sa structuration à un équilibre entre Éros et Thanatos, la récompense artificielle, par l'assouvissement qu'elle soustrait, déplace cet équilibre du côté du Thanatos, dans le bruissement de la pulsion d'agression.*
Et si l'on veut bien élargir ces vues à un plus vaste ensemble, considérons que lorsqu'un métasystème est hors de conditions adaptées, donc dans l'incapacité de succéder à une structuration néguentropique adéquate, la composante Thanatique se trouve renforcée, et induit par là *une régression globale de la néguentropie*, de l'état d'organisation précédemment atteint, régression qui est le signal même de l'inaptitude des conditions en présence à faire évoluer l'ensemble vers son état optimal d'ordonnance.
La maladie et la guerre sont pour nous, respectivement au plan individuel et collectif, les exemples les plus aboutis de cette régression.

A-t-on, par ces considérations physico-psychologiques, délaissé notre fil conducteur ? Nous ne l'espérons point, car les conditions possiblement créées par l'Homme selon la tendance hédonique se montrent, comme nous venons de le voir, moins adaptées pour lui, la pulsion d'agression prenant alors toute son expansion et tout son sens, elle qui en semble d'ordinaire tellement dépourvu.

La consécution de la maîtrise du plaisir puis du déplaisir se manifeste alors comme une régulation en tendance qui se maintient, tant et si bien que la pulsion d'agression puisse aborder à la destruction presque totale, comme on la contemple sur le champ de bataille, mais, hélas, par cela, elle laisse intacte aux côtés des morts sa cause préjugée, la récompense artificielle.

La civilisation, la potentialité de la maîtrise du plaisir puis du déplaisir, est, à côté de l'idéal, un nouvel état attracteur, lequel engendre un équilibre métastable qui rend, au moins pour un temps, l'ensemble supportable, bien que la régulation qui peut bien y avoir lieu est toujours dérangée par l'apparition éparse d'effets délétères.
Or de l'opposition aux lois de la nature ne peut rien être enfanté de durable et dénué de souffrance… est-ce à dire que toute souffrance résulte d'une telle opposition ?
Le gain acquis avec cette maîtrise hédonique est donc un gain à court terme, mais une défaveur à long terme, en une itération sempiternelle de gain de plaisir/modération de déplaisir, il s'agit là de notre récompense artificielle succéssive. Qui saura dire, d'ailleurs, jusqu'à quand ce fragile balancement pourrait durer ?

Car aucune autre explication causative ne nous permet véritablement mieux, jusqu'à présent, de décrire la récompense artificielle que de la considérer comme une *tendance* dans la complexion psychique humaine, à dire vrai l'exacerbation de dispositions constitutives, ou encore comme un point attracteur du développement de cette dernière, un point attracteur de l'expansion culturelle, atteint semble-t-il contre une faible résistance et après une minime perturbation de la régulation adaptée.

Mais la nature de cette perturbation initiale et présupposée nous est ores totalement inconnue, aussi bien son époque, sa localisation que son propre départ. Et si, par la poursuite de nos efforts, nous étions à même de renforcer indéfectiblement notre assurance dans cette théorie, le questionnement de ce qui, dans la préhistoire de l'humanité, en fut à la source, s'imposerait comme un prochain objet d'investigation.

Ceci sera donc le fruit d'une prochaine entreprise et débattu ultérieurement.

Perpignan,
mai 2017.

CONCLUSION
ET PERSPECTIVES

Nous voici parvenus à l'extrémité d'une longue route didactique, partant d'une problématique soulevée par les travaux de Michel Cabanac et collaborateurs, et que nous avons nommée « paradoxe du plaisir », et pour laquelle, une fois posé qu'en maintes circonstances le plaisir signait l'utile biologique, il se faisait d'autres occasions de la vie humaine où ce même plaisir semblait se dérober à cette loi, et être déclenché par des conditions qui, au contraire de cela, se révéleront nocives.

Désireux d'approfondir la contradiction, nous voulions savoir si, au regard des connaissances actuelles de la science, cela ne signifiait ni plus ni moins que le postulat de Cabanac était erroné, et que les résultats expérimentaux à partir desquels il fut tiré devaient être réinterprétés, ou bien si seulement la relation entre plaisir et utilité n'était valable que dans des conditions données, et alors, il faudrait définir lesquelles elles sont. Le chemin était déjà tracé par l'auteur, qui s'est fondé sur des cas particuliers qu'à notre tour nous avons répartis en « plaisirs inutiles », pour les exhausteurs de goût et la toxicomanie, et en « déplaisirs utiles » pour le travail et autres activités instantanément désagréables mais socialement entretenues.
L'inspection de ces exemples, puis l'élargissement à d'autres qui sont facilement observables dans notre mode de vie nous a, au final, convaincu qu'une hypothèse pouvait à la fois désambiguïser l'antilogie portant sur les conditions de validité de cette axiomatique et par conséquent nous donner quelques indications sur ces dernières.

Si donc l'on considère les systèmes vivants comme soumis à la nécessité de l'autorégulation, que les mécanismes en charge de celle-ci, via des réactions actives ou passives, sont des processus régulateurs, alors ces processus doivent être dotés de mécanismes de contrôle qui captent la grandeur, dans ces aspects qualitatifs et quantitatifs, de la variable à régler, afin de transmettre ces données au centre intégrateur, lequel, le cas échéant, par l'entremise d'effecteurs et après contrôle auprès de la valeur-consigne, aboutira à une réaction autorégulatrice.

Parmi ces processus régulateurs, certains requièrent un comportement, une activation dirigée de la musculature striée tempérée par une alliesthésie, et ce dans le but de la satisfaction de besoins, in fine du développement.
C'est à ce point que s'intercalent avec cohérence les travaux de Cabanac, le plaisir étant la perception interne engageant et signalant l'adaptation du

comportement à sa fin homéostatique, en somme, à l'utilité de ce dernier parmi tous ceux existants en puissance.

Par quel moyen, dès lors, rendre moins obscur notre « paradoxe du plaisir », ce fut là tout l'objet de notre proposition, laquelle, s'il fallait la réitérer, distingue, pour une espèce donnée, des conditions de vie adaptées et des conditions non-adaptées. Par adaptation, nous entendons le perpétuel ajustement cédé par la sélection naturelle des organismes à leur milieu de vie et à ses variations ; l'adaptation est aussi le résultat de ce processus.

Nous avons cru important, au cours de cette enquête, d'accorder la centralité du raisonnement à la notion de besoin, dès lors centre de gravité des réactions comportementales, et même des réactions tout court, dont le but devient justement la suspension de ce besoin, et de là le développement du potentiel. La difficulté devient donc l'identification de ce besoin.

Ainsi, *l'adaptation vue sous cet angle est l'ajustement des besoins à la possibilité de l'environnement à les satisfair*e ; la réciproque de tout ceci est qu'une espèce adaptée à son milieu trouve en celui-ci toutes les conditions de satisfaction qui lui sont nécessaires, la valeur sélective de tels individus est donc optimisée. Tout à l'inverse, les conditions inadaptées sont celles où ces mêmes besoins demeurent dans l'attente de leur étanchement si longtemps qu'en est ralentie ou amoindrie la croissance de fonctionnalités correspondantes.

En conclusion : *le plaisir signe d'utilité, allié au principe de plaisir, serait la loi qui régnerait sans partage au sein d'un environnement auquel une espèce est adaptée*, ceci étant aussi le strict cadre dans lequel cette loi peut être vérifiée ; *quant aux occurrences de « plaisirs inutiles » et de « déplaisirs utiles », elles seraient attribuables au glissement de l'adaptation vers l'inadaptation.*

Nous nous rallions en effet à la conjecture que la régulation comportementale alliesthésique n'est opérante qu'envers des stimulus pour lesquels les mécanismes de contrôle sont génétiquement disposés, ou encore, conformés pour la reconnaissance de ceux-ci et le réglage idoine de l'alternance plaisir/déplaisir selon l'effet favorable ou défavorable antérieurement né de cette rencontre et registré dedans l'information génique.

Il ne reste plus donc que l'ultime problème de savoir comment, sous le joug de quelles coactions ce glissement a pu avoir lieu au cours l'Histoire humaine, supposant que notre espèce fût un jour adaptée à son milieu de vie. En soi, si une espèce a été un temps adaptée à son environnement, et que par la suite cet état d'adaptation est mis à mal, nous devons l'apparenter à une modification, ou à un ensemble de modifications de ce dernier, dont la brutalité ne laisse point de place à un nouvel ajustement, et l'on a dès lors affaire à une désorganisation. Plus encore, le mécanisme de contrôle étant un informateur du centre d'intégration sur l'état du milieu, c'est donc bien une information qui est captée par lui, or, dans le cadre de la théorie de l'information, une perturbation dans la transmission de message entre émetteur et récepteur est appelée bruit.

C'est à cet endroit que nous séparons encore les bruits aléatoires d'autres émanant d'un procédé cognitif : les premiers sont accidentels, souvent localisés, et nous y incluons déjà toute manifestation tellurique, climatique et même cosmique jalonnant et conditionnant encore la vie des êtres de la Terre – séismes, volcans, mouvements tectoniques, glaciations, rayonnement solaire, astéroïdes, et cætera ; les seconds ressortent d'une volonté humaine, fut-elle inconsciente, mais alors point bien vite le contredit que des individus, par ailleurs doués d'intellect, ne sauraient déranger leur milieu et conséquemment les autres engeances qui s'y trouvent d'une aussi dépréciative façon.

Or, à ce sujet, les exemples donnés par Cabanac afin d'illustrer le paradoxe du plaisir nous ont conduit à l'hypothèse que cette volonté était la maîtrise hédonique, la soumission de la perception plaisante à cette dernière, ce par le biais d'une confusion des mécanismes de contrôle des processus régulateurs, aboutissant à la déliaison entre plaisir et satisfaction, au plaisir pour lui-même, sans besoin, au gain de plaisir ou à l'amoindrissement de déplaisir. Par cela, puisque le système régulateur a été perturbé, un ou plusieurs effets délétères sont à expecter, plus ou moins distants dans le temps ou dans l'espace, suite à ce comportement alors classé comme récompense artificielle.

La coulpe originelle des mythes fondateurs de civilisations devient alors la représentation de ce procédé.

Nous supposons dès lors que toute espèce retrouvant à un degré suffisant les trois facilitateurs de la récompense artificielle – cognition, préhension et transmission – est encline à cette tendance, à la maîtrise hédonique par la confusion des mécanismes de contrôle propres ou ceux d'autrui. Au premier rang de celles-ci figure bien évidemment l'Homme, et l'on est porté à penser que ses conditions de vie ont été, au long de son histoire, par lui modifiées en ce sens.

Et étant donné le caractère constant de la culture, ces derniers auraient alors fait passer leurs conditions d'existence de l'adaptation à l'inadaptation ; de cette façon, nous expliquons non seulement la relativité au cadre de l'utilité du plaisir – conditions adaptées versus conditions inadaptées –, mais aussi la nature de la force qui fit glisser de l'un à l'autre, à savoir la récompense artificielle.

L'espèce humaine tend à modifier son environnement de vie afin de le rendre propice au gain de plaisir, mais ce faisant moins apte à l'activité optimale des processus régulateurs, tel est le soupçon que nous emportons avec l'approfondir du « paradoxe du plaisir ». Le contresens que cette modification se termine par l'apparition d'effets délétères, qu'une espèce intelligente ne s'inféoderait jamais à une telle invraisemblance, est vite dissipé par l'attestation de ce qui est conquis à ce prix : la maîtrise hédonique.

Pour finir, les symptômes engendrés par ceci, dont la frustration pulsionnelle est un représentant, sont alors atténués par un comportement de compensation, et ce d'autant davantage que l'obstacle à la satisfaction n'est pas facilement identifiable ou bien est objet de dissonance cognitive. La civilisation repose sur ce mécanisme binaire. Et le fondement de cette dissonance cognitive n'est dès lors autre que l'affrontement de deux cognitions inalliables : l'une est la tendance à la récompense artificielle, l'autre la prise de conscience d'un écart entre ce comportement et la régulation non perturbée, à tout le moins pour un paramètre particulier.

Par exemple, nous avons laissé entendre, avec Jean Liedloff, et pour ce qui est du domaine psychique, que la toxicomanie était dans certaines de ses démonstrations une tentative actuelle de réparation d'un manque affectif bien antérieur.

Que l'on soit tenté de croire qu'il pourrait y avoir certaines régulations s'effectuant *par le plaisir*, comme celles soumises au jugement de Michel Cabanac – homéothermie, prise alimentaire –, mais que d'autres pourraient se laisser cueillir *pour le plaisir*, et l'on rétorquera qu'il ne devrait point y avoir alors de déroutes pourtant si souvent joignables à ce dernier schéma comportemental.

Parfois l'intuition, néanmoins, s'approche de ce même achoppement, et elle nous supplie alors : il faut cesser de « tout vouloir maîtriser », il faut savoir « lâcher-prise »... mais cesser de vouloir maîtriser *quoi* ? Certes, les affaires de la vie, autrui, la nature ; cela nous paraît juste, mais recouvre encore la clef de voûte, le point de convergence de tout ceci : de *maîtriser l'hédonisme*.

De même, Chamfort nous déclame : « *Jouis et fais jouir, sans faire de mal ni à toi ni à personne* », quand quelques-uns nous prônent la *modération*, le non-excès, mais cela n'est qu'aménagement mental dans le cadre inadapté, une *diététique*, seul l'alliesthésie dans l'adapté est capable de nous indiquer avec justesse la dose idéale, à quels moments nous ne faisons de mal ni à nous-mêmes, ni à autrui.

L'on s'est d'ailleurs essayé, par un croquis, à modéliser à l'aide d'un visuel les différentiels dans l'équilibration entre adaptation et inadaptation, comment, sous l'effet artificiel, était déplacé le jeu de la régulation et conséquemment le point d'équilibre biologique. (Confer Annexe 1)

Il est donc escompté que notre continuation puisse confirmer le suivant présupposé : si d'aucuns s'enquièrent de circonscrire ce qui revient à la nature humaine et ce qui en est exclu, *son labeur consistera d'abord et avant tout à cibler le cadre dans lequel se trouvent les conditions où sont corrélés systématiquement plaisir et utilité biologique*, c'est-à-dire encore où les effets délétères sont réduits à des occasions adventices, finalement un cadre adapté. Au contraire, l'on craint que l'essentialisation à l'intérieur d'un cadre

développé d'après la récompense artificielle ne fasse entrer dans l'inférence une aberration bien évidente.
L'expansion du potentiel en face de l'exacerbation du symptôme, dans les systèmes vivants, sont alors les nœuds qui retiennent la direction de cette recherche, permettant de séparer un comportement dans lequel s'est immiscé ce détour d'un autre qui en est exempt.

L'Homme n'est, en toute fin, ni meilleur ni pire que les autres espèces, il possède ses dons distinctifs et les limitations de ces dons même ; un dauphin ou un chat ne renferment par conséquent ni plus de bien ni moins de mal que l'humain, ils sont tout simplement dans l'incapacité de se livrer à la récompense artificielle – voilà à quoi nous a acculé toute notre expédition.

L'inspection de notre théorie nous persuade que celle-ci est un miroir déformant la réalité, qui donne à prendre cette dernière pour le reflet qui nous est ainsi renvoyé. Et notre hypothèse nous convainc d'autant plus qu'elle reste *simple*, la simplicité convenant mieux à la réalité que l'abscondité.

Nous nous permettons enfin de prendre la position suivante concernant la motivation profonde de la démarche scientifique.
Que l'on considérât la psychologie advenue alors que les premiers représentants de l'espèce humaine pleuraient le décès de leurs aimés ; que la pulsion de savoir soit un rejeton des primes recherches infantiles sur la sexualité ; on pense, plus généralement, que *le désir de compréhension du monde et des lois qui l'agitent est enrôlé par la souffrance du chercheur, et que ce qu'il cherche toujours au bout de son exploration n'est autre chose que les causes de son souffrir* – tel est son besoin conceptuel.
Cette pensée n'est certainement pas nouvelle, mais on se réconfortera un peu en proposant que la récompense artificielle pourrait être une de ces causes, spécialement dans l'effet pernicieux engendré par elle, directement ou indirectement, ici ou là, alors ou maintenant.
Nous n'irons pas, toutefois, à rapprocher toute inclination à la compréhension, à l'accroissement des connaissances, d'une telle fin – un Homme « adapté » peut-il être en quête de savoir ?, pour sûr ! –, mais cela à d'autres prétentions, et l'on ne perdra pas tout de même notre perspective.

*

À embrasser du regard, avec l'appui de ce bref résumé, le contenu de notre architecture théorique naissante, il se dessine également avec netteté les limites de celles-ci, et voici que maintenant est venu le moment de les exposer afin de dresser l'ébauche de nos instructions futures, et des directions privilégiées qu'elles devraient prendre.

1) En tout premier lieu, et cela tombe sous la sentence de la plus élémentaire logique, devra être allouée notre énergie à l'extension au plus large nombre de cas où le trinôme maîtrise hédonique – confusion des mécanismes de contrôle – effets délétères peut être dépisté au jour de notre

science actuelle. Similairement, toute recherche empirique en capacité d'éprouver les liens unissant ces trois facteurs, dans quelque contexte que ce soit, sera soutenue. Ce n'est qu'en cela que notre hypothèse fondatrice pourra être renforcée, et ainsi justifier la continuité de nos recherches, ou bien précisée, affinée, et, dans le cas le plus défavorable, invalidée et abandonnée, reposant la problématique de départ. La finalité de tout ceci est *une application analytique étudiant pour chaque processus régulateur pris séparément les conditions dans lesquelles ceux-ci œuvrent de façon optimale et en l'absence de symptôme, à l'autorégulation et au développement fonctionnel, ce qui semble bien être leur téléologie biologique*.

2) Imaginons tout de même qu'il y ait un quelconque apport à obstiner nos efforts dans cette direction, que la récompense artificielle nous révélât tout de même quelque chose de valable théoriquement. La borne principale de notre présente étude est, sans aucun doute, sa focalisation synchronique ; elle n'est point du tout historique et s'intéresse, encore que sur un nombre limité de processus de régulation, qu'à l'observable de notre époque. Et pourtant, nous avons déjà eu l'occasion de soulever la question, *c'est une étude diachronique qui s'impose dès cet instant, la quête des toutes premières traces humaines ou préhumaines de la récompense artificielle*, car c'est bien cela qui est préludé : il se fit un moment, duquel nous ignorons tout, où la machinerie régulatrice fut détournée vers le gain de plaisir par la méprise aiguillée des mécanismes de contrôle. Puis, à côté de cette racine, il faudrait aussi retracer toutes les manœuvres et ascendances qui attachent cette dernière à notre contemporanéité.

Ce point de départ remonte-t-il à un instant du développement humain ou lui est-il antérieur ? Fut-ce un procédé continu, subit, ou bien émaillé de reprises et d'arrêts ? Quelle chronologie fut suivie pour aboutir au tableau qu'aujourd'hui il nous est donné de prendre comme constat ? Dans quelle mesure les accidents non-anthropiques qui balisent cette histoire ont-ils influencé l'inclination putative des hominidés ? Des considérations géophysiques, comme l'apparition du grand rift en Afrique, auraient en effet eu un impact décisif sur le développement de la jeune humanité.
Nous savons également que certaines espèces de primates mâchent les pièces de viande qui sont leurs repas avec des feuilles, comme une prime forme d'accommodement. [222] Il s'agit pour cela d'une vaste conquête historique, où l'on s'efforcera de débusquer le lien parfois presque invisible, lorsqu'il existe, entre les divers constituants de la récompense artificielle.

L'on assaisonne effectivement ses plats, l'on se drogue ou s'inflige des tas de misères, si le lien *actuel* avec la maîtrise hédonique a pu être ici attesté, et si cette maîtrise hédonique permet d'empêcher une sensation de manque, à quelles *conditions préparatoires* doit-on attribuer la provenance de cette sensation ?

En fin de compte, *aux événements géophysiques et biologiques traditionnels, nous croyons qu'il serait profitable d'adjoindre la récompense*

artificielle comme force évolutive ayant modelé la progression de notre espèce dans l'interaction de celle-ci avec son versatile entourage.
Et de citer derechef Wadley et Martin : « *Par conséquent une étape vers la résolution de la difficulté à expliquer le comportement humain civilisé peut être d'incorporer aux modèles éthologiques cette déformation répandue du comportement par la récompense artificielle.* » [97]

3) La *synthèse* est le travail requis après celui qui a consisté en une analyse méticuleuse. Ainsi, et comme dans toute démarche scientifique, si nous avions, pour l'agilité de l'esprit, séparé les processus régulateurs afin de les examiner individuellement, il faudra bien, par la suite, les réunir à nouveau, car un être gratifié de vie n'est point un ensemble de mécanismes disjoints, un regroupement de fonctions décorrélées les unes des autres, non, bien à l'inverse de cela, il est leur lieu de convergence, et enfin, assez sûrement, pas un d'entre eux ne peut être affecté sans que les autres, par la mécanique holistique, n'en fussent également atteints.
De quelle façon sont donc fédérés ensemble ces processus, *comment créent-ils la réalité* de toute substance vivante, y a-t-il surdétermination entre eux, quel est l'impact de telle perturbation sur le cours de telle autre ; voici un aperçu du dessous des cartes à retourner eu égard à l'ouvrage synthétique que nous envisageons.

4) Enfin, à considérer proprement l'espèce humaine, la consultation synchronique nous enjoint à accorder notre attention, après tout ce labeur, au *potentiel humain* lui-même et à une tentative de délimitation de celui-ci ; car aussi bien d'un côté, la récompense artificielle est un agent d'affaissement de ce dernier, de l'autre ce bornage s'exerçant hypothétiquement depuis des temps reculés, il résulte que ce même potentiel échappe en partie à ceux qui devraient s'en trouver les dépositaires et les commentateurs.
Peut-être que nous ne savons pas ce qu'est un Homme.

Et ce questionnement qui fait finalement surface : afin de couper à cet apetissement, faudrait-il inventer de nouveaux processus régulateurs qui équilibreraient parfaitement les néoinstitutions humaines ?

Analyse, synthèse, diachronie, synchronie, tels sont donc les axes d'approche classiques du penser scientifique, qu'il siérait bien que nous appliquassions au nôtre.
La toute prochaine étape qui nous est assignée sera donc de démêler, par l'outil analytique que nous venons de forger, les comportements biologiquement justes de ceux artificiellement récompensés dans les grands domaines de l'existence humaine : si nous avons déjà fait cas de l'*alimentation* et de la *sexualité*, y étant poussés suivant nos échantillons d'étude, nous compléterions avec l'*apprentissage*, la *création* et la *spiritualité*, en quelque sorte les cinq piliers de notre culture.

*

Par ce qui fut ici détaillé, le souhait des auteurs est avant tout de contribuer, même moindrement, à la compréhension de la biologie humaine ainsi que des afflictions qui parfois l'ébranlent.
Et si le blâme s'en venait que notre bilan est par trop pessimiste, à détecter partout où le regard se pose des malversations derrière presque chacune de nos démarches, nous donnerions à prendre acte de tout ce que cela révèle : la tangibilité d'un cadre où la souffrance est la dérogation et non plus la règle ; plus encore : que ce cadre est notre dû et qu'il reste par ailleurs tout à fait atteignable, ce qui, bien au contraire, est profondément *optimiste*. Par conséquent, nous ne prétendons plus au mieux, nous prétendons au bien, à l'idéal.
Car nous déclamons que *le sort de toute vie est une jouissance perpétuelle*, mais qui ne trouve son compte que dans des conditions toutes bornées.

Envers le lecteur le plus exigeant, la nôtre ambition est moins de l'acheminer jusqu'à la conviction que de faire saillir en lui le trouble et d'éveiller l'intérêt sur notre sujet, lequel s'enracine dans le paradoxe du plaisir mais semble s'étendre jusqu'au questionnement des aptitudes anthropiques véritables. Il paraît mériter d'être posé.
Nous craignons que toute philosophie ne se soit tenue jusqu'à présent plus ou moins dans le même cadre – le nôtre ; peut-être le temps est-il alors venu de raisonner hors de ce dernier.

*

En toute dernière suggestion, on se permettra d'imaginer que, si on le veut bien, nous sommes à l'abord d'une province nouvellement prospectée, en cela que nul n'est désormais et depuis fort longtemps, par l'extension de la culture, dégagé totalement de la récompense artificielle et de ses lendemains.

Dans le même temps, cette assimilation nous assigne de nouvelles responsabilités et ouvre dans l'évolution humaine un inédit champ de possibles, dont il nous reste encore à pénétrer l'amplitude. Sous ce regard, le plaisir est un enjeu majeur de l'avenir civilisationnel.
Alors l'écoute intime et ininterrompue des signaux hédoniques de l'être, bien loin du désir de s'en faire les maîtres, l'apenser, alors la volupté de jouir de facultés sans cesse dans le cours de leur floraison, restent une *Terra incognita* dans notre intelligence actuelle de la nature intime des Hommes.

ANNEXE 1

Schématisation de l'équilibration en conditions adaptées contre inadaptées

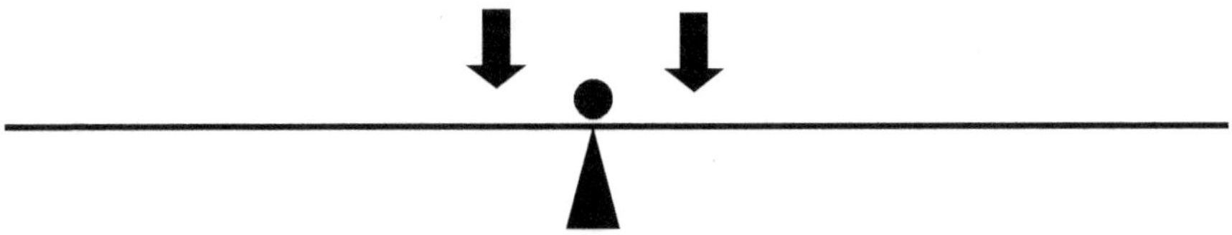

A.
Conditions adaptées

En milieu adapté, les réactions d'autorégulation par augmentation ou diminution d'une variable (représentées par les flèches), étant données, d'une part, la biodisponibilité des ressources et, d'autre part, l'autonomie de l'individu (représenté par le point), sont rapides et appropriées, donc toujours proportionnées. Par conséquent, l'homéostasie oscille sur de courtes périodes autour d'une valeur d'équilibre stable.

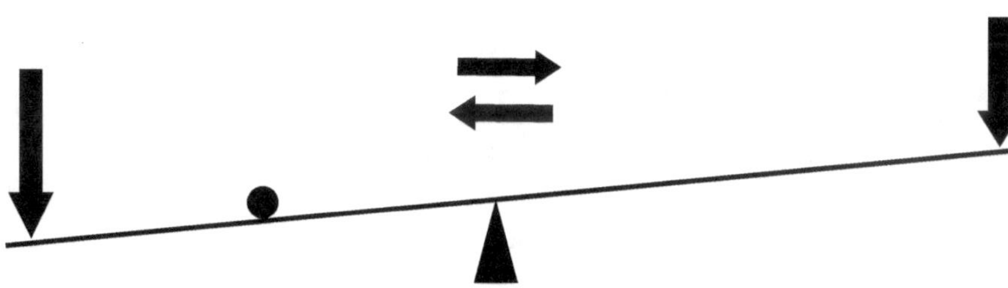

B.
Conditions inadaptées

En milieu inadapté, les réactions d'autorégulation par augmentation ou diminution d'une variable (représentées par les flèches), étant données, d'une part, la biodisponibilité affectée des ressources et, d'autre part, l'autonomie déliquescente de l'individu (représenté par le point), sont lentes et peu appropriées, donc souvent disproportionnées. Par conséquent, l'homéostasie oscille sur de longues périodes d'excès et de manques autour d'une valeur d'équilibre métastable.
L'opposition entre l'hédonisme et l'ascétisme est une illustration de cet équilibre déplacé.

ANNEXE 2

Glossaire

- **Adaptation** : Nous qualifions d'adaptées toutes les conditions qui rendent praticable la satisfaction de tous les besoins et ne comportent, qui plus est, aucun constituant inquiétant l'équilibre homéostatique.

- **Alliesthésie** : L'alliesthésie décrit la dépendance de la plaisance ou de la déplaisance lors de la consommation d'un stimulus à l'état du milieu interne de l'organisme. Plus précisément, cette alliesthésie fait référence au passage d'une perception de plaisir à celle d'un déplaisir (alliesthésie négative), ou à l'inverse d'un déplaisir à un plaisir (alliesthésie positive) au cours d'un même comportement. L'alternance plaisir/déplaisir est donc censée marquer l'attachement dudit comportement à la satisfaction d'un ou de plusieurs besoins, et ainsi guider l'animal vers cette dernière. Terme forgé par Cabanac et collègues en 1968.

- **Autonomie** : Vocation d'un système à identifier, sans interventions externes, les conditions de satisfactions qui lui conviennent ; autodétermination.

- **Autorégulation** : Capacité d'un système à se réguler par lui-même, c'est-à-dire à absorber les perturbations qui l'atteignent en vue de préserver son homéostasie, ou bien à modifier cette dernière dans le but de s'adapter à un changement particulier des conditions environnementales. Dans tous les cas, l'autorégulation autorise le déploiement et l'évolution fonctionnels. Enfin, l'aptitude à s'autoréguler fonde l'autonomie du système.

- **Besoin** : Manque ou ensemble de manques qui doit être comblé par un système afin de parvenir à son autorégulation, de là au développement de ses fonctions. Par conséquent, un besoin n'est pas nécessairement vital, et peut être de nature physiologique ou psychologique – pour autant que cette distinction fasse sens. Ce comblement marque la satisfaction. Celle-ci est accédée par le contact avec des conditions de satisfaction, ou ressources, par un ou plusieurs échanges avec le milieu environnant, ou bien une ou plusieurs modifications de celui-ci.

- **Civilisation** : Culture reposant sur la récompense artificielle.

- **Compensation** : Tentative de régulation menée à l'aide de conditions relevant de la récompense artificielle. Par cela même, la compensation n'amène jamais à la satisfaction vraie et s'en distingue de cette manière. L'équilibre, sur la ou les variables en question, n'est alors pas rejoint par ce moyen, il demeure à distance tant que l'on ne parvient à une restauration. Nous disons toutefois qu'une compensation doit comporter une part assez variable de satisfaction, que par ce biais elle permet tout de même au système de conserver un pseudo-équilibre métastable.

- **Conditions** : Ensemble des items, descriptifs qualitativement et quantitativement, qui constituent le milieu extérieur, immédiat ou non, d'un système, et avec lesquels il est susceptible d'interagir – à l'extrême, ces conditions sont l'univers excepté le milieu intérieur d'étude.

- **Constititif** : Qui se réfère à l'état d'un milieu interne ou externe et aux mouvements appréciables dans un cadre donné.

- **Effet délétère** : De façon générale, effet qui menace la santé et l'intégrité. Nous faisons usage de cette expression plus spécifiquement afin de référer aux symptômes pathologiques dont la cause est un comportement antérieur, mené par l'individu ou bien par autrui, et se ramenant à une récompense artificielle. Cette nuisance, qui est caractérisable comme désorganisation, provient en outre du fait que la récompense artificielle, en trompant les mécanismes de contrôle, s'oppose dans une certaine mesure à la pleine autorégulation. Ces conséquences néfastes peuvent d'ailleurs bien être distantes, dans le temps ou l'espace, du comportement causateur.

- **Émotion** : Perception de l'histoire de besoin.

- **Eutropie, eutropique** : Fait d'être tourné, orienté, devers l'optimum de l'autorégulation, l'idéal.

- **Homéostasie** : Disposition selon laquelle un organisme vivant réagit à maintenir la valeur de ses paramètres biologiques dans un certain empan, compatible avec sa plénitude fonctionnelle. Nous insistons alors pour faire remarquer que, ces réactions s'apparentant aux besoins, et ceux-ci étant non seulement physiques mais aussi psychiques, il existe également une homéostasie de ces deux ordres. L'homéostasie signifie de même l'état consécutif à une telle disposition.

- **Inadaptation** : Tout au contraire de l'adaptation, l'inadaptation est due à un ou une série de composants environnementaux empêchant la totalité des satisfactions. Le plus remarquable est cependant dans l'intensité et la durée de ces phases d'adaptation et d'inadaptation : en-dehors de toute récompense artificielle, nous pensons que l'inadapté reste faible et de courte période, mais que lorsque cette tendance commence à se manifester, elle installe avec elle l'inadapté des conditions, notamment sous la portée du mécanisme de tolérance.

- **Maîtrise hédonique** : La maîtrise hédonique se rapporte au principe de plaisir, à savoir la recherche spontanée de plaisir et l'évitement, mené tout autant spontanément, de déplaisir, mais réalisé à l'aide de conditions analysables comme récompense artificielle. On parlera alors de gain de plaisir dans le premier cas, de modération de déplaisir dans le second. Le gain de plaisir se départit du plaisir authentique de satisfaction en ce qu'un montant plus ou moins important d'hédonisme est délié de son utilité biologique : l'indication qu'un besoin se voit satisfait, puisque les mécanismes de contrôle ont été trompés. La maîtrise, finalement, assoit bien l'idée que dans cette considération, l'individu se fait maître, domine, sa composante hédonique – au contraire du contrôle.

- **Mécanisme de contrôle** : Voie de régulation partant, pour une variable, d'un senseur, informant un centre intégrateur sur une variation de valeur via des afférences, lequel compare cette variation à une consigne et commande éventuellement un effecteur, via des efférences, procédant ainsi à une rétroaction négative. C'est la sensibilité de détection et/ou de réaction de ces mécanismes de contrôle qui est abusée dans la récompense artificielle.

- **Processus régulateur** : Dispositif global de régulation formé par l'assortiment des mécanismes de contrôle relativement à une variable, et dont les effets respectifs modifient indirectement la valeur d'intérêt.

- **Récompense artificielle** : Tendance à la maîtrise hédonique par confusion des mécanismes de contrôle, engendrant de facto un ou des effets délétères, proches ou lointains. Cette confusion est rendue possible par les latitudes bornées des mécanismes de contrôle à discriminer le bon et le mauvais parmi les stimulus reçus par l'organisme. Nous avons par ailleurs pu distinguer que la récompense artificielle requérait la combinaison d'un haut degré de cognition, de préhension et de transmission culturelle pour être effective et durable, caractères qui prédominent chez l'être humain.

- **Restauration** : Retour à un état d'équilibre stable, pour une ou des variables concernées, suite à la cessation de conditions inadaptées, donc artificiellement récompensantes, et la réinstauration d'un environnement adapté.

- **Satisfaction** : Annulation d'un besoin suite au contact avec les conditions adaptées à cette fin.

- **Spontanéité** : Littéralement, mouvement premier ne devant sa cause qu'à lui-même. Nous poserons néanmoins une distinction fondamentale sur cette définition fallacieuse : la spontanéité franche reste à nos yeux celle qui manifeste les besoins, alors pris comme cause première, et les actions conduites dans le sens de leur suppression ; la spontanéité artificieuse est elle basée sur la récompense artificielle, et bien qu'en apparence tout aussi primesautière que la première, elle est pourtant d'une nature fort différente. Certes la récompense artificielle tend tout aussi bien à une abolition du besoin, mais par un chemin inadapté orienté devers la maîtrise hédonique.

- **Système** : Ensemble d'entités possédant un certain degré d'organisation et donc d'interactions entre elles. Externement, le système interagit lui-même avec d'autres, grâce auxquels il peut aboutir à l'autorégulation.

- **Tolérance** : Contrairement à l'anaphylaxie, la tolérance immunologique est l'absence ou la faible réactivité face à un antigène. Cette tolérance évitant au corps de déperdre une trop grande quantité d'énergie face à un antigène récurrent, nous élargissons ce concept à l'absence ou la faiblesse de défense d'un système vivant pourtant plongé dans des conditions qui lui sont globalement et pérennement inadaptées. Tel serait particulièrement le cas lorsque l'inadaptation est redevable à la récompense artificielle, car en faisant usage de cette possibilité adaptative, celle-ci pourrait se perpétuer et se diffuser sur de vastes échelles de temps et d'espace. Pour finir, la tolérance ainsi élargie touche à tous les domaines de la vie, du soma et de la psyché, laquelle, de toute manière, n'en est point séparée.

ANNEXE 3

Bibliographie

• Chapitre 1

1. Carl Gustav Jung, « L'âme et la vie » (Éditions « Le livre de poche »), 1995 – publication française originale de 1963.
2. Wilhelm Reich, « L'éther, Dieu et le diable » (Éditions Payot), 1973 – original de 1949.
3. Edgar Morin, « Science avec conscience » (Éditions du Seuil), 1982.

• Chapitre 2

4. a) Michel Cabanac, « Régulation et contrôle en biologie », (Presses de l'Université Laval), 1982.

   b) Michel Cabanac, « La cinquième influence ou la dialectique du plaisir », (Presses Université Laval), 2003.

5. Jan Gieseler et coll. « Dynamic Relaxation of a Levitated Nanoparticle from a Non-Equilibrium Steady State » in *Nature Nanotechnology*, avril 2014.

• Chapitre 3

6. Bernard Calvino, « Cybernétique et Physiologie » (Éditions Belin), 2003.
7. Abraham Maslow, « Motivation and Personality » (Éditions Pearson), 1997 original de 1954.
8. Marshall B. Rosenberg, « La Communication Non violente – Les mots sont des fenêtres… ou bien ce sont des murs » (Éditions La Découverte), 2ème édition de 2004.
9. Jean-Pierre Rogel, « Les baleines à bosse ont de la culture ! » in *Québec Science* du 19 septembre 2013.
10. Sherry, D.F. & Galef, B.G., « Social learning without imitation: more about milk bottle opening by birds » in *Animal Behaviour* n°40, (pp. 987-989), 1990.

11. Voir par exemple « L'Homme neuronal », de Jean-Pierre Changeux (Éditions Fayard), 1983, pour plus de détails.
12. Michel Cabanac, « La quête du plaisir » (Éditions Liber Canada), 1995.
13. France Bellisle, « Appétit pour le sel et goût pour le sucre : considérations physiologiques » in *Journal d'agriculture traditionnelle et de botanique appliquée*, volume XXXV, 1988.
14. Sigmund Freud, « Inhibition, symptôme et angoisse » (Éditions Petite Bibliothèque Payot), 2014, originaux de 1895 et 1926 – Chapitre 6.
15. C. C. Chah, « A study of the hen's nutrient intake as it relates to egg formation », M.S. Thesis, University of Guelph, Canada, 1971.
16. Sigmund Freud, « Métapsychologie » (Éditions Folio Essais), 1968, original de 1915 – Chapitre 1 « Pulsions et destin des pulsions ».
17. Michel Cabanac, « What is emotion? » in *Behavioural Processes* (pp. 69-83), 2002.
18. Michel Cabanac, « What is sensation? » in *Biological perspectives on motivated activities* (pp. 399-418), 1995.
19. Briese, E. & de Quijada, « Colonic temperature of rats during handling » in *Acta Physiol, Latinoam*, (pp.97-102), 1970.
20. David Sander et Klaus R. Skhrerer, « Traité de psychologie des émotions », 2009.
21. Phan et coll., « Functional neuroanatomy of emotion: a meta-analysis of emotion activation studies in PET and fMRI » in *Neuroimage* (pp. 331-348), 2002.
22. Confer Catherine Belzung, « Biologie des émotions ».
23. Nummenmaa et coll., « Bodily maps of emotions » in *PNAS* janvier 2014, (pp. 646-651).
24. Ekman et coll., « Autonomic nervous system activity distinguishes among emotions » in *Science*, Septembre 1983.
25. Elizabeth A Phelps, « Human emotion and memory: interactions of the amygdala and hippocampal complex » in *Current Opinion in Neurobiology*, vol. 14, n° 2, 2004.
26. Antonio Damasio, « L'erreur de Descartes, la raison des émotions », (Éditions Odile Jacob), 1995.
27. Daniel Goleman, « L'intelligence émotionnelle », (Éditions J'ai Lu), 2014 – original de 1998.

28. Charles Darwin, « L'expression des émotions chez l'Homme et les animaux », 1872.
29. David Matsumoto, « Spontaneous facial expressions of emotion of congenitally and noncongenitally blind individuals », in *Journal of Personality and Social Psychology*, 2009.
30. Paul Ekman, « Facial Expressions of Emotion: an Old Controversy and New Findings », in *Philosophical Transactions of the Royal Society,* London, 1992.
31. Oatley and Johnson-Laird, « Towards a cognitive theory of emotions » in *Cognition and Emotion*, (pp. 29-50), 1987.
32. Confer Le Magnen et « L'appétit provisionnel ».

- **Chapitre 4**

33. Confer le rapport de l'Organisation Mondiale de la Santé « Prévention des maladies chroniques, un investissement vital », 2005.
34. Rapport de la Direction de la Recherche, des Études, de l'Évaluation et des Statistiques (DREES), du Ministère des Solidarités et de la Santé, sur l'état de santé de la population française, 2016.
35. Voir la page Wikipédia en français « Hypertension artérielle ».
36. Fava et coll., « Relationship Between Dairy Product Consumption and Incidence of IDDM in Childhood in Italy » in *Diabetes Care*, 1994.
37. Wasmuth et coll., « Cow's milk and immune-mediated diabetes » in *Proceedings of the Nutrition Society*, (pp. pp. 573-579), 2000.
38. Malik et coll., « Sugar-Sweetened Beverages and Risk of Metabolic Syndrome and Type 2 Diabetes » in *Diabetes Care*, 2010.
39. Boden, « Role of Fatty Acids in the Pathogenesis of Insulin Resistance and NIDDM » in *Diabetes*, 1997.
40. Rapport de l'Institut National du Cancer, 2008.
41. Rosanoff et coll., « Suboptimal magnesium status in the United States: are the health consequences underestimated? » in *Nutrition reviews*, 2012.
42. Akhtar et coll., « Prevalence of vitamin A deficiency in South Asia: causes, outcomes, and possible remedies » in Journal of health population and nutrition, 2013.

43. McLean et coll., « Worldwide prevalence of anaemia, WHO Vitamin and Mineral Nutrition Information System, 1993-2005 » in *Public health nutrition*, 2009.

44. a. *World Drug Report*, (p. 3), 2012.
b.Unterwald et coll., « Repeated cocaine administration upregulates kappa and mu, but not delta, opioid receptors » in NeuroReport, (pp. 1613-1616), août 1994.

45. Wittig et coll., « I know something you don't know – and I will tell you! » in *Max Planck Institute for Evolutionary Anthropology*, décembre 2011.

46. Rosenstein et Oster, « Differential facial responses to four basic tastes in newborns » in *Child Developement*, décembre 1988.

47. Schaal et coll., « Human foetuses learn odours from their pregnant mother's diet » in *Chemical senses*, 25, (pp. 729-737), 2000.

48. Voir également « Le développement psychologique du bébé (0-2 ans) », de Karine Durand, 2014.

49. Philippe Meirieu, « Maria Montessori : Peut-on apprendre à être autonome ? », (Éditions PEMF), 2001. Se reporter notamment au chapitre « Ma méthode ».

50. Céline Alvarez, « Les lois naturelles de l'enfant » (Éditions Les Arènes), 2016.

51. Salah El Mestikawy et coll. « The absence of VGLUT3 predisposes to cocaine abuse by increasing dopamine and glutamate signaling in the nucleus accumbens » in *Molecular Psychiatry*, volume 20, (pp. 1448–1459), 2015.

52. Dominique Duprez et Michel Kokoreff, « *L*es Mondes de la drogue *»,* (Éditions Odile Jacob), 2000.

53. Statistiques du temps de travail annuel pour les pays membres de l'OCDE, consultables sur leur site Internet : https://data.oecd.org/fr/emp/heures-travaillees.htm – à comparer avec :

54. Peter Farb, « Man's Rise to Civilization As Shown by the Indians of North America from Primeval Times to the Coming of the Industrial State » (Éditions Dutton), 1968.

55. Yehudi Cohen, « Man in Adaptation: the cultural present » (Éditions Aldine Transaction), 1974.

- **Chapitre 5**

56. Site Internet UFC Que choisir, article « Sel et alimentation, les chiffres clés de la consommation de sel », publié le 24 janvier 2017.
57. Site Internet de l'OMS, article « Réduire la consommation de sel », publié le 30 juin 2016.
58. Berridge et Kringelbach, « Affective neuroscience of pleasure: reward in humans and animals » in *Psychopharmacology (Berl.)*, 2008.
59. Caeiro et coll., « β-Endorphinergic system involvement in the inhibitory action of clonidine on induced sodium appetite » in *Regulatory peptides*, 2011.
60. Blais et coll., « Effect of dietary sodium restriction on taste responses to sodium chloride: a longitudinal study », in *The American Journal of Clinical Nutrition*, (pp. 232–243), août 1986.
61. Bertino et coll., « Long-term reduction in dietary sodium alters the taste of salt » in *The American Journal of Clinical Nutrition*, (pp. 1134–1144), décembre 1982.
62. Agence française de sécurité sanitaire des aliments : « Étude INCA 2. Rapport 2009 ».
63. Kim et Lee, « Frequent consumption of certain fast foods may be associated with an enhanced preference for salt taste » in *Journal of Human Nutrition and Dietetics*, (pp. 475-480), octobre 2009.
64. Derek Denton, « The Primordial Emotions: The dawning of consciousness » (Éditions Oxford Scholarship), 2006, chapitre 5 « The appetite for salt and the mind: intention in salt mining elephants. »
65. Elisa et coll., « Behavioral cross-sensitization between morphine-induced locomotion and sodium depletion-induced salt appetite » in *PharmacolBiochem Behavior,* (pp. 368–374), octobre 2009.
66. Breslin et Beauchamp, « Salt enhancesflavour by suppressingbitterness » in *Nature* (p. 563), juin 1997.
67. James J. DiNicolantonio et coll., « Sugar addiction: is it real? A narrative review », in *British Journal of Sport Medecine*, août 2017.

68. Zhao et coll., « The receptors for mammalian sweet and umami taste » in Cell. (pp. 255-266), 2003.
69. Xu et coll., « Different functional roles of T1R subunits in the heteromeric taste receptors » in *PNAS*, (pp. 14258.-14263), 2004.
70. a) Anaïs Deppenweiler, « Le glutamate monosodique comme exhausteur de goût : confiance ou méfiance ? », HAL, 2014.
b) Article « Salt and your health, Part I: The sodium connection » in *Harvard Health Publishing; Harvard Medical School*, octobre 2010.
c) Voir la page Wikipédia en anglais « Glycogen ».
d) Arne Schäffler et Nicole Menche, « Anatomie, Physiologie, Biologie » - 2ème édition (EditionsMaloine), chapitre 18, 2004 – original de 2000.
71. Nelson et coll., « An amino-acid taste receptor » in *Nature*, avril 2002.
72. Voir la page Wikipédia en français «Tthaumatine ».
73. Voir la page Wikipédia en français « Érythritol ».
74. a. Li et coll., « Human receptors for sweet and umami taste » in *PNAS*, avril 2002.
b. Eggers, Acree et Shallenberger, « Sweetness chemo reception theory and sweetness transduction » in *Food Chemistry*, (pp. 45-49), janvier 2000.
75. Zhang et coll., « Molecular mechanism for the umami taste synergism » in *Proceedings of the National Academy of Sciences (PNAS)*, décembre 2008.
76. Makoto Fujimoto et coll., « A Dietary Restriction Influences the Progression But Not the Initiation of MSG-Induced Nonalcoholic Steatohepatitis » in *Journal of Medicinal Food*, décembre 2014.
77. Cocores et coll., « The Salted Food Addiction Hypothesis may explain overeating and the obesity epidemic » in *Medical Hypothesis*, (pp. 892-899), décembre 2009.
78. Strazzullo et coll,, « Salt intake, stroke, and cardiovascular disease: meta-analysis of prospective studies » in *British Medical Journal*, novembre 2009.
79. Pan et coll., « Red Meat Consumption and Mortality Results From 2 Prospective Cohort Studies », Archives of Internal Medecine, 2012.

80. Tappel, « Heme of consumed red meat can act as a catalyst of oxidative damage and could initiate colon, breast and prostate cancers, heart disease and other diseases » in *Medical Hypothesis*, (pp. 562-564), 2007.
81. Attia-Skhiri et coll., « Acides gras trans : effets sur le métabolisme des lipoprotéines et le risque cardiovasculaire » in *Annales de Biologie Clinique*, septembre-otcobre 2009.
82. Jinap et Hajeb, « Glutamate. Its applications in food and contribution to health. » in *Appetite*, août 2010.
83. Lustig et coll., « Public health: The toxic truth about sugar », in *Nature*, (pp. 27-29), février 2012.
84. TeMorenga et coll., « Dietary sugars and cardiometabolic risk: systematic review and meta-analyses of randomized controlled trials of the effects on blood pressure and lipids », *The American Journal of Clinical Nutrition*, (pp. 65-79), mai 2014.
85. Ho et coll., « A Low Carbohydrate, High Protein Diet Slows Tumor Growth and Prevents Cancer Initiation » in *Cancer Research*, juillet 2011.
86. Weihrauch et coll., « Artificial sweeteners – do they bear a carcinogenic risk? » in *Annals of Oncology*, octobre 2004.
87. Rycerz, Jaworska-Adamu, « Effects of aspartame metabolites on astrocytes and neurons » in *Folia Neuropathologica*, 2013.
88. Blumenthal et coll., « Neurobiology of food addiction » in *Current Opinion in Clinical Nutrition and Metabolic Care*, (pp. 359-365), juillet 2010.
89. Wiens et coll., « Chronic intake of fermented floral nectar by wild treeshrews » in *PNAS*, (pp. 10426–10431), 2008.
90. Robert Dudley, « *The Drunken Monkey* ».
91. Devane et coll., « Isolation and structure of a brain constituent that binds to the cannabinoid receptor » in *Science*, (pp. 1946-1949), 1992.
92. Elphick et Egertová, « The neurobiology and evolution of cannabinoid signalling » in *Philosophical Transactions of the Royal Society: Biological Sciences*, (pp. 381– 408), 2001.
93. ElSohly et coll., « Changes in Cannabis Potency Over the Last two Decades (1995–2014): Analysis of Current Data in the United States » in *Biological Psychiatry*, janvier 2016.
94. Wertz et coll., « The Toxic Effects of Cigarette Additives. Philip Morris' Project Mix Reconsidered: An Analysis of Documents

Released through Litigation » in *PLOS Medecine*, décembre 2011.
95. Alexander et coll., « The effects of early and later colony housing on oral ingestion of morphine in rats » in *Pharmacology, Biochemistry, & Behavior*, (pp. 571-576), 1981.
96. a) Jean Liedloff, « Le concept du continuum, la recherche du bonheur perdu » (Ambre Éditions), 1975 – pour la parution originale.
b) Nelson et Panksepp, « Brain Substrates of Infant–Mother Attachment: Contributions of Opioids, Oxytocin, and Norepinephrine » in *Neuroscience & Biobehavioral Reviews*, (pp. 437-452), mai 1998.
97. Greg Wadley et Angus Martin, « The origins of agriculture: a biological perspective and a new hypothesis » in *Journal of the Australasian College of Nutritional and Environmental Medicine*, (pp. 3-12), avril 2000.
98. Mark Nathan Cohen, « Health and the Rise of Civilization », (Yale University Press), 1989.
99. Zioudrou, « Opioid peptides derived from food proteins. The exorphins » in *Journal of Biological Chemistry*, avril 1979.
100. Brantl et coll., « Novel opioid peptides derived from casein (beta-casomorphins) » in *Hoppe-Seyler's Zeitschrift fur Physiologische Chemie*, 1979.
101. Dohan, « Cereals and schizophrenia: data and hypothesis » in Acta *Psychiatrica Scandinavica*, 1966.
102. Dohan, « More on coeliac disease as a model of schizophrenia » in *Biological Psychiatry,* 1983.
103. Dohan et Grasberger, « Relapsed schizophrenics: earlier discharge from the hospital after cereal-free, milk-free diet » in *American Journal of Psychiatry*, 1973.
104. Dohan et coll., « Is schizophrenia rare if grain is rare? » in *Biological Psychiatry*, 1984.
105. Svedburg et coll., « Demonstration of betacasomorphin immunoreactive materials in in-vitro digests of bovine milk and in small intestine contents after bovine milk ingestion in adult humans », in *Peptides*, (pp. 825-830), 1985.
106. Heubner et coll., « Demonstration of high opioid-like activity in isolated peptides from wheat gluten hydrolysates », in *Peptides*, (pp. 1139-1147), 1984.

107. Greksch et coll., « Evidence for analgesic activity of beta-casomorphin in rats », in *Neuroscience Letters*, (pp. 325-3288), 1981.
108. Panksepp et coll., « Casomorphins reduce separation distress in chicks », in *Peptides*, (pp. 829-883), 1984.
109. Egger, « Food allergy and the central nervous system », in Reinhardt, D. & Schmidt E., eds, *Food allergy,* 1988.
110. Randolph, « Specific adaptation », in *Annals of Allergy* n°40, (pp. 333-345), 1978.
111. Radcliffe, « Diagnostic use of dietary regimes », in Brostoff, J. & Challacombe, S. J., eds, *Food allergy and intolerance,* 1987.
112. Kroker, « Chronic candiosis and allergy », in Brostoff, J. & Challacombe, S.J., eds, *Food allergy and intolerance,* 1987.
113. Sprague et Milam, « Concept of an environmental unit », in Brostoff, J. & Challacombe, S. J., eds, *Food allergy and intolerance,* 1987.
114. Wraith, « Asthma », in Brostoff, J. &Challacombe, S. J., eds, *Food allergy and intolerance,* 1987.
115. Brostoff et Gamlin, « The complete guide to food allergy and intolerance », (Éditions Bloomsbury), Londres, 1989.
116. Bell, « Effects of food allergy on the central nervous system », in J. Brostoff and S. J. Challacombe, eds, *Food allergy and intolerance,* 1987.
117. Paul Pettitt, « When Burial Begins » in *British Archaeology*, août 2002.

- **Chapitre 6**

118. Thorn et coll., « The effect of dawn simulation on the cortisol response to awakening in healthy participants » in Psychoneuroendocrinology, (pp. 925-930), août 2004.
119. Reutrakul et Knutson, « Consequences of Circadian Disruption on Cardiometabolic Health » in *Sleep Medicine Clinics*, (pp. 455-468), décembre 2015.
120. Jankowski, « Morningness-eveningness and depressive symptoms: Test on the components level with CES-D in Polish students » in *Journal of Affective Disorders* (pp. 47–53), 2016.
121. J. Gooley et coll., « Exposure to Room Light before Bedtime Suppresses Melatonin Onset and Shortens Melatonin Duration

in Humans » in *The Journal of Clinical Endocrinology & Metabolism*, (pp. 463-472), mars 2011.

122. O. de la Iglesia, « Access to Electric Light Is Associated with Shorter Sleep Duration in a Traditionally Hunter-Gatherer Community » in *Journal of Biological Rhythms*, (pp. 342-350), juin 2015.

123. Prayag et coll., « Melatonin suppression is exquisitely sensitive to light and primarily driven by melanopsin in humans » in *Pineal Research*, janvier 2019.

124. Schernhammer et Schulmeister, « Melatonin and cancer risk: does light at night compromise physiologic cancer protection by lowering serum melatonin levels? » in *British Journal of Cancer*, (pp.941–943), 2004.

125. Schernhammer et coll., « Rotating night shifts and risk of breast cancer in women participating in the nurses' health study » in *Journal of the National Cancer Institute*, (pp. 1563-1568), octobre 2001.

126. Schernhammer et coll., « Night-Shift Work and Risk of Colorectal Cancer in the Nurses' Health Study » in *Journal of the National Cancer Institute*, (pp. 825-828), juin 2003.

127. Emmanuel Perrin, « Pourquoi les insectes sont-ils attirés par la lumière ? » sur *Maxisciences.com*, 22 octobre 2018.

128. Machtans et coll., « Première estimation canadienne du nombre d'oiseaux morts par collision avec les fenêtres de bâtiments » in *Avian Conservation & Ecology*, 2013.

129. Ronconi et coll., « Bird interactions with offshore oil and gas platforms: Review of impacts and monitoring techniques » in *Journal of Environmental Management*, (pp. 34-45), janvier 2015.

130. Gauthreaux, « Age-Dependent Orientation in Migratory Birds » in *Avian Navigation*, (pp. 68-74), 1982.

131. Gauthreaux et coll., « Ecological Consequences of Artificial Night Lighting » (Island Press), 2006.

132. Dominoni et coll., « Clocks for the city: circadian differences between forest and city songbirds » in Proceedings of the Royal Society B: Biological Sciences, juillet 2013.

133. Vincent Nouyrigat, « Netflix, Facebook, Google... Notre cerveau adore. Les neurosciences expliquent pourquoi » in *Science et Vie*, (numéro 1 208), mai 2018.

134. Morahan-Martin, « Internet Abuse – Addiction? Disorder? Symptom? Explanations? », *Social Science Computer Review*, (pp. 39-48) 2005.
135. Ha et coll., « Depression and Internet Addiction in Adolescents » in *Psychopathology*, (pp. 424-430), août 2007.
136. Marshall H. Segall, Donald T. Campbell et Melville J. Herskovits, « The Influence of Culture on Visual Perception » (Éditions The Bobbs-Merrill Company), 1966.
137. Cross, « Music, cognition, culture, and evolution » in *Annals of the New York Academy of sciences*, 2001.
138. Fitch, « The evolution of music in comparative perspective » in *Annals of the New York Academy of sciences*, 2005.
139. Gilles Tordjman, « Le MP3 mutile le son et l'audition » in *Le Monde magazine*, août 2008.
140. Article « Music Fans, Beware the Big Bass » in *Wired*, 9 février 2004.
141. Tarik Issad et Hervé Ratel, « Le sucre, ce poison au goût si doux » in *Sciences et avenir*, juillet/août 2019.
142. « Why do some birds mimic the sounds of other species? » in *All About Birds*, avril 2009.
143. Mc Clintock, « Modulation of the Estrous Cycle by Pheromones from Pregnant and Lactating Rats » in *Biology of Reproduction*, (pp. 823-829), mai 1983.
144. Nei et coll., « The evolution of animal chemosensory receptor gene repertoires: roles of chance and necessity » in *Nature Reviews Genetics*, (pp. 951-963), 2008.
145. Jacob et coll., « Paternally inherited HLA alleles are associated with women's choice of male odor » in *Nature Genetics*, (pp. 175-179), 2002.
146. « Neurobiology of Chemical Communication » (Éditions Mucignat-Caretta), chapitre 19 « Human Pheromones: Do They Exist? » de Richard L. Doty, 2014.
147. Kohl, « Human Pheromones: Integrating Neuroendocrinology and Ethology » in *Neuroendocrinology Letters*, septembre 2001.
148. Chandler Burr, « L'homme qui entend les parfums, l'étonnante redécouverte de Luca Turin » (Éditions Autrement), 2004.
149. Orecchio et coll., « Determination of Selected Phthalates by Gas Chromatography–Mass Spectrometry in Personal Perfumes » in *Journal of Toxicology and Environmental Health*, 2015.

150. Swan et coll., « Decrease in Anogenital Distance among Male Infants with Prenatal Phthalate Exposure » in *Environmental Health Perspectives*, août 2005.
151. Lopez-Carillo, « Exposure to Phthalates and Breast Cancer Risk in Northern Mexico » in *Environmental Health Perspective*, (539-544), avril 2010.
152. Rapport de l'Agence nationale de sécurité du médicament et des produits de santé, « Évaluation du risque lié à l'utilisation du musc xylène et du musc cétone dans les produits cosmétiques », avril 2017.
153. Delfosse et coll., « Synergistic activation of human pregnane X receptor by binary cocktails of pharmaceutical and environmental compounds » in *Nature Communication*, septembre 2015.
154. Cohen et coll., « Hazard assessment of United Arab Emirates (UAE) incense smoke » in *Science of The Total Environment* (pp. 176-186), août 2013.
155. Herman et Mack, « Restrained and unrestrained eating » in *Journal of personality*, (pp. 647-660), décembre 1975.
156. Apfeldorfer et Zermati, « La restriction cognitive face à l'obésité. Histoire des idées, description clinique », disponible sur le site Internet du Groupe de Réflexion sur l'Obésité et le Surpoids (GROS), in *La Presse Médicale*, 2001.
157. Jibsons, « First-generation antipsychotic medications: Pharmacology, administration, and comparative side effects » sur www.uptodate.com, juin 2014.
158. Stephen M. Stahl, « Pharmacologie essentielle » (Éditions Falammarion), 2002.
159. Woods et coll., « Incidence of Tardive Dyskinesia with Atypical and Conventional Antipsychotic Medications: Prospective Cohort Study » in The Journal of Clinical Psychatry, (pp. 453-474), avril 2010.
160. Jibsons, « Second-generation antipsychotic medications: Pharmacology, administration, and side effects » sur www.uptodate.com, janvier 2017.
161. Kabinoff et coll., « Metabolic Issues With Atypical Antipsychotics in Primary Care: Dispelling the Myths » in Primary Care Companion to The Journal of Clinical Psychiatry, (pp. 6-14), 2003.

162. Hindmarch et Shamsi, « Antihistamines: models to assess sedative properties, assessment of sedation, safety and other side-effects » in *Clinical and Experimental Allergy*, (pp. 133-142), juin 1999.
163. Nasrallah, « Atypical antipsychotic-induced metabolic side effects: insights from receptor-binding profiles », *Molecular Psychiatry*, (pp. 27-35), septembre 2007.
164. Rapport final du Bureau d'Enquêtes et d'Analyses (BEA) pour la sécurité de l'aviation civile intitulé « Rapport final - Accident survenu le 1er juin 2009 à l'Airbus A330-203 immatriculé F-GZCP exploité par Air France, vol AF 447 Rio de Janeiro - Paris », juillet 2012.
165. Lyall Watson, « Lifetide: the biology of the unconscious » (Éditions Hodder & Stoughton Ltd), 1979.

- **Chapitre 7**

166. Sigmund Freud, « Le délire et les rêves dans la « Gradiva » de W. Jensen », 1907.
167. « La Bible de Jérusalem », traduction réalisée par l'École biblique et archéologique française de Jérusalem, deuxième édition de 1973.
168. Lire par exemple : Yves Coppens, Hubert Reeves, Joël de Rosnay et Dominique Simonnet, « La plus belle histoire du monde : Le secret de nos origines » (Éditions Points), 2001.
169. L'étude d'équivalents français des mots bibliques (hébreux et grecs) a été menée grâce au site Internet : https://emcitv.com/bible/strong-biblique-hebreu.html.
170. « Le Zohar. Le Livre de la splendeur » (Éditions Points), 2014.
171. Henri Adamczewski, « Le français déchiffré : clé du langage et des langues » (Éditions Armand Colin), 1991. Confer notamment le dernier chapitre où l'auteur analyse le premier verset en Hébreu de la Bible.
172. « Entre science et sagesse », documentaire consacré à Henri Atlan, réalisé par Emil Weiss (vidéo disponible sur YouTube).
173. Baruch Spinoza, « Éthique », IV, 4 (Éditions Flammarion) 1993.
174. Carl Gustav Jung, « Sur l'interprétation des rêves » (Éditions Le livre de Poche), 2000 – original de 1941.
175. Wilhelm Reich, « La Fonction l'orgasme » (L'Arche éditeur), 1970 – original de 1927.

176. Hergé, « Les Aventures de Tintin : Tintin au Tibet » (Éditions Casterman), 1960.
177. « Enki et Ninhursag », traduction de Pascal Attiger, d'après les tablettes sumériennes, actualisée en 2015.
178. Hésiode, « Théogonie », traduction de Paul Mazon, (Éditions Les Belles Lettres), 2014.
179. Hésiode, « Les Travaux et les Jours », traduction de Paul Mazon, (Éditions Les Belles Lettres), 2014.
180. Émile Genest, « Contes et légendes mythologiques » (Éditions Pocket), 1994.
181. Platon, « Le Banquet » (Éditions Flammarion), traduction de Luc Brisson, 2007.
182. « Le Coran », traduction de Jacques Berque (Éditions Albin Michel), 2002.
183. « L'épopée de Gilgamesh », extrait de la tablette I, traduction de l'arabe d'après des fragments sumériens, babyloniens, assyriens, hittites et hourites par Abed Azrié, 1979.
184. Marie Balmary, « La Divine Origine : Dieu n'a pas créé l'homme » (Éditions Le Livre de Poche »), 1998.
185. Sigmund Freud, « Malaise dans la civilisation » (Éditions Payot), 2010 – original de 1930.
186. Sigmund Freud, « Totem et Tabou » (Éditions Payot), 2004 – original de 1913.
187. Sigmund Freud, « L'Avenir d'une Illusion » (Presses Universitaires de France), 2010 – original de 1927.
188. Allan Kardec, « Le livre des Esprits » (Éditions J'ai Lu), 2010 – original de 1857.
189. Gitta Mallasz, « Dialogues avec l'Ange » (Éditions Aubier), traduit du hongrois par Gitta Mallasz, 1990 – original de 1976.
190. Neale Donald Walsch, « Conversations avec Dieu » (Éditions J'ai Lu), traduit de l'anglais par Michel saint-Germain, tome I (1997 – original de 1995) et tome III (1999 – original de 1998).
191. Daniel Meurois& Anne Givaudan, « Récits d'un voyageur de l'astral » (Éditions J'ai lu), 1980.
192. Charles Perrault, « Contes de ma mère l'Oye », préface aux Contes en vers, 1781.
193. Maria Montessori, « L'Enfant » (Éditions Desclée De Brouwer), 2016 – original de 1935.

- **Chapitre 8**

194. Dollard, Miller et coll., « The hypothesis suggests that the failure to obtain a desired or expected goal leads to aggressive behavior » in *Frustration and aggression*, Yale University Press, 1939.
195. Matthieu Ricard, « Hédonisme et eudémonisme, bonheur et plaisir : la grande confusion (partie 2) », sur son blog Internet.
196. Cava et Fontana, « Will calorie restriction work in humans? » in Aging, (pp. 507–514), juillet 2013.
197. Wilhelm Reich, « L'Analyse caractérielle » (Éditions Payot), 1971 – original de 1933.
198. Chatenoud, « Une étape vers la restauration de la tolérance immunitaire au soi dans les maladies auto-immunes humaines » in *Médecine/sciences*, (pp. 167-172), février 2007.
199. Voir la page Wikipédia en anglais « Immune tolerance ».
200. Robert Burton, « L'Anatomie de la mélancolie » (Éditions Folio), 2005 – original de 1621.
201. Abbott et Chase, « Culture and Substance Abuse: Impact of Culture Affects Approach to Treatment » in *Psychatric Times*, janvier 2008.
202. Dwight, « Culture and Substance abuse » in *Psychiatric Clinics of North America*, (pp. 479-496), septembre 2001.
203. Entre autre : Soriano et coll., « Navigating between cultures: the role of culture in youth violence » in *Journal of Adolescent Health*, (pp. 169-176), mars 2004.
204. Marylène Patou-Mathis, « Préhistoire de la violence et de la guerre » (Éditions Odile Jacob), 2013.
205. Alice Miller, « C'est pour ton bien, racines de la violence dans l'éducation de l'enfant » (Éditions Flammarion), 2015 – original de 1985.
206. Sigmund Freud, « Le problème économique du masochisme » in « Névrose, psychose et perversion » (Presses Universitaires de France), 2010 – original de 1924.
207. Jean-Jacques Rousseau, « Rousseau juge de Jean-Jacques » (Éditions Flammarion), 1999 – original de 1776.
208. Schweitzer et coll., « PostcoitalDysphoria:Prevalence and PsychologicalCorrelates » in *Sexualmedicine*, (pp. 235–43), décembre 2015.

209. Maczkowiack et Schweitzer, « Postcoital Dysphoria: Prevalence and Correlates among Males » in *Journal of Sex & Marital Therapy*, (pp. 128-140), juin 2018.
210. Schweitzer et coll., « PostcoitalDysphoria:Prevalence and PsychologicalCorrelates » in SexualMedicine, (pp. 235-243), décembre 2015.
211. Entrée « Travail » in *Dicophilo*, Dictionnaire de philosophie en ligne.
212. Marie-Thérèse Giorgio, « Stress au travail : données européennes » consultable sur le blog AtouSanté.com, janvier 2012.
213. « Plus d'un salarié sur deux en situation de "fragilité" professionnelle ou personnelle » consultable sur *Le Figaro.fr*, rubrique Économie, 20 juin 2018.
214. Guy Debord, « La Société du Spectacle », film de 1973.
215. Soyka et coll., « GABA-A2 receptor subunit gene (GABRA2) polymorphisms and risk for alcohol dependence » in *Journal of Psychiatric Research*, (pp. 184-191), février 2008.
216. Hamon et Blier, « Monoamine neurocircuitry in depression and strategies for new treatments » in *Progress in Neuro-Psychopharmacology and Biological Psychiatry*, (pp. 54-63), août 2013.
217. Olds et Milner, « Positive reinforcement produced by electrical stimulation of septal area and other regions of rat brain » in *Journal of Comparative and Physiological Psychology*, (pp. 419–27), 1954.
218. Voir en plus : Jean Seignalet, « L'Alimentation, ou la troisième Médecine » (Éditions du Rocher), 2012 (édition revue et augmentée).
219. Bruce Lipton, « Biologie des croyances » (Éditions Ariane), 2016 (édition revue et augmentée).
220. Henri Atlan, « Entre le cristal et la fumée » (Éditions du Seuil), 1979.
221. Voir la page Wikipédia en français « Apoptose ».

- **Conclusion et perspectives**

222. Ducros et Ducros, « Le singe carnivore : la chasse chez les primates non humains » in *Bulletins et Mémoires de la Société d'Anthropologie*, 1992.

REMERCIEMENTS

Tout au contraire d'autres formes de création, comme l'activité cinématographique, l'écriture est assez fréquemment une occupation solitaire. Néanmoins, même si l'on est seul à *écrire*, l'on n'est jamais seul à *penser*, et le présent livre n'aurait jamais vu le jour sans la participation active, à quelque niveau que ce soit, de plusieurs personnes que je souhaite ici sincèrement remercier.

Tout d'abord, je tiens à remercier mon collaborateur, Yves Merckx, sans lequel la théorie exposée dans cet ouvrage n'existerait tout simplement pas. C'est en effet grâce à notre passion commune pour la science et la biologie, mais plus encore, à notre soif partagée de comprendre et d'en apprendre sans cesse davantage sur l'humain et les maux qui l'atteignent, grâce enfin à une profonde et respectueuse amitié, que l'idée de la récompense artificielle a pu être petit à petit mise sur pied telle qu'elle fut ci-détaillée. Je le remercie également pour sa relecture patiente et ses bienveillants conseils.

Merci au Professeur Yves Rossetti, spécialiste en neurosciences et collègue de Michel Cabanac, de nous avoir reçus, Yves Merckx et moi-même, de nous avoir écoutés et recommandés, alors que notre théorisation n'était encore qu'une ébauche, et nos propositions à leurs balbutiements.

Sous la mention du soutien scientifique, mes remerciements vont également à Jean-Jacques Louart, qui a mis à profit, au cours de nombreuses séances, tout son savoir en la matière, pour m'en remettre une critique avisée et exigeante de mon travail.

J'assure qui plus est de ma grande gratitude André Bonet, président du Centre Méditerranéen de Littérature, qui m'a apporté son aide et ses précieux conseils dans cette aventure passionnante qu'est une première publication.

Je salue en outre chaleureusement tous mes comparses de l'université de Perpignan, les participants de mon groupe de théologie, ainsi que mes amis Yann Thibaud, Daniel Joubert et Yannick Palomino, tous avec lesquels j'ai eu l'occasion, au cours d'échanges approfondis, de discuter du sujet de mes pensées, et qui chaque fois m'enrichirent de commentaires toujours pertinents que je n'ai jamais manqué d'ajouter à mon ouvrage.

De même, je suis reconnaissant à Quentin Guardia pour sa relecture, ses corrections et commentaires, ainsi que pour nos discussions chaque fois enthousiasmantes.

Pour la partie pratique, je remercie Hannah Marandin qui, en plus d'avoir été une oreille attentive, a dactylographié, avec efficacité et professionnalisme, la plupart des chapitres de mon manuscrit pourtant parfois privés de la clarté et de la lisibilité qui auraient été nécessaires, ainsi que pour sa relecture.

Enfin, toute ma reconnaissance pour Maman, laquelle m'a d'abord rendu l'énorme service de taper à l'ordinateur le chapitre 7, a bien voulu réviser le manuscrit, mais, mieux encore, m'apporte depuis le début de mon cheminement son appui et son affection indéfectibles, dans ce parcours rarement frustrant, si souvent exaltant, qu'est l'exercice littéraire.

Je terminerai en adressant ma considération à tous mes amis, membres de ma famille ou collègues qui, au gré de nos conversations, m'ont fait (spontanément !) une remarque ou apporté une idée – quelquefois sans le savoir –, me permettant de compléter ainsi un peu davantage l'édifice conceptuel qui prend ici naissance... à tous ceux-là, encore mille mercis.

Structures éditoriales du groupe L'Harmattan

L'Harmattan Italie
Via degli Artisti, 15
10124 Torino
harmattan.italia@gmail.com

L'Harmattan Hongrie
Kossuth l. u. 14-16.
1053 Budapest
harmattan@harmattan.hu

L'Harmattan Sénégal
10 VDN en face Mermoz
BP 45034 Dakar-Fann
senharmattan@gmail.com

L'Harmattan Cameroun
TSINGA/FECAFOOT
BP 11486 Yaoundé
inkoukam@gmail.com

L'Harmattan Burkina Faso
Achille Somé – tengnule@hotmail.fr

L'Harmattan Guinée
Almamya, rue KA 028 OKB Agency
BP 3470 Conakry
harmattanguinee@yahoo.fr

L'Harmattan RDC
185, avenue Nyangwe
Commune de Lingwala – Kinshasa
matangilamusadila@yahoo.fr

L'Harmattan Congo
67, boulevard Denis-Sassou-N'Guesso
BP 2874 Brazzaville
harmattan.congo@yahoo.fr

L'Harmattan Mali
Sirakoro-Meguetana V31
Bamako
syllaka@yahoo.fr

L'Harmattan Togo
Djidjole – Lomé
Maison Amela
face EPP BATOME
ddamela@aol.com

L'Harmattan Côte d'Ivoire
Résidence Karl – Cité des Arts
Abidjan-Cocody
03 BP 1588 Abidjan
espace_harmattan.ci@hotmail.fr

L'Harmattan Algérie
22, rue Moulay-Mohamed
31000 Oran
info2@harmattan-algerie.com

L'Harmattan Maroc
5, rue Ferrane-Kouicha, Talaâ-Elkbira
Chrableyine, Fès-Médine
30000 Fès
harmattan.maroc@gmail.com

Nos librairies en France

Librairie internationale
16, rue des Écoles – 75005 Paris
librairie.internationale@harmattan.fr
01 40 46 79 11
www.librairieharmattan.com

Lib. sciences humaines & histoire
21, rue des Écoles – 75005 Paris
librairie.sh@harmattan.fr
01 46 34 13 71
www.librairieharmattansh.com

Librairie l'Espace Harmattan
21 bis, rue des Écoles – 75005 Paris
librairie.espace@harmattan.fr
01 43 29 49 42

Lib. Méditerranée & Moyen-Orient
7, rue des Carmes – 75005 Paris
librairie.mediterranee@harmattan.fr
01 43 29 71 15

Librairie Le Lucernaire
53, rue Notre-Dame-des-Champs – 75006 Paris
librairie@lucernaire.fr
01 42 22 67 13

www.ingramcontent.com/pod-product-compliance
Lightning Source LLC
LaVergne TN
LVHW011145061026
849535LV00003B/609